普通高等教育“十三五”规划教材

食品安全学

第 2 版

丁晓雯　柳春红　主编

中国农业大学出版社
·北京·

内 容 简 介

《食品安全学》是关于食品从农田到餐桌可能存在的安全问题及其预防措施的教材，在食品科学中具有重要地位。全书分10章，内容涉及食品安全的基本概念、发展历史和现状；生物性污染、农用化学品、有害元素、有害有机物、食品添加剂与食品安全；加工食品、转基因食品的安全性；食物中毒及其预防；食品质量安全监管和保障体系等。本教材主要供食品质量与安全专业、食品科学与工程专业以及其他与食品、农产品生产相关专业的学生使用，也可作为食品管理及食品安全相关科研人员的参考书。

图书在版编目(CIP)数据

食品安全学／丁晓雯，柳春红主编. —2版. —北京：中国农业大学出版社，2016.7(2019.5重印)

ISBN 978-7-5655-1609-2

Ⅰ.①食… Ⅱ.①丁… ②柳… Ⅲ.①食品安全－高等学校－教材 Ⅳ.①TS201.6

中国版本图书馆CIP数据核字(2016)第140045号

书　　名　食品安全学　第2版
作　　者　丁晓雯　柳春红　主编

策划编辑　宋俊果　刘　军　　**责任编辑**　王艳欣
封面设计　郑　川　　**责任校对**　王晓凤
出版发行　中国农业大学出版社
社　　址　北京市海淀区圆明园西路2号　　**邮政编码**　100193
电　　话　发行部 010-62818525，8625　　读者服务部 010-62732336
　　　　　编辑部 010-62732617，2618　　出　版　部 010-62733440
网　　址　http://www.cau.edu.cn/caup　　**E-mail** cbsszs @ cau.edu.cn
经　　销　新华书店
印　　刷　涿州市星河印刷有限公司
版　　次　2016年9月第2版　　2019年5月第4次印刷
规　　格　787×1 092　　16开本　　17印张　　420千字
定　　价　38.00元

封面图片由宋景春友情拍摄

全国高等学校食品类专业系列教材

编审指导委员会委员

（按姓氏拼音排序）

第2版编审人员

主　　编　丁晓雯（西南大学）

柳春红（华南农业大学）

副 主 编　屠大伟（重庆市食品药品检验检测研究院）

曾绍校（福建农林大学）

许文涛（中国农业大学）

李兴峰（河北科技大学）

编写人员　（按照姓氏拼音排序）

陈晋明（山西农业大学）

刁恩杰（山东农业大学）

丁晓雯（西南大学）

冯　翔（中山大学）

胡　滨（四川农业大学）

蒋东华（沈阳农业大学）

李兴峰（河北科技大学）

李灼坤（福建农林大学）

柳春红（华南农业大学）

屠大伟（重庆市食品药品检验检测研究院）

许文涛（中国农业大学）

曾绍校（福建农林大学）

主　　审　陈宗道（西南大学）

第1版编审人员

主　　编　丁晓雯（西南大学）
柳春红（华南农业大学）

副主编　谢　宏（沈阳农业大学）
屠大伟（重庆质量检验检测研究院）
李兴峰（河北科技大学）

参　　编　蒋东华（沈阳农业大学）
曾绍校（福建农林大学）
陈丽星（河北科技大学）
刘　荣（东北林业大学）
徐宝成（河南科技大学）
刁恩杰（山东农业大学）
冯　翔（中山大学）
王金玲（东北林业大学）
李　红（西南大学）
王海燕（西南大学）
李　凯（西南大学）

主　　审　陈宗道（西南大学）

出版说明
（代总序）

时光荏苒，食品科学与工程系列教材第一版发行距今，已有14年。总计120余万册的发行量，已经表明了这套教材受欢迎的程度，应该说它是全国食品类专业教育使用最多的系列教材。

这套教材已成为经典，作为总策划的我，在再再版的今天，重新翻阅这套教材的每一科目、每一章节，在感慨流年如水的同时，更有许多思考和感激。这里，借写出版说明（代总序）的机会，再一次总结本套教材的编撰理念和特点特色，也和我挚爱的同行们分享我的感悟和喜乐。

第一，优秀的教材一定是心血凝成的精品，杜绝任何形式的粗制滥造。

14年前，全国40余所大专院校、科研院所，300多位一线专家教授，涵盖生物、工程、医学、农学等领域，齐心协力组建出一支代表国内食品科学最高水平的教材撰写队伍。著作者们呕心沥血，在教材中倾注平生所学，那字里行间，既有学术思想的精粹凝结，也不乏治学精神的光华闪现，诚所谓学问人生，经年积成，食品世界，大家风范。这精心的创作，和彼敷衍的粘贴，其间距离，岂止云泥！

第二，优秀的教材必以学生为本，不是居高临下的自说自话。

注重以学生为本，就是彻底摒弃传统填鸭式的教学方法。著作者们谨记"授人以鱼不如授人以渔"，在传授食品科学知识的同时，更启发食品科学人才获取知识和创造知识的思维与灵感。润物细无声中，尽显自由思想，彰耀独立精神。在写作风格上，也注重学生的参与性与互动性，接地气，说实话，深入浅出，有料有趣。

第三，优秀教材与时俱进、推陈出新，绝不墨守成规、原地不动。

首版再版再再版，均是在充分收集和尊重一线任课教师和学生意见的基础上，对新增教材进行科学论证和整体策划。每一次工作量都不小，几乎覆盖食品学科专业的所有骨干课程和主要选修课程，但每一次都不敢有丝毫懈怠，内容的新颖性，教学的有效性，齐头并进，一样都不能少。具体而言，此次再再版，不仅增添了食品科学与工程最新理论发展，又以相当篇幅强调了食品工艺的具体实践。

每本教材，既相对独立又相互衔接互为补充，构建起系统、完整、实用的课程体系。

第四，优秀教材离不开出版社编辑人员的心血倾注。

同为他人作嫁衣裳，教材的著作者和编辑，都一样的忙忙碌碌，飞针走线。这套系列教材的编辑们站在出版前沿，以其炉火纯青的专业技能，辅以最新最好的出版传播方式，保证了这套教材的出版质量和形式上的生动活泼。编辑们的高超水准和辛勤努力，赋予了此套教材蓬勃旺盛的生命力。

这里，我也想和同行们分享以下数字，以表达我发自内心的喜悦：

第1版食品科学与工程系列教材出版于2002年，涵盖食品学科15个科目，全部入选"面向21世纪课程教材"。

第2版（再版）食品科学与工程系列教材出版于2009年，涵盖食品学科29个科目。

第3版（再再版）食品科学与工程系列教材将于2016年暑期出版（其中《食品工程原理》为第4版），涵盖食品学科36个科目，增加了《食品工厂设计》《食品分析》《食品感官评价》《葡萄酒工艺学》《生物技术安全与检测》等9个科目，调整或更名了部分科目。

需要特别指出的是，这其中，《食品生物技术导论》《食品安全导论》《食品营养学》《食品工程原理》4个科目为"十二五"普通高等教育本科国家级规划教材；《食品化学》《食品化学综合实验》《食品工艺学导论》《粮油加工学》《粮油加工学实验技术》《食品酶学与工程》6个科目为普通高等教育农业部"十二五"规划教材；《食品生物技术导论》《食品营养学》《食品工程原理》《粮油加工学》《食品试验设计与统计分析》为"十五"或"十一五"国家级规划教材。

本套食品科学与工程系列教材出版至今已累计发行超过126万册，使用教材的院校140余所。

第3版有500余人次参与编写，参与编写的院所近80家。

本次出版在纸质基础上引入了数字化元素，增加了二维码，内容涉及推荐阅读文字，直观的图片展示，以及生动形象的短小视频等，使教材的内容更加丰富、信息量更大，形式更加活泼，使用更加便捷，与学生的阅读和学习习惯更加贴近。

虽然我的确有敝帚自珍的天性，但我也深深地知道，世上的事没有百分百的完美。我还要真心地感谢在此套教材中肯定存在的那些不完美，因为正是她们给了我们继续向前的动力。这里，我真诚地期待大家提出宝贵意见，让我们与这套教材一起共同成长，更加进步。

罗云波

2016年5月5日 于马连洼

第 2 版前言

随着生活水平的提高，人们对食品安全更加重视，为适应教学需要，《食品安全学》教材于 2011 年出版。教材出版后被全国范围内相关院校广泛采用，多次印刷，反响良好。5 年过去了，随着食品学科不断发展，教学要求也发生了相应变化，教材中涉及的某些法规、标准等都需要更新，相当一部分内容也需要完善和修订。为进一步满足食品及其相关专业的教学要求，我们决定对本教材进行修订再版。

第 2 版教材保留了原教材的体例，系统介绍了食品安全与食品安全学的基本概念、基础知识，影响食品安全性的生物因素，化学因素在食品中的来源、通过食品对人体健康的影响及预防控制措施，食物中毒及其预防措施，部分食品添加剂存在的安全问题和非法添加物对食品安全的影响，部分加工食品存在的安全问题，转基因食品的安全性和食品质量安全监管与保障体系。在此基础上增加了稀土元素对食品安全的影响，“地沟油”的安全问题，烟熏、烘烤食品的安全问题，鱼胆与食物中毒，真菌性食物中毒，卫生标准操作程序（SSOP）等。删去了多氯联苯、二噁英对食品的污染，漂白剂对食品安全的影响，致病性链球菌食物中毒，以及化学性食物中毒等不常见或者与其他部分重复介绍的内容。按照现行国家相关法规和标准要求及其食品安全科学的研究进展，对食品安全的相关实例，食品添加剂与食品安全，酒类、辐照食品的安全性，转基因食品潜在的安全问题等进行了修订。通过二维码方式，介绍了食品安全相关的法律法规、标准、实例、视频等内容。再版教材系统全面介绍了食品从农田到餐桌可能存在的安全问题以及防控措施，重点突出，生动活泼，更有利于学生对食品安全学课程内容的学习和掌握。

教材共分 10 章：第 1 章简明介绍了食品安全与食品安全学的基本概念、基础知识；第 2 章主要介绍生物性污染对食品安全的影响和防控措施，如细菌、霉菌及毒素、病毒、寄生虫对食品的污染、危害及防控措施；第 3～6 章主要介绍从农田到餐桌可能影响食品安全的化学性污染物如农用化学品、有害元素、有害有机物、食品添加剂、常见非法添加物等对食品的污染、危害及控制措施；第 7 章简要介绍了加工食品如油炸食品，烟熏、烘烤食品，调味品，酒类，辐照食品等可能存在的安全问题及其防控措施；第 8 章详细介绍了转基因食品的基础知识、潜在的安全问题及其评价方法；第 9 章系统介绍了食源性疾病与食物中毒的基本概念、它们之间的联系与区别，细菌性食物中毒、有毒动植物食物中毒、化学性食物中毒、真菌性食物中毒的发生原因、危害及其防控措施；第 10 章简要介绍了食品安全的法律法规体系、安全标准体系，系统介绍了食品质量安全认证体系中的良好生产规范（GMP）、危害分析与关键控制点（HACCP）、卫生标准操作程序(SSOP)、ISO 22000:2005 以及无公害农产品、绿色食品、有机食品认证和食品生产许可。

第 1 章由丁晓雯、柳春红编写,第 2 章由许文涛、李兴峰编写,第 3 章由刁恩杰编写,第 4 章由李灼坤、冯翔编写,第 5 章由柳春红编写,第 6 章由陈晋明编写,第 7 章由许文涛、胡滨编写,第 8 章由曾绍校编写,第 9 章由蒋东华、丁晓雯编写,第 10 章由李兴峰、屠大伟编写。全书由主编丁晓雯、柳春红统稿。

第 2 版教材对第 1 版的部分内容进行了增、删和修订,涉及内容广,编写时间紧,编者能力有限,教材中有疏漏、不当之处请各位同行和读者批评指正。

编　者

2016 年 1 月 8 日

第1版前言

随着生活水平的提高，人们对食品安全问题越来越重视。为进一步适应食品安全相关专业的教学要求，我们组织编写了本教材，主要供食品质量与安全、食品科学与工程以及其他食品类专业（如食品包装专业、食品生物技术专业）的本科生学习使用。

本教材阐述了食品安全的基本概念、食品安全学研究的主要内容、食品安全的发展史；影响食品安全性的生物因素、化学因素等危害因子在食品中的来源以及通过食品对人体健康的影响和预防控制措施；部分食品添加剂存在的安全问题及非法添加物对健康的危害；部分加工食品存在的安全问题；转基因食品的安全性；食物中毒及其预防以及食品质量安全监管与保障体系。本教材系统、全面地介绍了食品从农田到餐桌可能存在的安全问题以及防控措施，重点突出，有利于学生对食品安全学课程的学习和掌握。

本教材共10章，第1章绪论由丁晓雯、柳春红编写，第2章生物性污染与食品安全由刘荣、李兴峰编写，第3章农用化学品对食品的污染由刁恩杰、李红、丁晓雯编写，第4章有害元素对食品的污染由王金玲、冯翔编写，第5章有害有机物对食品的污染由柳春红、徐宝成编写，第6章食品添加剂与食品安全由陈丽星编写，第7章加工食品的安全性由谢宏编写，第8章转基因食品的安全性由曾绍校编写，第9章食物中毒及其预防由蒋东华、李凯、王海燕和丁晓雯编写，第10章食品质量安全监管和保障体系由屠大伟、李兴峰编写。全书由主编丁晓雯、柳春红统稿，陈宗道教授审稿。

由于本教材涉及的内容广泛，加之编写时间紧、编者能力有限，教材中有疏漏、不当之处请各位同行和读者批评指正。

编　者

2011年5月6日

目　录

第1章　绪论……………………………………………………………… 1
1.1　食品安全的基本概念 ……………………………………………… 2
1.1.1　食品安全的定义 …………………………………………… 2
1.1.2　食品安全学的研究目的和研究内容 …………………… 3
1.1.3　食品污染分类 ……………………………………………… 4
1.2　食品安全的发展历史和现状 …………………………………… 6
1.2.1　食品安全的发展历史 …………………………………… 6
1.2.2　食品安全的现状 ………………………………………… 7
1.2.3　食品安全面临的挑战 …………………………………… 8
本章小结……………………………………………………………… 9
思考题………………………………………………………………… 9
参考文献……………………………………………………………… 9
第2章　生物性污染与食品安全 ……………………………………… 10
2.1　细菌污染与食品腐败变质………………………………………… 11
2.1.1　细菌污染对食品安全的影响……………………………… 11
2.1.2　食品腐败变质的原因与影响因素………………………… 15
2.1.3　食品腐败变质的危害与控制措施………………………… 17
2.2　霉菌及其毒素的污染与食品安全………………………………… 21
2.2.1　霉菌及其毒素概述………………………………………… 21
2.2.2　霉菌毒素对食品安全的影响……………………………… 24
2.3　病毒、寄生虫的污染与食品安全 ………………………………… 39
2.3.1　病毒污染与食品安全……………………………………… 39
2.3.2　寄生虫污染与食品安全…………………………………… 44
本章小结 ……………………………………………………………… 50
思考题 ………………………………………………………………… 51
参考文献 ……………………………………………………………… 51
第3章　农用化学品与食品安全 ……………………………………… 54
3.1　滥用氮肥对食品安全的影响……………………………………… 56
3.1.1　氮肥概述…………………………………………………… 56
3.1.2　滥用氮肥对农产品的污染………………………………… 57
3.1.3　滥用氮肥对人体健康的危害……………………………… 59

3.2 农药残留对食品安全的影响 …… 59
3.2.1 农药概述 …… 59
3.2.2 食品中残留农药的来源 …… 60
3.2.3 食品中残留农药对健康的危害 …… 61
3.2.4 食品中农药残留的控制措施 …… 66
3.3 兽药残留对食品安全的影响 …… 67
3.3.1 兽药残留概述 …… 67
3.3.2 抗菌类药物残留对食品安全的影响 …… 68
3.3.3 激素残留对食品安全的影响 …… 73
3.3.4 其他兽药残留对食品安全的影响 …… 77
本章小结 …… 82
思考题 …… 82
参考文献 …… 82
第4章 有害元素与食品安全 …… 84
4.1 有害元素污染食品概况 …… 85
4.1.1 食品中有害元素的来源 …… 85
4.1.2 影响有害元素毒性的因素 …… 86
4.2 汞对食品安全的影响 …… 87
4.2.1 食品中汞的来源 …… 88
4.2.2 食品中汞残留的危害 …… 89
4.2.3 控制食品中汞残留的措施 …… 91
4.3 镉对食品安全的影响 …… 91
4.3.1 食品中镉的来源 …… 91
4.3.2 食品中镉残留的危害 …… 92
4.3.3 控制食品中镉残留的措施 …… 94
4.4 铅对食品安全的影响 …… 94
4.4.1 食品中铅的来源 …… 95
4.4.2 食品中铅残留的危害 …… 96
4.4.3 控制食品中铅污染的措施 …… 98
4.5 砷对食品安全的影响 …… 98
4.5.1 食品中砷的来源 …… 98
4.5.2 食品中砷残留的危害 …… 99
4.5.3 控制食品中砷污染的措施 …… 100
4.6 其他限量元素对食品安全的影响 …… 100
4.6.1 铬对食品安全的影响 …… 100
4.6.2 铝对食品安全的影响 …… 102
4.6.3 稀土元素对食品安全的影响 …… 103
本章小结 …… 104
思考题 …… 104
参考文献 …… 104

第 5 章　有害有机物与食品安全 …… 106
5.1　N-亚硝基化合物对食品安全的影响 …… 107
5.1.1　N-亚硝基化合物的分类 …… 107
5.1.2　食品中 N-亚硝基化合物的来源 …… 107
5.1.3　N-亚硝基化合物对健康的危害 …… 110
5.1.4　预防 N-亚硝基化合物污染食品的措施 …… 112
5.2　多环芳烃化合物对食品安全的影响 …… 113
5.2.1　食品中多环芳烃化合物的来源 …… 113
5.2.2　多环芳烃化合物对健康的危害 …… 115
5.2.3　预防多环芳烃化合物污染食品的措施 …… 116
5.3　杂环胺类化合物对食品安全的影响 …… 117
5.3.1　食品中杂环胺类化合物的来源 …… 117
5.3.2　杂环胺类化合物对健康的危害 …… 118
5.3.3　预防杂环胺污染食品的措施 …… 118
5.4　丙烯酰胺对食品安全的影响 …… 119
5.4.1　食品中丙烯酰胺的来源 …… 119
5.4.2　食品中丙烯酰胺的产生机理与影响因素 …… 120
5.4.3　丙烯酰胺对健康的危害 …… 122
5.4.4　预防丙烯酰胺污染食品的措施 …… 123
5.5　氯丙醇对食品安全的影响 …… 123
5.5.1　食品中氯丙醇的来源 …… 123
5.5.2　氯丙醇对健康的危害 …… 124
5.5.3　预防氯丙醇污染食品的措施 …… 125
本章小结 …… 126
思考题 …… 126
参考文献 …… 127
第 6 章　食品添加剂与食品安全 …… 129
6.1　食品添加剂概述 …… 130
6.1.1　食品添加剂的定义与分类 …… 130
6.1.2　食品添加剂的使用原则 …… 131
6.1.3　食品添加剂的安全性与管理 …… 131
6.2　安全性较低的食品添加剂与食品安全 …… 134
6.2.1　护色剂对食品安全的影响 …… 134
6.2.2　膨松剂对食品安全的影响 …… 135
6.3　禁用添加物对食品安全的影响 …… 136
6.3.1　过氧化苯甲酰对食品安全的影响 …… 136
6.3.2　甲醛与吊白块对食品安全的影响 …… 137
6.3.3　染料对食品安全的影响 …… 138
6.3.4　三聚氰胺对食品安全的影响 …… 140

本章小结……141
思考题……141
参考文献……142
第7章 加工食品的安全性……143
7.1 油脂与油炸食品的安全问题……144
7.1.1 油脂酸败对健康的影响……144
7.1.2 反式脂肪酸对健康的影响……145
7.1.3 芥子苷和芥酸对健康的影响……146
7.1.4 残留棉酚对健康的影响……147
7.1.5 "地沟油"的安全问题……149
7.1.6 油炸食品的安全问题……149
7.2 烟熏、烘烤食品的安全问题……149
7.2.1 *N*-亚硝基化合物对食品的污染……149
7.2.2 多环芳烃化合物对食品的污染……149
7.2.3 杂环胺类化合物对食品的污染……149
7.2.4 丙烯酰胺对食品的污染……150
7.3 调味品的安全问题……150
7.3.1 酱油的安全问题……150
7.3.2 食醋的安全问题……150
7.3.3 其他调味品的安全问题……150
7.4 酒类的安全性……151
7.4.1 酒类的安全问题……152
7.4.2 酒类的安全管理……153
7.5 辐照食品的安全性……154
7.5.1 辐照加工技术概述……154
7.5.2 辐照食品的安全问题……155
7.5.3 辐照食品的安全管理……156
7.6 其他加工食品的安全性……157
7.6.1 肉制品的安全性……157
7.6.2 乳制品的安全性……159
7.6.3 水产品的安全性……160
本章小结……161
思考题……161
参考文献……161
第8章 转基因食品的安全性……163
8.1 转基因食品概述……164
8.1.1 转基因食品基础知识……164
8.1.2 转基因技术在食品工业中的应用……167
8.1.3 转基因食品的发展现状与发展趋势……168

8.2　转基因食品潜在的安全问题 …… 169
8.2.1　营养品质和代谢改变 …… 170
8.2.2　抗生素抗性 …… 170
8.2.3　潜在毒性 …… 171
8.2.4　潜在的过敏原 …… 171
8.3　转基因食品安全性评价 …… 172
8.3.1　转基因食品安全性评价的基本原则 …… 172
8.3.2　转基因食品安全性评价的内容 …… 173
8.3.3　转基因食品安全性评价的方法 …… 175
8.4　转基因食品的安全管理 …… 177
8.4.1　国际上转基因食品的安全管理 …… 178
8.4.2　我国对转基因食品的管理 …… 179
本章小结 …… 181
思考题 …… 181
参考文献 …… 181
第9章　食物中毒及其预防 …… 183
9.1　食源性疾病与食物中毒 …… 184
9.1.1　食源性疾病概述 …… 184
9.1.2　食物中毒概述 …… 186
9.2　细菌性食物中毒及其预防 …… 187
9.2.1　金黄色葡萄球菌食物中毒与预防 …… 187
9.2.2　沙门氏菌食物中毒与预防 …… 189
9.2.3　致病性大肠杆菌食物中毒与预防 …… 192
9.2.4　肉毒梭菌食物中毒与预防 …… 193
9.2.5　志贺菌食物中毒与预防 …… 195
9.2.6　副溶血性弧菌食物中毒与预防 …… 196
9.2.7　空肠弯曲杆菌食物中毒与预防 …… 197
9.2.8　单核细胞增生性李斯特菌食物中毒与预防 …… 198
9.2.9　其他细菌性食物中毒及其预防 …… 199
9.3　有毒动植物食物中毒及其预防 …… 203
9.3.1　豆类毒素与食物中毒 …… 203
9.3.2　生物碱糖苷与食物中毒 …… 205
9.3.3　生氰糖苷与食物中毒 …… 206
9.3.4　蘑菇毒素与毒蕈中毒 …… 208
9.3.5　河豚毒素与河豚鱼中毒 …… 211
9.3.6　组胺与食物中毒 …… 212
9.3.7　贝类毒素与食物中毒 …… 213
9.3.8　鱼胆与食物中毒 …… 216
9.4　化学性食物中毒及其预防 …… 217

9.5 真菌性食物中毒及其预防 …… 217
9.5.1 赤霉病麦中毒 …… 217
9.5.2 麦角中毒 …… 218
9.5.3 霉变甘蔗中毒 …… 218
9.5.4 其他霉菌性食物中毒 …… 218
本章小结 …… 219
思考题 …… 219
参考文献 …… 219
第 10 章 食品质量安全监管和保障体系 …… 221
10.1 食品质量安全监管体系 …… 222
10.1.1 食品法律法规体系 …… 222
10.1.2 食品安全标准体系 …… 227
10.2 食品质量安全认证体系 …… 231
10.2.1 良好生产规范(GMP) …… 231
10.2.2 危害分析与关键控制点(HACCP) …… 234
10.2.3 卫生标准操作程序(SSOP) …… 239
10.2.4 ISO 22000:2005《食品安全管理体系 食品链中各类组织的要求》 …… 243
10.2.5 无公害农产品、绿色食品、有机食品认证 …… 247
10.2.6 食品生产许可 …… 249
本章小结 …… 251
思考题 …… 251
参考文献 …… 252

第1章
绪　论

本章学习目的与要求

掌握食品安全学的定义、食品污染的分类，了解食品安全学研究的主要内容和发展趋势。

二维码 1-1 《食品安全法》

《中华人民共和国食品安全法》(2015 版)第一百五十条对食品的定义是"食品,指各种供人食用或者饮用的成品和原料以及按照传统既是食品又是药品的物品,但是不包括以治疗为目的的物品"。广义角度的食品还涉及生产食品的原料,食品原料在种植、养殖过程中接触的物质和环境,食品添加物,直接或间接接触食品的包装材料、设施。由此可见,食品不仅种类繁多,而且涉及的物质、行业也众多。归根结底,食品是我们人类生存与发展的物质基础,直接关系到食用者的健康和生命安全。因此,保障食品的安全卫生是食品及其相关行业的首要任务。

随着我国工农业生产的大力发展,特别是前几年"只要经济效益,不顾生态环境"的错误观念在一些人的头脑中蔓延,导致大量的生产和生活废弃物污染环境。这些环境污染物通过食物链造成对食品的普遍污染,而且这些污染物又通过食物链的富集作用,使处于食物链最高端的人类健康和生命安全受到威胁;同时农业生产过程中农用化学品如农药、化肥等的大量使用也造成食用农产品的污染;食品生产过程中滥用添加剂和违法使用非食用的物质作添加物也在一定程度上影响食品的安全性。此外,随着科学的发展,一些传统的食品加工方法,如烟熏、烘烤等产生的一些有害物质,也在时刻威胁人类健康。因此,研究影响食品安全的因素和控制措施,保证食品安全,成为当今世界各国关注的焦点之一。

1.1 食品安全的基本概念

1.1.1 食品安全的定义

对食品安全的定义经历了逐步完善的过程。食品安全的概念是 1974 年联合国粮农组织(FAO)在罗马召开的世界粮食大会上正式提出的。在这次大会上 FAO 认为,食品安全指的是人类的一种基本生存权利,应当"保证任何人在任何地方都能得到为了生存与健康所需要的足够食品"。世界卫生组织(WHO)在《全球食品安全战略草案》中也指出:"食用安全的食品可增进健康,同时也是一个基本的人权问题。安全食品有益于身体健康和生产力,并能为促进社会发展和缓解贫困提供一个有效的平台。"WHO 于 1984 年在题为《食品安全在卫生和发展中的作用》的文件中,把"食品安全"与"食品卫生"作为同义语,定义为"生产、加工、储存、分配和制作食品过程中确保食品安全可靠,有益于健康并且适合人消费的种种必要条件和措施";1997 年 WHO 在《加强国家级食品安全性计划指南》中,则把食品安全与食品卫生作为两个不同的概念加以区别,把食品安全解释为"对食品按其原定用途进行制作和食用时不会使消费者受害的一种担保",主要是指在食品的生产和消费过程中有毒、有害物质或因素的加入剂量没有达到危害程度,从而保证人体按正常剂量和以正确方式摄入这样的食品时,不会受到急性或慢性的危害,这种危害包括对摄入者本身及其后代的不良影响。《中华人民共和国食品安全法》(2015 版)第一百五十条对食品安全的定义是"食品安全,指食品无毒、无害,符合应当有的营养要求,对人体健康不造成任何急性、亚急性或者慢性危害"。目前国际社会已经对食品安全概念基本形成共识,食品安全可以表述为:食品(食物)的种植、养殖、加工、包装、贮藏、运输、销售、消费等活动符合国家强制标准和要求,不存在可能损害或威胁人体健康的有毒有害物质而导致消费者病亡或者危及消费者及其后代的健康。这个概念表明,食品安全包括食物量的安全与食物质的安全。食物量的安全即要有充足的食品供应,保证居民食品消费需求的能力,强调人类的基本生存权利;食物质的安全即食品中不应含有可能损害或威胁人体健康的有毒有害物质或因素,从而导致消费者急性或慢性毒害或感染疾病,或产生危及消费者及其后代健康的隐患,强调食品本身对消费者的安全性。目前,全球大多数国家食物的供应量基本能够满足人类的需要,因此食品安全主要指的是食品质的安全。

食品安全和食品卫生有一定区别。首先,它们涉及的范围有一定的差异。食品安全包括食品(食物)的种植、养殖、加工、包装、贮藏、运输、销售、消费等各个环节的安全,而食品卫生通常不包含种植、养殖环节的安全。其次,它们各自的侧重点有差异。食品安全是结果安全(即无毒无害,符合应有的营养要求)和过程安全(即保障结果安全的条件、环境等)的完整统一,而食品卫生具有食品安全的基本特征,虽然也包含结果安全与过程安全两项内容,但更侧重于过程安全。第三,食品安全是法律概念。自20世纪80年代以来,一些国家以及有关国际组织逐步以食品安全的综合立法替代了卫生、质量、营养等要素立法,如1990年英国颁布了《食品安全法》,2000年欧盟发表了具有指导意义的《食品安全白皮书》,2003年日本制定了《食品安全基本法》。我国于2009年2月28日第十一届全国人民代表大会常务委员会第七次会议通过,从2009年6月1日起实施《中华人民共和国食品安全法》,2015年4月24日第十二届全国人民代表大会常务委员会第十四次会议对该法进行了修订,并于2015年10月1日起正式施行。综合型的食品安全法逐步替代要素型的食品卫生法,反映了时代发展的要求。

我国在1995年颁布了《中华人民共和国食品卫生法》。为了适应新形势发展的需要,从制度上解决食品安全问题,2009年2月28日,第十一届全国人民代表大会常务委员会第七次会议通过了《中华人民共和国食品安全法》。《食品安全法》实施后,对规范食品生产经营活动、保障食品安全发挥了重要作用,使食品安全整体水平得到提升。但我国食品生产企业违法生产经营现象依然存在,食品安全事故时有发生,监管体制、手段等还不能完全适应食品安全的需要,食品安全形势依然严峻。经过向社会公开征求意见,实地调研,多次召开企业和行业协会座谈会及专家论证会等多环节,2015年4月24日对《中华人民共和国食品安全法》进行了修订,并于2015年10月1日起正式施行。新《食品安全法》对保证食品安全从而保证人民群众的生命安全与健康将发挥重要作用。

1.1.2 食品安全学的研究目的和研究内容

食品如果由于腐败变质、被有毒有害物污染或其他原因而含有对人体健康不利的物质,人体摄取这类食品后可能导致对健康的危害。食品安全学就是研究食品从农田到餐桌可能存在的、威胁人类健康的有害因素及其预防措施,从而有效地保障人体健康。

食品安全学的研究内容包括:①食品中可能存在的有害因素的种类、来源、性质、作用、含量水平、监测管理以及预防措施;②各类食品的主要卫生问题、食品加工技术存在的卫生问题及防控措施;③食源性疾病及食品安全评价体系的建立,特别是食物中毒及其预防措施的建立;④食品卫生监督管理措施的建立和实施等。

由上述分析可知,食品安全学是一门综合应用食品化学、食品检验、微生物学、毒理学和流行病学等学科的方法,研究食品中可能存在的有毒有害物质及其作用机理,采取相应的措施对有害因素进行控制,从而提高食品质量,保证消费者健康的学科。

1.1.3 食品污染分类

食品本身不应含有有毒有害物质。但是，食品在种植或饲养、生长、收割或宰杀、加工、贮存、运输、销售到食用前的各个环节中，由于环境或人为的作用，可能受到有毒有害物质的侵袭而造成污染，使食品的营养价值和卫生质量降低。这个过程就是食品污染。

1.1.3.1 按污染物的性质分类

按食品中污染物的性质，可将食品的污染分为生物性污染、化学性污染和物理性污染三大类。

(1)生物性污染　是指由微生物及其有毒代谢产物(毒素)、病毒、寄生虫及其虫卵、媒介昆虫等生物对食品的污染。其中，以微生物及其毒素的污染最为常见，是危害食品安全的首要因素。

污染食品的微生物及其毒素主要包括细菌及细菌毒素、霉菌及霉菌毒素，常见的易污染食品的细菌有假单胞菌、微球菌、葡萄球菌、芽孢杆菌、梭菌、肠杆菌、弧菌、黄杆菌、嗜盐杆菌、乳杆菌等。污染食品的霉菌及其毒素多见于南方多雨地区，与食品关系较为密切的霉菌毒素有黄曲霉毒素、赭曲霉毒素、杂色曲霉毒素、岛青霉素等。霉菌和霉菌毒素污染食品后，引起的危害主要有两个方面，一是霉菌引起食品变质，降低食品的食用价值；二是霉菌毒素可能危害人体健康。

由于生物性污染具有不确定性和控制难度大的特点而备受关注。

(2)化学性污染　主要指化学物质对食品的污染，包括农用化学物质如化肥、农药、兽药、激素等在食品中的残留，滥用食品添加剂对食品的污染，违法使用有毒化学物质如苏丹红、孔雀石绿等对食品的污染，有害元素如汞、铅、镉、砷等对食品的污染，食品加工方式或条件不当产生的有毒化学物质如多环芳烃类、丙烯酰胺、氯丙醇、N-亚硝基化合物、杂环胺等对食品的污染，食品包装材料和容器如金属包装物、塑料包装物及其他包装物可能含有的有害化学成分迁移到食品中和工业废弃物等所造成的污染。这些污染食品的化学物质有的来源于食品所处的环境，有的来源于食品的生产过程，还有的来源于食品接触材料。

环境污染物在食品中的存在有其自然背景和人类活动的影响两方面的原因，如汞、镉、铅等重金属及一些放射性物质对食品的污染，在一定程度上受食用农产品产地的地质地理条件的影响。但随着化学物质在工农业生产中的大量生产使用，人类活动造成的环境污染问题变得越来越突出。水体污染、土壤污染、大气污染导致汞、镉、铅、铬等重金属、有毒气体等有害化学物质沉积或附着在食品中，通过食物链而危及人类健康；有机污染物如二噁英、多环芳烃类等都可在环境和食物链中富集，对食品安全构成严重威胁，也使食品的化学性污染发展到不容忽视的地步。

目前，各国政府纷纷停止生产、使用部分高毒、高残留的农药，如我国于 1983 年停止生产、1984 年停止使用有机氯农药，有机磷农药中的甲胺磷等高毒农药也被禁用。氨基甲酸酯类、拟除虫菊酯类等农药虽然毒性较低、易于降解，但如果在农业生产中滥用，对食品安全也将构成很大的威胁。

为预防和治疗家畜、家禽、鱼类等的疾病，促进它们的生长发育，部分养殖者大量投入抗生素和激素类药物，造成了动物性食品中兽药、激素残留。这种现象可能导致形成新的耐药菌株，给相关疾病的治疗带来困难，从而对人体健康构成威胁。因此，兽药、激素残留也成为影响食品安全的重要因素。

食品在加工、烹饪过程中，因高温而产生的多环芳烃类、杂环胺、丙烯酰胺等虽然量不大，但都是毒性较强的化学物质；食品加工中使用的管道如塑料管、橡胶管、铝制容器及各种包装材料，也有可能使有毒物质如单体苯乙烯、金属元素等由管道、包装材料迁移到食品中；当采用陶瓷器皿盛放酸性食品时，其表面釉料中含有的铅、镉等有毒有害元素可以溶解出来而迁移到食品中；用经过荧光增白剂处理的纸作包装材料，残留的胺类化合物可能污染食品；如果用不锈钢器皿存放酸性食品的时间较长，其中的镍、铬等元素溶出，也可以污染食品。

很多动物、植物和微生物体内存在的天然毒素，如蛋白酶抑制剂、生物碱、氰苷、有毒蛋白，食品贮藏过程中产生的过氧化物、醛、酮等化合物也给食品带来了很大的安全隐患。

(3)物理性污染　指食品生产加工过程中的杂质如玻璃片、木屑、石块、金属片或放射性核素超过规定的限量而对食品造成的污染。

食品中的金属物品一般来源于食品加工制造、运输过程中由于疏忽引起的各种机械、电线等碎片存在于食品中，也可能是人为故意破坏而投入到食品中的。消费者如果在食物中吃到这些金属物质，可能会对口腔、咽部、食道等器官造成划伤，将给消费者造成很大的身心痛苦，甚至危及生命安全。

食品中的玻璃物品主要是瓶、罐等多种玻璃器皿以及玻璃类包装物在食品加工、运输过程中由于疏忽等原因而进入食品中。玻璃物品会对消费者造成划伤、割伤等损伤，一些进入人体的玻璃物品需要通过手术才能取出，在一定程度上危害人体健康。

石头、骨头、塑料、鸟粪、小昆虫等存在于食品中，如果不加以控制，都会对人体健康造成一定程度的伤害。

天然放射性物质在自然界中分布很广，存在于矿石、土壤、天然水、大气和动植物组织中，可以通过食物链进入食品中。一般认为，除非食品中的天然放射性物质的核素含量很高，基本不会影响食品安全。自19世纪末(1895年)伦琴发现X射线后，Mink(1896)就提出了X射线的杀菌作用，但直到第二次世界大战后，辐射保藏食品的研究和应用才有了实质性的开始。20世纪90年代中期，WHO根据辐照食品安全性的研究结果得出结论：只要在规定的剂量和条件下辐照食品，辐照不会导致食品成分的毒性变化，不会增加微生物学的危害，不会导致营养供给的损失。但核试验、核爆炸、核泄漏及超量辐射等可能使食品受到放射性核素的污染。

二维码1-2　核泄漏例子

1.1.3.2　按污染物的来源分类

按污染物的来源，食品污染可以分为以下几种。

(1)食品中存在的天然有害物，如河豚中含有的河豚毒素，发芽和绿皮马铃薯中含有的龙葵碱糖苷，大豆中含有的胰蛋白酶抑制剂，毒蘑菇中含有的蘑菇毒素等。

(2)环境污染物，如铅是地壳中含量最丰富的重金属元素，海产鱼中铅的自然含量为0.3 μg/kg，受污染的海洋鱼类含铅量可高达0.2～25 mg/kg，生长在高速公路附近的豆荚和稻谷含铅量为0.4～2.6 mg/kg，是种植在乡村区域的同种植物含铅量的10倍。汞是地球上储量很大、分布很广的重金属元素，在地壳中的平均含量约为80 μg/kg，由于汞在工业上的应用造成环境污染而污染食品，鱼和贝类是被汞污染的主要食品，是人类膳食中汞的主要来源。

(3)滥用食品添加剂,如在动物性食品的生产过程中,为了发色及防腐可以使用硝酸盐、亚硝酸盐。但是大量使用这类物质可能造成食用者急性中毒,如果长期食用含一定硝酸盐、亚硝酸盐的食品,致癌的风险将增加。

(4)食品加工、贮存、运输及烹调过程中产生的物质或工具、用具中的污染物,如食品在高温下加工处理,可能生成具有潜在致癌性的丙烯酰胺;如果对食品进行烟熏、烘烤,食品一方面可以从熏烟中吸附、另一方面食品中的油脂在高温下产生具有致癌性的多环芳烃类物质。

(5)食用农产品生产过程中的农用化学品,如农药、化肥、兽药等,它们在保证农业生产的可持续发展方面起到了积极的作用,但是如果不按相关的标准和要求使用,大量残留于农产品中,将对食用农产品造成严重污染,直接威胁到消费者的健康。

(6)从接触材料中迁移到食品中的化学物,如塑料包装材料中的邻苯二甲酸酯、陶瓷中的铅、镉等。

新技术如基因工程技术生产的新产品对健康的影响也越来越受到人们的关注。目前全球已经有十多个国家种植转基因作物,主要是大豆、玉米、棉花、油菜和马铃薯。如基因改造的抗除草剂农作物可能造成除草剂用量增加等问题引起了广泛争议。目前人类对基因工程食品的安全性了解不够,这类食品的安全性是可以接受的、还是可能威胁人体健康的还需要进一步研究确证。

综上所述,食品不安全因素可能产生于食物链的不同环节,其中的某些有害物质可因生物富集作用而使处在食物链顶端的人类受到高浓度有毒有害物的危害。

1.2 食品安全的发展历史和现状

1.2.1 食品安全的发展历史

在人类长期的生产生活过程中,人们逐渐认识到添加一些物质可以改变食品的色、香、味、形等感官性状,从而增加人们的食欲或延长食品保质期限。早在东汉时期,人们就使用盐卤作凝固剂制作豆腐;从南宋开始,一矾二碱三盐的油条配方就有了记载;亚硝酸盐大约在800年前的南宋就用于腊肉生产;公元6世纪,农业科学家贾思勰在《齐民要术》中就记载了天然色素用于食品染色的方法。在世界范围内,公元前1500年,埃及人用食用色素为糖果着色,公元前4世纪,人们开始为葡萄酒人工着色;最早使用的化学合成食品添加剂是1856年英国人W. H. Perkins从煤焦油中制取的染料色素苯胺紫。

随着对食品认识的逐步深入,人们逐渐认识到食品由于自身的原因和保存条件的不合适以及一些化学物质的加入可能对人体有害,如食品出现腐败变质,并可能传播疾病。因此,早在3 000多年前的西周时期,官方的医政制度将医生分为四大类:食医、疾医、疡医和兽医,其中食医排在诸医之首。还设有凌人,专门负责食品的冷藏防腐,他们的工作就是"冬季取冰,藏之凌阴,为消夏之用"。《唐律疏议》是中国现存的第一部内容完整的法典,特别规定食物有毒、已经让人受害,剩余的必须立刻焚烧,违者杖打九十大板;如果故意送人食用甚至出售,致人生病者,判处一年徒刑;致人死亡者,处以绞刑(脯肉有毒,曾经病人,有余者速焚之,违者杖九十;若故与人食,并出卖令人病者,徒一年;以故致死者,绞)。中世纪罗马与意大利等国设置专管食品卫生的"市吏"。19世纪法国人路易斯·巴斯德(1822—1895年)第一个意识到并证明食品中微生物的存在，并提出巴氏消毒理论。由此，人们发明了可以长期保存食品的新方法，如蒸汽杀菌、高压杀菌、冷藏等。

随着相关学科的发展，人们认识到除了食品添加剂外，化肥、农药、兽药以及环境污染物等物质可以通过食物链在动植物食品中富集，食用这类食品后也可能对健康造成不利影响。

1.2.2 食品安全的现状

虽然许多国际组织以及大多数国家的政府都十分重视食品安全，也采取了一系列措施保障食品安全，但目前全球的食品安全问题仍然相当严重，特别是随着食品生产的工业化和新技术、新原料的采用，造成食品污染的因素日趋复杂化。

高速发展的工农业带来的环境污染问题波及食品并引发了一系列严重的食品污染事故。如2010年3月，美国食品和药物管理局发布紧急召回令，要求将大批怀疑被沙门氏菌污染的沙拉酱、土豆片蘸酱、多味汤等食品立即下架，这次召回可能涉及数千种食品，成为美国历史上规模最大的食品召回事件之一；2014年2月10日，美国食品和药物管理局证实，吃过火星食品公司生产的“本叔叔”牌大米后，得克萨斯、伊利诺伊和北达科他州的数十名儿童出现皮肤过敏、头痛等不适症状，该公司已宣布紧急召回相关产品；2015年4月美国疾病控制与预防中心宣布，美国两个州至少8人因为吃过美国蓝铃公司产品后，感染李斯特杆菌而患病就医，并导致3人死亡。英国食品标准安全局(FSA)于2014年6月30日公布，2013年英国共计约1 562件食品和环境污染事件被报道和调查，发生这些事件的主要原因是微生物污染(21%)、环境污染(15%)和生物毒素污染(9%)。2000年比利时二噁英污染事件发生后，成千上万吨比利时生产的蛋、禽肉、猪肉、牛肉、奶制品被回收或销毁，食品工业的直接损失达13亿美元，由于未能及时公布鸡肉污染情况，令大量污染食品流入市场，比利时卫生部长和农业部长在各方压力下被迫辞职，政府在随后的全国立法选举中惨败，首相率政府官员集体辞职。日本常被夸为“卫生大国”，但食品安全问题也时有发生，如2014年发生1 800多起食物内混入异物事件，混入最高的是蟑螂和苍蝇等昆虫类，占到全部事件的19%，其次是铁丝网和鱼钩等金属制品，共计占到约14%，而由于操作人员处理不当，食物中出现了毛发等事件也达到了11%。日本在1996年有6 000多人先后发生了出血性大肠埃希氏菌O157:H7食物中毒，11人死亡；上万人受到葡萄球菌肠毒素导致的雪印牛奶中毒事件的影响。

国内的食品安全状况同样不容乐观。2008年9月的“三聚氰胺事件”极大地影响了消费者对国产奶制品的信任，对奶制品行业的发展造成了很大的不利。2011年央视“3·15”报道的“双汇瘦肉精”事件使消费者对我国食品安全的担忧加剧。报道后河南省政府在沁阳市、孟州市、温县、获嘉县等四地展开拉网式排查，并对济源市当地的冷鲜肉进行抽检，双汇品牌部分冷鲜肉“瘦肉精”抽检呈阳性。河南省食品安全领导小组办公室通报，济源市政府在全市的7家双汇连锁店和59家双汇冷鲜肉专营店现场封存双汇冷鲜猪肉1 877.9 kg，共抽样46个，其中6个确认为阳性，34个阴性，另有6个样品待确定。

食品安全问题对我国食品出口贸易也产生了严重影响。如2013年欧盟食品和饲料快速预警系统(RASFF)共发布食品和饲料类产品通报3 135项，其中，对中国通报436项，占比13.91%，通报的中国产品包括食品(274项)、食品接触材料(152项)和饲料(10项)三大类。2009年，欧盟通报中国食品等相关产品364次，占总通报数的11.4%，其中食品接触材料119次，占32.7%，主要是有害成分如芳香伯胺、甲醛析出的问题；坚果籽实75次，占20.5%，主要是黄曲霉毒素和霉菌的污染问题；谷物面点 40 次，占 11.0%，主要是大米的转基因和面制品的铝超标问题；水果蔬菜 36 次，占 9.9%，主要是昆虫污染和铅、镉等的超标问题；水产品 21 次，占 5.8%，原因比较复杂；等等。我国畜禽肉，特别是冻鸡，长期因兽药残留问题而出口受阻；茶叶由于农药残留问题而出口多国受阻；由于防治蜂螨病使用抗生素或农作物广泛使用农药，导致蜜源兽药、农药残留较高，使出口蜂蜜因兽药、农药残留超标而受阻。

鉴于食品安全问题的严重性，WHO 和 FAO 以及世界各国近年来均加强了保障食品安全的工作，包括机构设置、强化或调整政策法规、监督管理和科技投入等。

1.2.3 食品安全面临的挑战

目前，我国食品安全主要存在三方面的问题，即微生物污染而引起的食源性疾病，由农药残留、兽药残留、重金属、天然毒素、有机污染物等引起的化学性污染，非法使用添加剂和非食用物质。面对食品安全问题的挑战，迫切的任务是要用国际一流的模式完善我国的食品安全体系，用现代的理论和技术装备我国的食品安全科技与管理队伍。

(1)与国际接轨，加强与国际组织的合作与交流。2014 年，我国进口食品贸易额达到 482.3 亿美元。2010—2014 年 5 年间，我国进口食品贸易额翻了一番，年均增长率达 17.4%。国际食品贸易的增长，一方面为人们的生活提供了丰富的食品，另一方面也为食品安全管理带来了挑战：①错综复杂的国际食品供应链，扩大了食品安全管理的复杂性；②增大了食源性疾病大范围和广泛暴发的潜在风险；③扩大了边境致病因子传出或输入的范围和速度；④全球化的发展要求国际食品安全管理的一致性。

国际食品法典委员会(CAC)制定了一系列各成员都认可的食品卫生应用导则。我国于 1985 年加入 CAC，并于 1995 年正式成立了中国食品法典协调小组，每年派越来越多的专家出席 CAC 各专业委员会的会议，及时掌握 CAC 的动态，并与我国相关标准法规紧密结合。

(2)建立国家食品安全控制与监测网络，系统地监测并收集食品加工、销售、消费全过程包括食源性疾病的各类信息，以便对人群健康与疾病的现状和发展趋势进行科学的评估和预测；早期鉴定病原物质，鉴别高危食品、高危人群；评估食品安全项目的有效性，为卫生政策的规范和提出提供信息。

(3)加强食品安全控制技术的投入和研究。食品消费行为在现代社会受到多种因素的影响，不断地发生变化：①餐饮服务业的发展蒸蒸日上。中国 2004 年餐饮业实现 7 486 亿元零售额，2007 年达到 10 000 亿元，2014 年，全国餐饮收入达到 27 860 亿元。②在外就餐人数日益增加。随着生活水平的提高和生活节奏的加快，在外就餐人数大大增加。据报道，2008 年欧洲在外就餐的人数比 2003 年增加 129 亿人次，美国增加 88 亿人次。③异地旅游，享受不同饮食文化的人数增加。

消费模式的这些变化，无疑会带来新的食品安全问题。为了更好地对食品实施安全控制，需要加强餐饮业特别是快餐食品的监督管理，研究新的预防控制技术，食品的现代加工、贮藏技术等。

(4)加强对食品加工企业以及消费者的食品安全相关知识的培训和教育。保障食品安全是多方面共同的责任，食品生产、流通的每一个环节都有它的特殊性，必须实行“从农场到餐桌”的全程综合管理，如实行良好农业规范和良好生产规范等。政府相关的管理部门、食品企业从业人员都应定期接受食品生产、安全方面的知识培训，特别是要参与危害分析与关键控制点(HACCP)等食品安全质量控制系统的实施活动;消费者则应不定期地接受食品的安全购买、安全烹饪、安全食用等知识的培训;新闻媒体也应提供足够的空间大力宣传食品安全知识、促进绿色消费。

保障食品安全的最终目的是预防与控制食源性疾病的发生和传播,保障消费者的健康。食物可在食物链的不同环节受到污染,因此不可能靠单一的预防措施来确保所有食品的安全。人类对食物数量和质量的追求对食品生产者、管理者来说是一个永不休止的挑战。新的加工工艺、新的加工设备、新的包装材料、新的贮藏和运输方式等会给食品带来新的不安全因素。但我们相信,21世纪科学的发展和技术的进步将会使食品安全的保障系统得到进一步完善,我们的食品将会更加丰富、营养、安全。

(丁晓雯,柳春红)

本章小结

本章阐述了食品安全的定义,食品安全学的研究内容、研究目的,食品污染的分类,食品安全的发展历史和面临的挑战。

思考题

1. 食品安全与食品安全学的定义分别是什么?
2. 食品安全学的主要研究内容是什么?
3. 按污染物的性质,食品污染分为哪几类?

参考文献

[1] 张小莺,殷文政.食品安全学[M].北京:科学出版社,2012.
[2] 钟耀广.食品安全学[M].2版.北京:化学工业出版社,2010.
[3] 赵笑虹.食品安全学概论[M].北京:中国轻工业出版社,2010.

第 2 章

生物性污染与食品安全

本章学习目的与要求

掌握食品腐败变质的原因、化学变化过程和防控措施；掌握霉菌的发育和产毒条件，掌握黄曲霉毒素、赭曲霉毒素、杂色曲霉毒素、展青霉素的来源、性质和毒性；了解肝炎病毒、禽流感病毒等的污染来源和危害。

2.1　细菌污染与食品腐败变质

细菌既是评价食品卫生质量的重要指标，也是导致食品腐败变质的首要原因。在食品中常见的细菌统称为食品细菌，它们是污染食品、引起食品腐败变质的主要微生物类群。食品中的细菌根据来源可分为内源性和外源性两种。

2.1.1　细菌污染对食品安全的影响

2.1.1.1　细菌污染食品的途径

食品在生产、加工、运输、贮藏、销售以及食用过程中都可能受到细菌的污染。细菌对食品的污染主要通过以下几条途径实现：

（1）食品原料的污染　食品原料包括动物和植物，它们在生长过程中可能受到来自大气、水、土壤等环境中无处不在的微生物的污染。如土壤中的微生物数量可达 10^7～10^9 个/g，种类十分庞杂，其中细菌占的比例最大，可达 70%～80%，放线菌占 5%～30%，其次是真菌、藻类和原生动物。土壤中的微生物除了自身发展外，分布在空气、水和人及动植物体的微生物也会不断进入土壤中。许多病原微生物就是随着动植物残体以及人和动物的排泄物进入土壤的。因此，土壤有“微生物的天然培养基”和“微生物大本营”之称。

空气中不具备微生物生长繁殖所需的营养物质和充足的水分条件，加之室外经常受到来自日光的紫外线照射，所以空气不是微生物生长繁殖的场所。但空气中确实含有一定数量的微生物，主要为霉菌、放线菌的孢子和细菌的芽孢及酵母。空气中也可能会出现一些病原微生物，主要来自人或动物呼吸道、皮肤干燥脱落物及排泄物等。

自然界中的江、河、湖、海等各种水域中都生存着相应的微生物。当水体受到土壤和人畜排泄物的污染后，会使肠道菌的数量增加，如大肠杆菌、粪链球菌、沙门氏菌、产气荚膜芽孢杆菌。海水中的微生物主要是细菌，它们均具有嗜盐性。近海中常见的细菌有假单胞菌、无色杆菌、黄杆菌、微球菌属、芽孢杆菌属等，它们能引起海产动植物的腐败，有的是海产鱼类的病原菌。

来自于环境中的食品原料在采集时表面往往附着着许多细菌，尤其是表面有破损时，破损处常有大量细菌聚集。

健康的畜禽机体组织内部如肌肉、脂肪、心、肝、肾等组织器官一般是无菌的，而畜禽体表、被毛、消化道、上呼吸道等器官是有微生物存在的。这些微生物在屠宰时可能污染动物体。屠宰后的畜禽丧失了先天的防御机能，微生物容易侵入组织并在其中迅速生长繁殖。

健康禽类所生产的鲜蛋内本来应该是无菌的，但是细菌如果通过血液循环进入到卵巢中，就可在蛋黄形成时进入蛋中，常见的有沙门氏菌等；禽类的泄殖腔内含有一定量的微生物，当蛋从泄殖腔排出体外时，由于蛋内容物遇冷收缩，附在蛋壳上的微生物可穿过蛋壳的气孔进入蛋内；鲜蛋壳上有许多大小为 4～6 μm 的气孔，外界的各种微生物都有可能通过这些孔道进入蛋内，特别是贮存期长或经过洗涤的蛋，在高温、潮湿的条件下，环境中的微生物更容易借水的渗透作用通过气孔侵入蛋内。

由于健康乳畜的乳房内可能生存有一些细菌，使刚挤出的鲜乳中也含有一定数量的微生物，主要是微球菌属、链球菌属、乳杆菌属的细菌。当乳畜患乳房炎时，乳房内会含有病原菌，如无乳链球菌、化脓棒状杆菌和金黄色葡萄球菌等，使刚挤出的鲜乳中也含有一定量的病原微生物。

由于水中含有微生物，鱼的体表、鳃、消化道内都有一定数量的微生物存在。近海和内陆水域中的鱼可能受到人或动物的排泄物的污染而带有病原菌，如副溶血性弧菌、沙门氏菌、志贺氏菌等。它们在鱼体上存在的数量虽然不多，但如贮藏不当，病原菌大量繁殖可能引起食物中毒。

植物在生长过程中与自然界接触广泛，表面存在有大量的微生物。如每克粮食含有几千个以上的细菌和相当数量的霉菌孢子。植物表面还会附着有病原微生物，它们是在植物生长过程中通过根、茎、叶、花、果实等不同途径侵入植物组织内部的。

(2)食品生产过程中的污染　一是由于食品加工的环境不清洁，细菌随空气、水等污染食品原料、加工器具的表面而造成食品的污染；二是加工过程如果管理不善，可能造成原料、半成品、成品、加工器具间细菌的交叉污染。

在食品加工过程中，由于食品的汁液或颗粒黏附于加工机械设备的内表面，如果食品生产结束后机械设备没有得到彻底的清洗和消毒灭菌，微生物可以在其上大量生长繁殖，成为重要的污染源。这种机械设备在后来的使用中会通过与食品接触而造成食品的微生物污染。

各种包装材料也带有微生物，如一次性包装材料比循环使用的材料所带有的微生物少；塑料包装材料由于带有电荷，可以吸附灰尘及微生物。

果蔬汁是以新鲜水果、蔬菜为原料，经加工制成的。由于果蔬原料本身带有微生物，而且在加工过程中还可能再次受到微生物的污染，所以制成的果蔬汁中必然存在大量微生物，主要是酵母菌，其次是霉菌和少数的细菌。

粮食在加工过程中，经过清洁处理，可除去籽粒表面上的部分微生物，但某些工序可使粮食受环境、机具及操作人员携带的微生物的再次污染。多数市售面粉的细菌含量为每克几千个，同时还含有 50～100 个的霉菌孢子。

(3)食品从业人员的污染　人体的体表、消化道、呼吸道均带有大量的微生物，当人被病原微生物感染后它们也会以一定数量存在于人体内。这些微生物可以通过人与食品的直接接触，如通过手以及呼吸道、消化道向体外的排出物而污染食品。如鼻腔或伤口感染了金黄色葡萄球菌的人、甲型肝炎患者或病毒携带者、肠道志贺氏菌带菌者等，如果他们从事直接接触食品的操作，他们携带的这些病原微生物很容易污染食品。

(4)食品贮藏中的污染　食品贮藏是把食品或其原料经过从生产到消费的整个环节保持其品质不降低的过程。食品的贮藏环境与条件不佳，外部的微生物如细菌可以通过空气等途径污染食品，侵入食品或残留在食品中的细菌在食品中生长繁殖，使食品中细菌的总数上升，是造成食品微生物污染的重要原因。

(5)食品运输与销售过程中的污染　食品运输工具、容器不符合卫生要求，受到微生物的污染，散装食品的销售器具、包装材料等都可能成为食品的微生物污染源。

(6)食品烹调加工过程中的污染　在食品烹调过程中，未能将食品烧熟煮透、生熟不分等不良操作，可能使食品中已经存在或污染的微生物大量生长繁殖，从而降低食品的安全性。

2.1.1.2　*食品中常见的污染细菌*

食品中较常见的污染细菌主要有：

(1)假单胞菌属　为革兰氏阴性、无芽孢、直或稍弯曲杆状，需氧，嗜冷，可在 pH 5.0～5.2

的条件下生长，能使 pH 上升，并产生各种色素。该属细菌的营养要求简单，大部分菌种在不含维生素、氨基酸的培养基中仍能良好生长。假单胞菌属(*Pseudomonas*)的细菌多分布于土壤、水及各种植物体上，它们多具有分解蛋白质和脂肪的能力，增殖速度快，一些种能在 5℃的低温下生长，具有很强的产氨等产生腐败产物的能力。因此，假单胞菌污染肉及肉制品、新鲜鱼、贝类、禽蛋类、牛乳和蔬菜等食品后可引起它们的腐败变质，假单胞菌还是冷藏食品腐败变质的重要菌类。如荧光假单胞菌 (*P. fluorescens*)在低温下可使肉、乳及乳制品发生腐败；生黑色腐败假单胞菌(*P. nigrifaciens*)能使动物性食品腐败，并在其上产生黑色素；菠萝软腐病假单胞菌(*P. ananas*)可使菠萝腐烂，被侵害的组织变黑并枯萎。

(2)葡萄球菌属、微球菌属　葡萄球菌属(*Staphylococcus*)的细菌为兼性厌氧菌，嗜中温，对营养要求较低，可产生金黄色、柠檬色、白色等非水溶性色素。该属细菌有很强的耐高渗透压能力，可在 7.5%～15%的 NaCl 中生长繁殖。与食品关系最为密切的葡萄球菌属细菌是金黄色葡萄球菌(*S. aureus*)，它可产生肠毒素等多种毒素及血浆凝固酶等代谢产物，存在于人和动物的化脓处、健康人和动物的体表、垃圾及人类的生活环境中。金黄色葡萄球菌污染食品后可在其中生长繁殖，产生毒素，人食入这些食品后可引起食物中毒。

微球菌属(*Micrococcus*)的细菌为好氧、不运动的球菌，可产生黄、橙或红色色素，对干燥和高渗透压有较强的抵抗力，它们可在 5%的 NaCl 中生长繁殖，最适生长温度为 25～37℃。该属细菌广泛存在于人和动物的皮肤上，也广泛分布于土壤、水、植物和食品上，在新鲜食品、加工食品和腐败的食品中检出率都很高，是导致动物性食品、大豆制品等食品腐败的重要细菌。

(3)芽孢杆菌属与梭菌属　芽孢杆菌属(*Bacillus*)为革兰氏阳性杆菌，可形成芽孢，对不良环境条件有很强的抵抗力。该属菌广泛分布于土壤、植物、腐殖质及食品中，主要有炭疽芽孢杆菌(*B. anthracis*)、蜡样芽孢杆菌(*B. cereus*)和枯草芽孢杆菌(*B. subtilis*)。炭疽芽孢杆菌可以引起人和动物疾病。蜡样芽孢杆菌广泛分布于土壤、水、调味料、乳以及咸肉中，污染食品后可以引起食品腐败变质，并产生导致食物中毒的肠毒素、溶血素、呕吐毒素等毒素；该菌污染牛乳后可产生类似凝乳酶的酶，使乳在酸度不高时即可发生凝固。枯草芽孢杆菌如果污染面粉，可以使发酵面团产生黏液，使烤制的面包或馒头出现斑点并且伴有异味；该菌如果污染肉及其制品，在肉类表面可产生黏液并有异味。

梭菌属(*Clostridium*)的绝大多数种为厌氧菌，对不良环境条件具有极强的抵抗力，可耐受 2.5%～6.5%的 NaCl，对亚硝酸钠和氯敏感。梭菌广泛分布于土壤、下水污泥、海水沉淀物、腐败植物、食品、人和其他哺乳动物的肠道内。该属中的一些菌种如丁酸梭菌(*C. butyricum*)可分解碳水化合物，产生乙酸、丙酸、丁酸等各种有机酸和乙醇、异丙醇、丁醇等醇类，在食品加工中可用于生产某些酸、醇和酮类物质。但梭菌属的一些菌种如腐化梭菌(*C. putrefaciens*)可以分解蛋白质和氨基酸，产生硫化氢(H_2S)、硫醇、甲基吲哚(粪臭素)等具有恶臭味的物质；在乳中生长时可使乳中酪蛋白完全胨化；在熟肉中生长使肉变黑；在罐头中生长时，因产气使罐头发生膨胀。肉毒梭菌(*C. botulinum*)在食品中繁殖可产生肉毒毒素，当人食入含有该毒素的食品后，可发生食物中毒。

(4)肠杆菌科各属　该科菌多为革兰氏阴性杆菌，嗜中温，最适生长温度为 37℃(除欧文氏菌属和耶尔森氏菌属外)，大部分能发酵糖产酸产气，对热抵抗力弱，可用巴氏消毒法杀灭该科细菌。肠杆菌科各属菌大多存在于人和动物的肠道内，是肠道菌群的一部分，其中一些菌种是人和动物的致病菌，一些是植物的病原菌，还有一些是引起食品腐败变质的腐败菌。

①埃希氏菌属(*Escherichia*) 该属的许多菌株兼性厌氧，代表菌种是大肠埃希氏菌(*E. coli*)，简称大肠杆菌，能发酵乳糖产酸产气，产生吲哚，是人和动物肠道正常菌群之一。绝大多数大肠杆菌在肠道内无致病性，极少部分可产生肠毒素等致病因子而引起食物中毒。该菌大多可代谢产生组氨酸脱羧酶，污染食品后可使食品中的组氨酸脱羧而产生组胺，引起过敏性食物中毒。大肠杆菌是食品中常见的腐败菌，也是食品和饮用水的粪便污染指示菌之一。

②志贺氏菌属(*Shigella*) 该属菌为兼性厌氧菌，大多数菌株不分解乳糖。该属菌污染食品经口进入人体后，可侵入大肠的上皮细胞，引起以腹泻、发热、腹痛为主的症状。

③沙门氏菌属(*Salmonella*) 该属菌为兼性厌氧菌，最适生长温度为35～37℃，能发酵葡萄糖产酸产气，可以产生 H_2S。沙门氏菌广泛分布于自然界，常污染鱼、肉、蛋、乳等食品并在其中生长繁殖。人食入被污染的食品后，该菌可在消化道内生长繁殖而引起急性胃肠炎和败血症等，是重要的食物中毒性细菌之一。

④肠杆菌属(*Enterobacter*) 该属菌为兼性厌氧菌，可发酵葡萄糖产酸产气，在人肠道内比大肠杆菌少，广泛分布于土壤、水和食品中，是条件致病菌。该属菌污染食品后可引起食品的腐败变质，部分低温性菌株可引起冷藏食品的腐败变质。

⑤变形杆菌属(*Proteus*) 该属菌为兼性厌氧菌，广泛分布于动物肠道、土壤和水中，具有很强的蛋白质分解能力，是重要的食品腐败菌之一。该菌污染食品后可在食品中迅速生长繁殖，初期使食品的 pH 下降，随后使蛋白质分解产生盐基氮，使食品转为碱性并使其软化。

⑥耶尔森氏菌属(*Yersinia*) 该属细菌中与食品关系最密切的菌是小肠结肠炎耶尔森氏菌，该菌为兼性厌氧菌，广泛分布于自然界中，污染食品后可引起以肠胃炎为主的食物中毒。

(5)黄杆菌属与弧菌属 黄杆菌(*Flavobacterium*)是能产生色素的兼性厌氧菌，在海水、淡水、5%食盐水中可生长繁殖。

弧菌属(*Vibrio*)的细菌为兼性厌氧菌，能发酵糖类产酸但不产气，不产生水溶性色素。该属细菌广泛分布于淡水、海水和鱼、贝中。在海洋沿岸、浅海海水、海鱼体表和肠道、浮游生物等中均有较高的检出率。海产动物死亡后，在低温或中温保藏时，该菌可在其中迅速生长繁殖，引起食品腐败变质。该属菌污染食品后可引起食物中毒。弧菌属细菌中重要的菌种有副溶血性弧菌(*V. parahaemolyticus*)、霍乱弧菌(*V. cholerae*)等。

(6)嗜盐杆菌属与嗜盐球菌属 它们为革兰氏阴性菌，对高渗透压均具有很强的耐受性，可在高盐环境中如3.5%至饱和盐溶液中生长。低盐可使该属细菌由杆状变为球状。嗜盐杆菌和嗜盐球菌可在咸肉和盐渍食品中生长，引起食品变质。

(7)乳杆菌属、丙酸杆菌属 乳杆菌属(*Lactobacillus*)细菌为兼性厌氧菌，有时微好氧，在有氧时生长差，降低氧分压时生长较好，通常5%的 CO_2 可促进该属细菌的生长；最适宜生长温度为30～40℃。乳杆菌属细菌广泛分布于乳制品、肉制品、鱼制品、谷物及果蔬制品中，发酵分解糖的终产物中有50%以上是乳酸，因此该属菌中的许多种可用于生产乳酸或发酵食品。乳杆菌属的细菌是人类和许多动物口腔、消化道和阴道的正常菌群，污染食品后也可以引起食品变质，但不致病。

丙酸杆菌属(*Propionibacterium*)为兼性厌氧，最适生长温度30～37℃，能使葡萄糖发酵产生丙酸、乙酸，同时有气体产生。该属细菌主要存在于乳酪、乳制品和人的皮肤上，参与乳酪成熟，使乳酪产生特殊香味和气孔。

2.1.1.3 细菌污染对食品安全的影响

当污染食品的细菌在食品中生长繁殖达到一定数量、产生并蓄积大量毒素时，不仅可使食品腐败变质，影响食品的质量，降低食品的食用价值，而且对人体健康也可造成严重危害。

二维码 2-1 污染食品的细菌

细菌污染食品后，在适宜的条件下可以利用食品中的营养成分生长繁殖并产生大量代谢产物，如产生蛋白酶使食品中的蛋白质分解产生氨基酸，氨基酸进一步被脱羧酶脱羧后可产生胺类物质，氨基酸被脱氨酶脱氨后可形成有机酸，使食品具有不愉快的气味，导致食品腐败变质。

当污染食品的细菌具有致病性时，不仅可使食品腐败变质，还能引起食物中毒，如沙门氏菌、副溶血性弧菌、葡萄球菌、变形杆菌、肉毒梭菌、蜡样芽孢杆菌、致病性大肠杆菌、志贺氏菌等，它们既可以导致食品腐败变质，也可以导致食用者发生食物中毒。发生细菌性食物中毒的原因主要有三个：①食物在制备、运输、发放等过程中受到致病菌的污染；②被致病菌污染的食物在较高的温度存放，食品含有充足的水分、适宜的 pH 及营养条件，使这些致病菌大量生长繁殖或产生毒素；③被污染的食物未被烧熟煮透或煮熟后再次受到污染，食用后引起中毒。

各类细菌引起的食物中毒与食品种类、所处的地理环境、人们的生活习惯以及细菌本身所具有的某些特性密切相关。如副溶血性弧菌食物中毒主要由海产品引起，故以沿海地区发病率相对较高；肉毒中毒主要由自制发酵豆制品如臭豆腐、豆瓣酱等引起，发病率以西北地区较高；摩根氏变形杆菌引起的组胺中毒多与某些海产鱼类有关。但是，近 20 多年来，一些细菌性食物中毒表现出的危害性更大，如单增李斯特菌食物中毒、小肠结肠炎耶尔森氏菌食物中毒、创伤弧菌食物中毒、椰毒假单胞菌食物中毒，它们所导致的病死率分别可达 20%～50%、34%～50%、60%、50%～100%，且病程长，恢复慢。因此，应引起高度关注。有些细菌在生长繁殖过程中产生的毒素具有较好的耐热性，加热到 100℃都不被破坏，如葡萄球菌肠毒素；而对热敏感的毒素在不超过 100℃的温度下即可被破坏，如肉毒毒素。此外，有些细菌可产生耐高温的芽孢，一般煮沸不能将其杀死，当温度降低后，芽孢可萌发成新的菌体，继续生长繁殖。若这样的细菌能产生毒素，则会严重影响食品的安全性和人体健康，如肉毒梭菌就是这样的细菌。

2.1.2 食品腐败变质的原因与影响因素

食品被微生物污染后，是否会引起腐败变质，与微生物的种类和数量、食品本身的组成和性质、食品存在的环境等因素有着密切的关系。

2.1.2.1 微生物的作用

这是引起食品腐败变质的主要原因。

微生物包括细菌、酵母菌和霉菌，一般情况下细菌比酵母菌和霉菌占优势，它们在生长发育过程中可以产生有选择地分解食品中特定成分的酶，从而使食品成分被分解，发生有一定特点的腐败变质。微生物在生长发育过程中产生的酶可分为两类：一类是胞外酶，可以直接将食品中的多糖、蛋白质等成分分解生成酸、二氧化碳、氨等简单物质；另一类是胞内酶，它们不能直接分解食品成分，而是将吸收到细胞内的简单物质进一步分解，产生一些代谢产物，使食品具有不良的气味、味道，其中一些代谢产物可能具有毒性。

能分解蛋白质的微生物：能分泌胞外蛋白酶的细菌有摩根菌属（*Morganella*）和梭菌属。分解力特别强的有芽孢杆菌属、假单胞菌属；分解力弱的有微球菌属、葡萄球菌属、埃希氏菌属（*Escherichia*）、黄杆菌属、短杆菌属（*Brevibacterium*）等。蛋白分解菌在以蛋白质为主体的食品中能很好地生长繁殖，即使无糖存在也能生长发育。

能分解碳水化合物的微生物：大多数的霉菌都有利用简单碳水化合物的能力。细菌对淀粉分解能力较强的仅有少数，主要是芽孢杆菌属的枯草芽孢杆菌、马铃薯芽孢杆菌、丁酸梭菌；能分解纤维素和半纤维素的细菌较少，主要是芽孢杆菌属、八叠球菌属和梭状芽孢杆菌属中的一些菌种；能分解果胶的细菌有欧氏植病杆菌属（*Erwinia*），如胡萝卜软腐病欧氏杆菌（*E. carotovora*）、软腐病欧氏杆菌等，芽孢杆菌属中的环状芽孢杆菌（*B. circulans*）、多黏芽孢杆菌（*B. polymyxa*），梭状芽孢杆菌属中的费地浸麻梭菌（*C. felsineum*）等。

能分解脂肪的微生物：分解蛋白质能力强的需氧细菌中的大多数菌种都能分解脂肪，其中假单胞菌属中的荧光假单胞菌分解脂肪能力很强，其他如黄杆菌属、无色杆菌属、产碱杆菌属、葡萄球菌属和芽孢杆菌属等中的一些菌株能分解脂肪。能分解脂肪的酵母菌不多，主要有能产生脂肪酶的解脂假丝酵母（*Candida lipolytica*）和娄沙假丝酵母（*C. rugosa*），其中解脂假丝酵母对糖类不发酵，但分解脂肪和蛋白质的能力都很强，因此，它也能引起乳制品与肉类食品的腐败变质。

2.1.2.2 食品本身的组成和性质

酶：酶是生物催化剂，它能够加快生化反应的速度，但是不改变反应的方向和产物。食品原料都是动植物，本身组织中含有各种组织酶，在适宜温度条件下，酶类活动增强，引起食品组成成分的分解，如肉的后熟，粮食、水果、蔬菜的呼吸等。食品本身含有的酶可以加速食品的腐败变质。

食品的营养成分：食品中含有多种人体需要的营养成分，如糖、脂肪、蛋白质、维生素、无机盐和水分。食品的营养成分组成对食品中微生物的繁殖速度、菌相组成和优势菌种有重要影响，从而决定食品是否耐藏或易腐以及腐败变质的进程和特征。例如，富含蛋白质的肉、鱼、蛋、奶等食品，如果发生腐败变质就以蛋白质的腐败为基本特征；碳水化合物性食品如粮食及其制品在细菌和酵母菌的作用下，以产酸发酵为基本特征；油脂或富含油脂的食品一般不适于微生物的增殖，主要在理化因素的作用下发生酸败。

食品的 pH：食品的 pH 反映食品的酸碱性，其高低是制约微生物生长繁殖并影响食品腐败变质的重要因素之一。pH 在 4.5 以下的酸性食品常常可以抑制多种微生物的生长。当微生物在食品中繁殖时，不断分解食品成分，产生出一系列代谢产物，使其 pH 发生变化。例如，蔬菜中碳水化合物含量较高，被微生物分解后产生酸，故易变酸，如在制备腌菜的初期由于乳酸菌利用蔬菜中的糖分而产酸，pH 下降，直至有大量的酸积累时，乳酸菌生长被抑制，pH 保持相对稳定。肉类食品中蛋白质含量丰富，被微生物分解后易产生胺类等碱性物质，导致 pH 升高。当 pH 接近中性时，有利于一些腐败细菌的生长繁殖，最后使 pH 趋向碱性。

食品的水分活度：水分活度（A_w）是指食品中水分存在的状态，即水分与食品的结合程度（游离程度）。水分活度值越高，水分与食品的结合程度就越低，反之则越高。各种微生物都有其生长的最适水分活度，水分活度下降时，它们的生长率也下降，水分活度下降至某一值时，微生物便停止生长。食品中的水分是微生物赖以生存和分解食品成分的基础，故水分活度是影响食品腐败变质的重要因素之一。在水分活度值高的食品中微生物生长良好，如大多数新鲜食品的水分活度在 0.99 以上，细菌最先引起这类食品变质；当食品的水分活度为 0.80～0.90

时，霉菌和酵母菌才能很好地生长；当水分活度为 0.80～0.85 时，几乎所有食品在 1～2 周内均迅速腐败变质，此时霉菌成为导致腐败的常见菌；若将水分活度降低到 0.65 以下，在此条件下能生长的微生物种类极少，食品可贮藏 1～2 年。干制食品的水分活度一般为 0.60～0.75。一般认为，水分活度值在 0.70 以下，霉菌仍能缓慢生长。因此，霉菌是干制食品中常见的腐败菌。必须注意食品保存环境的相对湿度，如某些干制食品有很高的吸湿性，趋向于使自身的水分活度值与空气的相对湿度相平衡，如蛋粉、奶粉、面粉等，因此，干制食品要密闭保存，注意防潮。

食品的渗透压：在低渗透压的食品中，绝大多数微生物都能生长繁殖；而在高渗透压的食品中，多种霉菌和少数酵母菌能够生长，绝大多数细菌却不能生长。盐腌和糖渍食品就是通过加入大量的食盐或糖以提高食品的渗透压，从而防止绝大多数微生物的生长繁殖。但嗜盐微生物、耐盐微生物和耐糖微生物仍可以在这些食品中生长。能在食盐浓度 2%以上生长的微生物称为耐盐菌，如高度嗜盐菌中的盐杆菌属和微球菌属的一些菌种，它们最适宜在含 20%～30%食盐的食品中生长；中度嗜盐菌中的假单胞菌属、弧菌属、有色杆菌属、八叠球菌属、芽孢杆菌属和微球菌属等中的一些菌种，如盐脱氮微球菌、肋生弧菌等适宜在含 5%～18%食盐的食品中生长；低度嗜盐菌中的无色杆菌、假单胞菌属、黄杆菌和弧菌属中的一些菌种适宜在含 2%～5%食盐的食品中生长，这类食品大多数是海产品。

2.1.2.3 环境条件的影响

微生物在食品中能否生长繁殖使食品发生腐败变质，除上述因素外，环境因素如温度、相对湿度、氧和光线等也有一定的影响。

温度：每一类群的微生物都有适宜生长的温度范围，在这个范围内温度高，生长发育快，温度低则生长发育迟缓。在细菌可以生长的最低温度到最适生长的高限温度范围内，温度升高，细菌增殖所需时间越短，食品越容易腐败。25～30℃是绝大多数细菌、酵母菌能够良好生长繁殖的温度。因此，在 25～30℃时各种微生物都可能引起食品腐败变质。

相对湿度：空气的相对湿度对微生物生长和食品尤其是未经包装的食品的腐败变质起着重要作用。例如，长江流域的梅雨季节，粮食容易发霉就是因为空气的相对湿度较高（一般在 70%以上）的缘故。

氧：食品在加工、运输、贮藏过程中，由于接触环境中含有的气体不一样，引起食品腐败变质的微生物类群和食品腐败变质的过程都不同。在有氧条件下，引起食品腐败变质的微生物包括绝大多数的细菌、酵母菌和霉菌。由于微生物能良好生长繁殖，引起食品腐败变质的速度较快。在缺氧环境中，厌氧微生物如酵母菌和少数细菌相对较少，因此它们引起食品腐败变质的速度较缓慢。多数兼性厌氧微生物在食品中的繁殖速度在有氧时也比缺氧时要快得多，部分好氧微生物在含氧量少的环境中也能生长繁殖，但速度缓慢。

光线：紫外线可杀死食品中的微生物而延缓食品的腐败变质，但是紫外线也可促进油脂的酸败。阳光的直射还可使食品温度升高，有利于微生物的生长。因此，大多数食品应避光保存。

完整的食品可以抵御微生物的侵袭。当食品组织破损时，微生物可以从破损处入侵到食品内部，加速食品的腐败变质。

2.1.3 食品腐败变质的危害与控制措施

2.1.3.1 食品腐败变质的危害

食品腐败变质将导致食品的营养价值降低，食用价值下降甚至丧失，更严重的是还可能危害食用者的健康。食品腐败变质的危害主要表现在：

(1)诱发食物中毒　有的食品被致病菌污染后，在适宜的温度、水分、pH 和营养条件下大量繁殖，同时可产生毒素。食用已腐败变质的食品后极易发生细菌性食物中毒。但有些可能引起食物中毒的细菌如沙门氏菌由于不分解蛋白质，引起食品腐败变质后不使食品表现出明显的感官变化，不容易被察觉，因此引起食物中毒的危险性更大。在各种食物中毒中细菌性食物中毒所占比例最大，常见的细菌性食物中毒有沙门氏菌食物中毒、副溶血性弧菌食物中毒、变形杆菌食物中毒、金黄色葡萄球菌食物中毒、蜡样芽孢杆菌食物中毒、肉毒梭菌食物中毒、小肠结肠炎耶尔森氏菌食物中毒、单增李斯特氏菌食物中毒等。

(2)传播人畜共患病　如果污染食品的细菌是人畜共患病原菌，可能引起人畜共患病。如摄入了患炭疽病死亡的动物肉后，炭疽病原菌进入人体内，便可引起人的炭疽病，表现为腹痛、呕吐、血便等症状，如病原菌进入血液中，则易形成全身败血症；如误食含有布鲁氏杆菌的牛、猪的内脏器官、乳汁，可以引起全身关节疼痛、无力等症状；结核杆菌也是人畜共患病的病原菌，牛易感染此菌，在病牛乳中常有结核杆菌存在，如果消毒不彻底，人极易被此菌感染。

2.1.3.2　食品腐败变质的鉴定

食品受到微生物污染后，容易发生腐败变质。那么如何鉴别食品的腐败变质？一般是从感官、化学、物理和微生物四个方面来进行鉴定。

(1)感官鉴定　感官鉴定是以人的视觉、嗅觉、触觉、味觉来查验食品初期腐败变质的一种简单而灵敏的方法。食品初期腐败时一般会产生臭味，发生颜色变化(褪色、变色、着色、失去光泽等)，出现组织变软、变黏等现象。这些都可以通过感官很灵敏地分辨出来。

①色泽　食品无论在加工前或加工后，本身均呈现一定的色泽。如有微生物繁殖引起食品变质，食品的色泽就会发生改变。有些微生物产生色素分泌至细胞外，色素不断累积就会造成食品原有色泽的改变，如食品腐败变质时常出现黄色、紫色、褐色、橙色、红色和黑色的片状斑点或全部变色。另外，由于微生物代谢产物的作用，促使食品发生化学变化时也可引起食品色泽的变化。例如，肉及肉制品的绿变就是由于硫化氢与血红蛋白结合形成硫化氢血红蛋白所引起的。腊肠由于乳酸菌增殖过程中产生了过氧化氢，促使肉色素褪色或绿变。

②气味　食品本身有一定的气味。动物、植物原料及其制品因微生物的繁殖而产生极轻微的变质时，人们的嗅觉也能敏感地觉察到有不正常的气味产生。如氨、三甲胺、乙酸、硫化氢、乙硫醇、粪臭素，在空气中浓度为 $10^{-18} \sim 10^{-11}$ mol/L 时，人们的嗅觉就可以察觉到。此外，食品腐败变质时，其他物质如甲酸、酮、醛、醇类、酚类等很容易被察觉到。

食品中产生的腐败臭味经常是多种臭味混合而成的，有时也能分辨出比较突出的不良气味，例如霉味臭、醋酸臭、胺臭、粪臭、硫化氢臭、酯臭。但食品腐败有时产生的有机酸味、水果变坏产生的芳香味等，人的嗅觉习惯不认为是臭味。因此评定食品腐败不能单纯以香味、臭味来划分，而是应该按照正常气味与异常气味来评定。

③口味　微生物造成食品腐败变质时也常引起食品口味的变化。而口味改变中比较容易分辨的是酸味和苦味。一般碳水化合物含量多的低酸食品，变质初期产生酸是其主要特征。但对于原来酸味就比较高的食品，如番茄制品，微生物造成酸败时酸味稍有增高，辨别起来就比较困难。另外，某些假单胞菌污染消毒乳后可产生苦味；蛋白质被大肠杆菌、小球菌等微生物作用也会产生苦味。

当然，口味的评定从卫生角度看是不符合要求的，而且不同人评定的结果往往分歧较多，只能作大概的比较，口味的评定应借助仪器来测试。

④组织状态　固体食品变质时，因微生物酶的作用可使动、植物组织细胞破坏，造成细胞内容物外溢，这样食品的性状即出现变形、软化；鱼肉类食品则呈现肌肉松弛、弹性差，有时组织体表出现发黏等现象。微生物引起粉碎后加工制成的食品，如糕鱼、乳粉、果酱等变质后常出现黏稠、结块等表面变形、湿润或发黏现象。

液态食品变质后即会出现浑浊、沉淀，表面出现浮膜、变稠等现象。鲜乳因微生物作用引起变质，可出现凝块、乳清析出、变稠等现象，有时还会产气。

(2)化学鉴定　微生物的代谢可引起食品化学组成的变化并产生多种腐败产物。因此，直接对这些腐败产物进行定性定量测定就可作为判断食品质量的依据。

二维码 2-2　食品腐败变质的化学过程及鉴定指标

一般氨基酸类、蛋白质类等含氮高的食品，如鱼、虾、贝类及肉类，在需氧性败坏时，常以测定挥发性盐基氮含量作为评定指标；对于含氮量少而含碳水化合物丰富的食品，在缺氧条件下腐败则经常以测定有机酸的含量或 pH 的变化作为指标。

①挥发性盐基总氮　例如一般在低温有氧条件下，鱼类挥发性盐基氮达到 30 mg/100 g 时，即认为变质。

②三甲胺　新鲜鱼、虾等水产品和肉中没有三甲胺，初期腐败时，其量可达 4～6 mg/100 g。

③组胺　细菌分泌的组氨酸脱羧酶可使鱼贝类的组氨酸脱羧生成组胺，当组胺达到一定量时，可引起过敏反应。

④K 值　K 值是指三磷酸腺苷(ATP)分解的肌苷(HxR)和次黄嘌呤(Hx)低级产物占 ATP 系列分解产物的百分比。K 值主要适用于鉴定鱼类早期腐败。若 $K \leqslant 20\%$，说明鱼体绝对新鲜；当 $K \geqslant 40\%$时，鱼体开始有腐败迹象。

⑤pH　一方面可由微生物或食品原料本身酶的作用使 pH 下降，另一方面也可以由微生物所产生的氨而促使 pH 上升。一般腐败开始时，食品的 pH 略微降低，随后上升，因此食品 pH 的变化多呈 V 字形。例如，牲畜和一些青皮红肉鱼在死亡之后，肌肉中因碳水化合物被分解，造成乳酸和磷酸在肌肉中积累，以致引起 pH 下降；其后因腐败微生物繁殖，肌肉被分解，造成氨积累，促使 pH 上升。由于食品的种类、加工方法以及污染的微生物种类不同，pH 的变动有很大差异，所以一般不用 pH 作为食品初期腐败的指标。

(3)物理鉴定　食品的物理鉴定主要是根据蛋白质分解时低分子物质增多这一现象，研究食品浸出物量、浸出液电导度、折射率、冰点、黏度等指标的变化，其中肉浸液的黏度测定尤为敏感，能反映腐败变质的程度。

(4)微生物鉴定　对食品进行微生物菌数测定可以反映食品被微生物污染的程度以及是否发生变质，同时它是判定食品生产一般卫生状况以及食品卫生质量的重要指标，常用细菌总数和大肠菌群值来评定食品卫生质量，一般食品中的活菌数达到 10^8 个/g 时，可认为处于初期腐败阶段。

二维码 2-3 GB 29921—2013《食品中致病菌限量》简介

二维码 2-4 《食品安全法》涉及微生物的条款

腐败变质食品一般由于微生物污染严重、菌相复杂和菌量增多,因而增加了致病菌和产毒霉菌等存在的机会。由于菌量增多,可以使某些致病性微弱的细菌引起人体的不良反应,甚至中毒;致病菌引起的食物中毒几乎都有菌量异常增大这个必要条件。

因此,对食品的腐败变质要及时准确鉴定并严加控制,但这类食品的处理还必须充分考虑具体情况。如轻度腐败的肉类、鱼类,通过煮沸可以消除异常气味,部分腐烂的水果蔬菜可拣选分类处理,单纯感官性状发生变化的食品可以用于加工等。然而,虽然人体有足够的解毒功能,但在短时间内这样的食品摄入量不可过大。因此,应强调指出,对这类食品的处理前提都必须以确保人体健康为原则。

2.1.3.3 食品腐败变质的控制措施

鉴于食品腐败变质的危害,预防、控制食品腐败变质具有重要意义。由于微生物的污染是导致食品腐败变质的最主要因素,只要能够很好地控制食品中的微生物及其他引起腐败变质的因素,消灭腐败微生物或抑制其在食品中的生长繁殖,就可以达到延长食品保质期的目的。食品防腐保藏技术主要有:

(1)低温保藏 大多数酶适宜的温度为30～40℃,温度维持在10℃以下时,酶的活性将受到很大抑制。病原菌和腐败菌大多为中温菌,其最适生长温度为20～40℃,在10℃以下大多数微生物难于生长繁殖。因此,在低温下可以防止或减缓食品的腐败变质,在一定的期限内可较好地保持食品的品质。

当食品处于冰冻时,细胞内游离水形成冰晶体,微生物失去了可利用的水分;渗透压提高,细胞内细胞质因浓缩而黏性增大,引起pH和胶体状态的改变,从而使微生物的活动受到抑制,甚至死亡;在冰冻时微生物细胞内的水结为冰晶,对细胞也有机械性损伤作用,可直接导致部分微生物的裂解死亡。因此,冷冻将使食品保存的时间更长。但这类保藏方法主要适合于动物性食品,果蔬等植物性食品因含水分较高,结冰率更大,组织细胞更易受物理损伤而使风味受到损失。

(2)干燥保藏 由于微生物的生长繁殖需要水分,因此将食品进行干燥处理、降低食品的水分活度可以达到有效保藏的目的。

(3)加热杀菌保藏 所有微生物在一定的加热条件下都可以被杀死,但它们有些具有一定的耐热性,一般病原菌(梭菌属除外)的耐热性差,通过低温如63℃ 30 min可以将这些细菌杀灭;但细菌的芽孢具有较强的耐热性,如肉毒梭菌芽孢的耐热性就较强,因此食品中肉毒梭菌就成为非酸性罐头的主要杀菌目标菌。一般霉菌及其孢子在有水分的状态下,60℃ 5～10 min即可以被杀灭,但在干燥状态下,其孢子的耐热性非常强。

二维码 2-5　食品的低温保藏

二维码 2-6　食品的干燥保藏原理

二维码 2-7　加热杀菌的方法

(4)增加渗透压保藏法　如果将微生物置于含有大量可溶性物质如糖或盐的溶液里,其细胞中的水分将失去,细胞发生质壁分离,代谢停止,因此,用提高食品渗透压的方法可以有效地延长食品的保质期。酵母和霉菌抵抗渗透压变化的能力较强,例如果酱由于糖分含量高,很少受到细菌的影响,但暴露于空气中的果酱表面还是可能有霉菌生长。用盐水腌蔬菜、肉类也会出现类似的结果。高渗透压只能抑制微生物的生长,不可能完全杀死微生物。

(5)化学添加剂保藏法　苯甲酸、苯甲酸钠、山梨酸、山梨酸钾、乙酸、乳酸、丙酸等有机酸及其盐类是可以用于食品保藏的化学防腐剂,其中,山梨酸和丙酸加入面包中抑制霉菌的生长;用发酵法生产的食品如酸菜、腌菜等都是通过微生物发酵产生的乙酸、乳酸和丙酸来抑制微生物生长繁殖达到防止食品腐败的目的。

(许文涛)

2.2　霉菌及其毒素的污染与食品安全

霉菌(mold)也称丝状真菌(filamentous fungi),是菌丝体比较发达但没有较大子实体的小型真菌的统称,是微生物中的高级生物,其形态和构造比细菌复杂。霉菌种类繁多,在自然界分布广泛,有些霉菌被广泛应用于食品生产中,如酿酒、制酱、生产酶制剂,但也有些霉菌通过食品给人体健康带来危害。

霉菌毒素(mycotoxins)主要是指霉菌在其所污染的食品中产生的有毒代谢产物,它们可通过食品进入人和动物体内,引起人的急性或慢性中毒,损害机体的肝脏、肾脏、神经组织、造血组织及皮肤组织等。

2.2.1　霉菌及其毒素概述

2.2.1.1　霉菌及其毒素对食品的污染

霉菌在自然界分布广泛,空气、土壤、水体中都存在着霉菌。因此,霉菌对所有食品的污染概率都很高,在粮食及其加工制成品、肉制品、乳制品、发酵食品中均发现过霉菌毒素。其中,玉米、大米、花生、小麦被霉菌污染得最多。据 FAO 调查,全世界每年被霉菌污染的各类谷物、油料种子和饲料超过其总量的10%。

霉菌有极强的繁殖能力,霉菌菌丝体上任一片段在适宜条件下都能发展成新的个体。但在自然界中,霉菌主要依靠产生的无性或有性孢子进行繁殖。每个霉菌个体产生的孢子常常有成千上万个,有时可以达到几百亿、几千亿甚至更多。这些特点有助于霉菌在自然界中随处散播和繁殖,易于造成动植物霉菌病害的污染和传播。霉菌污染食品后影响其生长繁殖及产毒的因素主要有水分、温度、基质、霉菌种类等。

(1)水分活度　霉菌生长繁殖必须保持一定的水分活度。食品的 A_w 降至 0.93 以下时，除霉菌外，其他微生物的繁殖都受到一定的抑制。

(2)温度　不同种类的霉菌其生长繁殖最适温度是不一样的，大多数霉菌生长繁殖的最适宜温度为 25～30℃，在 0℃以下或 30℃以上不能产生毒素或产毒力减弱。如黄曲霉的最低繁殖温度范围是 6～8℃，最高繁殖温度是 44～46℃，最适生长温度 37℃左右，但产毒的最适温度为 28～32℃。

(3)食品基质　不同的食品由于其所含的营养成分有较大差异，因此在不同的食品基质上霉菌生长的情况不同。霉菌一般在天然食品基质上比在人工培养基上更容易产毒。试验证实，同一霉菌菌株在同样培养条件下，以富含糖类的小麦、大米为基质比油料为基质产生的黄曲霉毒素高。

(4)霉菌种类　不同种类的霉菌其生长繁殖速度和产毒能力是有差异的。霉菌毒素中毒性最强的有黄曲霉毒素、赭曲霉毒素、黄绿青霉素、红色青霉素及青霉酸等。目前已知有 5 种毒素可引起动物致癌，它们是黄曲霉毒素(B_1、G_1、M_1)、黄天精、环氯素、杂色曲霉毒素和展青霉素。

霉菌及其毒素污染食品后，引起的危害如下：一是引起食品腐败变质，使食品的食用价值降低甚至完全丧失，从而造成巨大的经济损失。据不完全统计，全世界每年平均有 2%的谷物由于霉变不能食用。二是霉变食品对人体健康的影响，霉菌毒素通过被霉菌污染的粮食、油料作物以及发酵食品等引起对健康的潜在危险，如致畸、致癌、致突变作用或食物中毒。有数字表明，每年大约有 25%的农作物受到不同程度的霉菌毒素污染。

2.2.1.2　食品中的产毒霉菌

(1)产毒霉菌种类　至少有 150 种霉菌在适宜的条件下在某些食品中生长时可以产生霉菌毒素。目前已知的霉菌毒素有 300 多种。这些产毒霉菌主要有曲霉属、青霉属、镰刀菌属等。

①曲霉属(*Aspergillus*)及其毒素　曲霉属霉菌的颜色多样而较稳定，营养菌丝体无色或有明亮的颜色，主要包括黄曲霉(*A. flavus*)、赭曲霉(*A. ochraceus*)、杂色曲霉(*A. versicolor*)、烟曲霉(*A. fumigatus*)、构巢曲霉(*A. nidulans*)和寄生曲霉(*A. parasilicus*)等，它们的代谢产物为黄曲霉毒素、杂色曲霉毒素和棕曲霉毒素等。

②青霉属(*Penicillium*)及其毒素　青霉属霉菌的营养菌丝体呈无色、淡色或鲜明的颜色，主要包括岛青霉(*P. islandicum*)、橘青霉(*P. citrinum*)、展青霉(*P. patulum*)(也称荨麻青霉 *P. urlicae*)、扩展青霉(*P. expansum*)、产紫青霉(*P. purpurogenum*)、圆弧青霉(*P. cyclopium*)、纯绿青霉(*P. viridicatum*)、斜卧青霉(*P. decumbens*)、皱褶青霉(*P. rugulosum*)等，它们的代谢产物为黄绿青霉素、橘青霉素、圆弧偶氮酸、展青霉素、红青霉素、黄天精、环氯素和皱褶青霉素等。

③镰刀菌属(*Fusarium*)及其毒素　镰刀菌属也称为镰孢菌属。本属的产毒霉菌主要包括串珠镰刀菌(*F. moniliforme*)、禾谷镰刀菌(*F. graminearum*)、三线镰刀菌(*F. tricinctum*)、雪腐镰刀菌(*F. nivale*)、梨孢镰刀菌(*F. poae*)、拟枝孢镰刀菌(*F. sporotricoides*)、木贼镰刀菌(*F. equiseti*)、茄病镰刀菌(*F. solani*)、尖孢镰刀菌(*F. oxysporum*)等，它们的代谢产物为单端孢霉烯族化合物、玉米赤霉烯酮和丁烯酸内酯等。

④其他产毒霉菌　木霉属（*Trichoderma*）产生的木霉素、单端孢霉属（*Trichothecium*）产生的单端孢霉素和葡萄状穗霉属（*Stachybotrys*）产生的黑葡萄状穗霉毒素都属于单端孢霉烯族化合物。

（2）霉菌的产毒特点与产毒条件　与细菌相比，霉菌产生毒素有以下特点：霉菌产毒只限于少数菌种中的部分菌株；同一产毒菌株的产毒能力可能发生变化；产毒菌种所产生的霉菌毒素不具有严格的专一性；产毒霉菌产生毒素需要一定的条件即产毒条件，主要包括基质（食品）、水分、湿度、温度以及空气流通等条件以及产毒霉菌在食品中的适应性。常见影响霉菌产毒的条件有：

①基质　霉菌在天然食品中比在人工合成的培养基中更易繁殖，但不同的霉菌菌种只在一定的食品中繁殖，如玉米、花生以黄曲霉为主，小麦以镰刀菌为主，大米以青霉为主。

②水分　食品中的水分对霉菌的繁殖与产毒特别重要。粮食的水分含量为 17%～18%，是霉菌繁殖产毒的最佳条件。当粮食的水分活度降至 0.7 以下时，一般的霉菌不能在其中生长。

③相对湿度　在不同的相对湿度中易于繁殖的霉菌也不同。相对湿度在 80%以下时，主要是干生性霉菌如灰绿曲霉、白曲霉等繁殖；相对湿度在 80%～90%时，主要是中生性霉菌如多数曲霉、青霉等繁殖；相对湿度在 90%以上时，主要为湿生性霉菌如毛霉等繁殖。

④温度　大多数霉菌繁殖的最适宜温度为 25～30℃，在 0℃以下或 30℃以上时，霉菌一般不能产毒或产毒能力减弱。一般来说，霉菌的产毒温度略低于生长最适温度。

⑤空气流通　部分霉菌繁殖和产毒需要有氧条件，但毛霉、青绿曲霉是厌氧菌并可耐受高浓度的 CO_2。

（3）产毒霉菌的危害　霉菌污染食品并产生毒素后，人如果摄入了这类食品可能引起对健康的各种损害，称为霉菌毒素中毒。狭义的霉菌毒素中毒是指产毒霉菌寄生在粮食或饲料上，在适宜条件下产生有毒代谢产物，人、畜食用后导致中毒；广义的霉菌毒素中毒则包括食用了本身含有霉菌毒素的或被霉菌毒素污染的食物（饲料）所引起的中毒。前者是霉菌在食品原料的贮运和加工过程中生长繁殖产生的毒素污染食品，此时食品的感官性状一般没有明显的变化，人们在误食这类食品后发生中毒；后者除上述情形外，还包括误食以下两类食品引起的中毒：一类是在粮食作物的生长过程中病原霉菌感染这些作物并形成毒素残留在其中，如麦角中毒；另一类是霉菌引起食品的腐败变质，产生有毒有害物质并导致食品感官性状的明显变化，如腐烂的柑橘等。

霉菌毒素造成中毒的最早记载是 11 世纪欧洲的麦角中毒。急性麦角中毒的症状是产生幻觉和肌肉痉挛，进而发展为四肢动脉的持续性变窄而发生坏死。当时已经知道吃了用发霉的粮食做的面包会生病。这一广泛流行的中毒现象在欧洲先被称为“灵火”，后来又称为“圣安东尼之火”。1960 年在英国发生的 10 万只火鸡死亡事件引发了科学家对霉菌毒素危害的深入研究，2002 年美国饲料年报中将霉菌毒素列为仅次于二噁英的对人类食物链造成巨大威胁的危险因素。2003—2004 年饲料霉变在中国南方及北方大面积出现，给饲料企业及养殖业造成了极大的危害。最近几年的研究表明，我国霉菌毒素对动物的危害是全国性、全年性的。南方湿热气候环境多见黄曲霉毒素、烟曲毒素；北方寒冷气候环境多见呕吐毒素、玉米赤霉烯酮；而赭曲霉毒素、T-2 毒素等在南北均可见到。

（4）霉菌毒素污染的预防与去除　由于食品中的霉菌毒素污染将造成严重的社会经济损

失,因此,霉菌毒素污染的预防与控制具有非常重要的意义。霉菌毒素的预防包括一级预防和二级预防。一级预防主要是制定食品及其原料中霉菌毒素含量的限量标准;二级预防是研究、发现、治理毒素引起的对人类的危害。

目前,人们已经开始关于人体霉菌毒素日耐受量的研究,当前非常需要基础性的数据,特别是国际、地区间的可比数据。

在自然界中食物要完全避免霉菌污染是比较困难的,但要保证食品安全就必须将食物中霉菌毒素的含量控制在允许的范围内。要做到这一点,一方面需要减少谷物、饲料在田野、收获前后、贮藏、运输和加工过程中霉菌的污染和毒素的产生;另一方面需要在食用前和食用时去除霉菌毒素或不吃霉烂变质的谷物和毒素含量超过标准的食品。

目前国内外采取的预防和去除食品中霉菌毒素污染的措施主要有:①利用合理耕作、灌溉和施肥,适时收获来降低霉菌对食品原料的侵染和毒素的产生;②采取降低粮食及饲料的含水量,降低贮藏温度和改进贮藏、加工方式等措施来减少霉菌毒素的污染;③通过抗性育种,培育抗真菌的作物品种;④加强污染的检测和检验,严格执行食品卫生标准,禁止出售和进口霉菌毒素超标的粮食和饲料;⑤利用碱炼法、活性白陶土和凹凸棒黏土或高岭土等吸附法、紫外光照法、山苍子油熏蒸法等化学、物理学方法去除污染的霉菌毒素。

2.2.2 霉菌毒素对食品安全的影响

2.2.2.1 黄曲霉毒素(aflatoxins, AFT)

1960 年 6 月,英国东南部地区一农场的 10 万只火鸡突然死亡,病理分析为肝脏出血、肾脏肿胀、胆管上皮细胞异常增生。经过 2 年的研究,从饲喂火鸡的饲料中分离出一株黄曲霉,正是黄曲霉菌产生的代谢物质造成了火鸡的死亡,这种物质被命名为黄曲霉毒素。

(1)黄曲霉毒素的来源与理化性质 黄曲霉毒素是主要由黄曲霉、寄生曲霉等霉菌产生的一类化学结构类似的毒性代谢产物。它们存在于土壤、动植物、各种坚果中,特别是容易污染花生、玉米、稻米等粮油产品,是霉菌毒素中毒性最大、对人类健康危害极为突出的一类霉菌毒素。

目前已分离出的黄曲霉毒素及其衍生物有 20 多种。从化学结构上看,各种黄曲霉毒素结构相似,均含有一个双呋喃环和一个氧杂萘邻酮(香豆素)。它们分别被命名为黄曲霉毒素 B_1、B_2、G_1、G_2、B_{2a}、M_1、M_2、BM_1、GM_1、GM_2、P_1、Q_1,寄生曲霉醇(B_3),黄曲霉醇(RO)等。最常见的 6 种黄曲霉毒素的结构如图 2-1 所示。

黄曲霉毒素 B_1、B_2、G_1、G_2 是自然界通常存在的黄曲霉毒素,而 M_1、M_2 是人类或动物摄入黄曲霉毒素 B_1、B_2 后,通过肝微粒体酶作用而生成的毒素,主要存在于动物的代谢产物中,如乳汁、尿液和排泄产物。

黄曲霉毒素的纯品均无色、无臭、无味,相对分子质量为 312～346,熔点为 200～300℃。黄曲霉毒素耐高温,其中黄曲霉毒素 B_1 的分解温度为 268℃。黄曲霉毒素易溶于乙腈、甲醇、氯仿、丙酮和二甲基甲酰胺等溶液,难溶于水、己烷、石油醚。黄曲霉毒素在 365 nm 紫外线照射下能发出波长分别为 450 nm 和 425 nm 的荧光,根据发出荧光颜色的不同,又把黄曲霉毒素分为 B 族(发蓝色荧光,取自英文“blue”的首字母)和 G 族(发绿色荧光,取自英文“green”的首字母)两大类。黄曲霉毒素在中性溶液中较稳定,在强酸性溶液中稍有分解,在 pH 9～10 的强碱溶液中分解迅速。紫外线对低浓度黄曲霉毒素有一定的破坏作用。

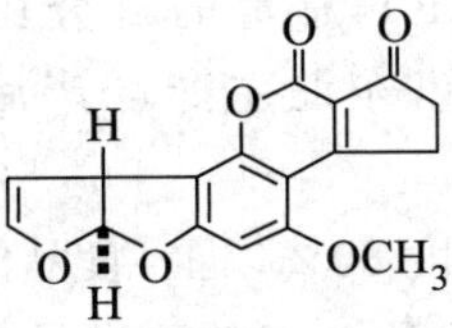

黄曲霉毒素 B_1 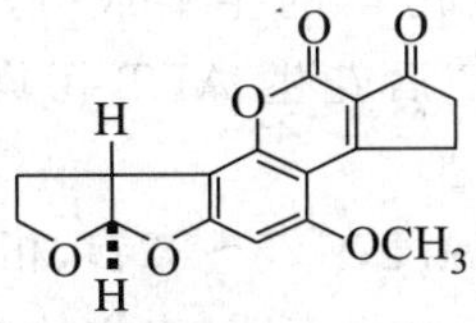　　黄曲霉毒素 B_2 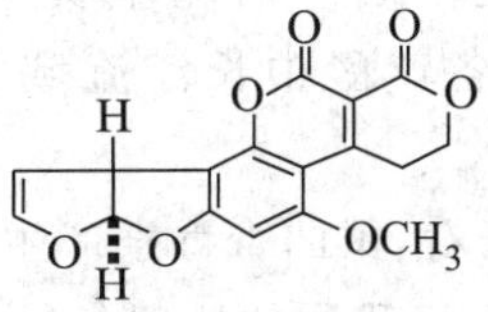　　黄曲霉毒素 G_1

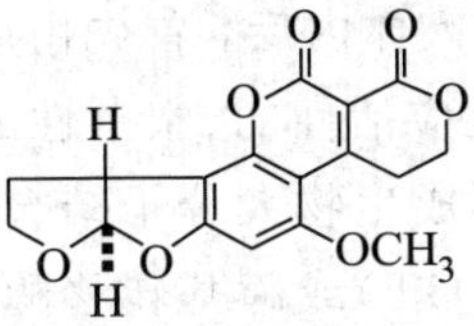

黄曲霉毒素 G_2 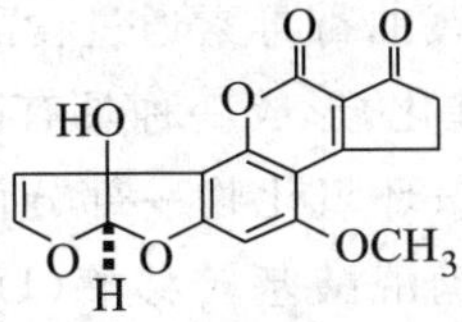　　黄曲霉毒素 M_1 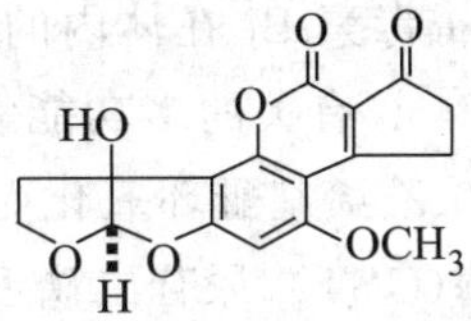　　黄曲霉毒素 M_2

图 2-1 主要黄曲霉毒素的结构式

(2)黄曲霉毒素的产生菌及产毒条件　能产生黄曲霉毒素的最主要的菌种是黄曲霉和寄生曲霉,此外曲霉属的黑曲霉、灰绿曲霉、赭曲霉等,青霉属的橘青霉、扩展青霉、指状青霉等,毛霉、镰孢霉、根霉、链霉菌等也能产生黄曲霉毒素。它们产生黄曲霉毒素的条件如下:

①基质　含糖量高的物质。通常在含有 10%葡萄糖的培养基中寄生曲霉的生长量可达到最大值,但产生黄曲霉毒素的量要达到最大其培养基中葡萄糖含量要达到 30%。

②温度　曲霉是中温型微生物,其生长的温度范围在 6～60℃,最适生长温度为 35～38℃,产生黄曲霉毒素的温度为 11～37℃。如果以大米为基质,则产生黄曲霉毒素 B 族的最适温度为 28～32℃,产生黄曲霉毒素 G 族的最适温度为 28℃;当温度为 37℃时,只产生黄曲霉毒素 B_1(AFB_1),而无黄曲霉毒素 B_2、G_1 和 G_2 产生。若以花生为基质,则寄生曲霉产毒的最适温度为 25～30℃。多数研究证明,在 24～25℃的条件下,黄曲霉毒素的产量最高。

③pH　真菌生长的 pH 范围较广,但产生毒素的 pH 范围却比较窄,一般在酸性条件下易产生毒素。pH 4.7 时,黄曲霉毒素的产量最高。一些研究表明,黄曲霉毒素产生的 pH 在 4.0 以下,最低 pH 可达 1.0。

④相对湿度　黄曲霉生长的最低相对湿度为 80%。如果温度、pH 等条件不是最适,则相对湿度还要提高才能产生毒素,如在 30℃下,黄曲霉毒素生成的最低相对湿度为 83%。这一数值还随着基质的物理状态而改变,如在破损的花生颗粒上产生黄曲霉毒素的最低相对湿度为 85%,完整的花生颗粒需要的相对湿度为 87%～89%。

由于黄曲霉、寄生曲霉等在自然界中分布广泛,很多食品原料的含水量在 15%以上,给菌体繁殖和毒素的产生提供了有利条件。黄曲霉毒素对粮食及其制品的污染非常广泛而且存在地区和种类的差别,主要容易受污染的食品有:玉米、大米、小麦、大麦、豆类及其制品。2011 年,高秀芬等对吉林、河南、湖北、四川、广东、广西采集的 279 份玉米样品中 4 种 AFT 污染情况进行调查,结果发现 AFT 的阳性率为 75.63%,阳性样品平均浓度为 44.04 μg/kg。总体上污染程度南方地区高于北方地区,4 种毒素中 AFB_1 阳性率和平均浓度最高,分别为 74.55% 和 39.64 μg/kg;AFB_2、AFG_1 和 AFG_2 的阳性率和平均浓度依次降低。2011 年,丁小霞在全国 13 个花生主产省抽取了 2 571 份代表性产后花生样品,采用免疫亲和层析-液相色谱方法探

明 AFB_1 是中国产后花生黄曲霉毒素污染的主要成分，占 AFT 总量的百分比平均值为 86.2%，在各产区中长江流域主产区产后花生 AFT 污染最重，东北主产区产后花生污染最轻。

综合来看，黄曲霉毒素产生的最适温度在 25～32℃，相对湿度 80%以上，食品的含水量要在 15%以上。我国的地理条件和调查的结果表明，南方的农产品比北方的更容易感染黄曲霉毒素，以花生、玉米等粮油类农产品感染率较高。

(3)黄曲霉毒素 B_1 在体内的代谢　黄曲霉毒素通过食品进入体内后，首先由肝微粒体中与细胞色素 P450 有关的多功能氧化酶催化，形成一种具有高反应活性的、亲电性的环氧化物(由 AFB_1-8,9-乙烯基醚环氧化而成)。该环氧化物一部分可形成生物大分子结合物，如与谷胱甘肽转移酶(GST)、尿苷二磷酸-葡萄糖醛酸基转移酶(UDP-GT)或磺基转移酶的结合，受环氧化物酶(EH)的催化水解而被解毒；另一部分则与生物大分子的亲核中心反应，生成脱氧核糖核酸(DNA)、核糖核酸(RNA)以及蛋白质和类脂的结合物，与蛋白质(包括酶)、类脂的结合引起细胞的死亡而表现为急性毒性，与核酸的结合引起突变而表现为慢性毒性。由于黄曲霉毒素没有经过代谢活化是无致癌性的，因此黄曲霉毒素被称为“前致癌物”。

黄曲霉毒素 B_1 的代谢过程包括羟化、脱甲基和环氧化，其代谢产物有 AFM_1、AFP_1、AFQ_1、AFB_1-8,9-环氧化物(即 AFB_1-2,3-环氧化物)等至少 7 种(图 2-2)。第一，羟化。AFB_1 发生羟化时，可产生 AFM_1、黄曲霉醇和 AFQ_1，其中 AFM_1 有毒，而黄曲霉醇进一步代谢为无毒的 AFH_1，AFQ_1 无毒，也能进一步代谢为无毒的 AFH_1。第二，脱甲基。AFB_1 脱甲基生成 AFP_1，该产物如果与葡萄糖醛酸或硫酸结合，可自尿排出，从而使黄曲霉毒素得到解毒。第三，环氧化。形成的 AFB_1-8,9-环氧化物有两条去路：部分环氧化物与谷胱甘肽转移酶、尿苷二磷酸-葡萄糖醛酸基转移酶或磺基转移酶等结合，形成大分子结合物，从而受环氧化酶催化水解而被解毒；另一部分环氧化物与生物大分子 DNA、RNA 以及蛋白质结合发挥其毒性、致癌性及致突变效应。

给奶牛饲喂含黄曲霉毒素 B_1 的饲料时，可在牛奶中检出黄曲霉毒素 M_1；给绵羊和小鼠饲喂同样的饲料也可在其肝、肾和尿中发现这一代谢物。AFM_1 对小鼠的致癌活性只有 AFB_1 的 1/10。黄曲霉醇是黄曲霉毒素 B_1 在生物体内的还原产物，其急性毒性是黄曲霉毒素 B_1 的 1/20；Ames 试验显示黄曲霉醇的致突变活性是黄曲霉毒素 B_1 的 1/15。由于黄曲霉醇在体内可完全氧化形成黄曲霉毒素 B_1，故其很可能是黄曲霉毒素 B_1 在体内的存储池(storage pool)。

(4)黄曲霉毒素 B_1 的危害　在所有的真菌毒素中，AFB_1 的急性毒性、致癌性、致突变性、致畸性最强。

AFB_1 对敏感动物雏鸭的经口半数致死量(LD_{50})为 0.294 mg/kg 体重，对小鼠的经口 LD_{50} 为 9 mg/kg 体重，属于特剧毒物质。它的毒性是 KCN 的 10 倍，As_2O_3 的 68 倍。AFB_1 表现的急性毒性因动物种类、年龄、性别的不同而有差异。一般而言，年轻的雌性动物对它高度敏感。AFB_1 急性中毒的靶器官是肝，中毒症状主要表现为呕吐、厌食、发热、黄疸和肝腹水等。

AFB_1 进入体内后大约 1 周，大部分可随乳汁、尿液、粪便和呼吸等排出体外，因此如不连续摄入，它们一般不会在体内蓄积。低剂量长期暴露于 AFB_1 可引起肝的慢性损害，主要表现为转氨酶、碱性磷酸酶活力升高，肝糖原降低，脂肪肝等，还有食物利用率下降、体重降低、生长

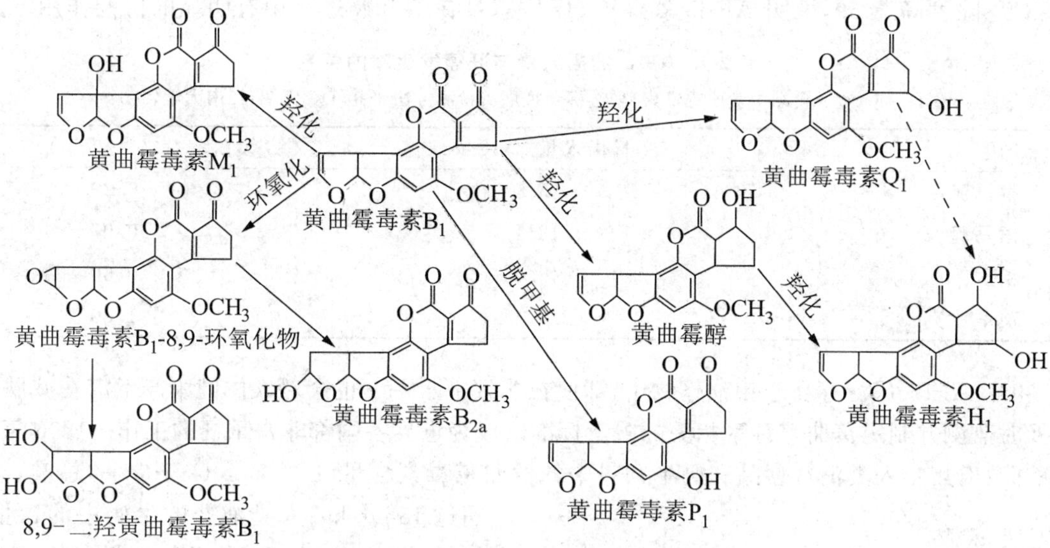

图 2-2 黄曲霉毒素 B_1 的代谢

(引自:陈炳卿,孙长颢. 食品污染与健康[M]. 北京:化学工业出版社,2002)

发育迟缓等症状。AFB_1 可以抑制巨噬细胞吞噬能力和脾内抗体反应而降低机体的免疫力。

AFB_1 是目前发现的最强的致癌物质,其毒性是砒霜的 68 倍,氰化钾的 10 倍,1993 年世界卫生组织(WHO)的国际癌症研究机构(IARC)将 AFB_1 划为Ⅰ类致癌物。当饲料中 AFB_1 含量在 100 μg/kg 左右时,饲喂 26 周即可使小鼠出现肝癌,其致癌能力是奶油黄的 900 倍,二甲基亚硝胺的 75 倍,苯并芘的 4 000 倍。它在诱发动物肝癌的同时,也能诱发胃癌、肾癌、直肠癌及乳腺、卵巢、小肠等部位的癌症。AFB_1 致癌的可能机制是 DNA 加合物的形成导致癌基因的活化,从而形成肿瘤。

黄曲霉毒素在 Ames 试验和仓鼠细胞体外转化试验中均表现为强致突变性,它对大鼠和人均有明显的致畸作用。大鼠妊娠第 15 天静脉注射 AFB_1 80 mg/kg 体重,可导致其出现畸胎,畸形包括无脑、小脑子、神经管颅端畸形、心脏异位、唇裂及脐疝等。AFB_1 还存在完全或部分抑制动物精子发生等生殖毒性。

黄曲霉毒素对人的致癌性虽然缺乏直接的证据,但大量的流行病学调查和实验室研究结果表明,黄曲霉毒素的高水平摄入是引起人类原发性肝癌的主要危险因素之一(表 2-1)。例如,我国肝癌高发区广西扶绥县和江苏启东市,均地处潮湿的三角地带,这些地区的玉米和花生中 AFB_1 含量较高,广西扶绥县境内肝癌低、中和高发地区主粮中 AFB_1 的平均含量分别为 25.6 μg/kg、56.4 μg/kg 和 164.8 μg/kg,黄曲霉毒素人年均摄入量分别为 0.638 mg、1.197 mg 和 6.016 mg,其各区每 10 万人的年均肝癌死亡率分别为 14.1%、30.7% 和 131.4%。上述区域人均 AFB_1 的摄入量大大超过了诱发动物肿瘤所需要的剂量。1988 年 IARC 将 AFB_1 列为人类可能致癌物。1993 年 IARC 将 AFB_1 归为人类致癌物。

AFB_1 与其他致病因素如乙型肝炎病毒(HBV)对人类肝脏疾病的诱发具有叠加效应。在上海进行的研究表明,单独 AFB_1 暴露者发生肝癌的相对危险度仅为 3.4,单独 HBV 表面抗原阳性者发生肝癌的相对危险度为 7.3,而两者同时存在时,HBV 表面抗原阳性者发生肝癌的相对危险度高达59，说明 AFB_1 暴露和HBV感染在致肝癌过程中有明显的协同作用。

表 2-1 AFB_1 的摄入量与肝癌发生率的关系

（引自：孙秀兰. 食品中黄曲霉毒素 B_1 金标免疫层析检测方法研究[D]. 无锡：江南大学，2004）

国家	日摄入量/(mg/kg)	发病率/(10^6 人/年)
肯尼亚	5.8	0.29
索马里	43.1	0.97
泰国	45.0	0.60
莫桑比克	222.4	1.30

由于 AFB_1 广泛存在于粮油作物中，即使在非致害水平下也会对人体健康产生潜在威胁，因此，及时监测并制定黄曲霉毒素相关的限量标准已成为世界各国都非常重视的工作。1996年，美国联邦政府规定人类消费食品和奶牛饲料中的黄曲霉毒素含量($B_1+B_2+G_1+G_2$ 的总量)不能超过15 μg/kg；人类消费的牛奶中的含量不能超过0.5 μg/kg；其他动物饲料中的含量不能超过300 μg/kg。而欧盟的规定更加严格，要求人类生活消费品中的 AFB_1 的含量不能超过0.05 μg/kg。尽管世界各国对食品中 AFB_1 的限量标准不尽相同，但都趋于更低的控制限，以更加有利于保障人体健康。

二维码 2-8 GB 2761—2011《食品中真菌毒素限量》

(5)食品中黄曲霉毒素的防控措施

①防霉　霉菌生长繁殖需要一定的温度、湿度、氧气及水分含量，如能控制这些因素其中之一，即可达到防霉的目的。最有实际意义的手段是控制粮食等农作物的水分含量。如能在稻谷收获脱粒后的2～4天内使其含水量降到14%以下，玉米降至13%以下，花生降至9%以下，即可有效地防止霉菌的污染和生长繁殖。同时，保持粮粒及花生外壳的完整，对防霉也有一定的作用。

②去毒　目前黄曲霉毒素含量超过国家标准规定的食品常用的去毒方法有物理去除法、化学去除法和生物学脱毒方法。

a. 物理去除法：黄曲霉毒素 B_1 的裂解温度为268℃，因此可以采用高温处理去除食品中的黄曲霉毒素，包括高温烘烤、蒸煮等。一些化学物质如铝硅酸盐、活性炭、葡甘聚糖等对黄曲霉毒素有一定的吸附作用，而且由葡甘聚糖和铝硅酸盐类矿物混合而成的复合剂，较单独使用葡甘聚糖对黄曲霉毒素的吸附效果更好。紫外线可以有效地破坏低浓度的黄曲霉毒素，因此，采用紫外线照射可以在一定程度上去除食品中的黄曲霉毒素。

b. 化学去除法：在碱性条件下，黄曲霉毒素可以被有效地分解破坏。利用氨气熏蒸可以除去食品中的黄曲霉毒素，该法对被处理食品的营养成分破坏较小。次氯酸钠、二氧化氯等强氧化剂在瞬间可高效率地破坏黄曲霉毒素。次氯酸钠对花生饼中 AFB_1、AFB_2、AFG_1 和 AFG_2 的脱毒效果不同，在相同的处理条件下，对 AFB_1 的降低程度最大。二氧化氯被WHO定为A1级的高效安全消毒剂，研究发现被 AFB_1 污染的玉米用250 μg/mL的二氧化氯浸泡30～60 min，能有效去除其中的 AFB_1。但这些化学方法处理后可对食品的食用价值造成不利影响。

c. 生物学脱毒方法：主要分为两类：一是微生物菌体本身及其细胞壁提取物吸附黄曲霉毒

素；二是微生物代谢产生的酶或者从植物中提取的酶降解黄曲霉毒素。如采用乳酸菌，在24 h内能吸附培养基中初始浓度为5 μg/mL AFB_1 的80%。

2.2.2.2　赭曲霉毒素(ochratoxin A，OTA)

赭曲霉毒素是继黄曲霉毒素后又一个引起世界广泛关注的霉菌毒素。它是由曲霉属的7种曲霉和青霉属的6种青霉菌产生的一组重要的真菌毒素，有A、B、C、D 4种，其中毒性最大、分布最广、产毒量最高、对农产品的污染最重、与人类健康关系最密切的是赭曲霉毒素A。

(1)赭曲霉毒素的来源、结构与性质　以前认为产生赭曲霉毒素A的主要是纯绿青霉、赭曲霉和碳黑曲霉，现在研究表明，大多数疣孢青霉菌株也可以产生赭曲霉毒素A。该毒素主要污染粮谷类农产品如燕麦、大麦、小麦、玉米、动物饲料和动物性食品(如猪肾、肝)等。

赭曲霉毒素A是苯丙氨酸与异香豆素结合的衍生物，结构式如图2-3所示。

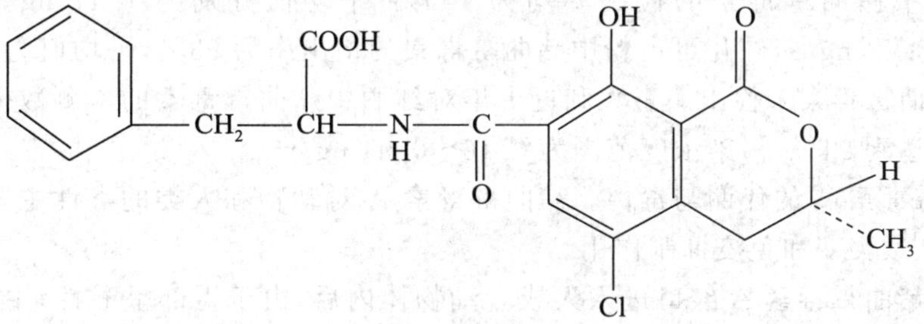

图2-3　赭曲霉毒素A的结构式

赭曲霉毒素A的相对分子质量为403.8，是一种无色的晶体状化合物，在紫外光下发出蓝色荧光。该毒素能溶于极性有机溶剂和稀的碳酸氢盐水溶液中，微溶于水，呈弱酸性。在有机溶剂和碱水中，赭曲霉毒素A对空气与光不稳定，尤其在潮湿环境中，短暂的光照就能使之分解，但在乙醇溶液中低温条件下可保存1年。当以苯-乙酸(体积比99∶1)为溶剂时，其最大吸收波长为333 nm；在乙醇溶液中最大吸收波长为213 nm和332 nm。赭曲霉毒素A具有耐热性和化学稳定性，焙烤只能使其毒性减少20%，蒸煮对其毒性无影响。

(2)赭曲霉毒素A对食品的污染　产生赭曲霉毒素A的霉菌广泛分布于自然界，导致赭曲霉毒素A广泛分布于各种食品和饲料中。在寒带和温带地区如欧洲和北美洲，赭曲霉毒素A主要来源于青霉属的疣孢青霉；在热带地区，该毒素主要来源于赭曲霉。近年来发现，水果及果汁中的赭曲霉毒素A主要由碳黑曲霉和黑曲霉产生。动物食用了含有赭曲霉毒素A的饲料，在其内脏组织及血液中含有大量的赭曲霉毒素A(除了反刍动物如牛，因其瘤胃中的微生物可分解赭曲霉毒素A，因此在其血液或组织中极少含有赭曲霉毒素A)。

赭曲霉毒素A主要污染粮谷类农产品。调查发现，人类赭曲霉毒素A摄入量的50%来源于粮谷类及相关产品。赭曲霉毒素主要污染粮谷类农产品，如大麦、小麦、玉米、燕麦、动物饲料和动物性食品(如猪肾、肝)等。2007年，李增宁对河北省不同地区粮食中赭曲霉毒素A的污染情况进行了调查，发现张家口市赤城县31份大麦样品赭曲霉毒素A污染率为35.48%，平均含量为6.96 μg/kg，最高可达35.36 μg/kg；石家庄市赞皇县居民食用小麦样品中赭曲霉毒素A的检出率为45.16%，平均含量为2.41 μg/kg，最高达14.25 μg/kg；邯郸市磁县居民食用小麦中赭曲霉毒素A的检出率为33.33%，平均含量为0.59 μg/kg，最高为1.63 μg/kg。根据居民人均食用粮食重量计算，赞皇县农村居民OTA的日暴露量为

1.17 μg/kg，磁县农村居民 OTA 的日暴露量为 0.31 μg/kg，张家口赤城县农村居民 OTA 的日暴露量为 3.38 μg/kg，超过世界卫生组织/粮农组织联合专家委员会暂定的容许摄入量。程传民等调查了 2 423 份饲料原料样品（玉米、玉米副产物、小麦、小麦副产物、饼粕类）中赭曲霉毒素污染情况，发现赭曲霉毒素 A 污染较为普遍，玉米、玉米副产物、小麦、小麦副产物和饼粕类样品中检出率均高于 20%，但污染程度较轻，所有样品中均未超标。2015 年克罗地亚对 410 种猪肉制品中赭曲霉毒素 A 的污染情况调查发现，熏制火腿中赭曲霉毒素 A 检出率最高为 33.3%，发酵腊肠和火腿中赭曲霉毒素的最高水平分别为 5.10 mg/kg 和 9.95 mg/kg，是一些欧盟国家猪肉制品中赭曲霉毒素最大检出量（1 mg/kg）的 5～10 倍。

近几年还发现在咖啡、葡萄、酒及调味品中也存在赭曲霉毒素 A。加拿大于 2012—2013 年对 85 种可可制品中赭曲霉毒素的污染情况进行调查，结果显示天然可可、焙烤巧克力、黑巧克力和可可浆中赭曲霉毒素的检出率均为 100%，平均值分别为 1.17 ng/g、0.49 ng/g、0.39 ng/g 和 0.43 ng/g，碱化可可粉中赭曲霉毒素的检出率为 95%，平均值为 1.06 ng/g，仅有可可油中赭曲霉毒素未检出。意大利近十年对红酒中赭曲霉毒素的检测数据表明，赭曲霉毒素的污染率达到 94%，污染浓度范围为 0.16～0.94 ng/mL。

（3）赭曲霉毒素 A 的代谢与毒性　赭曲霉毒素 A 对动物和人类的毒性主要有肾脏毒、肝毒、致畸、致癌、致突变和免疫抑制作用。

①代谢　赭曲霉毒素 A 经口进入人或者动物体内后，由于胃部呈酸性，主要在胃肠道吸收，小肠（尤其是近端空肠）也可吸收。赭曲霉毒素 A 吸收后，经由血液主要流到肾，较低浓度的赭曲霉毒素 A 会流到肝、肌肉和脂肪，部分在体内的不同部位代谢而转化成低毒性的产物，还有一部分赭曲霉毒素 A 以原形的形式排出体外。赭曲霉毒素 A 能与血清中的蛋白紧密结合，因此可以在人体内有很长的血清半衰期，个别人可达 840 h。赭曲霉毒素 A 进入体内后在肝微粒体混合功能氧化酶的作用下，转化为 4-羟基赭曲霉毒素 A 和 8-羟基赭曲霉毒素 A，其中以 4-羟基赭曲霉毒素 A 为主。

②毒性　赭曲霉毒素 A 的大鼠经口 LD_{50} 为 21～30 mg/kg 体重，是具有强力肝毒和肾毒的物质。但赭曲霉毒素 A 在单独作用时其致死率不高，该毒素常存在于含黄曲霉毒素的玉米中，与黄曲霉毒素发挥协同作用，增大增强黄曲霉毒素的有害作用。

肾是赭曲霉毒素 A 的主要靶器官，它可导致急性和慢性肾损害。研究发现，在欧洲巴尔干地方性肾病发生地区的食物中的赭曲霉毒素 A 水平明显高于其他地区，病人血液中的赭曲霉毒素 A 浓度也高于其他地区的，认为巴尔干地方性肾病是最早发现的与进食赭曲霉毒素 A 污染的食品有关的疾病。研究人员用含有赭曲霉毒素 A 的饲料喂星波罗肉鸡，3 天后出现精神萎靡，食欲减退，排绿便，消瘦等症状；10～20 天内出现死亡。电镜观察肝细胞，发现细胞膜增厚，线粒体肿胀溶解，内质网减少，肝细胞溶解；用免疫荧光技术分析各脏器，显示肝、肾、心肌等组织均含有赭曲霉毒素 A，其中以肝细胞及肾小球基底膜残留的赭曲霉毒素 A 最多。赭曲霉毒素 A 能够导致大鼠肾小管增生性损伤，包括肾小管细胞腺瘤和肾小管细胞腺癌，并呈剂量-效应关系。研究发现，小鼠每日通过饲料摄入 3.5 mg/kg 体重的赭曲霉毒素 A 连续 70 周，全部实验小鼠都患上了肾囊腺瘤。因此，1993 年 IARC 将赭曲霉毒素 A 列为可能的人类致癌物。

研究报道显示，赭曲霉毒素 A 可导致细菌基因突变和培养的人类淋巴细胞和猪的膀胱上皮细胞的姐妹染色单体交换，由赭曲霉毒素 A 导致的 DNA 损伤不再修复。

赭曲霉毒素 A 具有致畸作用。给怀孕第 6～15 天的大鼠经口灌入 1 mg/kg 体重的赭曲霉毒素 A，胎鼠体重下降，骨骼和肺的畸形率达到 20%，肾畸形率达到 40%。

赭曲霉毒素 A 是一种免疫抑制剂。低浓度(5 ng/kg 体重)的赭曲霉毒素 A 就可抑制小鼠的免疫反应，即抑制 T 淋巴细胞和 B 淋巴细胞介导的免疫反应，可导致免疫球蛋白 IgG、IgA、IgM 的下降。

目前对赭曲霉毒素 A 尚缺乏行之有效的防毒和去毒方法，因此制定食品中赭曲霉毒素 A 的限量标准非常重要。1991 年 WHO 暂定谷物中赭曲霉毒素 A 的限量标准为 5 μg/kg，并于 1995 年暂定每周允许摄入量为 100 μg/kg 体重；2002 年，CAC/FAO(国际食品法典委员会/联合国粮农组织)在第 34 次 CCFAC(食品添加剂和污染物质分会)会议上，制定小麦和大麦中赭曲霉毒素 A 的最高限量标准为 5 μg/kg。

2.2.2.3　杂色曲霉毒素(sterigmatocystin，ST)

杂色曲霉毒素是日本学者初田勇于 1954 年从杂色曲霉(*Aspergillus versicolor*)的菌丝体中首先分离并命名的，它们是一组化学结构近似的霉菌有毒代谢产物，目前已确定结构的有 10 多种。英国 1960 年暴发的"火鸡 X 病"证明是黄曲霉毒素中毒引起的，此后才对结构与其类似的杂色曲霉毒素引起注意。

(1)食品中杂色曲霉毒素的来源与理化性质　杂色曲霉毒素的基本结构由二呋喃环与氧杂蒽醌连接组成，与黄曲霉毒素的结构类似，结构式见图 2-4。

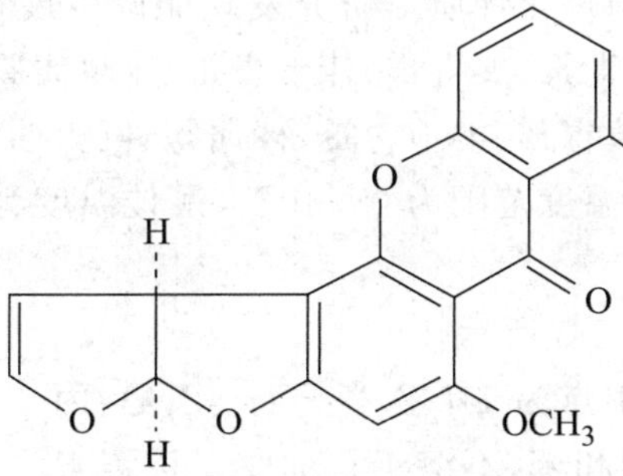

图 2-4　杂色曲霉毒素的结构式

纯杂色曲霉毒素呈微黄色针状结晶，易溶于氯仿、苯、吡啶、乙腈和二甲基亚砜等有机溶剂，微溶于甲醇、乙醇，不溶于水和碱性溶液。以苯为溶液时，其最大吸收波长为 325 nm。在紫外线照射下能发出砖红色荧光。

能产生杂色曲霉毒素的霉菌广泛存在于自然界中，杂色曲霉和构巢曲霉经常污染粮食且有 80%以上的菌株能产生杂色曲霉毒素。因此，杂色曲霉毒素容易污染粮食、饲料等农产品和相关食品，如大麦、小麦、玉米、花生、大豆、咖啡豆、火腿、奶酪等，尤其对小麦、玉米、花生等的污染更严重。我国 3 种粮食作物中，除大米杂色曲霉毒素的污染率为 72%外，小麦、玉米的污染率均在 90%左右。

(2)杂色曲霉毒素的毒性　杂色曲霉毒素因结构与黄曲霉毒素相似，因此其毒性和致癌性也与之类似。

杂色曲霉毒素的大鼠经口 LD_{50} 为 166 mg/kg (雄性)和 120 mg/kg (雌性)，腹腔注射为 60 mg/kg；小鼠经口的 LD_{50} 大于 80 mg/kg。猴对杂色曲霉毒素的敏感性比啮齿动物高，腹

腔注射的 LD_{50} 为 32 mg/kg。

杂色曲霉毒素急性中毒的病变特征是肝、肾坏死。我国宁夏地区曾发生马属动物和羔羊采食被杂色曲霉毒素污染的饲料后出现中毒症状，病理剖检特征为肝硬化、皮肤和内脏器官高度黄染。

杂色曲霉毒素的慢性毒性作用较强，主要表现为对肝和肾的毒性。研究证明，杂色曲霉毒素具有较强的致癌性，其致癌作用仅次于黄曲霉毒素，可以导致动物的肝癌、肾癌、皮肤癌和肺癌。以 0.15～2.25 mg/只的剂量饲喂大鼠 42 周，有 78％的大鼠发生原发性肝癌，且有明显的剂量-效应关系。杂色曲霉毒素还可使大鼠出现血管肉瘤、背组织血管瘤等肿瘤。关于杂色曲霉毒素的致癌机制，有学者认为与它的二呋喃环末端的双键有关，此双键可与 DNA 分子的尿嘧啶形成加合物，使 DNA 结构改变，复制错误。

2.2.2.4　展青霉素(patulin)

展青霉素又称棒曲霉素，是一种有毒的真菌代谢产物。研究发现，展青霉素的作用具有两重性。一方面，它具有广谱抗菌作用，可抑制多种革兰氏阳性菌及大肠杆菌、痢疾杆菌、伤寒杆菌、副伤寒杆菌等革兰氏阴性菌，对某些典型真菌、原生生物和各种细胞培养物的生长有抑制作用；另一方面，它又对小鼠、大鼠、猫、兔等实验动物有较强的毒性。展青霉素污染食品和饲料后产生的毒性作用远大于其药用价值，因此它没有被作为抗生素使用而是作为生物毒素进行了研究。

(1)食品中展青霉素的来源与理化性质　研究发现能产生展青霉素的真菌有曲霉、青霉、丝衣霉共 3 属 16 种，主要有扩展青霉、展青霉、棒形青霉、土壤青霉、新西兰青霉、石状青霉、粒状青霉、梅林青霉、圆弧青霉、产黄青霉、娄地青霉、棒曲霉、巨大曲霉、土曲霉和雪白丝衣霉等。扩展青霉和展青霉生长和产毒的温度范围为 0～40℃，最佳温度为 20～25℃，最适产毒的 pH 范围是 3～6.5。

展青霉素的化学结构式如图 2-5 所示。

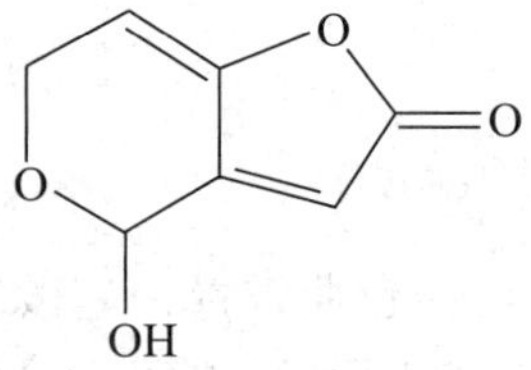

纯的展青霉素为无色结晶，熔点为 110℃，溶于水、乙醇、丙酮、醋酸乙酯和氯仿，微溶于乙醚和苯，不溶于石油醚。该毒素在氯仿、苯、二氯甲烷等溶剂中能较长时间保持稳定，在水中和甲醇中逐渐分解，在碱性溶液中不稳定易破坏，而在酸性环境中稳定性增强。

图 2-5　展青霉素的结构式

(2)展青霉素对食品的污染　展青霉素主要污染水果、水果制品和水果酒，尤其是苹果、山楂、梨、苹果汁和山楂片等。

Mara 等对购自西班牙不同超市的 100 个苹果汁样品进行展青霉素检测，发现 11％的样品所含展青霉素超出了欧洲的最高限量水平 50 μg/L，含量范围为 0.7～118.7 μg/L，平均含量和中位含量分别为 19.4 μg/L 和 4.8 μg/L。

据报道，展青霉素在世界范围内广泛分布。Funes 等研究表明在阿根廷的苹果和梨制品中，展青霉素的检出率为 21.6％(平均为 61.7 μg/kg)，苹果酱中检出率高达 50％(平均为 123 μg/kg)；葡萄牙的婴儿食品原料中展青霉素的检出率高达 7％，苹果制品中检出率高达 23％；在中国，东北市售的苹果制品中仅 12.6％ 的样品中检测不到展青霉素；Marín 等研究显示西班牙市场中梨和苹果浓缩汁中展青霉素的检出量高达 126 μg/kg，远高于欧盟限量；突尼斯的果汁样品和婴儿食品样品中展青霉素的检出率分别为 18％、28％。

以上调查结果表明，展青霉素对水果及其制品的污染较为严重。苹果原料随着腐烂面积的增加，展青霉素含量呈增长趋势。在每年 8—10 月苹果加工的早期，由于环境温度变化较小，较适宜苹果原料表面霉菌的生长，即使苹果的腐烂率较低，仍存在非常大的展青霉素超标的风险。

(3)展青霉素的毒性　展青霉素对人及动物均具有较强的毒性作用，如展青霉素对小鼠的经口 LD_{50} 为 17～48 mg/kg 体重，对大鼠的经口 LD_{50} 为 6.8～116 mg/kg 体重，对仓鼠的经口 LD_{50} 为 31.5 mg/kg 体重。

啮齿动物对展青霉素的急性中毒常伴有痉挛、肺出血、皮下组织水肿、无尿直至死亡症状出现。

用 5～6 周的雄性小鼠每天以 0.1 mg/kg 体重分别喂饲展青霉素 60 天和 90 天，小鼠的精子尾部出现了弯曲、卷曲和粘连的畸形现象，且在小鼠的附睾和前列腺出现了一些病理学变化。喂饲 60 天组的小鼠与对照组比较，精子数增加，而喂饲 90 天组的小鼠精子数则减少。表明展青霉素具有致生殖细胞突变的作用，且较大剂量对生殖细胞数量有影响，即对生育能力可能造成影响。英国食品、消费品和环境中化学物质致突变委员会已将展青霉素划为致突变物质。

FAO/WHO 食品添加剂联合专家委员会(JECFA)的研究报告认为，展青霉素对大鼠、小鼠没有致畸作用，但对鸡胚有明显的致畸作用。

以灌胃方式给予 Wistar 大鼠展青霉素，每周 3 次，共设 0.0 mg/kg、0.1 mg/kg、0.5 mg/kg 和 1.5 mg/kg 4 个浓度水平。结果表明，展青霉素的浓度在 1.5 mg/kg 时与对照组比较，雄性和雌性大鼠的死亡率有明显提高，可能是肺部和呼吸道炎症引起。对实验大鼠经口喂饲展青霉素，实验动物未发现癌变现象。但有报道将展青霉素溶解在生油中，给 2 个月的雄性大鼠皮下注射展青霉素，每次 0.2 mg，每周 2 次，从第 58 周起在大鼠的皮下注射部位发生局部肉瘤，即皮下注射可致雄性大鼠出现注射部位的局部肉瘤。展青霉素对人是否致癌目前不明确。

展青霉素对呼吸有妨害作用。摄入体内的展青霉素，通过细胞膜的通透性变化，使膜的物质移动发生异常，从而间接地引起呼吸异常。

(4)苹果制品生产加工中展青霉素的控制

①对原料中的展青霉素进行控制。展青霉素主要是由原料污染而进入到食品中的。在生产加工时，对苹果原料的采购和验收要严格按照规定进行，减少风落果，并避免长期在露天条件、气温有较大变化的情况下堆放苹果。有机械损伤的苹果也容易被霉菌污染，造成展青霉素的产生。在生产榨季的中后期，展青霉素的含量明显增加，主要原因是贮存条件的参差不齐，以及果农对加工果的期望值不高，造成贮存环境明显不如商品果。有关研究显示，苹果贮存在 25℃、CO_2 含量 3%、O_2 含量 2%的条件下可以抑制展青霉素的产生。

②在生产加工过程中，通过工艺的调整来降低展青霉素的含量。加强清洗，通过对苹果 3～4 次的清洗，不但可以去除存在于苹果表面的泥沙，而且可以将残留在苹果原料表面的展青霉素部分去除，在循环水中添加不含磷的清洗剂，也可以达到部分去除展青霉素的效果；剔除腐烂果，采用人工方式将腐烂果拣出或剔除腐烂部分，降低展青霉素对果汁的污染，并使其含量明显降低到要求值，也是现阶段果汁加工企业普遍采用的方法；采用吸附方式，在生产过程中，通过采用专用的吸附树脂或活性炭吸附的方式，可以降低展青霉素的含量。

③建立有效、规范的 HACCP 体系。HACCP 体系的建立是从食品安全的角度出发，通过

有效的实施和运行，来控制生产符合人类食用的安全食品。HACCP 在浓缩苹果汁行业中应用的关键控制点之一就是对拣果工序腐烂率的监控。国投中鲁果汁股份有限公司已将整个生产期中控制原料的腐烂率作为拣果工序的关键控制点进行严格管理，这样既可确保最终产品中的展青霉素不超标，又能保证产品的口感风味达到客户的要求。

通过在果汁生产中采取以上多种措施，可以降低产品中展青霉素的含量，但还不能彻底消除展青霉素带来的质量隐患。相信随着对展青霉素产生机理的深入了解和更有效的措施的发现，产品中展青霉素的含量将得到进一步控制。

2.2.2.5 伏马菌素(fumonisin)

伏马菌素与疯牛病病毒、二噁英、致病性大肠杆菌 O_{157}：H_7 和氯丙醇五种污染物被当今世界认为是危及人类食品安全的五大热点。

伏马菌素是一组主要由串珠镰刀菌(*Fusarium moniliforme*)产生的真菌毒素，主要污染粮食及其制品，并对某些家畜产生急性毒性及潜在的致癌性，已成为继黄曲霉毒素之后的又一研究热点。

(1)伏马菌素的来源与理化性质　1988 年，Gelderblom 等首次从串珠镰刀菌的培养液中分离出伏马菌素；1989 年，Laureut 等又从伏马菌素中分离出伏马菌素 B_1(FB_1)和伏马菌素 B_2(FB_2)。

在自然界中产生伏马菌素的真菌主要是串珠镰刀菌，其次是多育镰刀菌(*Fusarium proliferatum*)。这两种真菌广泛存在于各种粮食及其制品中，因此它们产生的伏马菌素容易污染粮食类农产品，尤其是玉米。研究发现，即使在干燥温暖的环境中，串珠镰刀菌是玉米中出现最频繁的菌种之一。

伏马菌素是一类由不同的多氢醇和丙三羧酸组成的结构类似的双酯化合物，包括一个由 20 个碳组成的脂肪链及通过 2 个酯键连接的亲水性侧链，其结构式如图 2-6 所示。

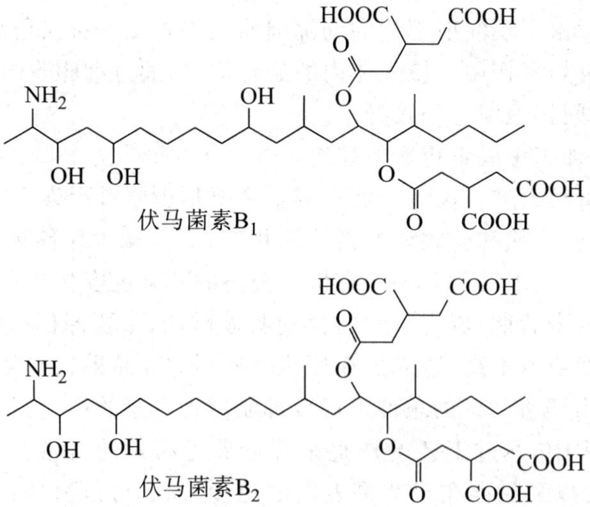

伏马菌素B_1

伏马菌素B_2

图 2-6　伏马菌素的结构式

到目前为止，已经鉴定的伏马菌素类似物有 28 种，它们分为 A、B、C 和 P 组 4 组。其中，B 组的伏马菌素是野生型菌株产生的、产量最丰富的一组，以伏马菌素 B_1(FB_1)为主，占 B 组伏马菌素总量的 70%，也是导致伏马菌素毒性作用的主要成分。

伏马菌素对热很稳定,不易被蒸煮破坏。因此,该毒素在多数粮食加工处理过程中不易被破坏。

(2)伏马菌素对食品的污染　世界各国如意大利、法国、德国、南非、埃及、阿根廷、巴西、美国、加纳、加拿大、日本、澳大利亚、韩国、中国、英国、匈牙利的玉米及其制品中广泛存在伏马菌素,且大部分是伏马菌素 B_1。另外,在大米、小麦、大麦、高粱、豆类、咖啡、啤酒、牛奶等食品和饮料中也有一定浓度的伏马菌素存在。在世界比较温暖的地方,通常可以发现玉米中较高水平的伏马菌素,天然污染的玉米中 FB_1 与 FB_2 的比值大约为 3∶1。

南非、中国及意大利的研究表明,人类食管癌高发区玉米受串珠镰刀菌及多育镰刀菌污染严重,伏马菌素检出率及污染水平显著高于低发区。2007 年,张宏宇对我国河南、湖北、广东、四川、广西、吉林六省(自治区)玉米中伏马菌素污染水平调查显示,各省(自治区)中除河南检出率为 97.71%外,其他五省(自治区)均为 100%。伏马菌素平均含量以四川最高,为 19 565.21 ng/g,其他五省(自治区)依次为广西 11 261.40 ng/g,广东 4 808.37 ng/g,湖北 2 293.66 ng/g,河南 975.80 ng/g,吉林 901.85 ng/g。研究发现南北地区受污染程度严重不均,南方玉米中伏马菌素含量比北方高。

粮食作物中除了玉米是伏马菌素的主要污染对象外,大米中伏马菌素污染的报道也较多。2010—2011 年,Bansal 等用 2 年时间调查了 200 份来自 7 个国家(包括美国、加拿大、巴基斯坦、印度、泰国等)的市售米样品(精米、糙米、红米、黑米、印度香米、泰国米、菰米)污染伏马菌素的情况,结果显示第一年所调查的 99 份样品中,伏马菌素 B_1 检出率为 15%,平均污染率为 4.5 ng/g;第二年所调查的 100 份样品中仅有 1 份检出伏马菌素 B_1。2014 年,郭耀东等对我国 18 个城市中大米及其制品、面粉及其制品、其他谷物及其制品、干豆类和坚果 5 类食品中的伏马菌素进行抽样检测,结果显示,在总计 485 份样本中有 35 份样本检出伏马菌素,伏马菌素平均含量为 0.04 mg/kg。

(3)伏马菌素的毒性　用 ^{14}C 标记的 FB_1 进行腹腔注射,发现 24 h 后有 66%的该毒素进入粪便中,32%出现在尿中,1%在肝中,仅有微量(<1%)在肾和红细胞中,而用管饲法饲喂 ^{14}C 标记的 FB_1,发现标记物几乎全部出现在粪便内,在尿、肝、肾和红细胞内仅有微量,绝大多数是未经代谢的 FB_1 原形。由此可推断,FB_1 在体内几乎不经代谢直接较快排除。

在所有的动物试验中,伏马菌素均与肝损伤、某些酯类的水平改变(特别是鞘酯类水平改变)相关;还发现它对很多实验动物肾有损害。美国研究人员的试验表明,分别用含 234 mg/kg FB_1 和 484 mg/kg FB_1 的饲料喂饲雄性 Fischer-344/Nctr BR 大鼠,28 天后动物体重分别降低了 10% 和 17%,而雌性大鼠仅在较高剂量组出现体重下降。经口每天给雄性 BDIX 大鼠含 240 mg/kg FB_1 的饲料,大鼠 3 天后死亡。大鼠和小鼠 4 周和 90 天喂养试验显示,肝是伏马菌素作用的靶器官。与雄性大鼠相比,雌鼠在较低剂量下即可显示毒性作用,表明雌鼠对伏马菌素更敏感。大鼠的肾也是伏马菌素重要的靶器官,与肝相比,较低剂量的 FB_1 对雄性大鼠的肾即显示毒性效应。

伏马菌素还具有胚胎毒性。给鸡胚注射 72 μg/kg 的 FB_1,发现鸡胚重量显著下降和皮下出血,表明 FB_1 对鸡胚有致病作用。给予仓鼠 18 mg/kg 的 FB_1,可见胎鼠死亡数的增加与对照组比有统计学意义。

大量试验结果表明,伏马菌素能够对动物免疫系统造成损害,引起免疫功能降低,造成免疫抑制,从而影响动物的免疫能力,使免疫后抗体水平不整齐或不高。在研究 FB_1 对仔鸡腹膜巨噬细胞的影响时发现，FB_1（10～100 μg/kg）可导致巨噬细胞在形态学上发生改变，产生萎缩，同时还显著降低细胞活性以及产生功能性损伤，导致免疫应答降低，从而增加了传染病的易感性。

美国的研究人员用含 FB_1（纯度＞90％）的饲料喂饲大鼠和小鼠 2 年。结果表明，长期摄入高水平的伏马菌素（50 mg/kg 以上）可诱发雌性小鼠的肝癌并使其寿命缩短，诱发雄性大鼠肾癌但不影响其寿命。用另一个品种的雄性大鼠进行类似试验，发现暴露于 50 mg/kg 的 FB_1 时，可诱发大鼠肝癌。

摄食伏马菌素污染的谷物还可导致对其他多种哺乳动物（如马、兔、羊、猪）的毒性作用，其中马对伏马菌素最敏感。马的脑白质软化病（ELEM）是最常见的与伏马菌素有关的疾病。病畜中毒的临床表现为：初期病畜出现嗜睡拒食，共济失调，抽搐等症状，最后死亡。病理学检查发现明显的肝病样改变和延髓质水肿。除脑部损伤外，灌胃给予伏马菌素纯品或含伏马菌素的培养物也能观察到马的肝和肾的组织病理学变化。另有研究表明，伏马菌素具有肺毒性，猪的急性肺水肿综合征也与伏马菌素有关。用含伏马菌素的串珠镰刀菌培养物喂猪，可导致猪的肺水肿。日粮中添加 40 mg/kg 伏马菌素就可引起仔猪肺部重量显著增加，出现明显的肺水肿症状。除肺和肝以外，猪的其他器官如胰、心、肾及食管也是伏马菌素作用的靶器官。

FB_1 不仅是动物的完全致癌剂，而且怀疑与人类食管癌高发相关。Marasas 等（1988）在对南非 Transkei 食管癌高发地区进行流行病学调查时发现，在食管癌高发区伏马菌素的污染水平与低发区的污染水平有显著差异，高发区的伏马菌素污染水平是低发区的 2 倍多。Yoshizawa 等（1994）的调查显示，伏马菌素在食管癌高发区玉米中的污染率为 48％，而在食管癌低发区玉米中的污染率为 25％，污染率前者大约为后者的 2 倍。河南林县是我国的食管癌高发区，流行病学调查资料显示，当地食用玉米常被霉菌污染，玉米中串珠镰刀菌污染及伏马菌素含量均高于食管癌低发区；我国对食管癌高发区鹤壁市郊居民的伏马菌素摄入进行了 1 个月的短期监测，发现大量摄入伏马菌素可引起人体尿中二氢神经鞘氨醇/神经鞘氨醇（Sa/So）比值升高，说明伏马菌素在人体内也可抑制神经鞘脂类代谢。但伏马菌素与食管癌发病之间的关系迄今尚无更直接的证据。目前 IARC 将伏马菌素归类为可能的人类致癌物（group2B）。

（4）伏马菌素中毒的预防　伏马菌素主要污染玉米及其制品，偶尔在高粱、大豆和豌豆中检出。对伏马菌素中毒的预防主要应注意以下几个方面：

①加强粮食的通风、防潮、防霉管理，及时对田间和贮藏的玉米、麦类、稻谷等粮食和饲料原料进行干燥处理，防止串珠镰刀菌等产毒真菌的污染、繁殖和产毒。

②不用发霉的玉米加工食品。

③不食用发霉变质的玉米及玉米制品，减少摄入伏马菌素的可能性。

2.2.2.6　玉米赤霉烯酮（zearalenone，ZEN）

玉米赤霉烯酮又名 F-2 毒素，最初是从赤霉病玉米中分离得到的，是由镰刀菌属的菌种如禾谷镰刀菌、三线镰刀菌、木贼镰刀菌及串珠镰刀菌等产生的代谢产物，以禾谷镰刀菌产生为主。

（1）玉米赤霉烯酮的结构与性质　玉米赤霉烯酮是一种二羟基苯酸的内酯，有多种衍生物。玉米赤霉烯酮的化学结构式如图 2-7 所示。

纯玉米赤霉烯酮是一种白色晶体，不溶于水、二硫化碳和四氯化碳，微溶于石油醚

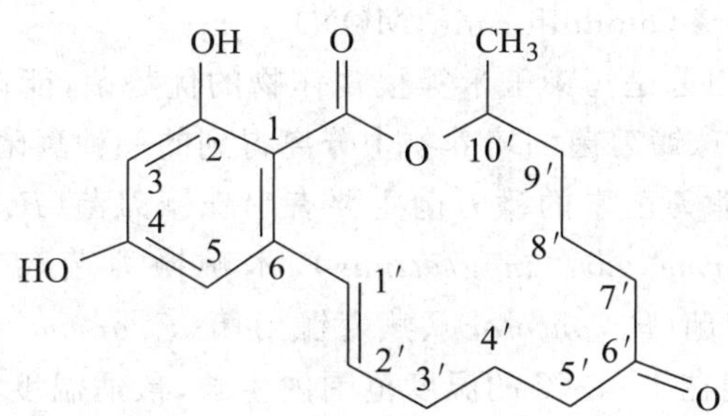

图 2-7　玉米赤霉烯酮的化学结构式

(30～60℃)，溶于碱性溶液、苯、二氯甲烷、醋酸乙酯、乙腈和乙醇等。在 360 nm 的紫外光下玉米赤霉烯酮可发出蓝绿色荧光，在 260 nm 紫外光下可发出绿色荧光。玉米赤霉烯酮的耐热性较强，110℃ 1 h 才能被完全破坏。

(2)食品中玉米赤霉烯酮的来源与分布　玉米赤霉烯酮主要污染玉米，也可污染大麦、小麦、大米、小米、燕麦等粮食作物。2004 年 1—3 月，同济大学附属东方医院营养中心的谢良民等，调查了上海零售食品中玉米赤霉烯酮含量，结果发现总检出率为 68.3%，谷类食品的检出率为 56.3%，含量为 0.9～30.0 μg/kg；乳制品主要检测奶粉，检出率为 60.0%，含量为 2.9～8.4 μg/kg；龙井、铁观音、红茶、茉莉花茶及进口茶叶等的检出率为 100%，含量为 11.0～53.0 μg/kg；调味品中玉米赤霉烯酮检出率为 100%，且含量极高，其中以黄豆酱油最高，达到 150.0 μg/kg；婴幼儿食品中，除婴儿营养米粉及个别国产配方奶粉检出了玉米赤霉烯酮外，进口婴儿奶粉及其他类辅食未检出。

(3)玉米赤霉烯酮的毒性　玉米赤霉烯酮对动物的急性毒性很小，20 μg/kg 的玉米赤霉烯酮一次经口灌喂小鼠和大鼠未引起急性中毒。

玉米赤霉烯酮具有雌激素样作用，其强度为雌激素的 1/10。在膳食中玉米赤霉烯酮的浓度低时，具有一定的生理活性作用，但高浓度的玉米赤霉烯酮可引起家畜、家禽和实验动物产生雌激素中毒症状。人和妊娠期的动物食用含较高浓度玉米赤霉烯酮的食物后，可引起阴道和乳腺肿胀、流产、畸胎和死胎等现象。猪对该毒素最敏感，玉米赤霉烯酮可引起猪的雌性激素过多。

玉米赤霉烯酮作用的靶器官主要是雌性动物的生殖系统，同时对雄性动物也有一定的影响。玉米赤霉烯酮进入动物体内，由于雌激素水平过高而造成对神经系统、心、肾、肝和肺一定的毒害作用，主要是造成神经系统的亢奋，在脏器产生很多出血点，使动物突然死亡。

(4)食品中玉米赤霉烯酮的防控措施　玉米赤霉烯酮在体内有一定的残留和蓄积，一般代谢出体外的时间为 6 个月。因此，做好防止食品、饲料污染玉米赤霉烯酮的措施是十分必要的。

①保证粮食等的质量。一般玉米赤霉烯酮中毒的直接原因是玉米等有霉变，特别是由赤霉污染的玉米、小麦、大豆等。所以，在使用这些原料作为食品原料或者饲料时应当注意检测，一旦发现有霉变就不应再使用。

②注意粮食的贮藏条件。

③对于已发霉的粮食一般不再使用。如果根据条件还可以使用，可将饲料放入 10%的石灰水中浸泡一昼夜，再用清水反复清洗，用沸水冲调后饲喂动物，同时注意用量不应该超过 40%。

2.2.2.7 串珠镰刀菌素(moniliformin,MON)

在全球范围内串珠镰刀菌是污染玉米等粮食作物的优势菌,能产生多种毒素。串珠镰刀菌素是由 Cole 等首次从串珠镰刀菌的培养物中分离得到的一种真菌毒素,该毒素在自然界分布广泛。目前已知产串珠镰刀菌素的镰刀菌主要有串珠镰刀菌(*F. moniliforme*)、串珠镰刀菌胶孢变种(*F. moniliforme* var. *subglutinus*)、木贼镰刀菌(*F. equiseti*)、半裸镰刀菌(*F. semitectum*)、本色镰刀菌(*F. concolor*)、燕麦镰刀菌(*F. auenaceum*)等,最高产毒量可以达到 33.7 g/kg。镰刀菌能在 1～39℃的温度范围内生长,最适温度为 25～30℃,最适产毒温度通常在 8～12℃。

(1)串珠镰刀菌素的理化性质 串珠镰刀菌素的化学名称为 3-羟基环丁-3-烯-1,2 -二酮,通常以 Na 盐或 K 盐的形式存在于自然界中,其结构如图 2-8 所示。

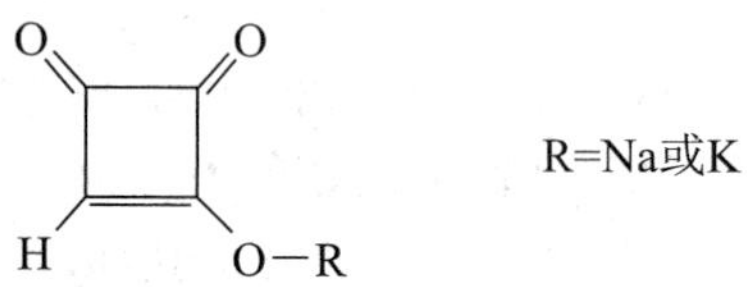

图 2-8 串珠镰刀菌素的结构式

纯串珠镰刀菌素通常为淡黄色针状结晶,易溶于水和甲醇,不溶于二氯甲烷和三氯甲烷;不耐氧化,容易被 H_2O_2、O_3 和漂白粉分解破坏。串珠镰刀菌素在 227 nm 处有最大吸收峰,在 256 nm 处有次级吸收峰。串珠镰刀菌素在水溶液中以单体形式存在,在 pH 7 时最稳定,在 pH 10 时也较稳定。串珠镰刀菌素在 100℃、pH 4 的溶液中加热 60 min 不被破坏,但碱法蒸煮能够部分或者完全将其破坏,破坏程度取决于加工的温度和时间。

(2)食品中串珠镰刀菌素的来源 产生串珠镰刀菌素的镰刀菌广泛分布于自然界中,主要引起麦穗、谷粒及玉米等霉变,并能在燕麦、大豆、高粱、大麦、小米、小麦及土壤中生长,导致串珠镰刀菌素对玉米等粮食作物的污染。

串珠镰刀菌是侵害玉米及玉米制品等粮谷类食品和饲料的优势真菌。有人曾报道波兰 95%～100%的玉米受镰刀菌污染,污染水平达到 4.2～530 mg/kg;秘鲁 25 份玉米样品中检出串珠镰刀菌素污染水平为 70～270 mg/kg。2005 年对国家品种区四川试点的 51 个玉米品系的调查结果表明,串珠镰刀菌的污染率为 49.1%;2006 年对不同遗传背景的 12 个玉米品系进行调查,结果表明串珠镰刀菌的污染率达 77.1%。

(3)串珠镰刀菌素的毒性 串珠镰刀菌素对人和动物的毒性以心血管系统损害为特征。

串珠镰刀菌素对雄性大鼠的经口 LD_{50} 为 50.0 mg/kg,对雌性大鼠的经口 LD_{50} 为 41.6 mg/kg,主要作用于肝、脾、心肌、骨骼肌和软骨细胞等增殖活跃的细胞,抑制细胞蛋白质和 DNA 合成,干扰细胞分裂增殖,对生物膜通透性及各种酶的活性有明显影响,同时引起机体过氧化损伤。动物串珠镰刀菌素中毒的症状主要表现为进行性肌无力、呼吸困难、共济失调、全身紫癜、昏迷直到死亡。动物的特征性损害是心血管系统,小鸡表现为腹水,肠系膜肿胀、出血,心脏肥大,心肌细胞变性坏死,心肌线粒体增多、肿胀。

串珠镰刀菌素在动物体内引起的病变,特别是心肌病变与我国克山病病人心肌病变很相似,提示串珠镰刀菌素可能与克山病的发生有关。

在食管癌高发区,玉米等食品串珠镰刀菌的污染数量明显高于低发区,污染的镰刀菌以串珠镰刀菌变种为主,提示串珠镰刀菌素与食管癌的发生有一定的关系。

2.3　病毒、寄生虫的污染与食品安全

病毒和寄生虫也是食品的生物性污染物。

2.3.1　病毒污染与食品安全

2.3.1.1　食源性病毒的特点

病毒(virus)是一类非细胞形态的微生物,其大小、形态、化学成分、宿主范围以及对宿主的作用亦与细胞形态的微生物不同。病毒非常小,无细胞结构,大多用电子显微镜才能观察到。病毒的基本特征是其基本结构由核酸与蛋白质组成,只能在活细胞中增殖。

食源性病毒是指以食物为载体,导致人类患病的病毒,包括以粪—口途径传播的病毒,如脊髓灰质炎病毒、轮状病毒、冠状病毒、环状病毒和戊型肝炎病毒,以及以畜产品为载体传播的病毒,如禽流感病毒、朊病毒和口蹄疫病毒等。

食源性病毒与食源性细菌的主要区别是:①少量的食源性病毒即可导致机体发病;②主要通过粪便排出体外(例如诺瓦克病毒感染者的粪便中,该病毒含量高达 10^{11} 个/g);③病毒严格在细胞内寄生,不能在水和食物中繁殖;④在寄主细胞以外的环境中,食源性病毒相当稳定,并具有较强的耐酸性。

当前对食品中病毒的了解较少,主要是病毒不能像细菌和霉菌那样以食品为培养基进行繁殖,这也是人们忽略病毒性食物中毒的主要原因;食源性病毒在食品中的数量少,必须用提取和浓缩的方法才可以得到,但回收率低;有些食品中的病毒尚不能用当前已有的方法培养出来。

2.3.1.2　病毒污染食品的途径和方式

食源性病毒污染食品的主要途径是食品接触粪便或被粪便污染的水、土壤、手,呕吐物及其污染的水,感染者存在的环境等。没有证据表明直接或间接接触家畜及其产品如肉牛、猪、被污染的肉类可导致食源性病毒感染。

一般来说,人体排出的各种病毒都可能通过上述途径直接或间接地污染食品,但最主要的是通过污水的污染和感染了病毒的食品、加工人员在食品制作过程中造成的污染。被病毒污染的食品主要有肉及奶制品、蔬菜和水果、海产品等。

食品被病毒污染的方式可分为:原发性污染,即动物性食品包括家畜肉类、乳品、鸡蛋等和水生贝类在屠宰和制作前可能受到病毒的污染;继发性污染,主要是在食品加工过程或餐馆和家庭储备中造成的污染。病毒虽不能在食品中繁殖,但食品通常给病毒的存在提供了一个很好的条件。

2.3.1.3　重要的食源性病毒

(1)疯牛病病毒　疯牛病最早于 1985 年在苏格兰发现。当时,部分学者推测这种疾病可能会传播给人类,但并没有引起重视。直到 1996 年,英国发生了首例死于与疯牛病病毒相关的人克-雅氏病(Creutzfeldt-Jakob disease,CJD)的病例,而且相同病例不断出现才引起了社会的高度重视。1996 年 3 月 20 日,英国政府宣布英国有 20 余名克-雅氏病患者与疯牛病病毒的传染有关,引起世界的震惊。为此,英国将疯牛病疫区的 1 100 多万头牛屠宰处理。《泰晤士报》于 2000 年 3 月 5 日报道了第一例母婴传播的疯牛病病例,证实疯牛病可通过孕妇胎盘垂直传播。

二维码 2-9 克-雅氏病

①疯牛病病毒概述 疯牛病学名为“牛海绵状脑病”(bovine spongiform encephalopathy, BSE),是一种侵犯牛中枢神经系统的慢性致命性疾病。当牛患上此病后,由于脑组织产生病理改变,导致病牛的大脑功能退化、精神错乱、死亡。疯牛病不但在牛、羊等偶蹄和反刍动物之间传播,而且人食用病牛的肉或以脑组织等为原料制作的食品后,也可能会被感染而发病,导致患者因脑组织遭受破坏而痴呆,精神错乱,瘫痪,最终导致死亡,其病死率达100%。

关于疯牛病的致病因子目前普遍倾向于朊病毒(prion)学说。朊病毒是一类非正常的病毒,它不含有通常病毒所含有的核酸,而是仅有蛋白质,其主要成分是一种疏水的蛋白酶抗性蛋白,无免疫性,不诱发干扰素产生。它是正常蛋白的空间结构由α-螺旋错误折叠成β-折叠后形成的一种异常蛋白质。由于朊病毒只含蛋白质并且只能在寄生的宿主细胞内生存,因此,有人认为合成朊病毒所需的信息可能存在于寄主细胞中,而朊病毒的作用仅在于激活寄主细胞中为朊病毒编码的基因,使朊病毒得以复制;但也有人提出逆转录,一般都是根据核酸来合成蛋白质,而朊病毒能根据自己的蛋白质构成反转录出原始的核酸构成,然后再进行复制,复制完成以后,又恢复到蛋白质状态。

朊病毒颗粒对多种因素的抵抗力大大高于已知的多种微生物和寄生虫。如对紫外线照射、电离辐射、超声波以及80～100℃高温,均有相当的耐受能力;对化学试剂如甲醛、羟胺、核酸酶类等表现出强抗性,能抵抗蛋白酶K的消化。由于这些特性,导致朊病毒不易被杀灭。

②疯牛病病毒的流行病学特点 疯牛病的流行无明显的季节性,易感动物有牛、羊、猪、羚羊、狒猴、鹿、猫、犬、水貂、小鼠和鸡等,其潜伏期可以长达2～8年,多发于3～5岁的奶牛。该病的传染源主要是病牛,病牛的脑及脊髓含有大量的致病因子,这是重要的传播因子;病牛的其他组织器官如肝、淋巴结等也含有致病因子,为次要传播因子。疯牛病的致病因子可以通过血液和组织液进入到神经组织,最后进入大脑,造成多种病变。

病原体通过血液进入人的大脑,将人的脑组织变成海绵状,完全失去功能。受感染的人会出现睡眠紊乱、失语症、肌肉萎缩和进行性痴呆等症状,一般在发病的一年内死亡。

③疯牛病的预防 目前,对于这种病毒究竟通过何种方式在牲畜中传播,又是通过何种途径传染给人的研究得还不清楚。人类感染通常是因为下面几个因素:食用感染了疯牛病的牛肉及其制品导致感染,特别是从脊椎剔下的肉(一般德国牛肉香肠都是用这种肉制成的)。某些化妆品除了使用植物原料之外,也有使用动物原料的,如牛、羊器官或组织,胎盘素,羊水,胶原蛋白等,所以化妆品也可能含有疯牛病病毒。有一些科学家认为“疯牛病”在人类变异成“克-雅氏病”的病因,不是因为吃了感染疯牛病的牛肉,而是环境污染直接造成的,认为环境中超标的锰可能是“疯牛病”和“克-雅氏病”的病因。

现在只有防范和控制疯牛病病毒在牲畜中的传播,才能有效控制疯牛病的发生。我国卫生部和国家出入境检验检疫局于2001年4月3日联合发布公告,自即日起禁止进口和销售来自发生疯牛病国家的以牛肉、牛组织、脏器等为原料生产制成的食品(乳与乳制品除外)。

(2)禽流感病毒 禽流感顾名思义就是禽类的病毒性流行性感冒,是由A型流感病毒引起的禽类的一种从呼吸系统到严重全身败血症等多种症状的传染病。禽流感容易在鸟类间流行,过去在民间称为“鸡瘟”,国际兽疫局将其定为甲类传染病。禽流感在1994年、1997年、

1999 年和 2003 年分别在澳大利亚、意大利、中国香港、荷兰等地暴发，2005 年则主要在东南亚和欧洲暴发。

①禽流感病毒的特点　禽流感病毒（avian influenza virus，AIV）是一种 RNA 病毒。禽流感病毒可分为高致病性、低致病性和非致病性三大类。高致病性禽流感因其在禽类中传播快、危害大、禽类病死率高等特点被国际兽疫局列为 A 类动物疫病，我国将其列为一类动物疫病。高致病性禽流感 H_5N_1 是不断进化的，其寄生的动物（宿主）范围不断扩大，可感染虎、家猫等哺乳动物，正常家鸭携带并排出病毒的比例增加，尤其是在猪体内更常被检出。

依据禽流感病毒外膜血凝素（H）/和神经氨酸酶（N）蛋白抗原性的不同，目前可将其分为 15 个 H 亚型（H_1～H_{15}）和 9 个 N 亚型（N_1～N_9）。感染人的禽流感病毒亚型主要为 H_5N_1、H_9N_2、H_7N_7，其中感染 H_5N_1 的患者病情重，病死率高。研究表明，原本为低致病性的禽流感病毒株如 H_5N_2、H_7N_7、H_9N_2 可经 6～9 个月禽间流行，迅速变异成为高致病性毒株如 H_5N_1。

一般来说，禽流感病毒与人流感病毒存在受体特异性差异，禽流感病毒不容易感染人。个别造成人感染发病的禽流感病毒可能是发生了变异的病毒。变异的可能性一是两种以上的病毒进入同一细胞进行重组，如猪既可感染人流感病毒，又可能感染禽流感病毒；二是病毒基因位点由于某种因素的影响，由低致病性变成高致病性，如 1983 年 4 月，美国宾夕法尼亚州曾暴发 H_5N_2 型病毒引起的鸡和火鸡低致病性禽流感，由于没有得到及时有效的控制，到同年 10 月，同样的 H_5N_2 型毒株突然由低致病性变成高致病性，造成禽类大量死亡。

禽流感病毒对乙醚、氯仿、丙酮等有机溶剂均敏感，常用的消毒剂如氧化剂、稀酸、十二烷基硫酸钠、漂白粉和碘剂等容易将其灭活。禽流感病毒对热比较敏感，65℃加热 30 min 或煮沸（100℃）2 min 以上可灭活。病毒在粪便中可存活 1 周，在水中可存活 1 个月，在 pH＜4.1 的条件下也具有存活能力。病毒对低温抵抗力较强，在有甘油保护的情况下可保持活力 1 年以上。病毒在直射阳光下 40～48 h 即可灭活，如果用紫外线直接照射，可迅速破坏其传染性。

②禽流感病毒的流行病学特点　高致病性禽流感病毒可以直接感染人类。1997 年我国香港地区，高致病性禽流感病毒 H_5N_1 型导致了 18 人感染，6 人死亡，首次证实高致病性禽流感可以危及人的生命。

许多家禽如火鸡、鸡、鸽、珍珠鸡、鹌鹑、鹦鹉等陆禽可感染禽流感病毒并发病，但以火鸡和鸡最为易感，发病率和死亡率都很高，鸡蛋也可传播；鸭和鹅等水禽也易感染，并可带毒或隐性感染，有时也会大量死亡。除野禽，如天鹅、燕鸥、野鸭、海岸鸟和海鸟等外，还从燕八哥、石鸡、麻雀、乌鸦、寒鸦、鸽、岩鹧鸪、燕子、苍鹭、加拿大鹅及番鸭等多种鸟中分离到禽流感病毒。据报道，已发现带禽流感病毒的鸟类达 88 种。

不同品种的家禽感染禽流感的概率不同，但目前尚未发现高致病性禽流感的发生与家禽的性别有关。

禽流感的传染源主要是感染了禽流感病毒的病禽和表面健康而携带病毒的禽类，特别是无症状的家禽排泄的大量高致病性排泄物是潜在的病毒传染源，它们不断地将病毒传播给其他禽类，从而增加了疾病控制的难度。除此之外，候鸟也已被证实可以远距离传播高致病性禽流感。

一般来说，禽流感病毒不能在人体内进行有效复制，表明禽流感病毒感染人是罕见的。例如，Beare 等的研究显示，足够大量的禽流感病毒才能在人类志愿者体内产生可检出的病毒复制。但 H_5N_1 可以由家禽传染到人，其主要途径是：病禽咳嗽和鸣叫时喷射出的带有禽流感病毒的飞沫在空气中飘浮，易感者吸入呼吸道而发生禽流感；进食病禽的肉及其制品、禽蛋，病禽携带的禽流感病毒污染水、食物，用被污染的食具、饮具或用被污染的手拿东西吃可能感染禽流感病毒而发病；经损伤的皮肤和眼结膜感染禽流感病毒而发病。

WHO官员在2006年6月23日证实，印度尼西亚出现的H_5N_1禽流感病毒发生了某种变异，使禽流感病毒能在一个家庭成员之间相互传染，最终导致一家七口人死于禽流感。这也是全球首宗人传人病例。

③禽流感病毒的危害　一般认为，任何年龄的人均具有禽流感病毒的易感性，但12岁以下儿童发病率较高，病情较重。与不明原因病死家禽或感染、疑似感染禽流感的家禽密切接触人员为高危人群。

人感染高致病性禽流感病毒的临床症状，早期表现类似于普通流感，如发热(体温大多在39℃以上)，持续1～7天，一般为3～4天，流涕、鼻塞、咳嗽、咽痛、头痛、全身不适等，部分患者可有恶心、腹痛、腹泻、稀水样便等消化道症状。除了上述表现外，人感染高致病性禽流感重症患者，还可出现肺炎、呼吸窘迫等表现，甚至可导致死亡。

④防止禽流感病毒感染的措施　禽流感一般发生在春、冬季，一般不会在人与人之间传染。预防禽流感应注意以下几点：勤洗手，远离家禽的分泌物，接触过禽、鸟或禽、鸟粪便要注意用消毒液和清水彻底清洁双手，避免到疫区旅行。

养成良好的个人卫生习惯，咳嗽时用手或卫生纸捂住嘴，加强室内空气流通，每天1～2次开窗换气30 min，要有充足的睡眠和休息，均衡的饮食，注意多摄入一些富含维生素C等增强免疫力的食物；吃禽肉要煮熟、煮透，食用鸡蛋时蛋壳先用流水清洗，烹调加热充分，不吃生的或半生的鸡蛋。

(3)肝炎病毒

二维码 2-10　肝炎病毒

①病原学特征　甲型肝炎病毒(hepatitis A virus, HAV)颗粒呈球形，单股RNA。HAV在100℃加热5 min，紫外线照射1～5 min，或用甲醛溶液或氯处理，均可灭活；将HAV置于4℃、−20℃、−70℃条件下，不能改变其形态或破坏其传染性。

乙型肝炎病毒(hepatitis B virus，HBV)为具有双层外壳的圆形结构，完整的HBV病毒颗粒又称Dane颗粒。HBV颗粒的外层含有乙型肝炎表面抗原(HBsAg)，又称“澳抗”，将其病毒颗粒的外壳剥脱后，可暴露出病毒核心，核心表面含有乙型肝炎核心抗原(HBcAg)。除此之外，乙型肝炎病毒还含有乙型肝炎e抗原(HBeAg)。HBsAg能诱导机体产生特异性抗体(抗-HBs)，并有抵抗HBV感染的作用；HBcAg抗原性较强，在乙型肝炎感染的整个过程中以及HBsAg携带者的血清中，经常可以检测出抗HBcAg的抗体(抗-HBc)；HBeAg是乙型肝炎病毒本身的一种抗原，HBeAg出现较HBsAg短暂，标志着体内有HBV的大量复制，同时也是表明机体具有较强传染性的一种指标。

HBV对热、低温、干燥、紫外线和一般消毒浓度的化学消毒剂均有较强的耐受力，但对0.5%过氧乙酸、3%漂白粉液、0.2%新洁尔灭敏感，故常采用这些化学消毒剂进行消毒。HBV的传染性和HBsAg的活性对外界的抵抗力不一致，两者在37℃时活性均能维持7天；100℃加热10 min，可使HBV传染性消失而表面抗原活性仍然保留。

②食品中肝炎病毒的来源　HAV的传播源主要是甲型肝炎患者。人类由感染HAV至

发病的潜伏期一般为 15～50 天，平均 30 天，在潜伏期后期及急性期 HAV 大量复制并具有很高的活性，此时，患者血液和粪便均有很高的传染性。患者直接接触食品、用具或其粪便污染食品、水源，都可造成 HAV 传染。因此，日常接触为 HAV 的主要传播途径。

HBV 的传播源主要是乙型肝炎患者和乙型肝炎抗原携带者的血液，主要传播途径有母婴传播，这种传播的本质是经血途径传播，是目前我国乙型肝炎病毒传染的最主要原因；经血液传播，包括输入含有乙型肝炎病毒的血液和血制品，不洁的注射、手术、拔牙、文身、针灸、穿耳孔、内窥镜检查和医务人员的意外刺伤等；医源性传播，主要由于使用未经严格消毒的非一次性注射器、内窥镜等引起；性传播，性传播的 HBsAg 阳性率为 5.44％，而社会生活中一般接触传播的 HBsAg 阳性率仅为 0.68％；日常生活中的一般接触传播，主要指有体液交换的生活用品接触，如共用剃须刀、牙刷等用品。

③食品被肝炎病毒污染的危害　甲型肝炎以秋冬季发生为主，也可在春季发生流行，主要是摄入了污染 HAV 的食品、饮水后导致人类感染；乙型肝炎的发生没有明显的周期性和季节性。

人类对病毒性肝炎普遍易感，尤其是儿童和青壮年，感染后不一定都能表现出临床症状。甲型肝炎发病初期病情发展迅速，常有发热、上消化道和上呼吸道症状；乙型肝炎发病可急可缓，并伴有周身乏力、食欲不振、恶心、呕吐、便秘或腹泻等症状。黄疸型病人的皮肤、角膜发黄，肝肿大，肝区疼痛，尿黄等；无黄疸型病人常有疲倦、右上腹不适，消化不良，体重减轻，不想吃油腻食物等。严重的乙型肝炎患者可转为慢性肝炎或肝硬化，甚至肝癌；甲型肝炎经过彻底治疗后，预后良好。

④防止食品污染肝炎病毒的措施

a. 加强管理，控制传播。对食品生产、加工人员要定期进行体检，对病人的排泄物、血液、食具、物品等需进行严格消毒。

b. 切断传播途径。加强饮用水的管理，保护水源，严防饮用水被粪便污染，对饮用水进行消毒处理；要保持手的清洁卫生；对餐饮具要进行严格的消毒。对输血人员要进行严格体检；对医院所使用的各种器械进行严格消毒。

c. 预防甲型肝炎和乙型肝炎。可在人群中，尤其是儿童、青少年中注射两种球蛋白，可起被动免疫作用。

(4)轮状病毒(rotavirus，RV)　是引起婴幼儿急性胃肠炎的主要病原之一，每年因轮状病毒感染导致的腹泻婴幼儿约 1.25 亿，全世界因急性胃肠炎而住院的儿童中有 50％～60％是由轮状病毒引起的。

①病原学特征　轮状病毒是双股 RNA 病毒，电镜下轮状病毒有双层衣壳。人轮状病毒的内衣壳可与小牛、小鼠、小猪、羔羊、兔及猴的轮状病毒发生交叉反应，但外壳抗原有型的特异性。根据轮状病毒 RNA 电泳图谱，目前将人和动物轮状病毒分为 A～D 4 个群。A 群为普通轮状病毒，主要引起婴幼儿腹泻；B 群为猪轮状病毒和成人腹泻轮状病毒，后者为我国学者从 1984 年流行于我国各地的成人流行性腹泻患者中分离出的一种新轮状病毒，目前将此种病毒与世界其他地区发现的副轮状病毒、类轮状病毒统称为抗原特异性轮状病毒；C 群为人和猪轮状病毒；D 群为鸡和鸟类轮状病毒。成人腹泻轮状病毒与普通轮状病毒在病毒抗原性、核酸图型及临床表现等方面均有差异。

轮状病毒对理化因素有一定的抵抗力，耐乙醚和弱酸，在－20℃可以长期保存，56℃ 1 h

可被灭活。

②食品中轮状病毒污染的来源与危害　轮状病毒主要存在于人和动物的肠道内，通过粪便排泄污染土壤、食品和水源；在人群密集区，轮状病毒主要通过带病毒者的手造成食品污染而传播。

感染轮状病毒的食品从业人员在食品加工、运输、销售时可以污染食品。食用被轮状病毒污染的食品，如沙拉、水果以后，由于该病毒具有抵抗蛋白酶和胃酸的作用，能顺利通过胃到达小肠，引起急性胃肠炎。轮状病毒的感染力很强，感染剂量为10～100个感染性病毒颗粒。据报道，患者在每毫升粪便中可排出10^8～10^{10}个病毒颗粒。因此，通过病毒污染的手、物品和餐具完全可以使食品中的轮状病毒达到感染剂量。

A型轮状病毒可引起婴幼儿腹泻、冬季腹泻、急性非细菌性感染性腹泻和急性病毒性胃肠炎，常见于冬季发病，是婴幼儿因腹泻而死亡的主要原因；B型轮状病毒也称为成人腹泻轮状病毒，是导致我国居民患急性腹泻的主要病原体；C型轮状病毒也可引起儿童腹泻，但比较少见。

各种年龄的人对轮状病毒均易感，0.5～2岁儿童、早产儿、老年人对轮状病毒最易感。B型轮状病毒在我国引起的腹泻，主要因为饮用了被粪便污染的水而暴发。

普通轮状病毒胃肠炎潜伏期1～3天。病情差别较大，6～24月龄小儿症状重，而较大儿童或成年人多为轻型或亚临床感染。起病急，多先吐后泻，伴轻、中度发热，每日腹泻十到数十次不等，大便多为水样，或呈黄绿色稀便，常伴轻或中度脱水及代谢性中毒。本病的病程1周左右，但少数患儿腹泻可持续数周，个别可长达数月。

③防止食品污染轮状病毒的措施　注意个人卫生，饭前便后洗手，防止病毒污染食品和水源；食用冷藏食品时，要进行加热处理，对可疑污染的食品食用前一定要彻底加热消毒。接种轮状病毒疫苗可以降低感染。

2.3.2 寄生虫污染与食品安全

寄生关系是一种生物生活在另一生物的体表或体内，使后者受到危害，受到危害的生物称为宿主或寄主，寄生的生物称为寄生物或寄生体。寄生物从宿主中获得营养、生长繁殖并使宿主受到损害，甚至死亡。动物性寄生物称为寄生虫。以人和动物为宿主的寄生虫可诱发人畜共患病，还可通过携带寄生虫的肉类及其制品传播给人，引起寄生虫病。所以，寄生虫是影响食品安全性、危害人体健康的重要因素。WHO要求重点防治的7类热带病中，除麻风病、结核病外，其余5类都是寄生虫病。

很多动物性食品中携带有寄生虫病原体，由于不良饮食习惯，造成病原体进入人体，引起食源性寄生虫病。近年来由于我国肉、鱼等动物性食品的供应渠道增加，食品卫生监督难以跟上，疫区鱼类、活畜及畜产品流入非疫区，加上风行的生、冷的饮食方式，使食源性寄生虫病在我国大行其道。寄生虫病患者大多喜食烤肉、涮肉、凉拌生肉等。另外，因生吃含囊蚴的红菱、荸荠、茭白等水生植物，使姜片虫病患者剧增。我国还新出现了一些极少见的食源性寄生虫病，如患者因生食淡水鱼、吞食活泥鳅而患上的棘颚口线虫病、阔节裂头绦虫病，吃生的海鱼、海产软体动物患上的异尖线虫病，吃福寿螺患上的广州管圆线虫病，生饮蛇血、生吞蛇胆患上的舌形虫病，生吃龟肉、龟血患上的比翼线虫病等。

因生食或半生食含有感染期寄生虫的食物或饮水而感染的寄生虫病，称为食源性寄生虫病。目前我国食源性寄生虫病的流行趋势有以下几个特点。

第一,从农村向城市转移。既往农村地区由于卫生及经济条件的影响,食源性寄生虫病流行较多,但近年来城市居民追求生鲜口味及喜爱烧烤涮等饮食方式,加之人口流动性增大,外出就餐机会增加,使城市中的食源性寄生虫病发病率不断上升。

第二,"南病"北移且种类增多。大多数寄生虫病的流行本身具有一定的地域性,食源性寄生虫病感染地区主要分布在南方沿江地区,但随着发达的交通及运输、饮食习惯的变化及养殖业的蓬勃发展,近年来寄生虫病的流行突破了地域限制,感染区域明显扩大。如 2006 年夏天在北京发生的"福寿螺事件"造成 160 人感染广州管圆线虫病。与此同时,一些罕见的食源性寄生虫病报道逐年增加,如圆孢子虫病、舌形虫病、喉兽比翼线虫病、棘颚口线虫病、阔节裂头绦虫病等。

第三,人兽共患寄生虫病不断增加。食源性寄生虫病大多是人兽共患寄生虫病,它是指在脊椎动物与人之间自然传播的寄生虫病,在自然界一般都存在自然疫源地,但近年来随着人们对一些原始森林和自然环境的开发与侵占,城市中饲养宠物和伴侣动物的增加,人类与野生动物及病原媒介的接触机会增多,人兽共患寄生虫病的感染机会也大大增加,如城市中宠物猫增多而使弓形虫感染的机会增加,食用野生动物而感染旋毛虫的病例增加。

第四,新现和再现食源性寄生虫病增加。随着世界人口的不断增加,人口流动、工业化、城市化进程的加快,对生态环境的不断破坏,以及病原体耐药性的产生等原因,引起了一些新的寄生虫的出现,或是已知寄生虫的重新流行。如徐氏拟裸茎吸虫(复殖目拟裸茎科)病为 1988 年发现的因生食牡蛎引起的一种寄生虫病;东方次睾吸虫自 1921 年发现以来,一直被认为是危害家鸭等鸟禽类的寄生虫,而 2002 年首次发现人体可因生食淡水鱼虾而引发东方次睾吸虫病。

食源性寄生虫按其感染食物来源可分为:水源性,肉源性,鱼源性,螺源性(软体动物),淡水甲壳动物源性,植物源性,及其他如两栖爬行动物源和节肢动物源等。有的可以是多源性的。与食品安全性关系密切的以蠕虫中的寄生虫最为常见,如吸虫、绦虫、线虫等。

2.3.2.1　猪囊尾蚴

囊尾蚴是绦虫的幼虫,寄生在宿主的横纹肌及结缔组织中,呈包囊状,故俗称"囊虫"。在动物体内寄生的囊尾蚴有多种,通过肉食品传播给人类的有猪囊尾蚴和牛囊尾蚴,以猪囊尾蚴较为常见。囊尾蚴发育形成的成虫为绦虫,是一种常见的食源性人、畜共患寄生虫。

人可被成虫侵害,也可以被其幼虫感染。

(1)猪囊尾蚴病原体　成熟的猪囊虫大小似黄豆粒,为半透明水泡状包囊。猪带绦虫为猪囊尾蚴的成虫,呈链形带状,长达 2～8 m,其头节呈球形,具有 4 个吸盘和 1 个顶突。顶突上有许多小钩,可牢牢地吸附于小肠壁上吸取营养物质。

二维码 2-11　猪囊尾蚴

(2)食品污染猪囊尾蚴的来源　人是猪带绦虫的终末宿主,中间宿主除猪外,还有犬、猫、人。成虫寄生于人的小肠,头节深埋于肠黏膜内,孕节可随粪便排出体外。孕节破裂后,虫卵散出,可污染地面或食物,被猪等中间宿主吞食后,虫卵在其十二指肠内经消化液作用,24～72 h 后胚膜破裂,六钩蚴逸出,钻入肠壁,经血液循环或淋巴系统而达宿主身体的各部位。到达寄生部位后,虫体逐渐长大。60 天后头节出现小钩和吸盘,约经 10 周囊尾蚴发育成熟。

猪囊尾蚴主要寄生在骨骼肌中，其次是心肌和大脑。在肌肉中的囊尾蚴呈米粒大小，有些地区习惯称这类猪肉为“米猪肉”或“豆猪肉”。

(3)猪囊尾蚴污染食品的危害　人因吃生的或未煮熟的含囊尾蚴的猪肉，囊尾蚴进入胃后，其囊壁很快被消化，到达小肠时头节外翻，固着于肠壁，发育为绦虫而使人患绦虫病。成虫在人体可活 25 年以上，随患者的粪便可以排出绦虫的孕节和虫卵。

进入人体后囊尾蚴的危害远大于成虫。囊尾蚴侵害皮肤时，表现为皮下或黏膜下囊尾蚴结节；侵入人体肌肉，则表现为肌肉酸痛、僵硬；如侵入眼中，可影响视力，引起眼底视乳头水肿，甚至失明；侵入脑内，则因脑脊液压力增高，脑组织受到压迫而出现精神错乱、幻听、幻视、语言障碍、头痛、呕吐、抽搐、癫痫、瘫痪等神经症状，甚至突然死亡。

猪带绦虫的成虫由于头节上具有顶突和小钩，对人肠黏膜的损伤较重，甚至有少数穿破肠壁而引起腹膜炎。通常的症状是食欲减退、体重减轻、慢性消化不良、腹痛、腹泻或腹泻与便秘交替发生、贫血、消瘦等症状。

(4)控制猪囊尾蚴感染的措施

①肉中的囊尾蚴在 54℃经 5 min 即可被杀死，因此猪肉要烧熟煮透，对切肉的刀、砧板、盛具等要生熟分开并及时消毒。

②加强肉品卫生检验，肉类食品生产必须严格执行检验规程。猪肉在－12℃以下 12 h，其中囊尾蚴可全部被冻死。禁止销售有囊虫感染的肉品。

③管好厕所、猪圈，加强粪便无害化处理，控制人畜互相感染。

④讲究卫生，饭前便后洗手，生食的蔬菜、瓜果要洗净消毒。

2.3.2.2　旋毛虫

旋毛虫是一种动物源性人畜共患寄生虫，可导致人、畜以损害横纹肌为主的全身性疾病。几乎所有的哺乳动物对旋毛虫均易感，除澳大利亚未发现本地病人及动物感染外，现已发现有 150 多种哺乳动物可自然感染旋毛虫。

(1)旋毛虫病原体　旋毛虫的成虫呈微小线状，雄虫大小为 (1.4～1.6) mm×(0.04～0.05) mm，可分泌具有消化功能和强抗原性的物质，可诱导宿主产生保护性免疫。

(2)食品中旋毛虫的来源　旋毛虫的成虫和幼虫寄生于同一宿主体内，不需要在外界环境中发育。造成旋毛虫感染的食物主要是生的或半生的含有活体旋毛虫包囊的猪肉、野猪肉、狗肉或熊肉等，如果肉制品在加工时中心温度未能达到杀虫温度，也可能含有活的旋毛虫包囊，如熏肉、腌肉、酸肉、腊肠等。另外，切生肉的刀或砧板、容器等若污染了旋毛虫包囊，也可成为传播因素。

(3)旋毛虫污染食品的危害　当人食入含有旋毛虫包囊的动物肌肉后，经胃液和肠液的消化作用，包囊被消化，幼虫在十二指肠由包囊中逸出，并钻入十二指肠或空肠上部的黏膜，在 48 h 内发育为成虫。交配后 7～10 天开始产幼虫，每条雌虫可产幼虫 1 000～10 000 条，寿命为 4～6 周。幼虫穿过肠壁随血液循环到达人体各部的横纹肌，一般在感染后 1 个月内形成包囊，经数年后，包囊两端开始钙化，幼虫可随之死亡。但有时钙化包囊内的幼虫可继续存活数年以上，有文献记载，幼虫在人体内最长可活 31 年。

旋毛虫的主要致病阶段是幼虫，其对人体的致病程度与食入幼虫包囊的数量、感染力、侵犯部位以及人体对旋毛虫的免疫力等诸多因素有关。轻者可无症状，重者临床表现复杂多样，如未及时诊治，可在发病后 3～7 周内死亡。

(4)控制旋毛虫感染的措施

①改变生食或半生食猪肉及其他哺乳动物肉的习惯，煮熟烧透；饮具、食具、容器等要生熟分开，用后清洗干净。

②严格执行肉品卫生检验制度，加强食品卫生监督管理，在流行地区特别要加强对易感动物肉品的旋毛虫检验，严禁未经检疫和检疫不合格的肉类上市。

③加强饲养管理，有条件的地方可组织接种疫苗，预防猪感染，切断传染源。

④消灭旋毛虫的贮存宿主鼠类，减少传染来源。

2.3.2.3　肺吸虫

肺吸虫是较早发现的一种吸虫，可寄生于人的肺脏，导致人发生寄生虫病。在我国的四川、陕西、湖南、浙江等地曾流行过，危害很大。

肺吸虫成虫呈椭圆形，虫体似半粒黄豆；虫卵呈椭圆形。

二维码 2-12　肺吸虫

(1)食品中肺吸虫的来源　肺吸虫有 2 个中间宿主，第一中间宿主为淡水螺，第二中间宿主为淡水蟹(溪蟹、石蟹)或蟹虾，终末宿主是人及其他肉食性哺乳动物。

肺吸虫成虫产的卵排到水中，在 25～30℃时，经 2～3 周发育成毛蚴。毛蚴侵入川卷螺体内繁殖，产生大量尾蚴，尾蚴从川卷螺体逸出后，侵入石蟹或蟹虾，并在其体内发育成囊蚴。当人食入带有活囊蚴的石蟹或蟹虾后，在小肠消化液作用下幼虫脱囊逸出，继而发育为童虫。童虫穿过肠壁、膈肌再侵入肺脏发育为成虫。童虫在体内移行过程中，可侵入肝、脑、皮下、肌肉和腹腔等处。成虫的寿命一般 5～6 年，有的甚至长达 20 年。

加工温度达到 55℃，石蟹体内的囊蚴经 30 min 即可被杀死；带活囊蚴的蟹肉、污染了囊蚴的食具、水源等都可使人感染而发病。

(2)肺吸虫污染食品的危害　人感染肺吸虫后常表现有低热、食欲不振、感觉疲劳、盗汗和荨麻疹等症状。成虫侵害肺后，主要表现咳嗽、胸痛、血痰或铁锈色痰(痰中带虫卵)等症状；侵害腹腔可出现腹痛、腹泻，有时大便带血；侵害肝脏，可出现黄疸、肝炎、肝脏肿大甚至肝硬化等病症；侵害皮肤，可出现皮下包块和结节；侵害大脑，可出现头痛、癫痫、半身不遂及视力障碍等症状。

(3)控制肺吸虫感染的措施

①改变不良的饮食习惯，避免吃生蟹或生蟹虾。

②养成良好的卫生习惯，不饮用生水。

③不随地吐痰，加强对粪便的管理，以免虫卵污染水源。

2.3.2.4　蛔虫

人的蛔虫病是蛔虫寄生于人体小肠内引起的一种寄生虫病，在儿童中发病率相对较高。蛔虫成虫呈圆柱形，似蚯蚓状；虫卵为椭圆形，卵壳表面常附有一层粗糙不平的蛋白质膜，因受胆汁染色而呈棕黄色。

(1)食品中蛔虫的来源　蛔虫的成虫寄生于宿主的小肠内，虫卵随粪便排出体外，在适宜的环境中单细胞卵发育为多细胞卵，再发育为第一期幼虫，经一定时间的生长和蜕皮，变为第二期幼虫，再经 3～5 周才能变成感染性的虫卵。感染性虫卵一旦与食品、水等一起经口被摄入人体，在小肠内可孵出第二期幼虫，通过小肠黏膜进入淋巴管或微血管，再经胸导管或门静脉到达心脏，随血液到达肝、肺，然后经支气管、气管、咽喉再返回小肠内寄生，并逐渐长大为成虫。成虫在小肠里能生存1～2年，有的可长达4年以上。

当灰尘、水、土壤或蝇、鼠以及带虫卵的手污染蔬菜、水果及水生生物后，若食用前未洗净或未彻底杀灭虫卵，可导致人体感染蛔虫病。

(2)蛔虫污染食品的危害　人感染蛔虫而发病时，早期危害主要是幼虫在肺内移行造成发热、咳喘、蛔虫性肺炎；幼虫滞留在肝时，可造成小点出血，肝细胞混浊肿胀、脂肪变性或坏死；后期危害主要是成虫在小肠内生活造成的，轻者不表现症状，严重感染时可致消瘦、贫血、腹痛、便秘或腹泻、呕吐等症状。成虫的数量多时互相扭结成团，可引起肠梗阻。蛔虫喜欢钻孔，还可引起肠穿孔、腹膜炎、阑尾炎；钻入气管可引起窒息；钻入胆管可引起胆管阻塞、化脓性胆管炎或胆管破裂，胆汁外流，胆囊内胆汁减少，肝脏黄染和变硬等病变。蛔虫在寄生生活中所分泌的有毒物质和排出的代谢产物，可作用于宿主的中枢神经和血管，引起过敏症状，如烦躁、荨麻疹、夜间磨牙、低热、兴奋和麻痹等。

(3)控制蛔虫感染的措施

①加强粪便管理。将粪便进行无害化处理，以达到彻底杀死虫卵的目的。

②养成良好的个人卫生习惯，不饮生水，不吃不洁净食物，不随地大小便，饭前便后洗手等。

③改变饮食习惯，不吃生肉和不熟的水产品。

2.3.2.5　肝片吸虫

肝片吸虫主要寄生于牛、羊、鹿、骆驼等反刍动物的肝脏胆管中，在人、马及一些野生动物体内亦可寄生，引起急性或慢性肝炎和胆管炎，并有全身性中毒现象和营养障碍，危害严重。

(1)食品中肝片吸虫的来源　人和动物是肝片吸虫的终末宿主，中间宿主为椎实螺。成虫寄生在终末宿主的肝脏胆管中，卵随胆汁进入消化道后，可随粪便排出体外，通过污染椎实螺生长的环境而进入螺体，以无性繁殖的方式发育为幼虫(尾蚴)，尾蚴从螺体逸出后，在5～120 min内浮游到植物茎叶上或在水面上，很快脱尾，形成囊蚴，等待动物捕食。附有囊蚴的水草被动物或人经口摄入后，囊蚴于十二指肠脱囊，最后进入胆管，发育为成虫。成虫在动物体内可生存3～5年。椎实螺在我国气候温和、雨量充足的南方地区分布很广，春夏两季可大量产卵、繁殖。

(2)肝片吸虫污染食品的危害　肝片吸虫的后尾蚴、童虫和成虫均可致病。后尾蚴和童虫经小肠、腹腔和肝内移行均造成机械性损害和化学性刺激，肠壁可见出血灶，肝组织可表现出广泛性的炎症(损伤性肝炎)，童虫损伤血管可致肝实质梗死。随着童虫成长，损害更加明显而广泛，可出现纤维蛋白性腹膜炎。

成虫寄生期的主要病变是胆管上皮的增生，虫体的吸盘和皮棘等引起的机械性刺激，可致胆管壁炎症性改变，并易并发细菌感染，表现为胆管炎。肝片吸虫产生的大量脯氨酸在胆汁中积聚，也是引起胆管上皮增生的重要原因。

(3)控制肝片吸虫感染的措施

①驱虫　肝片吸虫的传播主要源于带虫的人或动物，因此驱虫不仅可治疗患者，也是积极的预防措施。

②消灭虫卵　粪便发酵产热而杀死虫卵后使用。对驱虫后排出的粪便和虫体尤应严格处理。

③消灭中间宿主　填平改造低洼地，以改变椎实螺的生活条件。还可以用化学试剂杀灭椎实螺。

④注意饮食卫生　不食用被囊蚴污染的肉类及蔬菜，肉类食品烹调时要煮熟烧透。

2.3.2.6　姜片吸虫

布氏姜片吸虫俗称姜片虫，是寄生在人、猪小肠内的大型吸虫。感染而发病后，严重者可导致死亡，是一种危害性较大的吸虫。

姜片吸虫成虫长椭圆形，虫体肥厚，背腹扁平，形似姜片。虫体大小为(20～75) mm×(8～20) mm。

(1)食品姜片吸虫污染的来源　姜片吸虫的终末宿主主要是人和猪，中间宿主较多，在我国有尖口圆扁螺、大圆扁螺、半球多脉肩螺等。虫卵随终末宿主的粪便排出体外后，在水中适宜的温度(27～32℃)下经 3～7 周孵化为毛蚴。当毛蚴在水中遇到中间宿主扁螺后，会钻入其体内，逐步发育成许多尾蚴。尾蚴从螺体逸出后，可吸附在红菱、茭白、荸荠、大菱、藕、水浮莲等水生植物表面，进而发育成囊蚴。当人和猪食入带有囊蚴的水生植物后，在小肠液及胆汁的作用下脱囊成为幼虫并吸附在十二指肠或空肠黏膜上，经 1～3 个月发育为成虫并产卵，继而卵随粪便排出。

(2)姜片吸虫污染食品的危害　人食入带姜片虫囊蚴的食物后，由于姜片虫吸盘发达，吸附力强，吸附在小肠壁，一般致病的潜伏期为 1～3 个月。一般轻度感染无症状。若感染虫数较多，虫体争夺宿主营养，覆盖肠黏膜，影响宿主消化与吸收功能，可导致营养不良和消化功能紊乱，甚至虫体成团而引起肠梗阻。此外，虫体代谢产物和分泌物还可引起变态反应。

姜片虫病患者的主要临床表现为上腹部或右肋下隐痛，间或有消化不良性腹泻，上腹部肠鸣音亢进，多数伴有精神萎靡、倦怠无力等症状。严重感染的儿童可有不同程度的发育障碍，智力减退，甚至因衰竭致死。

(3)控制姜片吸虫感染的措施

①在姜片吸虫病流行地区，对猪粪经生物热处理杀死虫卵后再使用。不生吃未经刷洗过或沸水烫的菱角、荸荠等水生植物，不喝河塘内生水，建议以牛粪为肥料。

②有姜片吸虫病的猪应及时驱虫治疗，流行地区每年春、秋两季进行预防性驱虫。

③消灭中间宿主扁螺。扁螺不耐干旱，每年秋末冬初的干燥季节，晒干塘泥，以杀灭扁螺。低洼地区，塘水不易排净时，则以化学药品灭螺。

2.3.2.7　华支睾吸虫

华支睾吸虫为人畜共患寄生虫，寄生于人、猪、犬、猫、鼬、貂、獾等动物肝脏胆管及胆囊内，可使肝脏肿大并导致其他肝病变，又称为肝吸虫。

(1)食品污染华支睾吸虫的来源　成虫寄生在人、猪、犬、猫等的胆管里，螺蛳、淡水鱼、虾等为中间宿主。虫卵随宿主粪便排出，被螺蛳吞食后，经过胞蚴、雷蚴和尾蚴阶段，然后从螺体逸出游于水中，附着在淡水鱼体上，继而侵入鱼的肌肉、鳞下或鳃部发育为囊蚴。如果人或动物(为终末宿主)食用含有囊蚴的生鱼虾或未煮熟的鱼肉或虾后，囊蚴可进入人体消化道，囊壁被溶化，幼虫破囊而出，然后移行到胆管和胆道内发育为成虫。成虫在人体内可寄生 15～25 年。

(2)华支睾吸虫污染食品的危害　人食用生的或没有烧熟煮透的含囊蚴的淡水鱼、虾后即可导致人体感染华支睾吸虫。在我国某些地区，如广东、香港等地的居民喜食生鱼、生鱼粥或烫鱼片，很易发生感染。

食入华支睾吸虫囊蚴数量少时可无症状，若吃进的数量多或反复多次感染，因囊蚴机械性的刺激，引起胆管和胆囊发炎，管壁增厚，消化机能受影响、腹泻。由于久经刺激，可出现腹痛、肝硬化和局部坏死、肝细胞变性萎缩、黄疸、腹水等病症。华支睾吸虫的虫体分泌毒素，可引起贫血、消瘦和水肿。胆道内成虫死亡后的碎片和虫卵可形成胆结石的核心而引起胆石症。

华支睾吸虫在儿童体内大量寄生可影响生长发育，甚至可引起侏儒症。

(3)控制华支睾吸虫感染的措施

①改变卫生习惯，不生食或半生食淡水鱼、虾，切生鱼和熟食的菜刀、砧板要分开，以防吃入活囊蚴而受感染。

②在疫区应禁止用生的或未煮熟的鱼、虾和内脏喂养动物。

③加强粪便管理，鱼塘应改用牛粪为肥料。淡水鱼养殖禁止用人粪作饲料，防止水源污染。

④消灭中间宿主。

2.3.2.8 广州管圆线虫

广州管圆线虫主要寄生于鼠肺部血管中，中间宿主包括褐云玛瑙螺、皱疤坚螺、短梨巴蜗牛、中国圆田螺、东风螺等，偶尔可寄生在人体，引起广州管圆线虫病，又名嗜酸性粒细胞增多性脑膜脑炎。

广州管圆线虫病是人畜共患的寄生虫病，人主要因进食含有广州管圆线虫幼虫的生或半生的螺肉而感染，也可以因为生吃被幼虫污染的蔬菜、瓜果，喝含幼虫的生水而感染。广州管圆线虫的幼虫进入人体后，可在人体内移行而进入人脑等器官，主要侵犯人体的中枢神经系统，引起以脑脊液中嗜酸性粒细胞显著升高为特征的脑膜脑炎或脑膜炎，使人发生急剧的头痛，甚至不能受到任何震动，走路、坐下、翻身时头痛都会加剧，伴有恶心呕吐、颈项强直、活动受限、抽搐等症状，重者可导致瘫痪、死亡。

广州管圆线虫多存在于陆地螺、淡水虾、蟾蜍、蛙、蛇等动物体内，一只螺中可能潜伏1 600多条幼虫。广东省清远市疾控中心检查了鼠类387只，广州管圆线虫的感染率为9.56%，检出广州管圆线虫成虫总计139条，平均感染度为3.76条/只；检查福寿螺223只，感染率为2.69%，平均感染度为241.17条/只；检查褐云玛瑙螺102只，感染率为2.94%，平均感染度为1条/只。浙江省宁波市也采集福寿螺730只，发现15只有广州管圆线虫的幼虫寄生，自然感染率为2.055%；捕捉解剖青蛙13只，发现感染青蛙5只，共检出广州管圆线虫幼虫164条，平均每蛙寄生32.8条，证实宁波市也是广州管圆线虫病的自然疫源地。如果人食用没有煮熟、煮透的螺肉，很容易感染广州管圆线虫而发病。以前这种病主要发生在南方，近年来“南病北移”现象很明显，如2006年北京暴发了广州管圆线虫病，患者160多人，在全国引起了震动。

广州管圆线虫病的预防，主要是不吃生或半生的螺类或鱼类，不吃生菜、不喝生水，此外还应防止在加工螺类的过程中发生交叉感染，注意灭鼠。

(李兴峰)

本章小结

本章阐述了食品腐败变质的基本概念、腐败变质的物理化学变化过程及其防控措施；对霉菌及其毒素、病毒、寄生虫污染食品的途径、对人体健康的危害及预防控制措施作了详细介绍。

思考题

1. 什么是食品腐败变质？
2. 简述食品腐败变质的原因及防控措施。
3. 蛋白质类食品腐败变质主要发生什么变化？其评价指标有哪些？
4. 简述食品中污染细菌的来源与污染途径。
5. 哪些因素会影响霉菌产生毒素？
6. 黄曲霉毒素主要由哪些霉菌产生？主要污染什么食品？对人体有怎样的毒性？
7. 赭曲霉毒素、杂色曲霉毒素、展青霉素主要由哪些霉菌产生？主要污染什么食品？对人体有怎样的毒性？
8. 伏马菌素主要由哪些霉菌产生？主要污染什么食品？对人体有怎样的毒性？
9. 病毒污染食品的途径与来源有哪些？污染食品的特点是什么？
10. 简述肝炎病毒污染食品的来源，对健康的危害及预防措施。
11. 简述禽流感病毒的特点，污染食品后对健康的危害。
12. 食品中常见寄生虫有哪些？简述我国食源性寄生虫病的流行趋势。

参考文献

[1] 朱乐敏. 食品微生物学[M]. 北京：化学工业出版社，2010.
[2] 赵国华. 食品化学[M]. 北京：科学出版社，2014.
[3] 张小莺，殷文政. 食品安全学[M]. 北京：科学出版社，2012.
[4] 吴永宁. 现代食品安全学[M]. 北京：化学工业出版社，2003.
[5] 陈炳卿. 现代食品卫生学[M]. 北京：人民卫生出版社，2001.
[6] 赵丹霞，丁晓雯. 伏马菌素对食品的污染及毒性[J]. 现代食品科技，2005，21：206-209.
[7] 陈士恩，侯昌明，蒲万霞. 食品安全与质量控制技术[M]. 兰州：甘肃人民出版社，2012.
[8] 孙若玉，任亚妮，张斌. 生物性污染对食品安全的影响[J]. 食品研究与开发，2015，36(11)：146-149.
[9] 李学鹏，陈桂芳，仪淑敏，等. 食品腐败中细菌群体感应现象的研究进展[J]. 食品与发酵工业，2015，41(8)：244-250.
[10] 章英，许杨. 谷物类食品中赭曲霉毒素 A 分析方法的研究进展[J]. 食品科学，2006，27：767-771.
[11] 李凤琴，计融. 赭曲霉毒素 A 与人类健康关系研究进展[J]. 卫生研究，2003，32(2)：172-175.
[12] 郭耀东，刘艺茹，袁亚宏，等. 我国主要食品中伏马菌素污染水平分析与风险评估[J]. 西北农林科技大学学报，2014，42(1)：78-83.
[13] 王志刚，李秀芳，童哲. 粮食中伏马菌素污染及产生源相关研究[J]. 中国卫生检验杂志，2001，11(1)：9-13.
[14] 赵博，丁晓雯. 赭曲霉毒素 A 污染及毒性研究进展[J]. 粮食与油脂，2006，4：39-42.
[15] 金海涛，陈道付，李绍钰. 伏马菌素的毒性作用研究[J]. 饲料工业，2007，28：55-57.
[16] 邱茂锋，刘秀梅，王玉华，等. 某食管癌高发区人群伏马菌素摄入量及尿二氢神经鞘氨醇/神经鞘氨醇比值的调查[J]. 卫生研究，2001，30(6)：365-367.

[17] 杨晓强,李家奎,郭定宗,等. 展青霉素检测方法的研究进展[J]. 中国食品卫生杂志,2007,19：165-167.

[18] 王立明. 黄曲霉毒素的理化去毒方法[J]. 科协论坛，2010,59.

[19] 李志刚,杨宝兰,姚景会,等. 乳酸菌对黄曲霉毒素 B_1 吸附作用的研究[J]. 中国食品卫生杂志,2003,15(3):212-215.

[20] 刘畅，刘阳，邢福国. 黄曲霉毒素生物学脱毒方法研究进展[J]. 食品科技，2010，35：290-293.

[21] 潘崴,庞广昌,张昀. 黄曲霉毒素与食品安全[J]. 食品研究与开发，2004,25：11-13.

[22] 张妮娅,姜梦付,齐德生. 葡甘聚糖对黄曲霉毒素的吸附作用[J]. 养殖与饲料,2007(4)：56-59.

[23] 陈志娟,刘阳,刘畅,等. 氨气熏蒸降解玉米中黄曲霉毒素 B_1 的条件优化[J]. 食品科学,2010,31(08):33-37.

[24] 丁建英,韩剑众. 赭曲霉毒素 A 的研究进展[J]. 食品研究与开发，2006，27：112-115.

[25] 唐伟强,沈健,刘均泉. 基于强酸性氧化离子水技术的大米黄曲霉毒素降解机理的研究[J]. 粮油加工,2003,5:53-54.

[26] 张勇,朱宝根. 二氧化氯对霉变玉米黄曲霉毒素 B_1 脱毒效果的研究[J]. 食品科学,2001,22(10):68-71.

[27] 李建辉,魏益民,郭波莉,等. 二氧化氯对花生 B 族黄曲霉毒素脱毒效果的研究[J].食品科技,2009,34(6):237-240.

[28] 张宏宇. 我国六省玉米中伏马菌素 B_1 的污染水平调查[D]. 沈阳:中国医科大学，2007.

[29] 赵宝玉,沙湧波. 杂色曲霉毒素研究进展[J]. 动物医学进展，1997，18：18-21.

[30] 胡伟莲，吕建敏. 杂色曲霉毒素毒性及检测方法研究进展[J]. 中国饲料，2004，23：32-33.

[31] 周玉春,杨美华,许军. 展青霉素的研究进展[J]. 贵州农业科学，2010，38：112-116.

[32] 孔翔羽,靳淼,段招军. 诺如病毒与食源性疾病[J]. 中国临床医生杂志，2015，7：21-23.

[33] 寇晓霞，吴清平，薛亮. 水源性诺如病毒[J]. 微生物学通报，2015，4：536-543.

[34] 鱼艳荣，贾卓，齐永芬. 食品中食源性寄生虫的流行及检疫现状[J]. 中国病原生物学杂志，2013,11：1042-1046.

[35] 罗小虎，王韧，王莉，等.粮食中黄曲霉毒素消减方法研究进展[J]. 粮食加工，2015，6：42-46.

[36] Yuan Y，Zhuang H，Zhang T，et al. Patulin content in apple products marketed in Northeast China[J]. Food Control，2010，21(11):1488-1491.

[37] 徐明悦，李洪军，王珊，等. 食品中展青霉素检测方法及脱除技术研究进展[J]. 食品工业科技，2015，36(1)：375-380.

[38] 李增宁. 河北省不同地区粮食赭曲霉毒素 A 污染情况及 OA 致细胞损伤作用的研究[D].博士学位论文，2007.

[39] 程传民，柏凡，李云，等. 2013 年赭曲霉毒素 A 在饲料原料中的污染分布规律[J]. 质量与安全,2014,7:34-37.

[40] Survey of aflatoxin B_1 and ochratoxin A occurrence in traditional meat products coming

from Croatian households and markets [J]. Food Control, 2015, 52:71-77.

[41] Turcotte, Anne-Marie; Scott, Peter M., et al. Analysis of cocoa products for ochratoxin A and aflatoxins [J]. Mycotoxin Research, 2013, 29(3) : 193-201.

[42] Cristina Giovannoli, Cinzia Passini, Fabio Di Nardo, et al. Determination of ochratoxin A in Italian red wines by molecularly imprinted solid phase extraction and HPLC analysis [J]. Journal of agricultural and food chemistry, 2014, 62:5220-5225.

[43] Bansal J, Pantazopoulos P, Tam J, et al. Surveys of rice sold in Canada for aflatoxins, ochratoxin A and fumonisins [J]. Food Additives and Contaminants Part A—Chemistry Analysis Control Exposure and Risk Assessment, 2011,28(6): 767-774.

[44] 粮食中脱氧雪腐镰刀菌烯醇和玉米赤霉烯酮的污染调查及降解毒素微生物的筛选[D]. 南昌:南昌大学, 2010.

[45] 侯浪. 玉米穗腐病串珠镰刀菌的生物学特性和玉米抗病性研究[D]. 四川农业大学, 2007.

[46] 谢良民,葛懿云,李俊旋.上海零售食品中玉米赤霉烯酮含量初步研究[C].中国科协第五届青年学术年会文集,2004.

第 3 章

农用化学品与食品安全

本章学习目的与要求

掌握有机磷、拟除虫菊酯类农药的毒性；掌握滥用氮肥对食品安全的影响；掌握食品中抗生素残留对人体健康的危害；了解氯霉素、硝基呋喃、盐酸克伦特罗等残留于食品中对人体健康的危害。

农用化学品是指农业生产中投入的化肥、农药、兽药和生长调节剂等，是重要的农业生产资料，它们的使用可促进食用农产品的生产，在农业持续高速发展中起着重要作用。

我国是农用化学品生产和使用大国。在食用农产品生产中如果使用农用化学品不当，将导致这些化学药品在产品中达到不安全的残留水平，同时威胁生态环境的安全，对人体健康造成危害。

我国是世界上化肥、农药使用量最大的国家。从全球平均水平看，氮肥产量占化肥总产量的 60%，磷肥占 23%，钾肥占 17%；而中国的氮肥产量约占化肥总产量的 73%，氮肥（纯氮）年使用量 2012 年达 2 399.89 万 t，2013 年为 2 394.24 万 t（表 3-1），磷肥约占 22%，钾肥约占 5%。化肥的长期大量使用，不但使大量氮、磷、钾进入河流，造成资源浪费，甚至导致江河湖泊富营养化，如 2007 年发生的太湖蓝藻事件就是一例湖泊富营养化的典型案例。

表 3-1　2012 年和 2013 年氮肥施用量（按折纯法计算）

（数据来源：国家统计局）　　万 t

地区	氮肥用量		地区	氮肥用量	
	2012 年	2013 年		2012 年	2013 年
全国总计	2 399.89	2 394.24	浙江	51.23	50.46
北京	6.49	5.94	安徽	114.08	113.52
天津	11.12	11.19	福建	47.21	46.87
河北	151.68	150.65	江西	42.88	42.71
山西	39.01	38.38	山东	159.56	158.17
内蒙古	82.84	88.69	河南	245.50	243.51
辽宁	68.28	70.08	湖北	159.13	152.82
吉林	70.97	71.45	湖南	112.34	109.73
黑龙江	85.98	86.78	广东	102.80	100.54
上海	5.37	5.27	广西	72.45	74.17
江苏	169.19	165.66	海南	14.32	14.36

2005 年我国超过美国，成为世界第一的农药生产大国。我国氮肥、农药单位面积用量分别为世界平均水平的 3 倍和 2 倍。与欧美国家相比，我国使用的农药仍以杀虫剂为主，占总用量的 68%，其中有机磷杀虫剂占杀虫剂总用量的 70%以上，杀菌剂和除草剂分别占总用量的 18.7%和 12.5%，从而使蔬菜、粮食中农药残留超标现象严重。据农业部 2000 年底对我国 14 个经济发达的省会城市 2 110 个样品检测，蔬菜中农药、重金属和亚硝酸盐分别超标 31.1%、23.5%和 12.1%，其中以有机磷农药残留最为突出。20 世纪六七十年代，大量使用六六六、滴滴涕（DDT）等有机氯农药，对我国的生态环境和食品安全造成严重影响。农药的使用造成对鸟类、水生生物、作物等的污染事件时有发生，甚至对整个生态环境乃至生物多样性都将带来严重威胁。

我国的兽药产业经过 30 多年的发展，已逐步形成具有一定国际竞争力的行业。截至 2011 年底，全国共有兽药生产企业 1 698 家，均通过了兽药 GMP 认证。产品涉及 29 个剂型，近 2 000 个品种。兽药（包括药物添加剂）的不正确使用、滥用，使用未经批准的药物等，无疑会导致动物体内药物的残留并进入人体及生态系统,对人类和环境造成慢性和累积的危害,如致癌、免疫抑制、致敏和诱导耐药菌株等。

为了解决农用化学品对食品的污染及对人体健康的危害,需要了解这些农用化学品对食品的污染途径、对人体的危害程度及有效的控制措施。

3.1 滥用氮肥对食品安全的影响

3.1.1 氮肥概述

氮是构成蛋白质的主要元素,也是构成叶绿素、酶、核酸、维生素等的主要元素。氮肥是指具有氮(N)标明量,并提供植物氮素营养的单元肥料。常见的氮肥品种可分为铵态氮(如硫酸铵、氯化铵)、硝态氮(如硝酸钠、硝酸钙)、铵态硝态氮(如硝酸铵、硝酸铵钙)和酰胺态氮肥(如尿素)4 种类型。氮肥对提高农作物产量,改善农产品质量有着重要作用。但是如果滥用氮肥,不仅会对生态环境造成危害,而且会对食品的安全性造成不良影响。

自 20 世纪 90 年代以来,我国成为世界上最大的化肥消费国。2000 年,我国氮肥产量达到 2 398.11 万 t,2013 年达到 4 873.94 万 t(图 3-1)。从氮肥使用量来看,以长江中下游地区和华北地区用量最多,而大多数西北边远省区使用量较低。

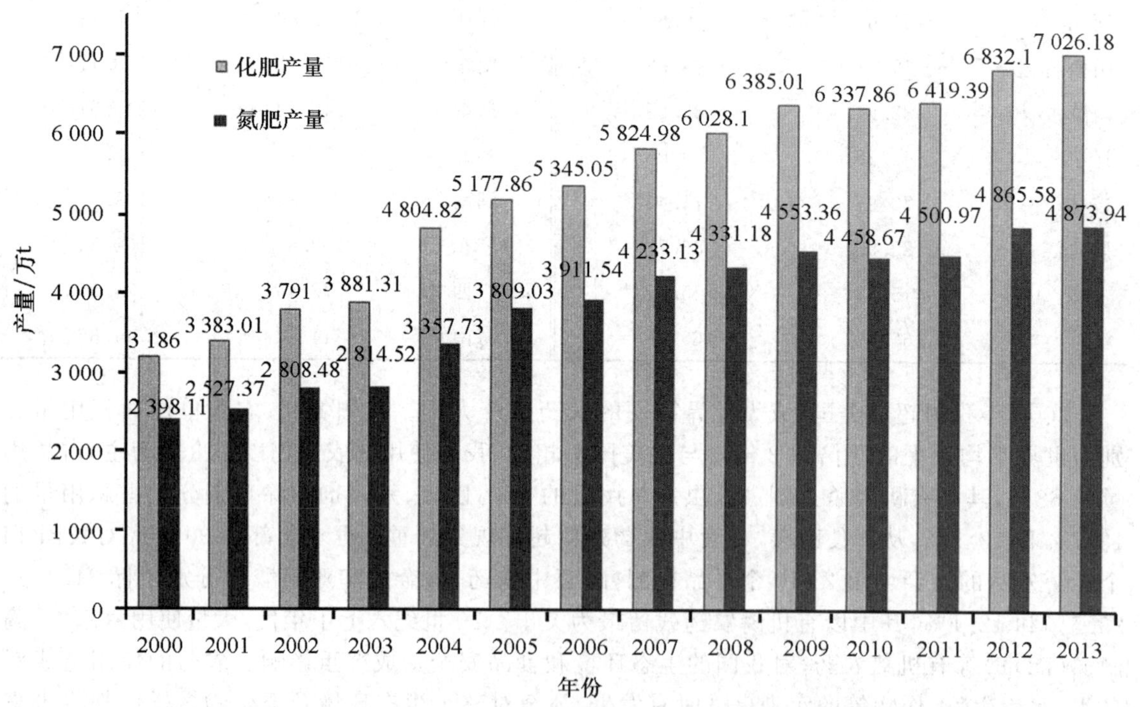

图 3-1 2000—2013 年我国农用化肥和氮肥生产情况

(数据来源:国家统计局,化肥产量仅包括氮肥、磷肥和钾肥)

氮肥施入土壤后的主要去路有三条:一是被作物吸收利用;二是残留在土壤中;三是通过地表径流、生化反应、挥发等损失进入周围环境中。

植物吸收的氮主要是无机态氮，即铵盐和硝酸盐（NH_4^+ 和 NO_3^-），然后将这些无机氮同化成植物体内的蛋白质等有机氮；低浓度的亚硝酸盐也能被吸收。有机氮被微生物分解后形成氨，在有氧的条件下，土壤中的氨或铵盐在硝化细菌的作用下氧化成硝酸盐形式的无机氮，然后被植物吸收利用。此外，植物也可吸收某些可溶性的有机氮，如尿素、氨基酸、酰胺等。

3.1.2　滥用氮肥对农产品的污染

据统计，我国氮肥在使用中只有约 30％被农作物吸收，有 45％以上经水土流失于环境中。过量使用氮肥通过对作物、土壤、水体、空气等的污染而影响农产品的质量。

氮肥的超量投入造成氮污染，由氮转化的氨在微生物的作用下形成硝酸盐和酸性氢离子，造成土壤和水体生态系统酸化，使生物多样性下降；水体中氮素过多导致富营养化，引发“水华”和“赤潮”等现象，导致鱼类及水生动物的大量死亡，破坏水资源和生态环境。超量投入的氮肥不仅对生态环境造成影响，而且造成硝酸盐在农产品中大量积累。

3.1.2.1　农产品中硝酸盐的累积

氮肥的滥用是农产品中硝酸盐的重要来源。

我国沈明珠在 1982 年提出了蔬菜硝酸盐卫生评价标准，按每人每天平均食用 0.5 kg 蔬菜，平均体重 60 kg，按照世界卫生组织（WHO）和联合国粮农组织（FAO）规定的 ADI 值推算出我国蔬菜的硝酸盐允许量为 432 mg/kg 鲜重。如果考虑到蔬菜因烹煮和腌渍过程中分别损失 70％和 45％的硝酸盐，此限量可扩大到 1 440 mg/kg 鲜重和 785 mg/kg 鲜重。由此，将蔬菜可食部分中硝酸盐污染程度分为 4 级，见表 3-2。

表 3-2　我国蔬菜硝酸盐污染程度评价

级别	硝酸盐含量（以鲜重计）/(mg/kg)	污染程度	参考安全性
1	≤432	轻度	允许生食
2	≤785	中度	不宜生食，允许腌渍、熟食
3	≤1 440	重度	不宜生食、腌渍，允许熟食
4	≤3 100	严重	不允许食用

硝酸盐在谷类作物中累积不明显。大量的试验表明，蔬菜中硝酸盐累积量随着氮肥使用量的增加而不断上升。北京、济南、南宁、武汉、郑州、杭州、西安、长沙和沈阳 9 个城市的普通蔬菜、水果中硝酸盐的含量见表 3-3。

表 3-3　我国几个城市果蔬中硝酸盐的平均含量

（数据来源：见参考文献[11]～[23]）　mg/kg

类　别		北京	济南	南宁	武汉	郑州	杭州	西安	长沙	沈阳
叶菜类	菠菜	3 177.23	1 424	1 547	—	3 950	—	—	2 231	1 297.25
	白菜	2 533.42	1 526	3 295	—	2 050	969.1	—	2 745	878.76
	韭菜	1 388.09	1 398	2 169	2 466.9	650	—	1 354	786	—
	菜花	428.95	509	3 725	—	320	402.5	—	—	123.73

续表 3-3

类 别		北京	济南	南宁	武汉	郑州	杭州	西安	长沙	沈阳
根茎类	萝卜	2 078.31	1 830	3 792	5 549.7	7 862	2 543.6	—	1 682	748.18
	莲藕	—	281	12	657.4	—	—	—	—	—
	芋头	—	—	894	524.2	—	—	—	—	—
	马铃薯	351.16	—	—	753.1	—	—	—	—	43.36
茄果类	黄瓜	256.25	381	150.4	1 223.9	—	156.4	85	269	71.67
	番茄	35.44	165	17	1 311.1	850	48.9	22		56.54
	茄子	370.94	487	391	845.2	130	400.1	338	544	134.32
	辣椒	203.47	174	158	685.3	967	96.9	70	343	93.40
豆菜类	豆角	522.85	325	263	947.3	—	—	234	353	—
	芸豆	—	862	—	—	—	—	—	—	146.52
	荷兰豆	—	—	26.5	—	230	—	—	—	—
	四季豆	—	—	148.3	—	412	—	—	—	—
水果类	柑橘	—	—	6	—	—	—	—	—	—
	香蕉	—	—	223	—	—	—	—	—	—
	苹果	—	—	—	—	—	—	—	—	34.37
	山楂	—	—	—	—	—	—	—	—	54.91

封锦芳等从北京 15 个菜市场采集应季蔬菜中共 40 个品种 444 份样品测定硝酸盐含量，结果发现：硝酸盐污染程度严重的占 33.1%，中、重度污染的占 23.6%，轻度污染的占 43.2%；硝酸盐含量依次为叶菜类＞根茎类＞葱蒜类＞瓜类＞豆菜类＞花菜类＞茄果类。同一品种的蔬菜中硝酸盐含量差别很大，可能与产地、生长条件不同有关。近几年各地调查分析表明，居民消费量较大的几种主要蔬菜如叶菜、根菜的硝酸盐含量已严重超标，对人体健康构成很大的威胁。

3.1.2.2 影响农产品中硝酸盐累积的因素

影响农产品中硝酸盐累积的因素主要有：

(1)农产品的种类　在作物各器官中对硝酸盐的累积量一般是根＞茎、叶＞果实。以根、茎、叶营养器官为食的蔬菜均属于硝酸盐累积型，而果实类蔬菜则属于低硝酸盐富集型。

可以大量累积硝酸盐的作物主要属于十字花科、藜科和葫芦科，其代表作物有菠菜、莴苣、白萝卜、芹菜、甘蓝、花椰菜和甜菜。

(2)施肥技术　施肥技术包括肥料种类选择、施肥量、施肥时间及施肥方式等，是影响硝酸盐累积的重要因素之一。一般而言，铵态氮和硝态氮的比值是决定农产品中硝酸盐含量的重要因素，当铵态氮多时农作物的硝酸盐含量相对较低。农作物中的硝酸盐含量与无机氮肥用量呈正相关，而有机氮肥可显著减少蔬菜中硝酸盐的含量。

(3)收获时间　研究表明，蔬菜中的硝酸盐含量在蔬菜的生长前期大于生长后期或成熟期，收获时期越早，硝酸盐含量越高。因此，在保证产品商品品质的前提下，适当延迟采收有利于降低农产品中硝酸盐的含量。

(4)环境因素　土壤水分、光照、温度等因素都对蔬菜积累硝酸盐有显著影响。干旱少雨和水分胁迫条件下，植株体内常积累大量硝酸盐；水分充足时，蔬菜的生长量得到一定提高，而硝酸盐含量相应降低。光照是决定植株硝酸盐含量的主要因素之一，在低光照强度下，植株积累大量的硝酸盐，而在较高的光照强度下，植株硝酸盐的积累减少。气温与蔬菜硝酸盐含量呈负相关，即气温高，硝酸盐含量低，气温低，硝酸盐含量高。蔬菜硝酸盐含量夏季与冬季可相差5倍左右。

3.1.3　滥用氮肥对人体健康的危害

大量的研究表明，人体摄入的硝酸盐有73%～92%来源于蔬菜和水果。

人体从瓜果、蔬菜、饮用水中摄取过量的硝酸盐，虽然硝酸盐本身的毒性非常低，但在硝酸盐还原酶的作用下可被还原成亚硝酸盐。亚硝酸盐在人体内积累过多，可能导致高铁血红蛋白症或蓝婴综合征(blue-baby syndrome)的发生；亚硝酸盐还可与次级胺类物质反应，形成具有强致癌作用的 *N*-亚硝基化合物，使人类肝癌、胃癌等肿瘤的发生率增加。

盐渍类、发酵类蔬菜在腌制过程中，其中所含的硝酸盐可能被一些细菌分泌产生的硝酸盐还原酶转变成亚硝酸盐而影响人体健康。如果在这类食品的加工中适当添加维生素C，可有效阻断亚硝胺类致癌物的形成，减少硝酸盐的危害。

WHO 规定食品中硝酸盐的最大允许限量为 300 mg/kg 鲜重；欧盟规定食品中硝酸盐的限量标准如下：新鲜菠菜为 3 000 mg/kg 鲜重，腌制、冷冻菠菜为 2 000 mg/kg 鲜重，新鲜莴苣 4 500 mg/kg 鲜重，加工谷物食品和婴幼儿食品为 200 mg/kg 鲜重。目前我国关于果蔬中硝酸盐限量的诸多标准已经被废止。

由于硝酸盐易溶于水，如果在烹调、加工前对食用农产品进行热烫处理，使细胞、组织间的硝酸盐溶于水中，可将它们的硝酸盐含量降低45%以上；切片越薄、越短，越鲜嫩的果蔬，热烫后降硝酸盐的效果越好。对富含硝酸盐的叶菜类蔬菜，在保证产品品质的前提下，可以适当增加热烫时间，以提高产品的食用安全性。

3.2　农药残留对食品安全的影响

3.2.1　农药概述

在农业生产中用于保护农作物、林果及其产品免受病菌、害虫和杂草的危害，以及调节植物生长发育的药剂，统称为农药。我国是农业大国，2005 年超过美国成为世界第一的农药生产大国，能够生产 600 多种农药原药，品种覆盖了杀虫剂、杀菌剂、除草剂和植物生长调节剂等。每年由于施用农药挽回的粮食损失可达 200 亿～300 亿 kg。

农药的分类比较复杂，按其来源可分为：①由矿物原料加工制成的无机农药，如硫制剂的硫黄、石灰硫黄合剂，铜制剂的硫酸铜、波尔多液，磷化物的磷化铝等，目前使用较多的有硫悬浮剂、波尔多液等。②生物源农药，一类是用天然植物加工制成的植物性农药，所含有效成分为天然有机化合物，如除虫菊、烟草等；另一类是用微生物及其代谢产物制成的微生物农药，如Bt 乳剂、井冈霉素、白僵菌等。生物源农药具有对人、畜安全，不污染环境，对天敌杀伤力小和有害生物不会产生抗药性等优点。③有机合成农药，主要有有机磷、有机氯、氨基甲酸酯、拟除虫菊酯等。这类农药具有药效高、见效快、用量少、用途广等特点，但会污染环境，易使有害生物产生抗药性，对人、畜安全性相对较低。

有机磷类农药是我国目前使用最广的杀虫剂，按化学结构分类，可分为磷酸酯类、硫代磷酸酯类、焦磷酸酯类，包括甲拌磷(3911)、内吸磷(1059)、对硫磷(1605)、特普、敌百虫、乐果、马拉松(4049)、甲基对硫磷(甲基 1605)、二甲硫吸磷、敌敌畏、甲基内吸磷(甲基 1059)、氧化乐果、久效磷等。

有机氯农药是我国 20 世纪 50—70 年代大规模使用的农药，主要分为以苯为原料的有机氯农药和以环戊二烯为原料的有机氯农药。以苯为原料的有机氯农药包括滴滴涕和六六六，以及六六六的高丙体制品林丹和滴滴涕的类似物甲氧滴滴涕、乙滴涕，也包括从滴滴涕结构衍生而来、生产吨位小、品种繁多的杀螨剂，如三氯杀螨砜、三氯杀螨醇、杀螨酯等；以环戊二烯为原料的有机氯农药包括作为杀虫剂的氯丹、七氯、艾氏剂、狄氏剂、异狄氏剂、硫丹、碳氯特灵等。此外，以松节油为原料的莰烯类杀虫剂、毒杀芬和以萜烯为原料的冰片基氯也属有机氯农药。

氨基甲酸酯类农药分为五大类：萘基氨基甲酸酯类，如西维因；苯基氨基甲酸酯类，如叶蝉散；氨基甲酸肟酯类，如涕灭威；杂环甲基氨基甲酸酯类，如呋喃丹；杂环二甲基氨基甲酸酯类，如异索威。除少数品种如呋喃丹等毒性较高外，大多数氨基甲酸酯类农药属中、低毒性。

拟除虫菊酯类农药是模拟天然除虫菊素由人工合成的一类杀虫剂，主要有醚菊酯、苄氯菊酯、溴氰菊酯、氯氰菊酯、高效氯氰菊酯、顺式氯氰菊酯、杀灭菊酯、氰戊菊酯、戊酸氰醚酯、氟氰菊酯、氟菊酯、氟氰戊菊酯、百树菊酯、氟氯氰菊酯、戊菊酯、甲氰菊酯、氯氟氰菊酯、呋喃菊酯、苄呋菊酯、右旋丙烯菊酯。这类农药多不溶于水或难溶于水，可溶于多种有机溶剂，对光、热、酸稳定，遇碱(pH＞8)时易分解。

根据农药防治对象不同，可分为：①杀虫剂，常用的有有机磷和菊酯类杀虫剂；②杀螨剂；③杀菌剂；④除草剂；⑤杀鼠剂；⑥植物生长调节剂等。

3.2.2 食品中残留农药的来源

农药残留指在农业生产中农药在喷施一段时期后，没有分解而残留于谷物、蔬菜、果品、畜产品、水产品中以及残留于土壤、水体、大气中的微量农药的原体、有毒代谢物、降解物和杂质。

第二次世界大战前，农业生产中使用的农药主要是含砷或含硫、铅、铜等的无机物，以及除虫菊酯、尼古丁等来自于植物的有机物。第二次世界大战期间及以后，人工合成的有机农药开始应用于农业生产。这些农药的大量施用，对环境造成严重的农药污染，对人体健康形成严重威胁。

农药可通过直接污染、间接污染、食物链生物富集、交叉污染以及意外事故和人为投毒等方式残留于食品中。

(1)直接污染　施用农药后对食用农产品的直接污染是食品原料及食品中农药残留的主要来源，其中果蔬类农产品中残留农药的污染最严重。造成直接污染的原因可能有：①农药喷施后，一部分黏附于农作物表面，然后分解；另一部分被作物吸收累积于作物中。②大剂量滥用农药，造成食用农产品中农药残留。③农产品在最后一次施用农药到收获上市之间的最短时间称为农药安全间隔期。在此期间，多数农药会逐渐分解而使农药残留量达到安全标准，不再对人体健康造成威胁。间隔期越短，残留量越高。④为了保证粮食的周年供应，用农药对粮食进行熏蒸然后保存，也会造成农药残留甚至超标；马铃薯、洋葱、大蒜等使用农药抑制发芽也会造成农药残留甚至超标。

虽然我国早已制定了《农药管理条例》《农药管理条例实施办法》《农药合理使用准则》《农药安全使用规定》等一系列的法律法规，但部分农民对农药安全、合理使用准则以及农药性质缺乏了解，随意加大使用剂量，甚至超范围使用，同时监管没有跟上是造成这种现象出现的主要原因。如对硫磷是 2004 年 5 月农业部公布的蔬菜区禁用的农药，但可以在大田作物上使用。而市场销售的很多农药是多种成分的混合物，标签上没有直接标注对硫磷。如购买的农药中含有此种成分，用于蔬菜后可能导致所产蔬菜中此农药超标。

(2)间接污染　研究发现，喷施后 40%～60%的农药降落在土壤中，5%～30%扩散于空气中。有些性质稳定、半衰期长的农药可在土壤中残留较长时间，如六六六、DDT。土壤、水中的农药可通过作物根系吸收而进入到植物组织内部和果实中，空气中的农药则通过雨水对土壤和水造成污染，再间接污染食用农产品。

(3)经过食物链的生物富集作用污染食品　污染环境的农药经食物链传递时，可发生生物富集而造成农药残留浓度增高，如水中农药到浮游生物再到水产动物，使水产动物可能成为高浓度农药残留的食品。藻类对农药的富集系数可达 500 倍，鱼贝类可达 2 000～3 000 倍，而食鱼的水鸟对农药的富集系数在 10 万倍以上。

(4)交叉污染　运输及贮存过程中，食品由于与农药混放或与受农药污染的运输设备、贮藏设备发生交叉污染，可能造成农药对食品的污染。

(5)意外事故和人为投毒　农药化工厂泄漏、运输农药的车辆发生交通事故等属于意外事故，而 2002 年 9 月 14 日发生在南京汤山的特大中毒事件，系人为投毒所致(所投毒物为毒鼠强，化学名：四亚甲基二砜四胺)，造成 395 名市民中毒，42 人死亡。

3.2.3　食品中残留农药对健康的危害

长期食用农药残留超标的农产品，虽不会引起消费者急性中毒，但会导致农药在体内累积而引发慢性中毒，导致多种慢性疾病的发生，包括增加癌症的发生率。

进入人体的农药能否长期累积在人体内，取决于农药的脂溶性和在人体内代谢的快慢。在人体内容易累积的农药主要以有机氯农药为主，其他农药在人体内的累积量相对较小。

3.2.3.1　有机磷农药残留对健康的危害

有机磷农药分为磷酸酯和硫代磷酸酯两大类，其结构通式如图 3-2 所示。图中 R 多为甲基或乙基，X 为氧(O)或硫(S)原子，R_1 为烷氧基、苯氧基或其他更复杂的取代基团。

有机磷农药大多呈油状或结晶状，色泽由淡黄色至棕色，挥发性较强，具有大蒜样臭味，难溶于水，易溶于有机溶剂。有机磷农药在碱性条件下易分解而失去毒性，在酸性和中性溶液中较稳定。但敌百虫在碱性条件下分解的产物敌敌畏，其毒性增大了 10 倍。有机磷不稳定，在自然环境中容易分解，进入生物体内也易被酶分解，不易蓄积。因此有机磷农药在食物中残留的时间短，其毒性以急性毒性为主，慢性中毒较少。

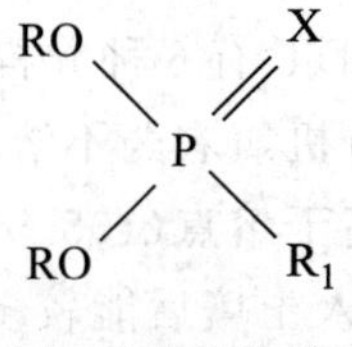

RO　X
P
RO　R_1

图 3-2　有机磷农药的结构通式

有机磷农药按其对人的毒性大小可分为：剧毒组，包括对硫磷(1605)、甲基 1605、内吸磷(1059)、甲基 1059、特普等；中毒组，包括敌敌畏、二嗪农、乐果等；低毒组，包括马拉硫磷、氯硫磷、敌百虫等。有机磷农药可经皮肤、黏膜、消化道、呼吸道吸收进入体内，吸收后6～12 h在血液中浓度达到高峰，很快分布到全身各脏器，以肝中的浓度最高，肌肉和脑中最少，24 h后在血液中难以测出，48 h后完全消失。

有机磷进入机体后被氧化，其产物都比原物质的毒性强，如对硫磷氧化脱硫成为对氧磷，其 LD_{50} 可以降低1/5～1/4，乐果氧化为毒性更大的氧乐果；而水解作用是有机磷农药在哺乳动物体内生物转化的主要方式，在多种水解酶如磷酸酯酶的催化下，一些有机磷农药被降解，毒性降低，如敌百虫在体内就能较快水解并以三氯乙醇的形式从体内排出。

在人体正常的神经冲动中，乙酰胆碱起着传递神经冲动信号的作用，使人兴奋；乙酰胆碱可在乙酰胆碱酯酶的催化下水解，使冲动休止。有机磷农药中毒的机理主要是有机磷农药进入体内后，选择性地、不可逆地抑制神经系统乙酰胆碱酯酶的活性，使胆碱能神经的传递介质乙酰胆碱不能水解而在体内大量蓄积，作用于胆碱能受体，导致中枢和外周胆碱能神经过分刺激，冲动不能休止，引起机体痉挛、瘫痪等一系列神经中毒症状，甚至死亡。

有些患者在急性中毒8～14天后的急性恢复期，发生多发性神经病变，表现为对称性的肢体远端向近端发展的感觉和运动功能障碍，重者可导致永久性肢体瘫痪，可伴有脑神经损害，称为迟发型神经毒性。

有机磷农药加热遇碱可以加速分解，其产物无毒或毒性减弱，故可用氨水、碳酸氢钠、漂白粉、氢氧化钠与有机磷农药共同加热，降低它们的毒性。

3.2.3.2 有机氯农药残留对健康的危害

我国使用六六六(BHC)、滴滴涕(DDT)的历史虽然达30多年，但于1983年停止生产，1984年停止使用，因此，目前我国食品中有机氯农药残留量正逐渐降低。

BHC工业品由α-BHC、γ-BHC、β-BHC、δ-BHC 4种异构体组成。植物性食品中以α-BHC为主，其次为γ-BHC、β-BHC、δ-BHC；动物性食品中以β-BHC为主，其次为α-BHC、γ-BHC；水产品中以γ-BHC为主。BHC的结构式如图3-3所示。

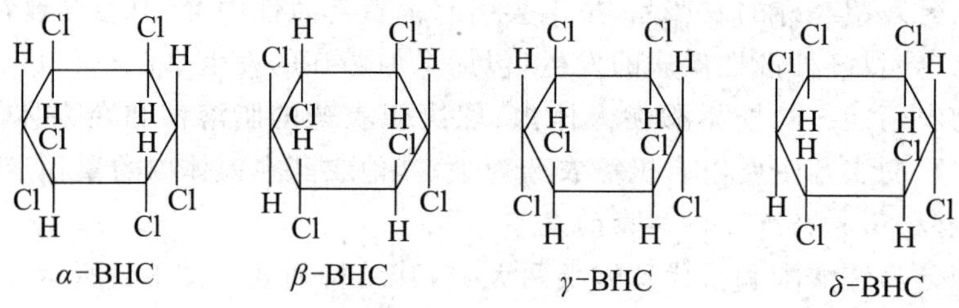

图3-3 BHC的结构式

DDT有6种异构体，结构式如图3-4所示。

有机氯农药不溶于水，易溶于有机溶剂；对光、酸均很稳定，对碱不稳定，遇碱脱去HCl；当温度高于熔点(108.5～109℃)时，DDT会脱去HCl而生成DDE。有机氯农药的化学性质稳定，进入土壤后能较多地被吸附于土壤颗粒，尤其是有机质含量丰富的土壤中更易被吸附。因此，有机氯农药在土壤中的滞留期可长达数年，例如要使BHC在土壤中被分解95%需要的最长时间约20年，DDT被分解95%需16～33年。在土壤微生物的作用下，有机氯农药大多被还原或氧化为类似的衍生物，如DDT的还原产物是DDD等。有些有机氯农药，例如DDT在水中能悬浮于水层表面，在气水界面上DDT可随水分子一起蒸发，导致在世界上没有使用过

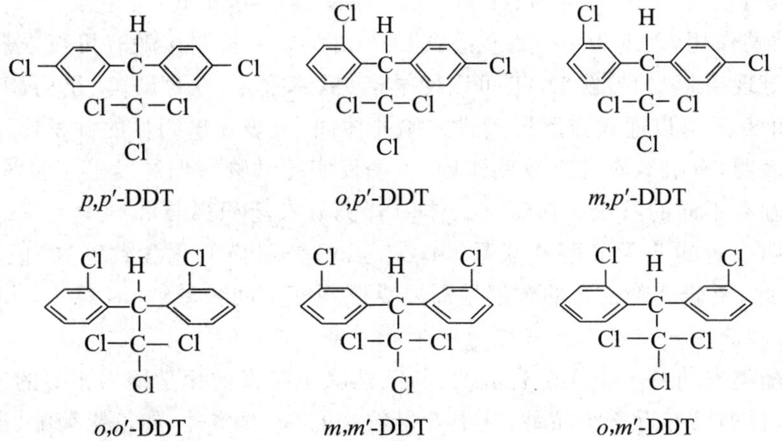

p,p'-DDT　　*o,p'*-DDT　　*m,p'*-DDT

o,o'-DDT　　*m,m'*-DDT　　*o,m'*-DDT

图 3-4　DDT 的结构式

DDT 的区域也能检测出 DDT 的残留，如在南极的企鹅、海豹和北极的北极熊均检出了 DDT 的存在。

通过在农产品生长过程中的使用，有机氯农药可以在果蔬及粮、谷、薯、茶、烟草等农作物中残留；由于它们是疏水性的脂溶性化合物，在水中溶解度大多低于 1 mg/L，但可以被水环境中的浮游生物吸食，鱼虾再吃浮游生物，最终使有机氯农药经过食物链的传递进入水鸟、人体等动物体内。食物链的富集作用可使有机氯农药在鱼等水产品中的浓度大大提高。由于有机氯农药脂溶性强，进入禽、蛋、奶等动物性食物中的有机氯农药的污染率高于植物性食物，而且不会因其贮藏、加工、烹调而减少。有机氯的结构稳定，不易被生物体内酶系降解，所以积存在动植物体内的有机氯农药分解缓慢。

随食物摄入人体内的有机氯农药，经肠道吸收，很容易在体内积蓄，特别是在肝、肾、心脏等实质脏器的脂肪组织中蓄积最多。它们在体内代谢后经尿、粪、乳汁排出，还可通过血胎屏障传递给胎儿。

有机氯农药的急性毒性一般为中等甚至低毒，如 DDT 的大鼠经口 LD_{50} 为 150～800 mg/kg，BHC 为 1 250 mg/kg，林丹为 150～200 mg/kg。因此，它们对人体健康威胁较大的是慢性毒性作用。当人体内有机氯农药的蓄积量达到 10 mg/kg 体重时，中毒症状即可表现出来。

研究发现，有机氯农药具有神经毒性，如 DDT 进入体内的量达到一定程度后危害神经细胞，导致痉挛等症状的发生。对神经系统产生毒作用的机理是 DDT 使 Na^+-K^+ 泵活性下降，K^+ 通透性下降，从而改变神经细胞的功能；神经膜上受体与 DDT 受体结合，造成神经膜结构扭曲，使 Na^+ 泄漏，导致不正常的神经冲动；可刺激突触前膜，增加乙酰胆碱释放。

有机氯农药对体内酶活性有一定的影响，如能诱发肝微粒体细胞色素 P450 酶活力的改变，从而改变体内生化过程，使肝脏肿大以致坏死；δ-氨基-γ-酮戊酸合成酶（ALA 合成酶）是血红素合成的限速酶，受血红素的反馈抑制，BHC 可诱导 ALA 合成酶，促进卟啉合成，导致卟啉症。

有机氯农药能侵犯肾脏并引起病变，还能引起如体重下降、恶心、头痛、易疲劳等症状以及不同程度的贫血、白细胞增多等病变。

研究表明，有机氯农药具有一定的生殖毒性。在大鼠妊娠前长期饲以 0.02 mg/kg 的

DDT 和 0.5 mg/kg 的 BHC，可导致死胎增多，仔鼠存活力降低；给孕鼠饲以 170 mg/kg 的 DDT，可引起致畸作用，表现为多发性皮下出血。妇女如果长期接触有机氯农药，可以引起月经异常和不孕等现象；孕妇接触 DDT 可以使早产、低体重儿、发育缺陷、足内翻及多指畸形的发生率升高；DDT 还可以通过血胎屏障进入胎儿体内，且表现出明显的蓄积作用。

动物试验表明，有机氯农药有致癌作用，可诱发实验动物肝癌的发生。但对有机氯是否对人类致癌的问题有不同的看法。在研究人体内有机氯农药积累与肿瘤发生率的相关性时，研究结果初步表明二者间并无显著的联系。DDT 虽然是明显的化学致癌物，但其潜伏期可达 30 年左右。因此，要研究确证它的致癌性需要克服观察时间长、影响因素多等困难。

3.2.3.3 拟除虫菊酯类农药残留对健康的危害

拟除虫菊酯类农药是一类人工合成的、与天然除虫菊素的化学结构相似的、高效、低毒、低残留的杀虫剂，目前已有近千个品种，其中效果较好的有 20 多种，如氯氰菊酯、溴氰菊酯（敌杀死）、氰戊菊酯（速灭杀丁）等（图 3-5 和图 3-6）。

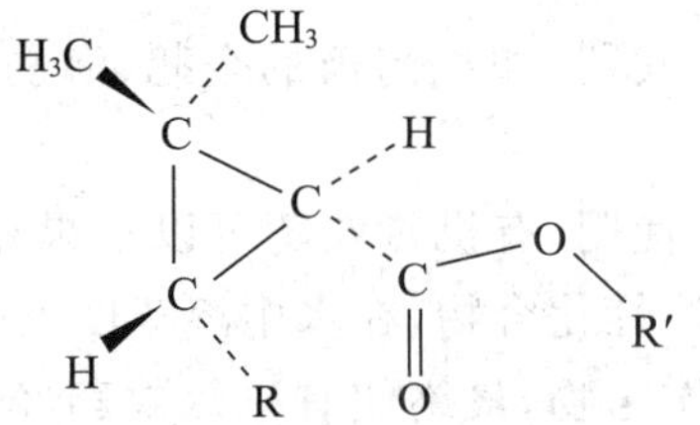

图 3-5 拟除虫菊酯类农药的化学结构通式

拟除虫菊酯分子结构的共同特点之一是含有数个不对称碳原子，因而包含多个光学和立体异构体。这些异构体又具有不同的生物活性，即使同一种拟除虫菊酯，总酯含量相同，若包含的异构体的比例不同，其杀虫效果也不相同。根据是否含有氰基（—CN），将拟除虫菊酯类农药分为不含有氰基的Ⅰ型和含有氰基的Ⅱ型两大类。Ⅰ型拟除虫菊酯类农药的毒性较低，常作为卫生杀虫剂使用；Ⅱ型拟除虫菊酯类农药的毒性一般为中等，常作为农业杀虫剂使用，农业上常用的品种有溴氰菊酯（图 3-6）、杀灭菊酯。

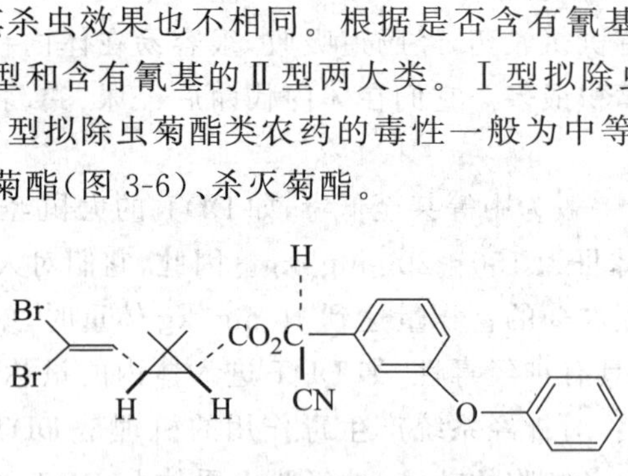

图 3-6 溴氰菊酯的结构式

拟除虫菊酯类农药多数为具有高沸点的黏稠油状液体，呈黄色或黄褐色（溴氰菊酯呈白色结晶），多数品种不溶于水而易溶于有机溶剂；在酸性溶液中稳定，遇碱易分解；在光和土壤微生物的作用下易转变成极性化合物，不易造成环境污染。

拟除虫菊酯类农药可经消化道、呼吸道和皮肤黏膜进入人体，主要分布在脂肪和神经组织，在肝脏的酯酶和混合功能氧化酶作用下，经羟化、水解，其代谢产物与葡萄糖醛酸、硫酸、谷氨酸等结合成为水溶性产物随尿排出体外。拟除虫菊酯类农药在体内代谢转化很快，蓄积较少。

溴氰菊酯的大鼠经口 LD_{50} 为 31～139 mg/kg，小鼠经口 LD_{50} 为 19～34 mg/kg；水悬浮

液的毒性低，大鼠经口 $LD_{50} > 5\,000$ mg/kg。

拟除虫菊酯类杀虫剂属于神经毒物，使中枢神经系统的兴奋性增高。它们毒作用的机理还未完全阐明，一般认为是选择性地作用于神经细胞膜的钠离子通道，使去极化后的钠离子通道关闭延迟，钠通道开放延长，产生一系列兴奋症状。拟除虫菊酯类农药还可直接作用于神经末梢和肾上腺髓质，使血糖、乳酸、肾上腺素和去甲肾上腺素含量增高，导致血管收缩、心律失常等。

3.2.3.4　氨基甲酸酯类农药残留对健康的危害

20 世纪 70 年代以来，由于有机氯农药受到禁用或限用，且抗有机磷农药的昆虫品种日益增多，因而氨基甲酸酯的用量逐年增加，使氨基甲酸酯类农药在农产品中的残留备受关注。氨基甲酸酯类农药的结构通式如图 3-7 所示。图中，R_1、R_2、X 可为烷基或芳香基。

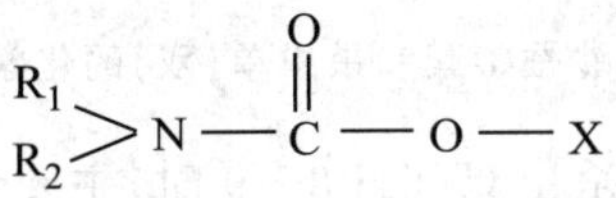

图 3-7　氨基甲酸酯类农药的结构通式

常用的氨基甲酸酯类农药品种有西维因、叶蝉散、残杀威、卡巴呋喃、燕麦灵等，其中以西维因的用量较大，化学结构式如图 3-8 所示。

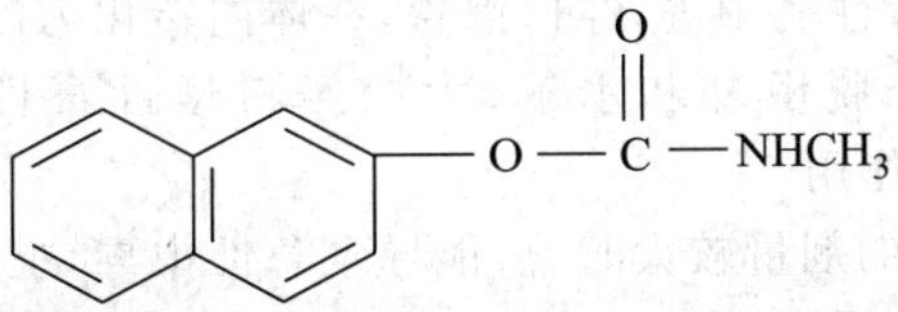

图 3-8　西维因的化学结构式

大多数氨基甲酸酯类农药的纯品为无色或白色晶状固体，在水中溶解度较小，易溶于多种有机溶剂，只有少数如涕灭威、灭多虫等例外；一般没有腐蚀性，其贮存稳定性很好，但在水中能缓慢分解，提高温度和在碱性条件时分解速度加快。

进入环境中的氨基甲酸酯类农药易被土壤微生物分解，不易在生物体内蓄积。残留于食品中的氨基甲酸酯类农药可经消化道吸收，在体内先水解成氨基甲酸，再分解成 CO_2 和胺。除水解外，氨基甲酸酯类农药在体内还发生氧化，如芳环羟基化、*O*-脱烷基化、*N*-甲基羟基化、*N*-脱烷基化、脂族侧链氧化、磺化氧化成砜等，然后与葡萄糖醛酸、磷酸或氨基酸结合排出体外。氨基甲酸酯类农药在体内的降解速度快，一般在体内不蓄积，因此它们的毒性作用以急性毒性为主。

部分氨基甲酸酯类农药的急性毒性较大，如常见的氨基甲酸酯类农药中呋喃丹、涕灭威属高毒农药，呋喃丹原药的大鼠经口半数致死量仅 8～14 mg/kg（玉米油中），30％的颗粒剂为 233 mg/kg，涕灭威的为 1 mg/kg，西维因的为 246～283 mg/kg，速灭威的为 498～580 mg/kg，为中毒农药。氨基甲酸酯类农药对机体的毒作用机理与有机磷农药类似，主要抑制胆碱酯酶的活性，引起胆碱能神经的兴奋症状；其不同之处在于氨基甲酸酯类农药不需要体内代谢活化就可直接抑制胆碱酯酶的活性，其结合方式是整个分子与胆碱酯酶形成疏松的复合体——氨基甲酰化胆碱酯酶，使酶失活，失去水解乙酰胆碱的能力。但它们与胆碱酯酶的结合是可逆的，可自行水解，故酶抑制表现轻，胆碱酯酶的活性恢复也快。这是氨基甲酸酯类农药引起毒作用后恢复较快的原因。

3.2.3.5　沙蚕毒素类农药残留对健康的危害

沙蚕毒素是存在于海生动物异足索蚕(俗称沙蚕)体内的一种具有杀虫活性的神经毒物。1934 年日本的新田清三郎分离出沙蚕毒素(图 3-9),1965 年 Hagiwara 合成了沙蚕毒素及其衍生物,日本武田药品株式会社推出巴丹(Padan),1974 年我国贵州化工研究院在仿制巴丹的基础上,合成巴丹的中间体,定名为杀虫双(图 3-9)。

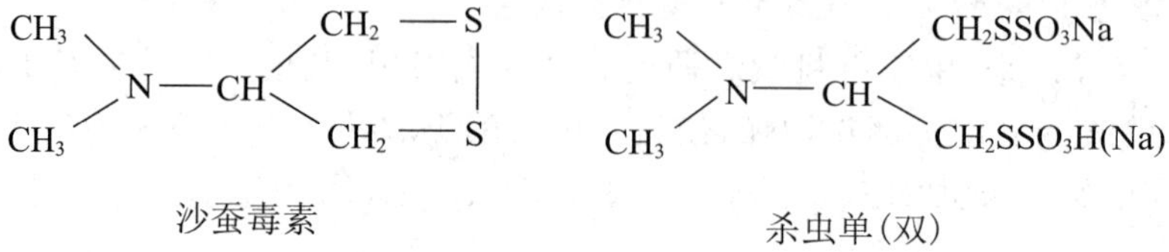

$(CH_3)_2N-CH(CH_2-S)(CH_2-S)$（$CH_2-S-S-CH_2$ 成环）

沙蚕毒素

$(CH_3)_2N-CH(CH_2SSO_3Na)(CH_2SSO_3H(Na))$

杀虫单(双)

图 3-9　沙蚕毒素和杀虫单(双)的化学结构式

常见沙蚕毒素品种有杀螟丹、杀虫双(pH 8～9 时,主要为双钠盐,故称为杀虫双)、杀虫单(pH 6.5～7 时,以单钠盐为主,故称为杀虫单)(图 3-9)、杀虫环等。杀虫双和杀虫单是强极性化合物,水溶性好,在空气中见光发生氧化还原作用和光解作用而降解或代谢成毒性更低的物质。

同位素示踪试验的结果表明,杀虫双和杀虫单在大鼠内的吸收、分布、排泄迅速,不易蓄积,对实验动物的作用也无性别差异。杀虫双和杀虫单具有同样的杀虫作用和毒性,动物试验的结果表明,杀虫双的急性毒性属中等,经口灌胃,在体内转化为沙蚕毒素后,在硫原子上甲基化和氧化,并在二甲胺部分脱甲基和水解;大鼠经口慢性毒性试验,最大无作用剂量为 50 mg/kg,无致突变和致癌作用。

沙蚕毒类农药经口吸收的剂量较大时,可能导致急性中毒,主要表现为头晕、头痛、视物模糊、流涎、恶心、呕吐、腹痛、心悸、烦躁、乏力、面色苍白、出汗等,严重者可有全身肌肉抽动或肌肉麻痹,甚至出现惊厥和昏迷,也可发生肺水肿及瞳孔缩小等。

沙蚕毒类农药主要中毒机理是在神经突触处竞争性占据胆碱能神经递质的受体,阻断胆碱能神经的突触传导。小剂量时以周围神经肌肉接头阻滞作用为主,导致呼吸肌麻痹;大剂量则可直接作用于中枢神经系统,出现中枢性呼吸抑制。

3.2.4　食品中农药残留的控制措施

(1)根据农药的性质严格控制使用范围,严格掌握用药浓度、用药量、用药次数等,严格控制作物收获前最后一次施药的安全间隔期,使农药进入农副产品的残留尽可能减少。

(2)农药在环境中的转移过程十分复杂,但主要途径是水流传带、空气传带、生物传带。应严禁农药对水域、空气的污染,风力较大时尽可能不用或少用农药。通过这些措施减少、阻碍农药在环境中的转移污染而导致农产品中的残留。

(3)不使用农药残留量大的饲料喂养畜禽,防止和减少农药在生物体内的蓄积,可使肉、蛋、乳产品中农药残留量大大减少。

(4)加强农药残留的检测,特别是快速检测技术的研究和推广,使人们能准确、及时地了解农药残留的状况,以便将农药残留置于公众监督之下。

(5)推行绿色技术或清洁生产和清洁工艺,防止农产品受到农药残留污染,发展绿色食品,开发有机食品。

(6)发展和推广使用高效低毒的无公害农药、生物农药(如生物防治)。

(7)研究微生物对农药的有效降解方法。微生物代谢农药的途径包括氧化、还原、水解、合成等。氧化是微生物降解农药的重要酶促反应，如羟基化、脱烃基、脱羧基、醚键开裂、环氧化、氧化偶联、芳环或杂环开裂等；还原，在氯代烃类农药DDT、BHC的生物降解中常是还原性去氯反应；水解，在氨基甲酸酯、有机磷和苯酰胺一类具有醚、酯或酰胺键的农药中，有酯酶、酰胺酶或磷酸酶等水解酶类参与，水解酶多为广谱性酶，在不同的pH和温度条件下都稳定，又无需辅助因子，水解产物的毒性大大降低，在环境中的稳定性也低于其母体；合成，生物降解中的合成反应可分为缩合和接合两类，如苯酚和苯胺类农药及其转化产物在微生物的酚氧化酶和过氧化物酶作用下，可与腐殖酸类物质缩合，接合反应常见的有甲基化和酰化反应。

(8)农产品在食用前和烹调时，使用水洗、浸泡、碱洗、去皮、贮藏、蒸煮、生物酶等手段处理，不同程度地降低农产品中农药的残留量。

（刁恩杰）

3.3 兽药残留对食品安全的影响

3.3.1 兽药残留概述

近年来，动物性食品中兽药残留在国内外已成为影响食品安全的重要因素。FAO和WHO联合发起、组织的“食品中兽药残留立法委员会”(CCRVDF)把兽药残留定义为：动物产品的任何可食部分所含的母体化合物及/或其代谢物，以及与兽药有关的杂质的残留。所以兽药残留既包括原药，也包括药物在动物体内的代谢产物。动物性食品中常见的兽药残留包括抗生素类、激素类和驱虫类药物。

动物用药后，其体内可能存在兽药的两类残留：第一类是以游离或结合形式存在的原药及其主要代谢物，除高亲脂性化合物外，其他化合物因代谢和排泄快，不会在动物体内蓄积。但这些物质可能具有毒性作用，而且被人摄入后在体内可能生成高度活化的中间产物(亲电子基团、自由基等)，因而对消费者具有潜在的危害性。第二类是共价结合的代谢物，因其从机体排出相对较慢，它们的存在对动物有潜在的毒性作用。由于这类结合残留物在人体内不可能再活化，其生物利用率和含量均较低，因此可能对于消费者只显示很低的毒作用。

动物性食品中残留兽药的来源主要有：

(1)在防治畜禽疾病过程中不严格遵守兽药的使用对象、使用期限、使用剂量以及休药期等规定，长期或超标准使用、滥用药物，导致兽药残留。

(2)在饲喂畜禽过程中，滥用兽药及其他违禁药品，尤其是把一些抗生素类及激素类药物作为畜禽饲料添加剂使用，企图达到既能预防和治疗许多病原微生物感染引起的疾病，又能促进动物生长的目的而导致的兽药残留。

(3)部分食品生产者在加工贮藏过程中，非法使用抗生素以达到灭菌、延长食品保藏期的目的，也可导致兽药在食品中残留。

一般进入动物体内的兽药，代谢和排出体外的量与时间的推移呈正相关，即兽药在动物体内的浓度随时间的延长逐渐降低。兽药在食用动物不同器官和组织中的含量也不同，对兽药有代谢作用的脏器，如肝、肾，兽药的浓度相对较高。

与食品中兽药残留伴随而来的是对食品安全性和公众健康的潜在威胁。目前，随着膳食结构的改善和对动物性蛋白质需求的不断增加，人们对肉、奶、鱼及其制品等动物性食品的安全性的要求也越来越高，兽药残留将是今后食品安全问题中的重要问题之一。

3.3.2 抗菌类药物残留对食品安全的影响

3.3.2.1 常见残留于食品中的抗菌类药物

抗菌类药物包括两类：一类是由细菌、真菌、放线菌等微生物在代谢过程中产生的、能抑制或杀灭病原微生物的化学物质，这类物质被称为抗生素(antibiotics)或抗菌素；另一类是由人工合成的具有抑制或杀灭病原微生物的化学物质。

我国抗菌类药物在食品中的残留相当严重。中国质量新闻网讯报道，2015 年 7—8 月，广东省食品药品监督管理局组织对广州、汕头、惠州、阳江、湛江、潮州等 6 个市批发市场、农贸市场、大型连锁超市等经营单位销售的水产品进行了抽样检验，共抽检水产品 197 批次，其中合格 166 批次，不合格 31 批次，其中含有“不得检出”的氯霉素有 21 批次。虽然我国近年来畜产品质量合格率总体呈上升态势，但各种调研数据表明，国内畜产品的抗生素残留情况仍然不容乐观。

根据化学结构，可将常见抗生素分为 β-内酰胺类、胺苯醇类、大环内酯类、四环素类、氨基糖苷类等几大类。

(1)β-内酰胺类抗生素　β-内酰胺类抗生素(β-lactam antibiotics)是指分子结构中含有 β-内酰胺环的一类抗生素。根据 β-内酰胺环是否连接有其他杂环及连接杂环的化学结构差异，该类抗生素又分为青霉素类(penicillins)、头孢菌素类(cephalosporins)以及非典型的 β-内酰胺类抗生素。重要的 β-内酰胺类抗生素的化学结构如图 3-10 所示。

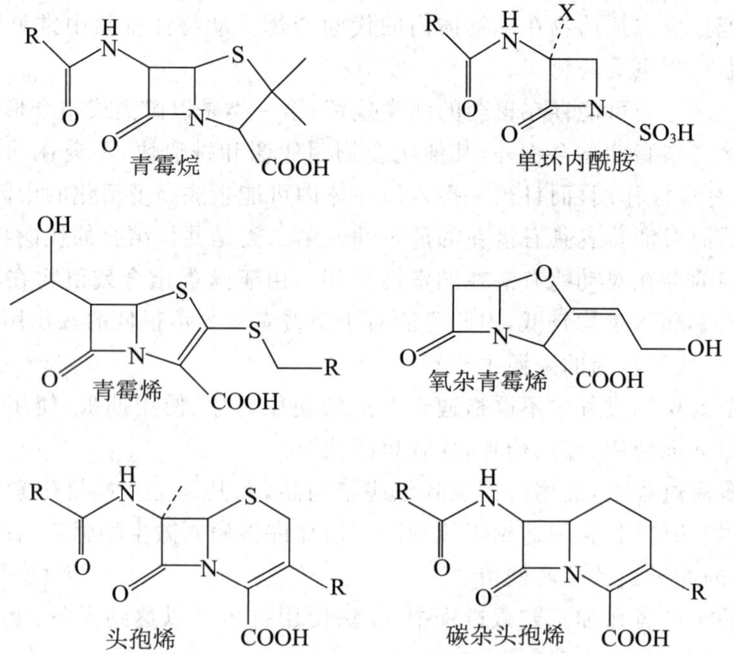

青霉烷　单环内酰胺　青霉烯　氧杂青霉烯　头孢烯　碳杂头孢烯

图 3-10　常见的 β-内酰胺类抗生素的化学结构

β-内酰胺类抗生素是发展最早、临床应用最广、品种数量最多和近年研究最活跃的一类抗生素，包括天然青霉素、半合成青霉素、天然头孢菌素、半合成头孢菌素以及一些新型的 β-内酰胺类。

β-内酰胺类抗生素多为有机酸性物质，具有旋光性，难溶于水，与无机碱或有机碱生成盐后易溶于水，但难溶于有机溶剂；分子结构中的β-内酰胺环不稳定，可被酸、碱、某些重金属离子或细菌的青霉素酶所降解。

(2)胺苯醇类抗生素　胺苯醇类抗生素(amphemicols)包括氯霉素(chloramphenicol, CAP)及其衍生物，如甲砜霉素(thiamphenicol, TAP)、氟苯尼考(florfenicol, FF)、琥珀氯霉素(chloramphenicol succinate)、棕榈氯霉素(chloramphenicol palmitate)和乙酰氯霉素(cetofenicol)等，其中氯霉素、甲砜霉素和氟苯尼考为这类抗生素的代表性药物(图3-11)。

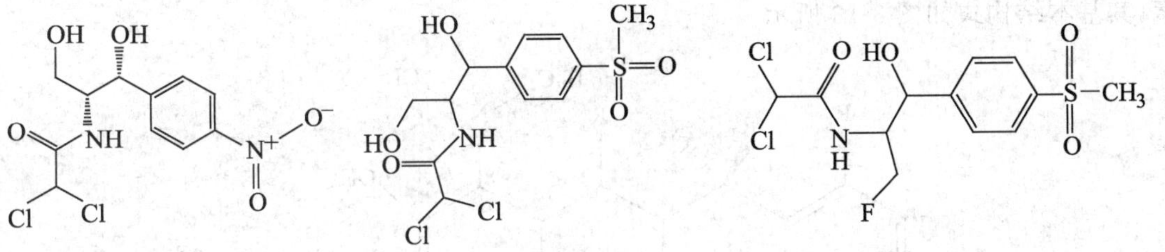

氯霉素　　甲砜霉素　　氟苯尼考

图3-11　胺苯醇类抗生素代表性药物的化学结构

胺苯醇类抗生素易溶于甲醇、乙腈等有机溶剂，微溶于水。它们具有广谱抗菌作用。氯霉素的化学结构含有对硝基苯基、丙二醇与二氯乙酰胺三个部分，分子中还含有氯，可阻挠蛋白质的合成，属抑菌性广谱抗生素。氯霉素对伤寒杆菌、流感杆菌、副流感杆菌和百日咳杆菌的作用比其他抗生素强，但是多种细菌都对氯霉素产生了耐药性，其中以大肠杆菌、痢疾杆菌、变形杆菌等对其耐药性较强。

(3)大环内酯类抗生素　大环内酯类抗生素是由两个糖基与一个巨大内酯结合而成的、对革兰氏阳性菌和支原体有较强抑制作用的一大类抗生素的总称。该类抗生素广泛用于畜禽细菌性和支原体感染的治疗。自1952年发现代表品种红霉素以来，已连续有竹桃霉素、螺旋霉素、吉他霉素等及它们的衍生物问世，并出现动物专用品种，如泰乐菌素、替米考星等。红霉素A的结构式如图3-12所示。

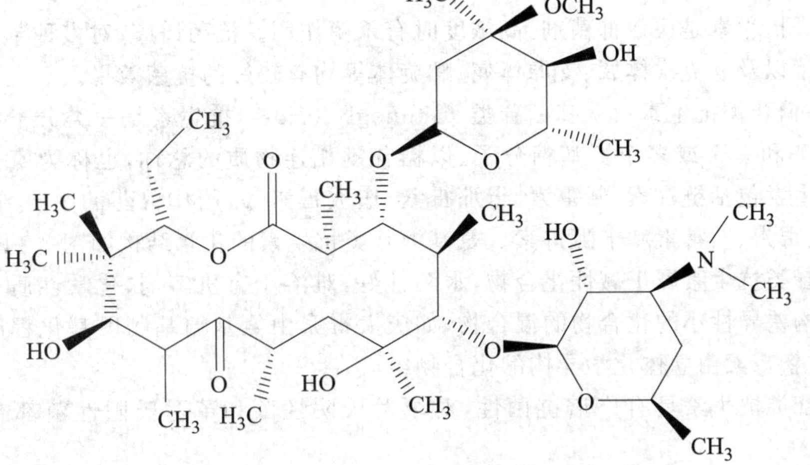

图3-12　红霉素A的分子结构

大环内酯类抗生素均为无色、弱碱性化合物，易溶于酸性水溶液和极性溶剂，如甲醇、乙腈、乙酸乙酯等。在干燥状态下相当稳定，但其水溶液稳定性差。大环内酯类抗生素口服吸收良好，由于其具有弱碱性和脂溶性，在组织中的浓度较血浆中的高。大环内酯类抗生素在组织中浓度的一般顺序为肝＞肺＞肾＞血浆，肌肉和脂肪中浓度最低。由于大环内酯类抗生素大部分原形药物或其代谢产物经胆汁排泄，所以胆汁中浓度较组织中高数十倍至上百倍。给药途径对残留药物的分布有影响，如泰乐菌素口服时在肝组织中残留水平最高，而注射时在肾组织中残留水平最高。

(4)四环素类抗生素　四环素类(tetracyclines)抗生素是一类具有菲烷结构的广谱抗生素，其基本结构式如图 3-13 所示。

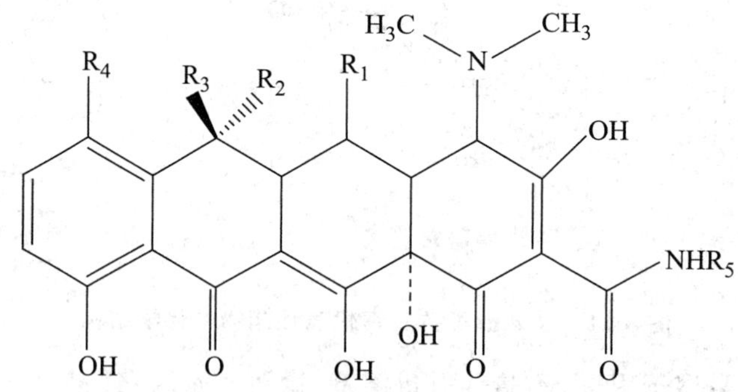

图 3-13　四环素类抗生素的基本化学结构

第一个四环素类抗生素是 1948 年从金色链丝菌中分离得到的金霉素。四环素类抗生素主要有金霉素(chlortetracycline，也称为氯四环素)、土霉素(oxytetracycline，又称为地霉素或氧四环素)、四环素(tetracycline)等。

四环素类抗生素为黄色结晶性粉末，味苦，在醇(如甲醇和乙醇)中的溶解性较好，而在乙酸乙酯、丙酮、乙腈等有机溶剂中溶解性较差；是酸、碱两性化合物，易溶于酸性或碱性溶液。四环素类抗生素在干燥条件下比较稳定，但遇光易变色；在弱酸性溶液中相对稳定，在酸性溶液中(pH＜2)易脱水，反式消除生成橙黄色脱水物，抗菌活性减弱或完全消失；在碱性(pH＞7)条件下，可开环生成具有内酯的异构体。

四环素类抗生素是快效抑菌剂，高浓度时有杀菌作用。抗菌谱广，对多种革兰氏阳性菌和革兰氏阴性菌以及立克次体属、支原体属、螺旋体等均有较好的抗菌效果。

(5)氨基糖苷类抗生素　氨基糖苷类 (aminoglycosides)抗生素是一类分子结构中含有一个氨基环己醇和一个或多个氨基糖分子、以糖苷键相连物质的总称，也称为氨基环醇类化合物。该类抗生素包括链霉素、新霉素、卡那霉素、庆大霉素等，用作兽药的主要有链霉素、双氢链霉素、庆大霉素、新霉素和卡那霉素。氨基糖苷类抗生素的化学结构如图 3-14 所示。

氨基糖苷类抗生素属于碱性化合物，水溶性好，难溶于有机溶剂，化学性质稳定。该类化合物多为结构差异性小的化合物的混合物，如庆大霉素由氨基糖基团甲基化程度不同的 3 种化合物组成，新霉素由立体化学异构的化合物组成。

氨基糖苷类抗生素具有广谱抗菌性，对革兰氏阴性菌和革兰氏阳性菌都有较好的抗菌效果。

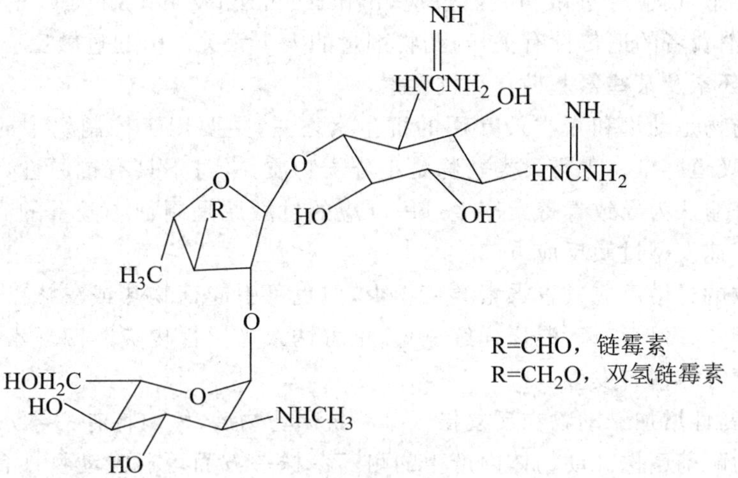

图 3-14　氨基糖苷类抗生素的化学结构

3.3.2.2　食品中抗菌类药物残留对健康的危害

一般而言，动物性食品中残留的抗生素对人并不表现出急性毒性作用，但从食品中长期摄入低剂量的残留抗生素，一定时间后抗生素可能在人体内蓄积而导致各种慢性毒性作用；某些过敏体质的人在接触残留的抗生素后，可能引起过敏(变态)反应。

(1)残留抗生素的一般毒性作用　残留抗生素对人体的毒性作用包括慢性毒性和急性毒性，是抗生素等药品所引起的最多见或最易被注意的一种不良反应。由于抗生素在体内的富集能力、亲和或敏感作用的部位不同，其毒性反应可表现在机体的不同系统、器官、组织。一般来讲，停止摄入抗生素后，由于残留抗生素的代谢排出体外，其导致的毒性作用可以逐渐消退。但有的抗生素的毒作用是不可逆的，如链霉素对儿童的致聋作用，即使停止摄入这些抗生素，它们所导致的毒作用也不能终止。

氯霉素在 2002 年 12 月农业部发布的 235 号公告《动物性食品中兽药最高残留限量》中被规定为“禁止使用的药物，在动物性食品中不得检出”。该抗生素在体内代谢慢，动物食用氯霉素后容易残留在体内。如果长期食入残留有氯霉素的动物性食品，可破坏人体的骨髓造血机能，导致食入者发生不可逆的再生障碍性贫血和可逆性的粒细胞减少症等疾病。氯霉素所导致的再生障碍性贫血死亡率高，属于变态反应，与剂量、疗程无直接关系。其作用机理可能与氯霉素抑制骨髓造血细胞线粒体中的与细菌相同的 70S 核糖体有关。人体对氯霉素比动物敏感，而婴幼儿由于代谢和排泄机能尚不完善，对氯霉素最敏感，长期食入残留有氯霉素的食品，可能出现致命的“灰婴综合征”。如果人体中氯霉素残留过高，还可能导致肝衰竭而死亡。

很多生产或使用畜、禽、鱼饲料的人向其中加入亚治疗剂量的四环素类药物(如金霉素和土霉素等)，导致这类药物残留于动物性食品中。长期食用残留有这类药物的食品将导致对胃、肠、肝脏的损害；四环素类药物还能与骨骼中的钙结合，抑制骨骼和牙齿的发育；可造成妊娠期妇女严重肝损伤，甚至死亡。有研究发现，土霉素可导致肝脏肿大、黄疸、脂肪肝等。

红霉素、泰乐菌素等属于大环内酯类抗生素，它们易导致肝损害和听觉障碍；链霉素、庆大霉素和卡那霉素等氨基糖苷类抗生素共有的毒副作用是耳毒和肾脏毒，可能导致食用者晕眩和听力减退，它们还能透过血胎屏障直接损害胎儿的听觉。

(2)过敏(变态)反应　过敏与变态反应(hypersensitivity and allergy)是一种与药物有关的免疫反应,与消费者的遗传性有关,与药物剂量的大小无关。引起过敏反应的残留抗生素主要是青霉素、四环素及某些氨基糖苷类抗生素。

青霉素类药物是动物和人类最常用的抗生素之一,主要用于控制奶牛的乳腺炎,治疗尿道、胃肠道和呼吸道感染。青霉素类药物是小分子物质,本身不具有抗原性,不能直接引发过敏反应。目前普遍认为导致青霉素产生过敏反应的过敏原是制剂中微量的高分子杂质,导致的过敏反应属于速发型过敏反应。

四环素导致的过敏反应较青霉素类药物少,但也可引起药物热或皮疹。四环素导致的皮疹可表现为荨麻疹、多形红斑、湿疹样红斑等,也可诱致光感性皮炎。四环素类所致的过敏性休克、哮喘、紫癜等亦偶有发生。

(3)细菌耐药性增加　动物在反复摄入某一抗菌药物后,体内将有一部分敏感菌株逐渐产生耐药性而成为耐药菌株。动物体内产生的耐药菌株一方面可通过动物性食品进入人体;另一方面,人经常食用抗生素残留的食品也可使自身的细菌产生耐药性。当这些耐药菌株引起疾病时,就会给治疗带来较大的困难。

(4)菌群失调　在正常情况下,人体的口腔、呼吸道、肠道等与外界相通的腔道和皮肤、腺体、毛发等处都有细菌寄生、繁殖。这些细菌多数为非致病菌或条件致病菌,少数属致病菌。这些菌群在互相拮抗下维持着相对平衡状态,构成人体内外的微生态环境。由于某种原因如长期使用广谱抗生素或从食品中长期摄入低剂量的残留抗生素,敏感菌受到抑制,而不敏感菌趁机在体内繁殖生长,导致正常菌群中各种微生物的种类和数量发生较大的变化,形成新的感染,即"二次感染",如耐药金黄色葡萄球菌引起腹泻、败血症。

在正常情况下,人体内的某些益生菌群还能合成人体所需的B族维生素和维生素K。长期或过量摄入动物性食品中的残留抗生素,会使益生菌群遭到破坏,有害菌大量繁殖,造成消化道微生态环境紊乱,导致长期腹泻或引起维生素缺乏,危害人体健康。

(5)"三致"作用　是指致畸作用(teratogenic effect)、致突变作用(mutagenic effect)和致癌作用(carcinogenic effect)。

对胚胎具有致畸作用的抗生素主要有四环素、链霉素、氯霉素和红霉素。当它们在动物源性食品中残留而被人体长期摄入,就可能使胚胎出现畸形。四环素是典型的致畸原,它们干扰蛋白质的合成,是钙盐的螯合物而妨碍钙盐进入软骨和骨骼,从而导致胎儿畸形;链霉素对胎儿和成人都可能有中耳毒性和肾毒性,氨基糖苷类抗生素也可引起胎儿第八对脑神经的损害;氯霉素在胎儿体内达到高浓度时,可因蛋白质合成抑制,血浆中氨基酸和血氨浓度增高而引起以心血管衰竭、呼吸功能不全、发绀、腹胀为特征的"灰婴综合征";红霉素可致胎儿肝损伤。

如果长期摄入氯霉素,容易诱发再生障碍性贫血和白血病,其导致白血病的潜伏期可达7年;土霉素在酸性环境下能产生二甲基亚硝胺,该物质具有很强的致癌性。除此之外,庆大霉素、金霉素、四环素等也含有一定的致癌成分,长期摄入对人体健康有潜在的危害。

(6)对健康的其他损害　长期从动物性食品中摄入氨基糖苷类抗生素,可损害第八对脑神经,出现头疼、头晕、耳鸣、耳聋、恶心、呕吐等症状,特别是对听力有损害,还会损伤肾,出现蛋白尿、血尿甚至无尿,导致肾功能失调。

3.3.2.3　控制食品中抗菌类药物残留的措施

(1)控制抗生素的正确使用。最有效的减少抗生素残留的方法就是减少抗生素的使用,尤其是要尽可能用有效的预防措施来避免食用动物被致病菌感染，从而减少抗生素的使用。抗生素联用必须适度并符合协同和附加作用的规则。

(2)加大对养殖生产者的教育、培训，增强人们对动物性食品安全生产的意识。

(3)积极开发抗生素添加剂替代品，推广使用绿色饲料添加剂。

(4)改善检验方法，完善兽药监控体系，加大行政执法力度。

3.3.3　激素残留对食品安全的影响

激素残留(hormone residue)是指在畜牧业生产中应用激素作为动物饲料添加剂或埋植于动物皮下，达到促进动物生长发育、增加体重和肥育的目的，结果却导致所用激素在动物性食品中残留。

激素类药物作为畜禽及水产品养殖中的生长促进剂能加快动物的增重速度，提高饲料的转化利用率，改进胴体品质(瘦肉与脂肪的比例)，显著提高养殖业的经济效益。但激素类药物的残留严重威胁着人类的健康，特别是近年来以克伦特罗为代表的 β-受体激动剂在动物性食品中导致中毒事件的频频发生，控制和禁止激素类药物在养殖业中的使用已日益引起各方面的关注。

目前，农业部严禁使用的具有促生长作用的激素和兽药包括：① β-受体激动剂，如盐酸克伦特罗(clenbuterol hydrochloride)、沙丁胺醇(salbutamol)；②性激素，如己烯雌酚；③促性腺激素；④具有雌激素样作用的物质(如玉米赤霉醇)；⑤肾上腺素类药(如异丙肾上腺素、多巴胺)等。

3.3.3.1　食品中β-兴奋剂残留对健康的影响

β-受体在人体内分布广泛，但具有明显的组织器官特异性。人的心脏组织以 $β_1$-受体为主，而人的肺组织以 $β_2$-受体为主。对农产品质量安全造成危害的主要是 $β_2$-受体激动剂。目前，克伦特罗、沙丁胺醇等 $β_2$-受体激动剂已被列入我国《禁止在饲料和动物饮用水中使用的药物品种目录》中。

(1)动物性食品中β-兴奋剂的来源与性质　β-兴奋剂即β-肾上腺素受体激动剂(β-adrenergic receptor agonist)，是一组化学结构和药理性质与肾上腺素相似的化合物，属拟肾上腺素类药物，因能与动物机体内绝大多数组织细胞膜上的β-受体结合而得名。β-兴奋剂的基本结构如图 3-15 所示。

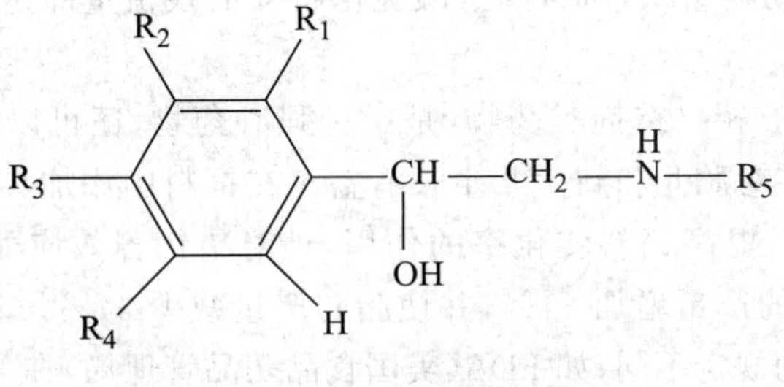

图 3-15　β-兴奋剂的基本结构

常见的β-兴奋剂主要有克伦特罗、沙丁胺醇、莱克多巴胺(ractopamine)等。β-兴奋剂的化学性质比较稳定，易被吸收，难分解，并且易在动物组织特别是内脏中蓄积，可以通过食物而进入人体，严重危害人类健康。

①盐酸克伦特罗　俗称“瘦肉精”，纯品为白色或类白色的结晶状粉末，无臭、味苦，易溶于水、醇类，微溶于氯仿，不溶于苯，其化学结构见图 3-16。

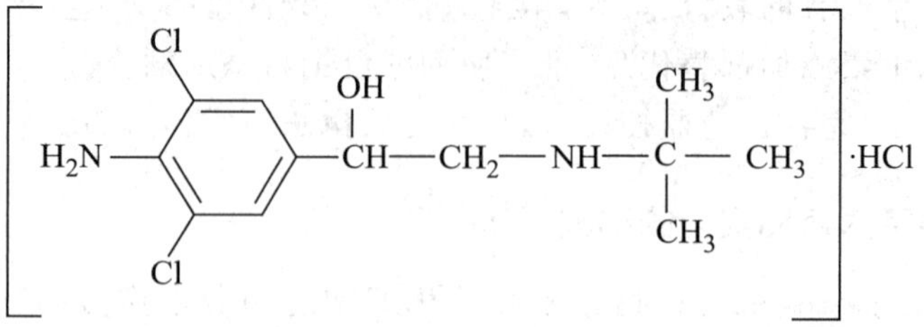

图 3-16　盐酸克伦特罗的结构

盐酸克伦特罗的化学性质很稳定，能稳定存在于 100℃的沸水中，加热至 172℃才开始分解，在 260℃的油中 5 min 才分解 50%。因此，常规的烹调方法不能对残留于食品中的克伦特罗起到破坏作用。

盐酸克伦特罗作为药物对支气管、子宫和血管平滑肌的 β-受体有较高的选择性激动作用，能有效地解除支气管痉挛。此外，它还有较强的抗过敏和明显增强支气管纤毛活动的作用，并作用于溶酶体，能促进黏液溶解，有利于痰液的排出。临床上主要用于支气管哮喘与喘息型支气管炎的治疗，具有作用强而持久的特点，是防治支气管哮喘和支气管痉挛的主要药物。

盐酸克伦特罗除具有良好的平喘作用外，还可使体内脂肪分解加强，血中游离脂肪酸增加，摄入的能量不再形成脂肪贮存于体内而是立即为蛋白质的合成所利用，还可以抑制蛋白质分解以及促使胰岛素释放和糖原分解，因此具有营养再分配作用。但在家畜饲养中要达到减少脂肪体内沉积、提高胴体瘦肉率的目的，使用的剂量一般是哮喘治疗剂量的 5～10 倍，一般可使猪的瘦肉增加约 10%，肉鸡增加 5%～10%，肉鸭增加 13.2%～21.04%，牛羊更高，故俗称为“瘦肉精”。盐酸克伦特罗等 β-兴奋剂在动物体内代谢较慢，溶解代谢率低，不易大量代谢排出，容易残留于动物体内，特别是内脏组织中残留较多。据报道，给犊牛使用克伦特罗后，在眼组织残留最高，是血液组织的 10^7 倍，肝、肾、肺、脾的浓度为血液的 20～90 倍；对泌乳牛使用克伦特罗后，乳中的残留量可相当于人类疾病的治疗用量；给猪喂饲盐酸克伦特罗 5 mg/kg 30 天后，发现其在猪体内吸收快，在肺、肝中残留浓度最高，但它们在猪体内消除缓慢，停药 30 天，在猪的肝中仍可测到盐酸克伦特罗 3.1 mg/kg 的残留。人如果一次摄入 100～200 g 这种残留盐酸克伦特罗的动物组织，所含的盐酸克伦特罗的残留量即达到治疗剂量，人可能出现副反应。

②莱克多巴胺　属于 β-兴奋剂类药物，是一种强心药物，还可以用于治疗肌肉萎缩，增长肌肉，减少脂肪的蓄积，并对胎儿和新生儿生长有益。在饲料中添加具有营养再分配、促进蛋白质合成、增加胴体瘦肉率、提高饲料转化率的作用，且对猪饲养效应尤为明显。在饲料中添加 18.5 g/t，可以使蛋白质的产量增加 24%，并使脂肪产量减少 34%。对此药物在养殖业的适用范围和安全性世界各国的规定不同，如 FDA(美国食品药品管理局)在 2010 年批准，可以用于动物营养的新配剂，广泛地用于畜牧业和养殖业，可以同时提高动物的日增重、饲料利用率、蛋白质含量。但我国工信部、农业部等六部委明确规定在我国境内禁止生产和销售莱克多巴胺。

莱克多巴胺可溶于水和乙醇，性质稳定，耐热，在体内不易被分解，主要经尿和胆汁以原形排出。

③沙丁胺醇　沙丁胺醇为选择性 β_2-受体激动剂，能有效地抑制组胺等致过敏性物质的释放，防止支气管痉挛。将它非法用于猪等动物的目的与克伦特罗、莱克多巴胺一样，都是为了增加瘦肉率，促进动物的生长。

沙丁胺醇不溶于氯仿或乙醚，常用其硫酸盐，为白色或类白色的粉末，无臭，味微苦，在水中易溶，能溶于甲醇，在乙醇中极微溶解，在乙醚或三氯甲烷中几乎不溶。

沙丁胺醇在畜禽体内的吸收速度较快，4.2 h 左右达到血药浓度的最高峰，但从体内排泄慢，主要经尿和胆汁排出。沙丁胺醇在奶牛体内可排泄至乳中。

(2)β-兴奋剂残留对健康的影响

①盐酸克伦特罗　该物质进入人体后，能够加强心脏收缩、扩张骨骼肌血管和支气管平滑肌，表现为头痛、心动过速、呼吸困难、肌肉震颤、血压下降等症状，原有心律失常的人更容易发生上述反应。盐酸克伦特罗还可通过胎盘屏障进入胎儿体内，产生蓄积，对胚胎产生严重危害。在食用含“瘦肉精”较高的动物组织后 15 min 至 6 h 内可出现急性中毒症状，持续时间在 90 min 至 2 天。

②莱克多巴胺　莱克多巴胺进入体内后对人体引起的中毒症状与克伦特罗(瘦肉精)类似，通常表现为面色潮红、头痛、头晕、胸闷、心悸、四肢麻木等，对患有高血压、青光眼、糖尿病、前列腺肥大等疾病的患者危害更大，严重的危及生命。

③沙丁胺醇　沙丁胺醇在动物组织中残留量最高的为视网膜，其次是毛发、肺、肝、肾、肌肉、尿样、血液等。沙丁胺醇进入体内可导致体内聚胺浓度升高而继发心脏肥大，并造成心动过速，严重时可能会出现心肌梗死；激活 Na^+-K^+ 依赖式 ATP 酶，使 K^+ 进入细胞内，引起血液中钾离子浓度降低，造成低血钾症，从而导致心律失常；此外，通过增加肌糖原的分解，引起血乳酸、丙酮酸升高，并可生成更多的酮体，容易引起糖尿病人代谢紊乱，导致酮症酸中毒和乳酸中毒。

3.3.3.2　食品中性激素残留对健康的影响

(1)性激素概述　根据性激素的生理作用，可分为雄性激素和雌性激素两类；根据其化学结构和来源可分为：①内源性性激素，包括睾酮、孕酮、雌酮、雌二醇等；②人工合成类固醇激素，包括丙酸睾酮、甲烯雌醇、苯甲酸雌二醇、醋酸群勃龙等；③人工合成的非类固醇激素，包括己烯雌酚、己烷雌酚等。

(2)食品中性激素的来源　性激素是一类由动物性腺分泌或者人工合成的低分子质量、强亲脂性、具有生物活性的化学物质，对各种生理机能和代谢过程起着重要的调节作用。性激素及其衍生物具有促进动物生长、增加体重、提高饲料转化率等作用，这些功效对反刍动物最为明显。此类激素及其类似物曾是应用最为广泛、效果显著的一类生长促进剂。早在 20 世纪 50 年代，性激素已作为促生长性药物被饲养业非法使用。20 世纪 60—70 年代，美国肥育牛的 80%～90%应用了此类制剂。事实上，直至今天，除己烯雌酚等人工合成的类雌激素化合物于 1980 年华沙国际学术讨论会和同年的 FAO 与 WHO 联席会议决定全面禁用外，其他性激素类仍在美国等国家和地区使用，但欧洲经济共同体已于 1988 年 1 月 1 日开始完全禁止在畜牧业生产中使用甾体类激素。

性激素的生理作用很强，很低的剂量便可产生极大的促生长效果。其中，己烯雌酚由于结构简单、成本低廉在饲料工业中得到较多地使用，导致其在动源性食品中时有检出。

性激素进入动物体内后不易排出，残留于动物源性食品中。它们的稳定性较好，一般的烹调、加工方式不能将其破坏。因此,它们可以通过食物链进入人体并在体内蓄积。当性激素在体内的含量超过人体正常水平后,将破坏机体正常的生理平衡,产生一些不良反应。

动物性食品中的性激素残留存在着易浓缩、有协同效应和作用复杂等特点。

①浓缩现象　性激素尤其是己烯雌酚等雌激素难降解,随着食物链在生物体内不断蓄积、浓缩。

②协同作用　一些具有性激素活性的物质单独存在时毒性很小,当它们混合后则会产生相当于其单独作用时150～1 600倍的作用。

③复杂性　一些雌激素与受体结合时,它们之间的协同作用会因组合不同而产生不同的作用,即使雌激素浓度较低,也可能与受体结合;有些残留雌激素并不直接与受体结合,但对内源雌激素可产生影响。

(3)食品中性激素残留对人体的危害　在食源性动物生长过程中大量使用性激素及其衍生物,它们残留于食品中,这些激素将通过食品对人体健康产生的危害主要表现在:

①对人体生殖系统和生殖功能造成严重影响,如雌激素能引起女性早熟、男性女性化;雄性激素能导致男性早熟,第二性征提前出现,女性男性化等。

②诱发癌症。多数激素类药物具有潜在的致癌性,如果长期经食物摄入雌激素可引起子宫癌、乳腺癌、睾丸肿瘤等癌症的发病率增加。

③对肝脏有一定损害作用。流行病学及试验研究均提示,肝癌等慢性肝病患病率存在性别差异,性激素对肝硬化甚至肝癌的发生也有一定的影响。

己烯雌酚是人工合成的、口服有活性的非甾体雌激素,能产生与天然雌二醇相同的功效,是同化激素的一种。医学上主要用于治疗雌激素缺乏症。由于其具有促进动物生长、增加蛋白质沉积和提高饲料转化率的作用,被部分养殖户当作促生长剂使用。

通过食物长期摄入低剂量的己烯雌酚,能扰乱体内激素平衡,导致女童性早熟,男性女性化,诱发女性乳腺癌等疾病。包括我国在内的众多国家已相继禁止在养殖业中使用己烯雌酚,我国已将其作为兽药残留监控的重点对象。

甲基睾丸酮又名甲睾酮、甲基睾酮、甲基睾丸素,为人工合成的雄性激素。它具有促进男性器官及副性征的发育、成熟,促进蛋白质合成代谢,兴奋骨髓造血功能,刺激血细胞生成等功能。在水产养殖业中,甲基睾丸酮常被用于诱导鱼类的性逆转,促进鱼类生长。由于罗非鱼雄鱼比雌鱼生长快40%左右,因此甲基睾丸酮常用于生产全雄罗非鱼,大幅度提高养殖产量。据报道,使用甲基睾丸酮的水产品包括罗非鱼、鲤鱼、鳗鲡、黄鳝、中国对虾、青蛙、大瓶螺以及甲鱼等。

甲基睾丸酮在水产动物体内的代谢较慢,因此长期摄入含甲基睾丸酮的鱼类,哪怕极小的残留都可对人类造成危害,如干扰机体正常的激素平衡,男性出现睾丸萎缩,胸部扩大,早秃,肝、肾功能障碍或肝肿瘤;女性出现雄性化、月经失调、肌肉增生、毛发增多、类似早孕的反应及乳房肿胀等症状,还可以致新生儿畸形、溶血及黄疸等。由于甲基睾丸酮对健康存在的潜在危害,国际上都禁止其在食源性动物(包括水产品)养殖中使用。

3.3.3.3　食品中肾上腺皮质激素残留对健康的影响

肾上腺皮质激素是由肾上腺皮质分泌的一组类固醇激素,主要包括糖皮质激素和盐皮质激素,以及少量的性激素。

肾上腺皮质激素中具有代表性的一类就是糖皮质激素,属于类固醇化合物,具有调节糖、蛋白质和脂肪代谢的功能，可影响葡萄糖的合成和利用、脂肪的动员及蛋白质合成，并能提高机体对各种不良刺激的抵抗力。糖皮质激素可分为内源性糖皮质激素及人工合成糖皮质激素两大类。内源性糖皮质激素包括可的松和氢化可的松等；人工合成的糖皮质激素包括地塞米松、倍他米松、双氟米松、曲安西龙、甲基泼尼松龙以及泼尼松龙等。

人工合成的糖皮质激素在畜牧业生产中常被用于治疗家畜的炎症反应、免疫性疾病、牛的酮病等。同时，由于其能提高饲料转化率、促进畜禽和水生动物的生长，因而被广泛用于养殖业中。但是，如果在动物的生长过程中过量使用糖皮质激素，将导致其在动物体内残留，通过这些食品进入人体将不可避免地影响人类健康。由于糖皮质激素的作用极强，即使含量甚微，也会干扰人体的内分泌平衡。长期摄入糖皮质激素残留的食品，可造成该类药物在体内蓄积。当它们蓄积达到一定浓度后，将对人体产生的毒性作用表现为向心型肥胖、多毛、无力、低血钾、水肿等症状，还可能抑制机体的免疫反应，抑制生长素分泌和造成负氮平衡，因而可引起一系列的并发症，并可直接危及人的生命。

各国对动物源性食品中糖皮质激素的最大残留量都作了规定，欧盟已禁止这类激素用于促进动物的生长，并规定地塞米松和倍他米松在牛、猪的肌肉和肾脏中的最高残留限量为 0.75 μg/kg，肝脏中的最高残留限量为 2 μg/kg。

我国农业部在《动物性食品中兽药最高残留限量》中规定，牛、猪肌肉和肾脏中地塞米松的最高残留限量为 0.75 μg/kg，肝脏中的最高残留限量为 2 μg/kg，奶中最高残留限量为 0.3 μg/kg。

二维码 3-1　《动物性食品中兽药最高残留限量》

3.3.4　其他兽药残留对食品安全的影响

3.3.4.1　*磺胺类药物残留对食品安全的影响*

(1)磺胺类药物概述　磺胺类药物(sulfonamides，SAs)是具有对氨基苯磺酰胺结构、用于预防和治疗细菌感染性疾病的一类药物的总称。自从 1932 年 Domagk 发现含有磺酰胺基的偶氮染料“百浪多息”(Prontosil)对链球菌和葡萄球菌有很好的抑制作用，对溶血性链球菌及其他细菌感染的疾病有明显疗效，并在其后的研究中证明对氨基苯磺酰胺的这种基本结构后，曾经合成过数千种磺胺类药物。其中，疗效好、毒副作用小的磺胺类药物有几十种。磺胺类药物分子的母核结构如图 3-17 所示。图中 R 被不同的基团取代，则生成不同的磺胺类药物。

图 3-17　磺胺类药物的母核结构

磺胺类药物一般为白色或淡黄色结晶粉末，遇强光颜色逐渐变深。除乙酰磺胺外，多数磺胺类药物难溶于水，但其钠盐均易溶于水并使水溶液呈强碱性。但因为它们的母核中含有伯胺基和磺酰胺基而使整个化合物呈酸碱两重性，可溶解于酸、碱溶液中。磺胺类药物属于广谱抗菌药,对大多数革兰氏阳性和阴性菌都有良好的抑制作用。

磺胺类药物性质较稳定、价格低廉、使用方便,联合使用抗菌增效剂可使其抗菌效果提高数倍,还可以提高饲料的转化率,促进动物生长,因此常以亚治疗剂量作为饲料添加剂使用,预防动物疾病的发生和促进生长。近年来的研究发现,磺胺类药物残留超标现象比其他兽药残留都严重。因此,动物源性食品中残留磺胺类药物对人类健康的潜在危害逐渐引起人们的高度关注。

(2)食品中磺胺类药物残留对健康的影响　研究表明,如给猪口服 1%推荐剂量的氨苯磺胺,在休药期内可造成肝脏中药物残留超标。磺胺类药物大部分以原形自机体排出,且在自然环境中不易被生物降解,从而容易导致水、牧草等被磺胺类药物污染,然后导致对动物性食品的二次污染。已有证明,猪接触排泄在垫草中的低浓度磺胺类药物后,猪体内即可测出此类药物残留超标。

磺胺类药物经各种途径进入动物体内后,可转移到肉、蛋和乳等动物性食品中,进而造成这些动物性食品中磺胺类药物的残留。磺胺类药物一般在代谢器官和血液中浓度最高,脂肪和肌肉中的含量较低,乳中的残留量与血清中的相似。如果长期摄入残留有磺胺类药物的食品,可能对人体健康造成潜在的危害,主要表现在:

①急、慢性毒性　磺胺类药物可以损害人体的血液系统,可致白细胞减少、血小板减少、再生障碍性贫血,如磺胺二甲基嘧啶连续给药后,对人体可以表现为血液系统的粒细胞减少、贫血、血小板减少,对体内葡萄糖-6-磷酸脱氢酶(G6PD)缺乏者可致正铁血红蛋白血症和溶血性贫血。由于磺胺类药物在体内经肝脏代谢为乙酰化磺胺,且乙酰化率高,而乙酰化磺胺无抗菌活性却保留其毒性,因此它们可以增加肝脏的负担甚至损害肝脏的功能。当磺胺类药物的代谢物从肾脏排泄时,因尿液在肾脏浓缩使尿中药物浓度增高,容易在肾小管内结晶析出,最终损伤肾小管,引起结晶尿、血尿、蛋白尿,重者可发生尿少、尿闭甚至尿毒症。

②"三致"作用　有资料表明,磺胺二甲基嘧啶等磺胺类药物在连续给药后能够诱发啮齿动物甲状腺增生,具有致肿瘤的倾向。

磺胺类药物易通过血胎屏障而传给胎儿,动物试验表明它们有致畸作用。美国疾控中心的专家调查发现,磺胺类药物对胎儿的致畸性很强,服用磺胺类抗生素的孕妇产下的婴儿发生6 种先天性出生缺陷的概率明显增加,其中无脑畸形增加了 3.4 倍,左心发育不良综合征增加了 3.2 倍,主动脉缩窄增加了 2.7 倍,后鼻孔闭锁增加了 8.0 倍,肢体缺损增加了 2.5 倍,横膈疝增加了 2.4 倍。

③过敏作用　磺胺类药物可引起人的过敏反应。试验证明,长期摄入磺胺类药物残留的食品,可引起一部分人皮肤过敏、瘙痒等症状,严重者可导致剥脱性皮炎,少数患者可发生多形性红斑,有时造成死亡。而且同类药间有交叉过敏现象。

3.3.4.2　硝基呋喃类药物残留对食品安全的影响

(1)硝基呋喃类药物的概况　硝基呋喃类药物是人工合成的具有 5-硝基呋喃基本结构的广谱抗菌药物,主要包括呋喃唑酮(furazolidone, 痢特灵)、呋喃它酮(furaltadone)、呋喃西林(nitrofurazone)、呋喃妥因(nitrofurantoin)4 种;呋喃类代谢物主要包括呋喃唑酮代谢物 3-氨基-2-唑烷酮(3-amino-2-oxazolidone, AOZ)、呋喃妥因代谢物 1-氨基乙内酰脲(1-aminohydantoin, AHD)、呋喃它酮代谢物 5-甲基吗啉-3-氨基-2-唑烷酮(5-methylmorpholine-3-amino-2-oxazolidone,AMOZ)和呋喃西林代谢物氨基脲(semicarbazide, SEM)。4 种硝基呋喃类药物及其代谢物的分子结构如图 3-18 所示。

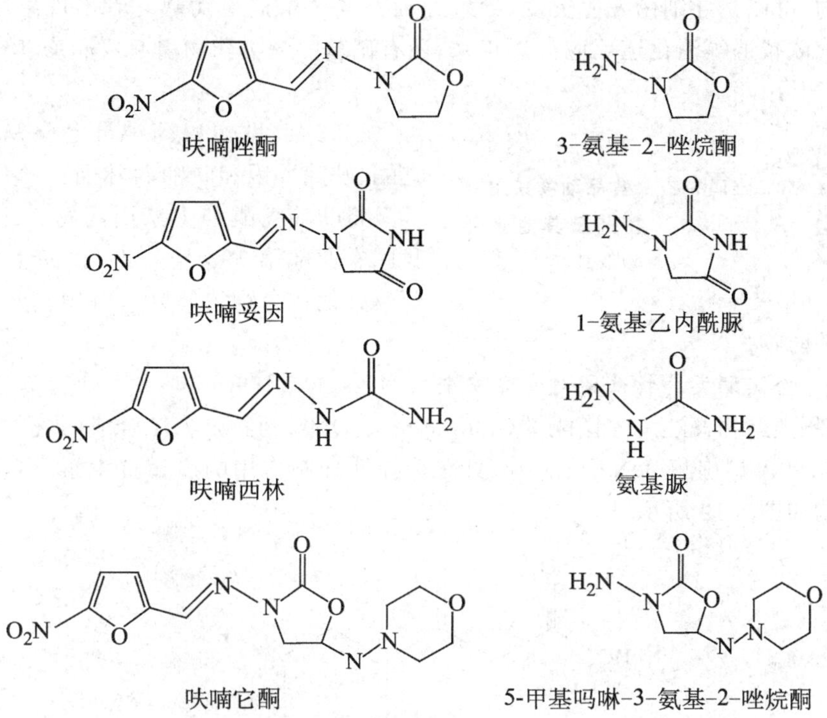

呋喃唑酮　　3-氨基-2-唑烷酮

呋喃妥因　　1-氨基乙内酰脲

呋喃西林　　氨基脲

呋喃它酮　　5-甲基吗啉-3-氨基-2-唑烷酮

图 3-18　硝基呋喃类及其代谢物的结构式

(2)硝基呋喃类药物对人体健康的影响　硝基呋喃类药物具有广谱抗菌作用,对大多数革兰氏阳性菌和革兰氏阴性菌、某些真菌和原虫均有作用,而且细菌对硝基呋喃类药物不易产生耐药性。硝基呋喃类药物与其他抗生素如磺胺类药之间无交叉耐药性。这些特点使该类药物曾经在养殖业中得到较为广泛的使用,我国出口的鱼、虾、禽肉、兔肉和肠衣等产品都曾经被检出含有硝基呋喃类药物,特别是我国出口的鳗鱼多次被检测出硝基呋喃类药物残留,影响了我国动物源性食品的声誉。

硝基呋喃类药物经口进入人体或动物体内后在体内代谢迅速,大部分在体内迅速分解,部分以原形自尿中排出,在血中浓度较低。但其代谢产物能与细胞膜蛋白结合成为结合态而长期保持稳定,从而延缓药物在体内的消除速度,残留时间可达数周。在加工烹调过程中,如采用蒸煮、烘烤、磨碎和微波加热等方式处理,也无法有效地将其降解。这类代谢物在酸性条件下可以从蛋白质中释放出来。因此,当人们食用了有硝基呋喃类药物残留的食品,这些代谢物就可以在人类胃液的酸性条件下从蛋白质中释放出来而被人体吸收,危害人体健康。

通过食品摄入的硝基呋喃类药物,对人体造成的危害主要是胃肠反应和超敏反应。剂量过大或肾功能不全的人可引起严重毒性反应,主要表现为周围神经炎、嗜酸性粒细胞增多、溶血性贫血等。长期摄入可引起不可逆性末端神经损害,如感觉异常、疼痛及肌肉萎缩等。

研究表明,硝基呋喃类药物有致癌、致畸、致突变等危险。呋喃它酮为强致癌性物;呋喃唑酮的致癌性中等,可以诱发实验动物大、小鼠乳腺癌和支气管癌,并且有剂量-效应关系。大鼠长期暴露于硝基呋喃类物质(剂量为每天 25 mg/kg 体重以上)会引起恶性肿瘤。但到目前为止,还没有硝基呋喃类物质对人致癌的证据。因此,国际癌症研究组织将它定为“2 类 B”致癌

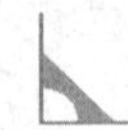

物，即可疑致癌物。呋喃唑酮还能减少精子的数量，降低胚胎的成活率。硝基呋喃类化合物是直接致突变物，可以诱导细菌发生突变；导致葡萄糖-6-磷酸脱氢酶缺乏者出现急性溶血，引起恶心、呕吐、食欲减退等消化道反应。近年来，还有硝基呋喃类药物引起荨麻疹、哮喘等过敏反应的报道。

二维码 3-2 《食品动物禁用的兽药及其他化合物清单》

1993 年，欧盟兽药委员会（CVMP）将呋喃它酮、呋喃妥因和呋喃西林列为禁用药物，1995 年又将呋喃唑酮列为禁用药物。2002 年 4 月，我国农业部第 193 号公告《食品动物禁用的兽药及其他化合物清单》中，将硝基呋喃类药物列为禁止使用的药物。

3.3.4.3 喹诺酮类药物残留对食品安全的影响

（1）喹诺酮类药物概述 喹诺酮类（quinolones，QNs）药物是人工合成的含 4-喹诺酮基本结构、对细菌 DNA 螺旋酶（DNA gyrase）具有选择性抑制作用的广谱抗生素。氟喹诺酮类母核的化学结构如图 3-19 所示。

图 3-19 氟喹诺酮类母核的化学结构

第三代喹诺酮类抗菌药物主要有环丙沙星（ciprofloxacin，CIP）、恩诺沙星（enrofloxacin，ENR）、沙拉沙星（sarafloxacin，SAR）、单诺沙星（danofloxacin，DAN）和二氟沙星（difloxacin，DIF）等。它们一般为白色或淡黄色晶型粉末，多数属于酸碱两性化合物，对光照、温度和酸、碱均具有极好的稳定性，无论是长时间室温存放或是在强烈光照、高温或高湿条件下均具有极其良好的稳定性。

喹诺酮类抗菌药物具有以下特点：抗菌谱广，对革兰氏阳性菌和革兰氏阴性菌、绿脓杆菌、支原体、衣原体等均有作用；杀菌力强，在体外很低的浓度即可显示高度的抗菌活性；吸收快，体内分布广泛；抗菌作用独特，与其他抗菌药无交叉耐药性。

我国批准在兽医临床应用的喹诺酮类抗菌药物有诺氟沙星（氟哌酸）、培氟沙星（甲氟哌酸）、环丙沙星（环丙氟哌酸）、洛美沙星、恩诺沙星（乙基环丙氟哌酸）、达氟沙星（单诺沙星）、二氟沙星（双氟哌酸）、沙拉沙星等，其中后 4 种是动物专用的氟喹诺酮类药物。

（2）喹诺酮类药物残留对健康的影响 由于喹诺酮类药物具有抗菌谱广、杀菌力强的特点，曾经被广泛用于动物的多种感染性疾病的预防和治疗，如用于防治淡水鱼的细菌性败血病、草鱼肠炎病以及鳗鱼烂鳃病、烂尾病、弧菌病、爱德华菌病等细菌性疾病。其中氟喹诺酮类药物在食源性动物中应用最广泛，大部分动物源性食品中均有此类药物残留。但部分细菌尤其是金黄色葡萄球菌、肺炎球菌、大肠杆菌、沙门氏菌属和志贺氏菌属、绿脓杆菌等对喹诺酮类抗菌药物产生耐药性，导致该类药物用量加大，残留增加。

喹诺酮类药物虽然具有毒副作用小、安全范围大的优点，但在动物体内分解缓慢，若过量使用或使用不当，将造成动物源性食品中喹诺酮类药物的残留。人长期摄入残留有这些药物的食品后，可能产生一些不良反应：

①对中枢神经系统有影响，主要表现为头痛、头晕、焦虑、烦躁、失眠、步态不稳、惊厥、神经过敏等；

②对消化系统有影响，如剂量过大，导致恶心、呕吐、食欲下降、腹痛、腹泻等；

③有人有过敏反应，特别是阳光直射时可能导致瘙痒、红斑、光敏性皮炎等；

④在尿中可形成结晶，使用剂量过大或动物饮水不足时更易发生，可能损伤尿道；

⑤对幼年动物的软骨和负重关节的生长造成损伤，导致关节痛、关节肿胀等；

⑥动物试验发现，给雏鸡高浓度的喹诺酮类药物饮水或长时间混饲，易导致肝细胞变性或坏死的肝细胞损害，以环丙沙星尤为明显；

⑦实验室研究还表明，恩诺沙星在实验动物中显示一定的致突变和胚胎毒作用，二氟沙星和单诺沙星对大鼠有潜在的致癌作用。

3.3.4.4　孔雀石绿残留对食品安全的影响

(1)孔雀石绿概述　孔雀石绿(malachite green，MG)又名碱性绿、盐基块绿、孔雀绿、中国绿，是一种带有金属光泽的三苯甲烷类染料，其结构式如图3-20所示。

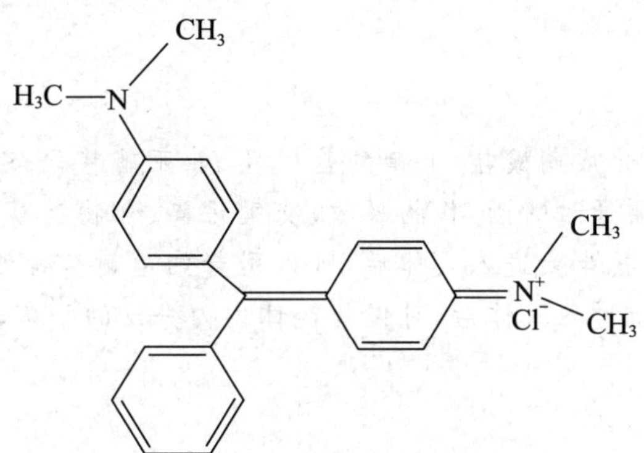

图3-20　孔雀石绿的化学结构

孔雀石绿易溶于水(60 g/L)、乙醇和甲醇而呈蓝绿色，pH 2以下呈黄色。孔雀石绿可以以多种形式存在，但主要是以草酸盐或盐酸盐的形式存在于草酸盐和盐酸盐的混合液中。孔雀石绿以盐、醇类化合物或假碱化合物形式存在时呈二价阴离子形式。由于以假碱形式存在的孔雀石绿具有极高的脂溶性而可能进入细胞中。

(2)孔雀石绿对健康的影响　孔雀石绿具有较强的抗菌效果，可用作杀菌、驱虫剂，在水产养殖中常用以防治水霉病、烂鳃病以及寄生虫病等，也在水产品贩运过程中作为消毒剂以延长鱼类的存活期。

孔雀石绿的小鼠经口 LD_{50} 为 80 mg/kg，孔雀石绿草酸盐的大鼠经口 LD_{50} 为 275 mg/kg，因此孔雀石绿的急性毒性属中等。进入人或动物机体后，孔雀石绿可以代谢为脂溶性的无色孔雀石绿(leucomalachite green)而在组织中残留。因此在鱼中检测到的主要是无色孔雀石绿，该物质在鱼的血清、肝、肾、皮肤、肌肉和脂肪中都可以分布。

研究表明，孔雀石绿和无色孔雀石绿在体内外均具有致突变作用，而且无色孔雀石绿致突变作用的靶器官是肝脏，可以增加肝细胞的突变频率。

孔雀石绿具有生殖和发育毒性。研究证实，孔雀石绿可导致妊娠新西兰白兔胎仔发育毒性，子代出现骨骼、心脏、肝和肾发育异常。

孔雀石绿可诱发大鼠甲状腺肿瘤、肝肿瘤和乳腺肿瘤，对雌性小鼠未见致癌作用。无色孔雀石绿可致雄性大鼠甲状腺瘤、睾丸癌和雌性大鼠肝肿瘤发生率增加，并可显著诱发小鼠肝肿瘤。研究发现，孔雀石绿可促进二乙基亚硝胺诱发的肝癌前病变增加，但目前不清楚它们对人类的致癌风险。

孔雀石绿还可以作用于机体的多个器官，如引起动物肝、肾、心脏、脾、皮肤、眼睛、肺等多器官毒性。无色孔雀石绿还能降低动物四碘甲腺原氨酸（T_4）的水平，增加促甲状腺激素水平。

由于孔雀石绿具有致畸、致癌、致突变的危险性，因此国际上很多国家都禁止它在水产养殖业中作为兽药使用，如加拿大于1992年禁止其作为渔场杀菌剂使用；加拿大和美国均规定在食用鱼等水产品中孔雀石绿和无色孔雀石绿不得检出；欧盟于2002年6月也颁布法令禁止其在食用鱼的渔场中使用；我国于2002年5月将孔雀石绿列入《食品动物禁用的兽药及其他化合物清单》中。

（刁恩杰）

本章小结

滥用氮肥主要通过转化成硝酸盐、亚硝酸盐以及 *N*-亚硝基化合物对人体有急、慢性毒性甚至致癌的风险；农药主要通过喷洒、作物吸收、交叉污染、食物链富集等方式污染农产品，可能造成急、慢性毒性；残留抗生素进入人体后，可以引起细菌耐药性增加、体内菌群平衡失调、过敏等；残留的激素类物质进入人体后，可以扰乱体内内分泌的平衡，甚至导致“三致”作用，严重威胁人体健康。

思考题

1. 滥用氮肥可能对食品产生怎样的污染？对健康有什么危害？
2. 有机磷农药、氨基甲酸酯类农药残留主要对人体产生什么危害？它们毒作用的机制是什么？
3. 食品中抗生素残留对人体健康的可能危害主要有哪些？
4. 硝基呋喃类药物主要残留在哪些食品中？对人体健康的可能危害是什么？
5. 瘦肉精类化学物质主要残留于哪些食品中？对人体健康的可能危害是什么？

参考文献

[1] 丁晓雯，沈立荣. 食品安全导论[M]. 北京：中国林业出版社，2006.
[2] 李明华. 食品安全概论[M]. 北京：化学工业出版社，2014.
[3] 曲径. 食品安全控制学[M]. 北京：化学工业出版社，2011.
[4] 严卫星，丁晓雯. 食品毒理学[M]. 北京：中国农业大学出版社，2011.
[5] 张志健. 食品安全导论[M]. 北京：化学工业出版社，2009.

[6] 李建科. 食品毒理学[M]. 北京:中国计量出版社, 2007.
[7] 张乃明. 环境污染与食品安全[M]. 北京:化学工业出版社,2007.
[8] 范荣辉,李岩,杨辰海. 蔬菜中硝酸盐含量的安全标准及减控策略[J]. 河北农业科学, 2008,12(11):50-51.
[9] 肖青亮,郑诗樟,牛德奎. 施肥对蔬菜累积硝酸盐影响的研究进展[J]. 安徽农业科学, 2007,35(6):1732-1734,1791.
[10] 闫秋成,郭敏杰. 蔬菜中硝酸盐与亚硝酸盐含量分析与评价[J]. 安徽农业科学,2012, 40(7):3981-4035.
[11] 朱雅兰,李于晓. 黄石市蔬菜硝酸盐污染现状及评价[J]. 广东农业科学, 2010(3): 212-214.
[12] 鞠国栋,李传华,周海燕,等. 泰安市常见蔬菜水果亚硝酸盐残留现状及防控措施[J]. 农技服务,2013,30(12):1274-1275.
[13] 都韶婷,金崇伟,章永松. 蔬菜硝酸盐积累现状及其调控措施研究进展[J]. 中国农业科学,2010,43(17):3580-3589.
[14] 郭开秀,姚春霞,陈亦,等. 上海市秋季蔬菜硝酸盐含量及风险摄入评估[J]. 环境科学, 2011,32(4):1177-1181.
[15] 王淑娥,冷家峰,刘仙娜. 济南市蔬菜中硝酸盐及重金属污染[J]. 环境与健康杂志,2004, 21(5):312-313.
[16] 王翠红,唐建初,刘钦云,等. 长沙市超市蔬菜硝酸盐含量及污染状况评价[J]. 湖南农业科学,2008(2):95-97.
[17] 王萍,操璟璟,刘佳佳. 安庆市售叶菜类蔬菜硝酸盐含量的调查及污染评价[J]. 安庆师范学院学报,2009,15(3):75-77.
[18] 眭晓蕾,朱莉,高丽红,等. 京郊主要蔬菜产品器官硝酸盐含量分析与评价[J]. 食品科学, 2011,32(4):167-173.
[19] 黄敏,余萃,杨海舟,等. 武汉市售典型蔬菜硝酸盐和亚硝酸盐污染现状分析[J]. 安徽农业科学,2010,38(13):6871-6873.
[20] 侯晶,陈振楼,姚春霞,等. 上海市浦东地区蔬菜硝酸盐污染分析[J]. 中国土壤与肥料, 2006,(4):54-57.
[21] 李敏,张清燕. 重庆涪陵区市售蔬菜硝酸盐和亚硝酸盐含量分析及食用安全性评价[J]. 安徽农业科学,2010,38(34):19477-19479.
[22] 宾士友,阮月燕,蔡耕鸣. 广西蔬菜水果硝酸盐含量状况与控制措施[J]. 广西农学报, 2006,21(1):23-25.
[23] 涂国良. 平凉市水果蔬菜亚硝酸盐含量及评价[J]. 甘肃农业科技,2011,7:30-31.
[24] 李志荣,丁双阳. 动物源性食品安全与兽药残留检测技术[M]. 天津:天津科学技术出版社, 2008.
[25] 李宁. 孔雀石绿对健康的影响[J]. 国外医学卫生学分册,2005,32(5):262-264.
[26] 屈艳南,侯玉泽,邓瑞广,等. 磺胺喹二噁啉的危害及残留检测[J]. 上海畜牧兽医通讯, 2009(4):46-47.

第4章

有害元素与食品安全

本章学习目的与要求

了解有害元素及其污染食品的概况；熟悉有害元素污染食品的来源；掌握食品中有害元素汞、镉、铅、砷的来源、对人体健康的危害及其防控措施。

在食品中，除碳、氢、氧和氮组成有机化合物如碳水化合物、脂肪、蛋白质、维生素等外，其余的各种元素大部分以无机化合物的形式存在，统称为“矿物质”，也称为“无机盐”。人体不能合成矿物质，必须从食物和饮水中摄入。摄取量不足或过剩都可能导致对健康的危害。在矿物质中，有些是人体新陈代谢或生长发育必需的，如 K、Na、Ca、Fe、Zn 等，它们对人体健康具有重要作用；但有些元素如 Hg、Cd、Pb、As 等不仅不是人体需要的元素，摄入较小量就可对健康造成危害，称为“有害元素”或“有毒元素”。近年来，食品中 Al 对健康的影响也受到人们的广泛关注。

4.1　有害元素污染食品概况

目前，已有 81 种元素在人体中发现，其中钙、铁、锌等是人体的必需元素，但也有一部分元素即使少量存在于人体中也可以对健康产生严重危害。这些元素一般以天然浓度广泛存在于自然界中，由于人类对它们的开采、应用日益增多，造成不少元素如铅、汞、镉、钴等进入大气、水、土壤，造成环境污染，然后通过污染食品、饮用水等最终威胁人体健康。对于一般人群，通过食物摄入是有害元素危害人体健康的最主要途径。目前，最引人关注的有害元素主要是汞、镉、铅、铬以及类金属砷等。

4.1.1　食品中有害元素的来源

(1)本底含量高。某些地区由于特殊的自然环境如矿区、海底火山等，使环境中有害元素含量比较高，称为“高本底含量”，使在这些地区活动或生长的动植物体内有害元素含量显著高于一般地区。例如，新疆奎屯垦区是我国大陆上首次发现的地方性砷中毒病区，该地区为新疆地势最低洼地，天山山脉富有含氟砷矿，提供了氟、砷来源。

(2)人类活动造成环境污染，使有害元素污染食品。由于工业生产中各种含有害元素的废气、废水和废渣的排放，含重金属的农药如含砷农药、含汞农药的使用等对环境的污染，造成在这些区域生活的动植物受到有害元素的污染。生物从环境中摄取的有害元素经过食物链富集，使处于食物链顶层的人类通过食物摄入较高含量的有害元素，导致对机体健康的危害。某些兽药如对氨基苯砷酸既可用于畜禽驱虫和疾病防治，也有用于促进家禽生长，这些兽药残留于动物体内同样会给动物自身和消费者的健康带来危害。

有害元素在环境中不能被微生物降解，即没有量的变化而只有化学形态的变化，相反在食物链中被成百上千倍地富集，最后通过食品进入人体的相对浓度较高，主要是引起机体的慢性损伤。根据广东省东莞市海洋与渔业局发布的《2005 年东莞市海洋环境质量公报》称，珠江出海口水体镉平均含量比 2004 年增加 700%。此外，在珠江三角洲，主要城市郊区农业土壤中，表层土壤除了 As 之外，Cu、Pb、Zn、Cr、Cd 和 Hg 元素的平均含量都已分别超过了广东省土壤背景值和全国土壤背景值；而底层土壤仅 Cr 没有超出背景值，说明该地区土壤均已受到人为污染。刘婷婷等调查了 2010—2011 年内蒙古地区食品中铅、镉、汞的污染情况，采集 7 类食品 1 654 份样品，其中，监测铅含量的有效样品 1 610 份，总检出率 33.40%，总体超标率 1.62%；监测镉含量的有效样品 1 607 份，总检出率 48.60%，总体超标率 1.74%；监测总汞含量的有效样品 1 531 份，总检出率 37.30%，总体超标率 2.08%。结果表明，内蒙古地区生产的食用菌(以鲜食用菌计)、蔬菜、蛋及蛋制品、粮食及粮食制品、乳及乳制品中存在重金属污染。

(3)食品加工、储存、运输和销售过程中使用和接触的机械、管道、容器以及添加剂中含有的有害元素迁移导致对食品的污染。例如,1956 年日本在生产酱油的过程中由于使用含砷量高的碳酸氢钠而导致砷污染酱油事件;1960 年英国曼彻斯特由于在啤酒发酵过程中使用硫酸处理过的含砷高的葡萄糖而引起 7 000 人发生含砷啤酒中毒事件等。

由此可见,食品中有害元素仅少部分来自于天然环境但含量很低,主要是在部分食品生产、加工、贮运等过程中受到污染而导致有害元素在其中含量相对较高。因此,要解决食品有害元素污染的问题,首先应立足于控制有害元素对环境的污染;其次,要进行食品污染监测,健全食品污染预警机制,及时对可能受到污染的相关食品采取有效控制措施;加强宣传,增强人们的环保意识。

4.1.2 影响有害元素毒性的因素

(1)有害元素毒性特点　有害元素污染的食品对人体可产生多方面的危害,它们的共同特点是:

①具有强蓄积性。由于有害元素生物半衰期长,它们进入人体后排除的速度缓慢,因此在体内逐渐积累而导致浓度逐渐升高,最终达到产生毒作用的浓度。

②具有生物富集作用。有害元素可以通过生物链传递,人类位于食物链的顶端,富集到体内的有害元素浓度常常达到很高的水平。如汞、镉经过生物富集后浓度可能达到其环境浓度的数百甚至上千倍。

③有害元素产生的危害多是长效性和慢性的。食品具有食用的经常性和食用人群的广泛性,所以常导致不易被发现的大范围人群慢性中毒和健康的远期或潜在危害,也可以由于意外事故等使人大剂量暴露于有害元素而产生急性中毒。

(2)影响因素　有害元素在体内的毒性强度不仅与元素的种类、含量有关,还受到体内诸多因素的影响:

①有害元素的种类对毒性的影响。不同的有害元素其毒性不同,如金属镉的 LD_{50} 为 890 mg/kg,硫酸镉为 88 mg/kg,镉作用的靶器官主要是肾,损害肾近曲小管、肾小球等,还可损伤骨骼和导致钙代谢紊乱;而铅作用的主要靶器官是中枢神经系统,对大脑的中枢神经系统损害尤其严重,导致理解力、记忆力下降,多动,反应迟钝,注意力不集中等,还可损伤造血系统而导致贫血。

②有害元素不同化学形态对毒性的影响。化学形态是指元素的化学价态、元素的结合状态、元素所在化合物或化合物与基质的结合状态。化学形态直接关系到元素的活性、毒性、迁移能力、与基质分离的难易程度。例如,有害元素形成的化合物如果溶解性强,那么吸收就比较快,毒性可能比较大;而难溶性的盐类化合物如磷酸盐、硫酸盐、草酸盐等中的有害元素,吸收较低,故毒性也比较小。如有机汞特别是甲基汞吸收率较高,因而毒性也大;易溶于水的硝酸镉、氯化镉较难溶于水的氢氧化镉、硫化镉的毒性强;无机砷的毒性远远大于有机砷。同一元素不同的化学价态其毒性也有很大差异,例如三价砷的毒性大于五价砷;三价铬对维持血糖浓度的正常有一定作用,被称作糖耐量因子,而六价铬对人体健康是有害的,很容易通过消化道、呼吸道黏膜及皮肤侵入人体而具有致癌性。因此,只研究元素总量对它们毒性的正确评价是不够的,必须对它们存在于食品中的形态进行研究,才有助于搞清它们的毒性作用。

③胃肠道 pH 对有害元素毒性的影响。一些有害元素在胃液的酸性环境中容易形成可溶性的离子状态,如铜、铬等元素在酸性条件下形成可溶性的氯化物,在胃内与氨基酸等作用形

成复合物而被吸收。

④肠道微生物的状况对有害元素毒性的影响。肠道内微生物可以分泌特殊的螯合剂，与有害元素结合而形成可被微生物利用的物质，从而使得胃肠道的黏膜细胞难于吸收这些有害元素。因此，体内微生物在一定程度上发挥了解毒作用。

⑤年龄对有害元素毒性作用的影响。婴幼儿由于胃肠黏膜未发育成熟，胞饮作用大于成人，对 Pb、Cd 等有害元素的吸收率较高。因此，对有害元素的毒性表现较敏感。

⑥膳食成分对有害元素毒性作用的影响。食物中的一些营养成分可以影响有害元素毒性的大小，如维生素 C 可使六价铬还原成三价铬，降低其毒性；食物中植酸、蛋白质、维生素 C 等均能影响镉、锌等的毒性；食物中的蛋白质与有害元素螯合，延缓其在消化系统的吸收。

⑦元素间的相互作用对毒性作用的影响。当体内摄入两种以上的元素时，它们有时表现出明显的相互作用。一般认为锌、铜、铁是镉的代谢拮抗物，特别是镉的毒性与锌镉比密切相关，镉与锌争夺金属硫蛋白上的巯基，当食物中锌镉比较大时，镉的毒性较低；硒和汞可形成络合物，从而降低汞的毒性；铜引起的贫血可以通过添加锌或铁使病情减轻；硒可以抑制铜发生毒性作用；钼酸盐可使铜在体内的分布发生变化，促使其排出体外。

4.2　汞对食品安全的影响

汞俗称水银，呈银白色，是唯一参与全球循环的液态重金属，在室温下具有挥发性。汞的相对原子质量为 200.6，密度为 13.546 g/cm^3，通常呈 0、+1 和+2 价。

汞在自然界中主要有元素汞和汞化合物两大类。元素汞能溶解许多金属形成汞齐（含汞合金）；汞化合物又可分为无机汞和有机汞，+2 价汞可以形成硫酸盐、卤化物和硝酸盐，均能溶于水；+1 价汞化合物一般为共价化合物，微溶于水，最重要的是氯化亚汞（Hg_2Cl_2），也称甘汞；汞与烷基化合物及卤素可以形成挥发性的有机汞化合物，如甲基汞、乙基汞、丙基汞、氯化乙基汞、醋酸苯汞等。有机汞的毒性远大于元素汞和无机汞，其中甲基汞是毒性最大的有机汞。因汞能在生物体中残留而危害人体健康，以及能长距离转移污染到极地，联合国环境规划署（UNEP）自 2001 年起将其追加为持久性有害物质（PHS）。我国在 2011 年亦首次将汞与镉等列入国家“十二五”专项规划《重金属污染综合防治规划（2010—2015）》的 5 种第一类重点防控重金属中。

汞及其化合物在自然界中分布极为广泛，如土壤、水、生物体甚至食品中都可检测出微量的汞。由于微量汞在体内的摄入量与排泄量基本保持平衡，一般不引起对健康的危害。随着工业化进程的加快，目前国内食品中汞污染问题不容乐观。2009 年对江西、湖北、湖南、广东、广西和四川 6 省（自治区）的 1 321 份稻米样品进行总汞含量抽样检测，结果发现，有 2.3% 的样本中汞含量超出了最高限量（0.02 mg/kg），但稻米的总汞含量在地区间存在较大差异。20 世纪 60—70 年代，我国东北松花江流域因受沿岸化工厂、炼金厂排水中汞的污染，导致汞化合物经食物链高度富集在鱼体内，使部分渔民深受其害，病死渔民体内汞含量高，并出现了幼儿痴呆症等典型的汞中毒症状。1972 年，伊拉克发生误食经过杀霉菌剂甲基汞处理过的小麦种子粉做成的面包事件，致使 6 530 人住院，459 人死亡。

二维码 4-1　汞污染遍布全球

4.2.1 食品中汞的来源

汞化合物可用于电器仪表、化工、制药、造纸、油漆、颜料等工业，造成工业“三废”中的汞进入环境，成为较大的汞污染源。汞污染食品主要通过含汞的工业废水污染水体，使水体中的鱼、虾和贝类等受到污染；含汞农药的使用，使汞直接污染植物性食品。

汞主要污染鱼贝类。当含汞废水排入水体后，水中的无机汞在重力的作用下伴随颗粒物沉降到海底或者河底的污泥中，污泥中的微生物通过体内的甲基谷氨酸转移酶的作用，使无机汞转变为能溶解于水的甲基汞或者二甲基汞，渗透到水中的浮游生物体内。鱼类通过摄食浮游生物和鳃呼吸而摄入汞。中华人民共和国农业部第 199 号公告，禁止生产和使用汞制剂农药。

由于食物链的生物富集和生物放大作用，鱼体内甲基汞的浓度可以达到很高的水平，如日本水俣湾的贝类含汞浓度可以达到 20～40 mg/kg，是其生活水域汞浓度的数万倍；我国某地江水含汞浓度为 0.2～0.41 μg/L，而江中鱼体内汞浓度达到 0.89～1.65 mg/kg，其浓缩倍数也高达数千倍。可以说，鱼贝类是汞的天然浓缩器。汞主要蓄积在鱼的脂肪组织中。

二维码 4-2 汞的可怕之处

含汞农药曾经作为种子消毒剂或者生长期杀菌剂在农作物中使用，造成严重污染。例如，20 世纪 70 年代日本的大米中汞含量高达 0.1 mg/kg。目前中国的部分地区如贵州等汞矿区水稻存在一定程度的汞污染，且稻米对甲基汞的富集能力要高于无机汞。表 4-1 是我国部分地区农作物中汞含量。

表 4-1 我国部分地区农作物中汞含量

（引自：陈炳卿，孙长颢. 食品污染与健康[M]. 北京：化学工业出版社，2002）

地区	作物	样品数	汞含量/(mg/kg)
天津汉沽区	小麦	28	
	籽粒		0.001～0.55
	麦草		0.037～0.144
	麦根		0.050～0.185
	稻米	21	
	糙米		0.08～0.132
	卷心菜	4	0.007～0.02
	玉米	11	
	籽粒		<0.005
兰州白银区	小麦	12	
	籽粒		痕量
	麦草		0.025～0.04
	麦根		0.020～0.413
西安东郊	小麦	11	
	籽粒		痕量至 0.006

20 世纪 50 年代，在日本发生的水俣病就是由于含汞的工业废水严重污染水俣湾，当地居民长期食用该水域捕获的鱼类而引起甲基汞中毒。1972 年日本环境厅公布，日本曾经先后 3 次发生水俣病，患者达 900 人，受到危害的达 2 万人。表 4-2 收集了水俣病发病区域人体器官中汞的浓度与对照病例的比较。

二维码 4-3　水俣湾污染成为一个噩梦

表 4-2　人体器官中汞的浓度(湿重)

(引自：陈炳卿，孙长颢. 食品污染与健康[M]. 北京：化学工业出版社，2002)　μg/g

水俣病剖检例					其他疾患剖检例			
病例	从发病到死亡时间/天	肝	肾	脑	病例	肝	肾	脑
1	20	70.5	144.0	9.60	1	0.18	—	—
2	25	38.2	47.5	15.4	2	—	—	0.11
3	50	34.6	99.0	7.80	3	0.84	—	—
4	50	39.5	40.5	8.95	4	0.45	—	—
5	60	42.1	106.0	21.3	5	0.20	—	—
6	60	38.8	68.2	24.8	6	0.38	—	—
7	60	34.7	64.2	7.80	7	1.06	—	—
8	90	—	—	9.45	8	1.02	3.02	—
9	90	36.2	21.2	4.85	9	—	0.37	0.11
10	95	30.0	22.6	4.63	10	—	0.25	0.08
11	100	22.0	42.0	2.60	11	—	1.08	0.12
12	550	26.2	37.4	5.32	12	0.07	10.7	0.05
13	860	6.35	12.8	1.30	13	—	0.53	0.09
14	1 000	2.05	3.11	0.09	14*	0.60	2.04	0.47
15	1 470	5.44	5.9	2.22	15*	0.97	1.01	1.54

* 居住在水俣湾地区的病人。

杨珍于 2011 年在长沙市 9 个区县的大型超市及农贸市场随机抽取具有代表性的共八大类 132 份食品样品，对其中总汞进行了检测，平均值 0.004 688 mg/kg，检出率 44.70%，超标率 0.76%，表明汞污染在长沙市食品中并不严重，但还是应当引起重视。

4.2.2　食品中汞残留的危害

人体对有机汞、无机汞和金属汞的吸收明显不同。由于汞在室温下蒸发，因此食品中几乎不存在元素汞。食品中无机汞的人体吸收率较低，有 90%以上可以从粪便中排出；而脂溶性强的有机汞，尤其是甲基汞进入消化道后，在胃酸的作用下转化为氯化甲基汞，氯化甲基汞与脂质和巯基具有高度的亲和力，经肠道的吸收率达到 95%～100%。

汞被吸收后，一方面可以与血浆和组织中蛋白质的巯基结合成结合型汞，另一方面可以与含巯基的低分子化合物如半胱氨酸、辅酶以及体液中的阴离子形成扩散型汞。人体吸收的汞随血液循环分布于全身的组织、器官，但以肝、肾、脑等器官的含量最高。经肠道吸收进入血液的氯化甲基汞，与红细胞中血红蛋白的巯基结合，透过血脑屏障进入大脑，并与脂质相结合，从而影响大脑功能。

甲基汞进入人体后主要侵犯神经系统，特别是中枢神经系统，损害最严重的是小脑和大脑。甲基汞中毒可分为急性、亚急性、慢性和潜在性危害 4 种类型。甲基汞中毒最初表现为肢体末端和口唇周围麻木并有刺痛感，后出现手部动作、知觉、视力等障碍，伴有语态、步态失调，甚至发生全身瘫痪、神经紊乱。有报告表明，人体内甲基汞蓄积量达 25 mg 时可出现感觉障碍，达到 55 mg 时可出现运动失调，达到 90 mg 时可出现语言障碍，达到 170 mg 时可出现听力障碍，达到 200 mg 时可导致死亡。

目前，国内外学者对汞的毒性作用机制的解释主要有“巯基学说”和“氧化损伤学说”两种。汞离子对巯基具有较强的亲和力，可以与含巯基基团的分子结合形成巯基-汞复合物。因为细胞膜中含有多种带有巯基的蛋白质，巯基对维持细胞膜上功能酶的活性和膜结构起关键作用，汞离子与细胞膜上的巯基蛋白结合，使细胞膜上的功能酶失活或者破坏膜结构，从而使汞离子对机体产生毒性作用。

汞对机体产生毒性作用的另一重要机制是氧化应激。研究表明，无机汞能催化细胞膜上的脂质发生过氧化并产生自由基连锁反应，从而使构成生物膜的脂质或其他生命大分子发生过氧化，造成生物膜、蛋白质、DNA 等损伤，进而引起细胞肿胀、崩溃和坏死。也有研究表明，汞引起的氧化应激可能与细胞内的巯基耗竭，特别是细胞内水溶性抗氧化物质谷胱甘肽的耗竭有关。

除了能引起中枢神经系统损害外，甲基汞还可以通过胎盘屏障和血睾屏障引起胎儿损害，导致胎儿先天性汞中毒，表现为发育不良，智力减退，畸形甚至发生脑瘫而死亡。甲基汞的神经毒性的研究结果主要如下：

二维码 4-4　甲基汞对人神经系统的影响

①甲基汞引起蛋白质合成活性降低。大量研究证明，汞在脑、肝、肾中的积累量如下：1 g 脑蛋白质含 0.4 μg 甲基汞，肝为 0.5 μg，肾脏为 1.4 μg。由于局部汞的高浓度积累，造成器官营养障碍，蛋白质合成下降，导致功能衰竭。

②甲基汞导致脑细胞合成蛋白质中氨基酸比例失调。对喂饲了甲基汞的实验动物的大脑皮质进行氨基酸分析，结果表明，甲基汞严重干扰各种氨基酸的合成，造成氨基酸比例失调，蛋白质合成障碍。

③对神经细胞膜具有溶解作用。进入细胞内的甲基汞有很强的亲脂性，对细胞膜产生溶解作用。

④脑神经传导、兴奋性障碍。甲基汞中毒主要表现是神经系统损害，而神经系统的正常代谢和功能又必须在一系列酶的参与下才能完成。因此，一些研究者认为甲基汞神经中毒作用可能与神经系统酶活性变化有关。

研究还表明，甲基汞可以引起致畸作用和染色体异常。给予受孕小鼠甲基汞后，出现死胎、吸收胎及子鼠畸形等现象。

当人体血液中汞含量大于 200 μg/L，发汞含量大于 50 μg/L 时，即表现有汞中毒的可能；

血汞含量大于 1 mg/L,发汞含量大于 100 μg/L 时可出现明显的汞中毒症状。

4.2.3　控制食品中汞残留的措施

控制各种环境介质和污染源中汞排放,将其排放浓度控制在国家标准规定的限量范围内是控制食品中汞污染的重要手段。

硒对有机汞和无机汞中毒均具有拮抗作用,可以使汞在体内的毒作用减小。研究表明,在给予甲基汞的同时给予硒,试验雏鸡汞中毒症状减轻。

二维码 4-5　GB 2762—2012《食品中污染物限量》

我国食品安全国家标准 GB 2762—2012《食品中污染物限量》规定了不同食品中汞的残留限量。

4.3　镉对食品安全的影响

镉是一种银白色有延展性的金属,相对原子质量 112.4,密度 8.6 g/cm^3,熔点 320.9℃,沸点 765℃。镉在自然界广泛分布,但其含量甚微,在地壳中平均含量 0.15 mg/kg。镉的性质活泼,能同硫、氧、卤素发生反应,易被氧化,稍经加热即可挥发并与空气中的氧结合形成氧化镉。镉能生成很多无机化合物,其中硫酸盐、硝酸盐及其氯化物易溶于水。镉对盐水和碱液都有良好的抗腐蚀性能。由于镉的有机化合物很不稳定,自然界中不存在有机镉化合物,但在哺乳动物、禽类和鱼类等生物体内的镉多数是与蛋白质分子呈结合态的。

1972 年 FAO 和世界贸易组织(WTO)联合专家委员会在关于食品污染的毒性报告中指出,镉中毒是仅次于黄曲霉毒素和砷的食品污染物,联合国环境规划署在 1984 年提出具有全球意义的 12 种危害物质中,镉被列为首位。JECFA 和 FAO 在 2011 年第 73 次会议上重新建立了食品中镉暴露的健康指导值:每月可耐受摄入量(PTMI)为 25 μg/kg 体重。

4.3.1　食品中镉的来源

4.3.1.1　自然本底

镉在自然的本底值一般比较低,因此食品中的镉含量一般不高。但是,通过食物链的生物富集作用,可以在食品中检出镉,其中植物性食物中谷类含镉量最高,动物性食物中肝脏和肾脏含镉量高,贝、蟹、虾、鱼类的肝脏含镉量也很高。镉可以通过作物根系吸收进入植物性食品,可以通过饮水、饲料迁移到动物性食品中,使畜禽类产品中含有镉。农作物中镉含量的差异与土壤的性质、作物品种有关。由于镉易溶解于有机酸,因此酸性土壤中的镉易被植物吸收。研究发现,从浮游生物到海藻类的镉的富集系数约为 900,32 种淡水植物的镉的富集系数大约为 1 620,从土壤到植物与从水系到鱼类的镉的富集系数大约是 10。

不同食品被镉污染的程度差异很大,海产品、动物内脏,特别是肝和肾,食盐、油类、脂肪和烟叶中的镉含量平均浓度比蔬菜、水果高;海产品中尤其以贝类含镉量较高;植物性食品中镉含量相对较低,其中甜菜、洋葱、豆类、萝卜等蔬菜和谷物污染相对较重。

4.3.1.2 工业污染

镉在工业上的用途很广泛，如可以作为原料或者催化剂用于生产塑料、颜料和化学试剂，作为聚氯乙烯稳定剂成分的耗用量占镉总耗量的20%；由于镉的耐腐蚀性和耐摩擦性，常用作生产不锈钢、雷达、电视机荧光屏的原料；镉还是制造原子核反应控制棒的材料之一；电镀生产耗镉量占镉消耗总量的50%。

镉污染源主要来自于工业“三废”，一般重工业比较发达的城市镉污染较严重。我国的贵州赫章、江西大余、浙江温州、沈阳张士等地区环境镉污染相对较重。

罗赟等为了调查2014年四川省绵阳市市售食品中镉污染状况，从绵阳市辖区不同地点购买大米、小米、新鲜蔬菜、鸡蛋、水果等市售食品169份，测定其中镉含量，检出率74.56%，合格率94.08%，不同产地食品中镉污染合格率无统计学差异($P>0.05$)。杨菲等于2009年9月在广东省21个地级市采集市售大米及干米粉共840份，其中大米420份，干米粉420份，对镉含量进行测定。结果市售大米及干米粉镉含量均值为73 μg/kg，超标率为5.5%。有人对2008—2009年我国南方某省食品中的镉污染进行了调查分析，共检测13类食品样品，镉检出率为63.8%，镉含量超标率为8.5%，涉及镉含量超标的食品种类有粮食、水产品、肉类、食用菌、水果等。表明在我国的一些地区镉污染形势还是比较严峻的。

20世纪40年代在日本中部神通川附近区域，由于当地居民长期饮用受镉污染的河水和食用含镉的稻米等食品，使镉在体内蓄积而造成肾损害，进而导致骨软化症，表现为患者全身各处易发生骨折，手足疼痛等“痛痛病”的发生。污染使得土壤中镉含量平均达到2.27 mg/kg，大米中镉含量平均为1.41 mg/kg(非污染区仅在0.1 mg/kg以下)。

4.3.1.3 食品容器及包装材料中镉的污染

镉是合金、釉彩、颜料和电镀层的组成成分之一，当使用含镉容器盛放和包装食品，特别是酸性食品时，镉可从容器或包装材料中迁移到食品中，造成食品的污染。

4.3.1.4 使用不合格化肥造成的镉污染

有些化肥如磷肥等含镉量较高，在施用过程中可造成农作物的镉污染。

4.3.2 食品中镉残留的危害

镉进入普通消费者体内的途径主要是从食品摄入并蓄积在肾、肝、心等组织器官中。镉化合物的种类，膳食中的蛋白质、维生素D和钙、锌含量等因素均影响食品中镉的吸收。通过消化道进入体内的镉其吸收率较低，仅为1%。但研究证明，当动物以缺乏蛋白质和钙的饲料喂养时，对镉的吸收率可以增加至10%。

镉在小肠中吸收后，部分与血红蛋白结合，部分与低分子硫蛋白结合，形成镉-金属硫蛋白，主要蓄积在肝(占全身蓄积量的1/2)，其次是肾(占全身蓄积量的1/6)。肾皮质中镉的浓度最高，比人体中镉的平均浓度高100倍左右。镉在肺、胰、甲状腺、膀胱、睾丸、肌肉和脂肪等脏器和组织的浓度为中等，骨组织次之，脑组织中最低。在骨骼中26%的镉与铜硫蛋白结合。

进入人体内的镉最后通过粪便、尿液、汗液和毛发等途径排出体外，生物半衰期约为15～30年。在正常情况下，婴儿出生时体内并无蓄积镉，但随着年龄的增长，体内的镉含量增加，50岁人体的镉含量可达80 mg。

镉中毒的病理变化主要发生在肾脏、骨骼和消化器官3个部分。

4.3.2.1　镉的急性中毒

镉导致急性中毒的最低剂量为13 mg/kg体重，经口摄入较高浓度的镉经数十分钟至数小时可以导致镉中毒的发生，主要表现为流涎、恶心、呕吐等消化道症状，通常约7 h开始恢复，24 h基本恢复。但是中毒严重者可导致死亡。

4.3.2.2　镉的慢性中毒

由于食品中镉的浓度相对比较低，因此在正常情况下通过食品摄入的镉主要表现为慢性毒性。

(1)镉对肾的危害。镉主要损害肾近曲小管上皮细胞，使其重吸收功能下降，临床上可以出现蛋白尿、氨基酸尿、糖尿和高钙尿等症状，造成蛋白质、钙等营养成分从体内大量流失。

镉对肾产生毒性的机理一般认为是由镉-金属硫蛋白复合物(CdMT)进入肾脏所致。CdMT在肝脏中合成，当肝脏受损时释放入血液，通过肾小球滤过，在近曲小管被重吸收并降解后，释放出镉离子而产生毒性作用。给雄性Wistar大鼠皮下注射不同剂量的镉-金属硫蛋白结合物，结果显示，镉接触组尿钙和尿蛋白都高于对照组，肾皮质钠泵和钙泵活性低于对照组，体外试验也显示镉能抑制钙泵活性。

(2)镉可以导致钙代谢紊乱，骨钙迁出而使中毒的人发生骨质疏松和病理性骨折，镉产生这种作用的机理是：

①镉使肾中维生素D的活性受到抑制，进而妨碍十二指肠中钙结合蛋白的生成，导致钙磷代谢失调，干扰骨质上钙的正常沉积，同时尿钙、尿磷增加。

②缺钙使肠道对镉的吸收率增加，加重骨质软化和疏松。

③镉影响骨胶原的正常代谢。这就是日本神通川流域由于镉污染而导致“痛痛病”发生的原因。痛痛病患者主要表现为肾小球损伤及肾小球重吸收功能障碍，身材矮小并有脊椎和胸腔变形，低血压，末梢神经障碍，正色素性贫血。痛痛病患者的潜伏期为2～8年，病人肾皮质中镉含量可达0.6～1.0 mg/g，尿镉达30 μg/L。

(3)镉在肾蓄积还能引起高血压。研究人员给大鼠腹腔注射氯化镉，1周后大鼠体重锐减并且血压升高，2周后出现肾损害，血压进一步升高。芬兰东北地区由于环境镉污染等原因，那里的居民血液中镉浓度比较高，高血压的发病率也高。研究人员测定30例原发性高血压患者和30例年龄等条件相同的无高血压的健康人(做对照)的血镉水平，结果发现，高血压组的血镉水平显著高于健康对照组。研究认为，镉通过导致细胞内钙超载，细胞脂质过氧化损伤及增加体内钠水潴留等多种机制引起血压增高。

(4)镉能引起贫血。镉中毒和“痛痛病”患者出现贫血已得到大多数学者的公认，对沈阳西郊某镉污染区居民的贫血状况的调查结果也表明，镉曾经污染区居民有明显的贫血现象，其发生率为对照区的2.8倍。镉导致贫血的机理可能与镉抑制骨髓血红蛋白的合成，影响胃肠道对铁的吸收等有关。

(5)动物试验表明，镉具有“三致”作用。

①镉对实验动物具有致畸作用。研究发现，较大剂量的镉盐在孕晚期给予啮齿动物，造成严重的胎盘损害和胎仔死亡；在孕早期给予，则引起露脑畸胎、脑积水、唇裂等。镉致畸作用的特点取决于动物种类和胎盘形成的时期，其机理可能与镉和锌的化学性质很相似，镉的吸收引起胎仔锌缺乏，影响了锌依赖的胸腺嘧啶核苷激酶活性，从而影响DNA的合成而致畸。

②镉具有较强的致癌作用。镉与人类肺癌、前列腺癌、肾癌、肝癌的关系得到了大量研究

证明，还有少量研究认为镉与造血系统、胃、膀胱和胰的肿瘤发生相关。动物试验研究显示，镉可致啮齿类动物多系统多器官的肿瘤，包括肺、前列腺、睾丸、造血系统、肝、垂体、肾上腺、胰和镉注射部位等肿瘤。1993 年 IARC 将镉定为人类致癌物（Ⅰ类致癌物）。

③镉的致突变作用。克隆形成试验中，氯化镉对 V79 细胞的毒性随染毒浓度增加而增加，呈线性关系；氯化镉可以引起 V79 细胞 *hprt* 基因位点突变频率的增加。$CdCl_2$ 与 H_2O_2 联合作用表现为协同效应，$ZnCl_2$ 可以拮抗这种效应；采用正常人外周血淋巴细胞体外培养的方法，观察发现，镉在 $10^{-8} \sim 10^{-6}$ mol/L 浓度范围内具有诱发人外周血淋巴细胞 SCE 频率增加的作用，而锌可拮抗镉诱导 SCE 频率的增加，并且在 $10^{-6} \sim 10^{-4}$ mol/L 浓度范围内，随着锌浓度的增加，其抑制作用也增强，并有明显的剂量-效应关系。

在哺乳动物中，有毒浓度的镉化合物造成染色体畸变，但啮齿动物接触镉化合物后的骨髓细胞没有发生畸变或微核率增加，即不发生可遗传的易位突变。

4.3.3 控制食品中镉残留的措施

加强监管，减少环境中镉的污染是控制食品被镉污染的重要手段。

从产品加工角度出发，通过寻找食品如稻米不同部位对镉的累积规律，利用加工技术降低食品中镉含量也是控制食品中镉含量的有效手段。

通过添加对镉毒作用有拮抗的有益元素降低镉的毒效应。锌是镉的拮抗元素，锌对镉中毒有一定的保护作用。镉进入机体后能够置换锌，干扰了体内含锌酶系统的活力，而锌又是生物体维持正常生长发育的必需金属元素，如果镉的摄入量大于生物体内锌的含量，含锌酶系统的活力即受到抑制或者破坏；反之，锌含量高于镉，便能对抗镉的毒性作用，故而生物体内的锌镉含量比值较镉的绝对含量更有意义。钙对镉中毒也具有一定的拮抗作用。动物试验证明，大鼠饲料内镉含量增加时，其肝脏、肾脏等组织中镉的蓄积量也增加，分别给予高钙和低钙的饲料，则低钙组大鼠体内镉的蓄积量增加较明显，而高钙组镉增加大大减缓。硒也可以减缓镉引起的损伤。

我国食品安全国家标准 GB 2762—2012《食品中污染物限量》规定了不同食品中镉的残留限量。

（李灼坤）

4.4 铅对食品安全的影响

铅在自然界中大多以化合物的形式存在，相对原子质量为 207.2，熔点为 327.4℃，沸点为 1 620℃。金属铅不溶于水，但能缓慢溶于强碱性溶液；铅化合物除乙酸铅、氯酸铅、亚硝酸铅和氯化铅外，一般很难或不溶于水；而 PbO（黄色，又称密陀僧）易溶于硝酸，难溶于碱；PbO_2（棕色）则稍溶于碱而难溶于硝酸。在加热的条件下，铅能迅速与氧、硫、卤素反应，加热到 400℃以上时有大量铅蒸气溢出，在空气中氧化并凝结成烟。

铅的化合物中危害较大的是烷基铅，如四乙基铅[$Pb(C_2H_5)_4$]和四甲基铅[$Pb(CH_3)_4$]，它们均为无色透明油状液体，不溶于水，易溶于有机溶剂与脂肪。

4.4.1　食品中铅的来源

非职业接触铅的人群摄入铅的主要来源是食品。2007 年我国第四次总膳食研究通过采集代表性的膳食样品，测定样品中的铅含量，得到了中国居民不同性别年龄组的铅暴露量和膳食来源。在本次总膳食调查研究中发现，沿海各省份食物中的铅含量明显高于内陆各省，其中粉条、酱豆腐、豆制品、皮蛋等食品铅含量较高。但是大多数食品中的铅含量均低于食品安全国家标准中的铅限量卫生标准。研究还发现，膳食铅的食物来源以谷类和蔬菜类膳食为主，贡献率为 57%。食品中铅来源的主要途径有以下方面。

4.4.1.1　天然本底

铅在自然界中分布很广，在地壳中的含量约为 0.001 6%。由于人类的活动，铅不断向大气圈、水圈以及生物圈迁移。人类主要通过呼吸含铅尘埃和饮水污染以及食用累积铅的食品摄入铅。从世界范围来看，淡水中铅含量为 0.06～20 μg/L，中位值为 3 μg/L；海水中铅含量中位值为 0.03 μg/L。据报道，英国谷物中铅含量为 0.17 mg/kg，蔬菜为 0.22 mg/kg，水果为 0.12 mg/kg；美国未受过污染地区的农作物铅含量如下：莴苣 0.013 mg/kg，大豆 0.042 mg/kg，马铃薯 0.009 mg/kg，甜玉米 0.003 3 mg/kg，花生 0.10 mg/kg，小麦 0.037 mg/kg；我国云南省普洱茶铅含量为 0～5.76 mg/kg，不同程度地超过农业部关于铅的最大限量标准(2 mg/kg)。

4.4.1.2　环境中铅对食品的污染

随着工农业生产的发展，各种金属材料包括铅大量使用，如采矿、冶炼、蓄电池、橡胶、焊接、陶瓷、涂料、印刷、塑料和农药等都有铅及其化合物的使用，它们可能污染环境然后进入到食品中。据报道，美国人均每天从食品中摄入的铅约为 0.4 mg，从水中和其他饮料及污染的大气中摄入的铅约为 0.1 mg。

(1)大气中铅对食品的污染　全世界每年铅的消耗量约为 400 万 t，其中约 40%用于制造蓄电池，还用于制造电缆外套、弹药、建筑材料等。这些铅约 1/4 会被重新利用，其余大部分以各种形式释放到环境中，因此可能引起食品铅的污染。

传统汽油生产工艺中常以四乙基铅作为防爆剂，由于其造成的铅污染引起了人们的重视，我国实行汽油无铅化后，燃油来源的大气铅年排放量比从前平均降低了 98% 左右；而燃煤铅排放量年均增长 9.5%，到 2010 年中国燃煤铅排放量突破 1.4 万 t。大气中铅含量的变化能迅速使植物叶的铅含量发生相应的改变，特别是位于公路两侧的草本植物和农作物。在交通繁忙的公路两侧 80 m 左右处，仍可检出草本植物中铅含量的增加；而在 20 m 内的草本植物其铅含量较远离道路的增加了 2～3 倍；靠近主干道两侧的水果和谷物植物中铅含量大多超标，大部分的铅集中于其表皮。

(2)水体中铅对食品的污染　天然水体中铅含量一般约为 5 μg/L，可能来自河流、井、岩石、大气沉降、土壤和被工业污染的含铅废水。饮水中铅更多来自含铅管道系统的污染。据估计，来自含铅金属水管的水中铅含量可高达 50 μg/L。铅从管道和罐器溶出量受到水与这些容器接触时间长短，水本身理化性质如水温、氯和硝酸盐浓度以及水 pH、硬度等因素的影响。通常水生贝壳类动物比其他食品含有较多的铅。在 2011—2012 年大连市市售食品铅含量的调查中，海鱼的铅检出率为 100%，超标率为 50%。

4.4.1.3 食品加工过程中的铅污染

研究表明，传统爆米花机加工的爆米花铅含量超标可达41倍。随着制作工艺的改良，不锈钢爆米花机和袋装爆米花都一定程度上减少了爆米花中铅的污染。松花蛋(皮蛋)在传统制作过程中需加入黄丹粉(PbO)，因此该类松花蛋中铅含量很高。

4.4.1.4 食品容器、用具中铅对食品的污染

接触食品的管道、容器、包装材料、器具和涂料等，如锡箔、锡酒壶、劣质陶瓷都含有一定量的铅，如果与食品接触，特别是酸性食品，可能引起铅由容器、管道向食品中迁移。例如水果汁在陶瓷罐中存储3天，铅含量可达到1 300 mg/L；同品种的金枪鱼，鲜鱼的铅含量(0.066 mg/kg)检测值小于鱼罐头的检测值(0.094 mg/kg)。

4.4.2 食品中铅残留的危害

铅对婴幼儿生长发育影响很大，儿童发生铅中毒的概率远远高于成年人。

4.4.2.1 铅在人体内的代谢

膳食来源的铅由小肠吸收入血。由于膳食中存在的钙、植酸和蛋白质等营养素都可以阻碍铅的吸收，仅5%～10%的铅被人体吸收，而儿童对铅的吸收率相对较高，可达30%～50%。

铅在人体内主要分布于血液、软组织和骨骼中，其中骨组织中的铅占体内总铅量90%以上。当出现感染、创伤或服用酸性药物使体液偏酸时，骨内不溶解的磷酸铅转化成可溶性的磷酸氢铅释放到血液，使血铅浓度剧升，引起中毒或使原发病症状加重。当膳食钙摄入减少影响血钙平衡时，钙从骨骼中释出。此时，骨骼中的铅随钙入血，致使血铅上升。血液中的铅95%以上存在于红细胞，仅有5%以下存在于血浆中，红细胞内外的铅水平也维系着动态平衡。

铅的半衰期在人体血液中为25～35天，软组织中为30～40天，而骨骼内约为10年。因此，血铅水平只能反映近1个月左右铅的暴露情况，只有骨铅水平才能反映较长时间的铅暴露状况。

体内的铅约2/3经肾脏排出，其余约1/3通过胆汁分泌排入肠腔，然后随粪便排出。另有极少量的铅通过头发及指甲脱落排出体外。

4.4.2.2 铅的毒性及对人体的危害

(1)急性毒性　铅化合物的急性毒性有较大差异，如四乙基铅对大鼠经口 LD_{50} 为35 mg/kg体重，砷酸铅为100 mg/kg体重，而醋酸铅急性毒性相对较小，引起人急性铅中毒的最低剂量为5 mg/kg体重。铅急性中毒的主要症状表现为口腔有金属味、流涎、呕吐、阵发性腹绞痛、腹泻等，严重时出现痉挛、抽搐、瘫痪、昏迷或循环衰竭。

(2)造血系统损害　长期低剂量接触铅化合物引起慢性中毒。慢性铅中毒对机体的影响是多器官、多系统、全身性的，临床表现复杂且缺乏特异性。

流行病学调查和试验研究表明，铅通过干扰亚铁血红素的合成而阻碍血红蛋白的生物合成，并随铅中毒加重而加重，主要表现为红细胞、血红蛋白水平下降及溶血性贫血。铅对造血系统损害的机制在于铅能抑制血红素合成过程关键酶 δ-氨基乙酰丙酸脱水酶的活性，同时血铅浓度升高还会抑制原卟啉向血红素的转变，这些均会导致铅性贫血。铅与红细胞膜上的ATP酶结合并产生抑制作用，从而导致 K^+、Na^+、H_2O 的分布失去平衡，引起红细胞皱缩、细胞膜弹性降低及脆性增大。红细胞在血液循环中易破裂，造成溶血，最终引起贫血。当血铅浓度约为40 μg/100 mL时，部分儿童可能发生血红蛋白减少，严重者会出现面色苍白、心悸、气

短和乏力等症状。

(3)神经系统损害　研究表明，铅对中枢和外周神经系统中的多个特定神经结构有直接的毒性作用。大脑皮层、小脑以及运动神经轴突均是铅的主要靶组织，血脑屏障也极易受铅的损害。中度以上铅中毒者可出现多发性神经炎，严重者甚至损害桡神经或脊髓前角细胞，导致“铅麻痹”。晚期铅中毒严重者由于中枢神经发生器质性病变，可能会出现中毒性脑病，如颅内血管痉挛促使脑血管发生早期硬化，导致铅性脑病和周围神经病，进而迅速发生大脑水肿，相继出现惊厥、麻痹、昏迷，甚至引起心、肺衰竭而死亡。

儿童对铅有其特殊的易感性，血铅水平在 100 μg/L 时，儿童就可表现出生长迟缓、视力发育迟缓、学习能力降低、精神呆滞、癫痫、脑性瘫痪和神经萎缩等症状。胎儿期和出生早期的铅暴露对智能发育的危害可延续到学龄期。研究还发现，幼年期血铅水平过高还可影响以后的眼手协调能力、阅读能力、定向能力、听力及对刺激的反应速度等与学习能力有关的心理行为发育，这些会成为除智力因素外造成铅中毒儿童后期学习困难的原因。

(4)肾脏损害　铅对肾脏的排泄机能有一定影响，主要以糖尿、氨基酸尿及血磷酸过少为其特征。铅中毒早期肾毒性表现较轻微，损伤也是可逆的，严重时可出现肾衰竭。

(5)免疫系统损害　免疫系统也是铅毒性作用的重要靶组织。铅中毒的宿主对许多病原的抵抗力下降，易感性增高。试验发现，长期低剂量铅暴露可影响小鼠的细胞免疫功能，铅暴露亦可导致相关细胞因子分泌下降，抑制 B 淋巴细胞的增殖和分化，导致抗体产生减少，进一步影响细胞和体液免疫功能，增加宿主对细菌、病毒、肿瘤等的易感性。

(6)对骨代谢的影响　骨骼可储存人体铅负荷的 90%左右。由于铅在体内的代谢与钙相似，血钙水平降低或体内酸碱平衡改变时，如由感染、饥饿或服用酸性药物引起，可能使骨内的铅释放到血液中。研究发现，铅对幼年动物的骨骼发育有影响，导致骨骼发育出现畸形。铅对钙、磷的代谢也有影响，铅通过取代骨骼中羟磷灰石中钙的位置，以硫酸铅的形式与羟磷灰石结合而沉淀在骨骼中，干扰正常的骨化过程。铅是通过影响甲状旁腺素的产生及维生素 D_3 的羟化而干扰钙和磷代谢的。

(7)对内分泌的影响　铅对维生素 D_3 代谢的影响已经得到了证实。血铅水平在 120～1 200 μg/L 时，与外周血 1,25-二羟维生素 D_3 间存在着负相关关系。铅对垂体-甲状腺素内分泌系统也有影响，例如，铅会影响甲状腺素合成中碘的富集过程，使甲状腺合成减少，铅也使促甲状腺激素对促甲状腺激素释放激素的反应能力降低。铅对人类生长激素和胰岛素样生长因子的释放亦有直接的抑制作用。

(8)对消化系统的影响　研究认为，铅能损伤交感神经节细胞而引起植物神经紊乱，使消化道平滑肌局部缺血，肠系膜血管发生痉挛，进而出现肠道溃疡、胃肠道出血、腹绞痛等症状。另外，慢性铅中毒还会造成胃肠运动无力，出现食欲不振、顽固性便秘等症状。

(9)生殖毒性、胚胎毒性、致畸和致癌作用　研究表明，铅对妇女生殖能力有影响。接触大量铅的女工可能会出现不孕、流产及畸胎等。铅还能通过血胎屏障进入胎儿体内，同时也可通过乳汁导致哺乳期婴儿铅中毒。铅污染可能会导致男性不育。研究发现，在含铅量高的男性精液中，精子头部用来识别卵细胞表面糖类并与之结合的受体较少，穿透卵细胞外层并与卵细胞结合的能力变差，而且在到达卵细胞之前发生自毁的情况更常见。铅还影响性激素的合成及下丘脑-垂体-性腺轴的调节功能。

动物经口试验证明，铅中毒可引起精子畸形及睾丸 DNA 和 RNA 含量的增加，出现胚胎发育差、肢体畸形等。动物试验和铅接触工人的流行病学调查发现，铅均可引起染色体畸变细胞数目增加，这种损害主要发生在染色体单倍体上，如裂隙、断裂和碎片，也可见其他染色体畸变，如易位、双着丝点、非整倍体等。

高浓度铅对动物有致癌性。给予大鼠和小鼠醋酸铅饲料可诱发良性和恶性肾肿瘤，但人群的流行病学研究并没有发现对人的这种损害效应。

4.4.3 控制食品中铅污染的措施

(1)加强环境保护，改变铅矿开采、冶炼、加工的工艺，减少含铅“三废”的排出。

(2)控制直接接触食品的容器、工具、器械和管道的卫生质量，严格控制使用镀锡、焊锡和上釉工艺的食品容器中铅的含量和溶出量。

(3)改进食品如松花蛋的生产工艺，降低铅含量。

4.5 砷对食品安全的影响

砷(arsenic，As)是自然界中分布较广的一种类金属元素，是地壳的组成成分之一。砷同时具有金属和非金属的理化特性，其相对原子质量为75，密度5.727 g/cm^3(14℃)，615℃时即可升华，熔点为817℃。砷有三种同素异构体，分别是灰砷、黄砷和黑砷。

砷在自然界中有时会以元素砷的形式存在，但主要还是以三价和五价的化合物形式存在。自然界中常见的三价砷有三氧化二砷(As_2O_3，砒霜)、亚砷酸钠($NaHAsO_3$)和三氯化砷($AsCl_3$)；五价砷有五氧化二砷(As_2O_5)、砷酸(H_3AsO_4)及其盐类。有机砷主要为五价，如对氨基苯砷酸[$NH_2C_6H_4AsO(OH)_2$]、甲砷酸[$CH_3AsO(OH)_2$]和二甲次砷酸[$(CH_2)_2AsOH$]等。海水中的砷主要是有机砷，以偶砷基甘氨酸三甲丙盐、偶砷基胆碱及偶砷基糖的形式存在。

4.5.1 食品中砷的来源

环境中的砷可以通过各种途径污染食品，继而经口进入人体造成危害。研究表明，食物和水是人体摄取无机砷的主要来源。食品中砷的来源主要包括：

4.5.1.1 天然本底

几乎所有的生物体内均含有砷。自然界中的砷主要以二硫化砷(As_2S_2，即雄黄)、三硫化砷(As_2S_3，即雌黄)及硫砷化铁(FeAsS，黄铁矿)等硫化物的形式存在。地壳中砷含量一般为2～5 μg/g；中国是砷污染较严重的国家之一，已发现新疆维吾尔自治区、内蒙古自治区、山西等几个省(区)均存在不同程度的饮用水砷中毒问题，而贵州为砷燃煤污染型，调查结果显示，病区室内空气和食品含砷量超过国家标准数倍至数十倍。

自然环境中的动植物可以通过食物链或以直接吸收的方式从环境中摄取砷，陆地动植物中的砷主要以无机砷为主，且含量较低；而海洋生物砷含量比陆地动植物高10倍左右，如海鱼的砷含量可以达到5.0 mg/kg，贝类可达到10 mg/kg，但基本为有机砷。鱼肉与水体砷量比例为6.5∶1。一般认为，砷在鱼体内的富集与水体砷浓度和时间的延长呈正相关。

4.5.1.2 环境中的砷对食品的污染

有色金属熔炼、砷矿的开采冶炼、含砷化合物的应用如陶器、木材、纺织、化工、油漆、制药、玻璃、制革、氮肥及纸张等生产所产生的大量含砷“三废”常造成砷对环境的持续污染，从而造成食品的砷污染。Orbeim 在 1975 年就报道某钢冶炼厂周围牛奶中砷含量比一般地区牛奶中砷含量高 12 倍；我国河流湖泊砷污染较严重，44.5％的水体底泥属于中度或以上砷污染水平。2006 年 9 月湖南岳阳新墙河水体中含砷量为 0.78 mg/L，导致 8 万人饮水困难。

含砷废水、农药及烟尘会污染土壤，在土壤中累积并由此进入农作物组织中。北京市农业科学院的研究发现，用含 0.25 mg/L 砷的水灌溉水稻，糙米中含砷量比清灌对照组增加 75％，用含 0.5 mg/L 砷的水灌溉油菜其砷残留量比清灌区高 29％。土壤中残留的砷能造成苹果树的菌根缺乏，延迟苹果树的生长，因此世界各国都非常重视果园土壤砷的研究和治理。山东部分苹果园土壤砷的检测结果表明，苹果园土壤砷的检出率达 100％，超标率为 2.2％；在对陕西苹果园砷含量的一项研究中发现，与中国和世界土壤的砷背景值相比，陕西渭北苹果园土壤砷含量较中国背景值高 5.2％，较世界背景值高 142％。

4.5.1.3 含砷农药对食品的污染

在我国砷酸钠、亚砷酸钠、砷酸钙、亚砷酸钙、砷酸铅及砷酸锰是比较常用的含砷农药，由于无机砷的毒性较大、半衰期长，目前已禁止生产使用。但有机砷农药的使用并没有受到严格的限制，仍在使用中的有机砷农药有甲基砷酸钙、二砷甲酸、甲基砷酸钠、甲基砷酸二钠、甲基砷酸和砷酸铅等。生产和使用含砷农药可以通过污染环境来污染食品，也可以通过施药造成作物的直接污染。如美国由于过去曾大量使用砷酸铅农药防治害虫，使华盛顿州中北部等地区部分果园土壤中的砷含量达 57.69～359.87 mg/kg；我国部分长期使用福美胂防治苹果树腐烂病的果园中，土壤和树体部位的砷含量也明显增加。

4.5.1.4 食品加工过程中的砷污染

在食品的生产加工过程中，使用的食用色素、葡萄糖及无机酸等化合物如果质地不纯，就可能含有较高量的砷而污染食品。如盐酸水解豆饼违规生产酱油并用碱中和，如果使用的是砷含量较高的工业盐酸，将使产品的含砷量增高。如 1956 年日本森永奶粉公司曾出现因使用含砷的磷酸二氢钠做中和剂，引起 12 100 多人砷中毒、120 人因脑麻痹而死亡及很多婴儿出现畸形等症状的“森永奶粉事件”；1900 年在英国曼彻斯特因啤酒中添加含砷的糖，造成 6 000 人中毒和 71 人死亡。

4.5.2 食品中砷残留的危害

4.5.2.1 砷在人体内的代谢

元素砷和砷的硫化物由于在水中的溶解度很低，因此一般不吸收或吸收率很低，而砷的氧化物或盐类则容易被吸收进入人体，其中五价砷比三价砷更容易被吸收。

进入人体的砷大部分与血红蛋白结合，随血液循环分布到全身各器官组织。在肝脏中无机砷经甲基化后主要代谢为二甲砷酸，经肾脏排出体外。人体每天大约有 70％的砷（半衰期为 10～30 h）可通过甲基化作用由尿液排出体外。通常认为砷的甲基化作用具有两面性，一方面可以有效抑制砷的急性毒效应；另一方面也可能诱发慢性砷中毒而导致癌变等发生。当砷的摄入量超过排出量时，就会在皮肤、肌肉、肺、肾、脾和骨骼等部位蓄积。

4.5.2.2 砷对健康的危害

元素砷基本没有毒性，三价砷在体内的蓄积性和毒性均大于五价砷。砷化物的毒性顺序依次为砷化三氢（As^{3-}）＞有机砷化物三氢衍生物（As^{3-}）＞无机亚砷酸盐（As^{3+}）＞有机砷化合物（As^{3+}）＞氧化砷（As^{3+}）＞无机砷酸盐（As^{5+}）＞有机砷化合物（As^{5+}）＞金属砷（As^{0}）。

(1)急性毒性　三氧化二砷的大鼠经口 LD_{50} 为 14.6 mg/kg,小鼠经口 LD_{50} 为 31.5 mg/kg;人类口服 60～300 mg 可致死。

饮水中砷浓度达 20 mg/L 时,可使人急性中毒,一般 30 min 出现呕吐、腹痛、腹泻等症状,严重时可表现为兴奋、烦躁、昏迷,甚至因脱水引起休克,因呼吸及血管中枢麻痹而死亡。

(2)慢性毒性　长期低剂量摄入砷化物累积到一定剂量可导致慢性中毒,表现除一般的神经衰弱症候群外,还有皮肤色素异常,皮肤过度角化,体重下降,胃肠障碍,结膜炎,多发性末梢神经炎,支气管、肺部疾患以及末梢血管循环障碍等。皮肤色素沉着呈典型的弥漫性灰黑色或深褐色斑点,并伴有白色斑点,称砷源性黑皮症。皮肤角化主要表现为掌跖部角化过度,后期可能转化为皮肤癌。如中国某地雄黄矿在开采过程中污染周围大气、水和土壤环境,引起当地居民砷中毒;墨西哥的托雷翁村由于饮水含有 4～6 mg/L 的砷,60%的居民表现出不同程度的慢性砷中毒。

造成以上症状的中毒机制一般认为是砷进入人体后,与体内巯基酶结合,致使细胞正常的代谢功能出现障碍。神经系统是对砷最敏感也是最先被危及的系统,故首先表现出神经症状及多发性神经炎。维生素 B_1 在砷的毒作用下消耗增加,而维生素 B_1 不足又会加重神经系统的受损程度。

(3)致癌性、致畸性和致突变性　流行病学研究表明,长期接触砷与皮肤癌、肺癌的发生有明确的因果关系,并与肝癌、膀胱癌等内脏癌的发生密切相关。国际癌症研究机构(IARC) 2012 年研究报告指出,无机砷化合物对实验动物具有致癌性,砷和无机砷化合物暴露与人类肾癌、肝癌和前列腺癌发病率存在正相关性。

实验证明,砷是一种强诱变剂,三价砷的诱变作用大于五价砷,三价砷对染色体的损伤作用是五价砷的 5 倍。砷不仅可以引起染色体畸变、基因突变和染色体损伤,还可以抑制 DNA 和酶修复。砷化物损伤机体的机制可能是与巯基酶结合,干扰酶的功能,这些重要酶系统主要包括丙酮酸氧化酶、丙酮酸脱氢酶、细胞色素氧化酶、脱氧核糖核酸聚合酶及磷酸酯酶等,从而影响细胞的代谢、氧化过程、染色体结构及核分裂等。

五价砷和三价砷可通过人和哺乳动物血胎屏障而导致胎儿畸形,主要表现为露脑、小头、开眼、短尾、无尾等。

大多数研究认为,有机砷在体内需转化为无机砷及其衍生物方可发挥其毒性作用。

4.5.3　控制食品中砷污染的措施

(1)消除污染源　对饮水型砷中毒病区实施改水,使用安全的水源;燃煤型砷中毒实施改灶(炉),杜绝使用含砷量超标燃煤,逐步推广使用天然气、液化石油气和电力。

(2)加强农药管理　按国家要求,逐步禁止使用含砷农药。

4.6　其他限量元素对食品安全的影响

4.6.1　铬对食品安全的影响

铬(chromium, Cr)属于过渡系金属,白色,坚硬,相对原子质量 51.996,密度 7.2 g/cm^3,熔点取决于纯度,可达到 1 857℃,沸点为 2 672℃。铬不溶于水、硝酸,溶于盐酸和硫酸,在空气中不易被氧化。铬以金属铬和二价、三价及六价化合物最常见，金属铬和二价铬的毒性小，二价铬的性质不稳定，在氧化性物质存在下能迅速被氧化成三价铬，因此二价铬在生物体内很少存在；三价铬的性质稳定，是生物体和自然界中铬的主要存在形式，在一定剂量范围内可发挥生物学效应；六价铬的氧化性强，在还原物质或有机物作用下可以还原为三价铬。低价铬（二价、三价）是人体必需的微量元素，参与糖和脂肪的代谢，促进人体的生长发育；高价铬则对人体有害。

4.6.1.1 食品中铬的来源

铬在天然食品中的含量较低且以三价的形式存在，是人体铬主要的来源。不同食品中铬含量差别很大，肉类，特别是肝脏和其他脏器，豆类籽粒，酿酒酵母，深色巧克力，坚果类和乳酪等食品铬含量相对较高。食品中的铬主要来源于以下途径：

(1)天然本底　铬在自然环境中广泛存在，大约占地壳重的 0.03%。自然界中铬大多以三价的形式存在于铬铁矿、铬铅矿及硫酸铬矿等矿中。不同地区的土壤中铬含量差异很大，平均含量约为 100 mg/kg，海水中铬含量为 9.7 $\mu g/m^3$。

(2)环境污染　空气、水和土壤中的铬可通过食物链富集于食品中。工业生产排放的含铬废水是环境中铬污染的主要来源，如铬矿冶炼和开采，各种含铬化合物用于电镀、颜料、油漆、合金、印染、陶瓷、橡胶及鞣革等的生产，均可通过三废排放对环境造成污染，进而污染食品。特别是用含铬废水灌溉农田，会使粮食和蔬菜中的铬含量增加几倍甚至几十倍。生物特别是水生生物对铬富集能力较强，其中鱼类对铬的富集系数为 2 000 或更高，鱼中铬含量可达 40 mg/kg。添加了明胶类的食品容易出现铬含量超标，例如市售的果冻、果酱、肉丸等。广州市 2012 年 10—11 月随机抽取的市售食品中铬含量超标率达到 41.77%，其中牛肉丸、猪肉丸中六价铬含量超过 1 mg/kg。

(3)食品容器、用具中铬对食品的污染　不锈钢食具和容器中均含有铬，如果盛放酸性食品，其中的铬可迁移到食品中。研究指出，用 4%的醋酸浸泡不锈钢用具，浸泡液含铬量最高可达 46～64 mg/L。

4.6.1.2 食品中铬污染对健康的影响

(1)铬在体内的吸收、分布和代谢　铬主要在小肠被吸收。人体对金属铬的吸收率只有 0.5%～1.0%，对无机铬的吸收率不到 1%，对有机铬的吸收率可达 10%～25%；六价铬的吸收率大于三价铬并可通过胃酸作用还原为三价铬。

铬进入血液后，主要与血浆中的铁球蛋白、白蛋白、γ-球蛋白结合，六价铬还可透过红细胞膜，15 min 内可以有 50%的六价铬进入红细胞，然后与血红蛋白结合。铬的代谢产物主要从肾脏排出，少量经粪便排出。进入机体内的铬主要分布于肝、肾、脾和骨中。

铬及其化合物中六价铬的毒性最大，重铬酸钾（$K_2Cr_2O_7$）小鼠经口 LD_{50} 为 271 mg/kg 体重；三价铬的毒性小，如氯化铬（$CrCl_3$）对大鼠的经口 LD_{50} 为 1 870 mg/kg 体重，三价铬对人体有益，在体内糖代谢和脂代谢中发挥特殊作用。

人类发生急性铬中毒主要是由于误服铬化合物而引起，主要症状包括由于刺激和腐蚀消化道引起的恶心、呕吐、腹痛、腹泻等，并伴有头晕、烦躁不安、呼吸急促、发绀，严重者会出现昏迷或休克。人口服重铬酸钾致死剂量约为 3 g。

(2)铬对健康的危害　通过食品进入人体的六价铬对健康的主要危害是慢性毒性作用，主要表现在对动物生长的阻碍，其机制可能是干扰蛋白质合成。六价铬有强氧化作用，因此慢性中毒往往以局部损害开始。长期接触六价铬可能诱发癌症，特别是肺癌，长期接触铬的工人中肺癌的发病率比未接触铬作业者的发病率高。动物实验证明，在给药部位有致癌性的铬化合物有铬酸钙、铬酸铅等 10 种，以难溶性的六价铬化合物为主。

防止食品中铬污染的重要措施是控制含铬工业“三废”的排放。

4.6.2 铝对食品安全的影响

铝(aluminium，Al)呈银白色，有导电性和导热性，具有良好的延展性，相对原子质量 27。但铝不耐酸不耐碱，可溶于大多数的酸和强碱。由于铝离子在水中容易形成难溶性的氢氧化铝，所以铝在天然水中的浓度很低。人体对铝的摄入主要来源于食物，食物中存在的铝的来源包括天然本底和人为添加。

4.6.2.1 食品中铝的来源

(1)天然本底　铝是地壳中含量最多的金属元素，占地壳重量的 7.45%，仅次于氧和硅。铝多以铝硅酸盐的形式存在。

(2)环境污染　工业生产中产生的“三废”，农业生产中使用的化肥、杀虫剂及岩石分化等过程，使其中的铝元素以不同的状态存在于土壤、空气和水中。

(3)食品加工过程中的铝污染　大部分食品中铝含量都很低，一般植物性食品中铝含量高于动物性食品，可能与植物吸收了土壤及水中较多的铝有关，而动物对铝吸收率低。含铝较高的植物性食品是干豆类，铝含量在 20～100 mg/kg。动物性食品中家禽类含铝量较高，可达到 5～10 mg/kg，而蛋、鱼、奶中铝含量较低，有的甚至在检出限以下。

铝制食具、容器中铝的溶出是食品中铝的来源之一。酸性食品、碱性食品及温度升高会促使铝制食具中的铝溶出，如铝壶煮水可使饮水中铝含量达到 0.216～4.632 mg/L。随着铝制食具、容器的淘汰，它们并不是体内铝残留的主要来源。

食品含铝添加剂的使用是人类铝摄入的主要来源。目前我国常用的含铝食品添加剂主要是面制食品的膨松剂，如明矾。发酵粉中铝含量高达 2 400～17 200 mg/kg。我国的调查结果显示，铝超标比较严重的食品有海蜇、粉条、粉皮、油条、馒头、包子等。

4.6.2.2 食品中铝污染对健康的危害

人体摄入铝后仅有 10%～15%能排泄出体外，大部分会在体内蓄积。铝在人体的半衰期为 550 天，属于低毒金属元素，一般不会引起急性中毒，但对神经系统、骨骼、肝及肾等器官有慢性毒性。

长期过量铝摄入对人体的慢性毒性最典型的表现为对神经系统的损伤，可导致脑组织神经原纤维缠结和淀粉样老年斑、进行性神经变性疾病，进而发生早老性痴呆，具体表现为人体平衡失调，认知能力、记忆能力、逻辑推理能力下降。

铝可以通过影响钙化组织中的钙、磷以及与维生素 D 互相作用等方式造成骨骼系统的损伤和变形，具体表现如软骨病、骨质疏松症。

研究显示，低于生理浓度的三价铝对细胞 DNA 合成和蛋白合成有促进作用；超过生理浓度后则起抑制作用。因此，铝的慢性毒性还表现在可能引起肝、肾等器官慢性损伤。

动物实验证实，高剂量铝对试验组动物表现为畸形、神经管闭合不全；也有研究认为，铝可通过胎盘屏障蓄积于胎儿体内造成发育损害。妊娠妇女摄入过量的铝化合物有可能导致胚胎中枢神经系统器官发育畸形和胎儿生长发育不良。过多摄入铝，还会导致男性精子畸形并影响生殖功能。

流行病学研究还证实,过量铝摄入可能与某些肿瘤的发生有关。铝电解工染色体畸变率、姐妹染色体交换率和微核率均比正常人增高;铝电解工的肺癌或其他癌症的发病率相对较高。

4.6.2.3　预防食品中铝污染的措施

(1)加强环境监测,改进铝工业生产的工艺,减少铝的排放。

(2)改进饮用水的生产、输送工艺,用铁盐替代铝盐,降低水中余铝的含量。

(3)采用新型无铝膨松剂,减少食品中铝残留。

4.6.3　稀土元素对食品安全的影响

稀土元素(rare earth elements,RE)包括元素周期表 ⅢB 族中原子序数从 57～71 的 15 个镧系元素,以及与其电子结构和化学性质相近的钪(Sc)和钇(Y),总共 17 个元素,化学性质稳定。随着稀土元素在农业、工业和医药等众多领域的应用,环境及生物体内稀土元素含量增加。通过食物摄入是稀土元素进入人体的主要途径,由此引起的人体健康问题日益受到了关注。

4.6.3.1　食品中稀土元素的来源

(1)天然本底　稀土元素在地壳中以复杂氧化物、含氧酸盐及氟化物等形式存在,我国的稀土资源十分丰富,有开采价值的储量占世界第一位,导致本底较高。

(2)环境污染　一定剂量的稀土元素对促进植物生长发育、增加农作物产量以及增加动物体重和提高其抗病性有一定的作用,所以含有稀土元素的化肥或农药广泛用于农、牧业生产,再加上众多现代化工厂的三废排放,使得越来越多稀土元素进入食物链。已有调查发现,近年来茶叶中含有过量的稀土元素,其含量因产地、栽培条件、茶叶部位等有显著差异。福建省茶叶的稀土元素超标率达到 46.2%,其中乌龙茶超标率达到 59.6%,红茶超标率为 30.3%,花茶、白茶的超标率在 15%～20%。在 2010 年上海市市售六大类(粮食、蔬菜、肉类、水产品、蛋类、茶叶)食品中稀土元素检出率为 60%～100%,平均值为 30.0～1 050.0 μg/kg,其中茶叶的检出率和含量都最高。

4.6.3.2　食品中稀土元素污染对健康的影响

稀土元素属于重金属元素,进入动物和人体后蓄积,可诱发广谱毒性效应。

稀土元素可经胃肠道、呼吸道或皮肤进入机体,通过血液输送至组织器官。一般在肝、骨、脾等网状内皮系统组织中分布较多,根据稀土元素的分类,轻稀土元素(La、Ce、Pr、Nd、Pm、Sm)主要沉积在肝,其次是骨,分别占吸收量的 50%和 25%,重稀土元素(Tb、Dy、Ho、Er、Tm、Yb、Lu)则主要沉积于骨,约占 65%。未被吸收的稀土元素以原形经粪便迅速排出体外,而进入血液的未蓄积于组织和器官的稀土元素主要从肾和胆汁等排泄途径排出体外。

给小鼠静脉注射稀土化合物时,稀土化合物毒性大小顺序是:氧化稀土 ＜氯盐＜丙酸盐＜醋酸盐(乙酸盐)＜硫酸盐 ＜硝酸盐。多数单一稀土元素硝酸盐和氯化物按照急性经口毒性分级标准属低毒物。

众多研究显示,稀土元素对肝脏的作用符合“hormesis 效应”(毒物兴奋效应),即低剂量表现促进作用而高剂量产生抑制作用。对肝脏的毒性作用包括可引起肝脏形态学和病理组织学的变化,导致肝细胞损伤,使肝细胞坏死;导致肝脏的代谢紊乱,形成脂肪肝;诱发脂质过氧化损伤使细胞凋亡。长期摄入稀土元素可引起动物生长减慢,肝脏等组织损伤以及血液成分改变等一系列变化。

稀土元素的骨蓄积严重危害生物及人体的健康。研究结果表明,将硝酸镧低剂量长时间给予大鼠，试验组大鼠骨小梁变细、变薄甚至断裂，并出现大量窝陷，腿骨微结构发生变化，呈现骨质疏松症状。另有研究表明，稀土元素可以引起鼠的眼、骨髓、睾丸染色体畸变。

流行病学研究显示，稀土矿区儿童智商和学习、记忆等认知能力显著下降，表明稀土元素可能具有一定的神经毒性。而稀土元素对内分泌和免疫系统的影响均表现为毒性兴奋作用，超过一定剂量后表现为抑制作用。

预防食品中稀土元素污染的主要手段是控制工业"三废"的排放，加强含稀土元素化肥、饲料生产和使用的监管。

（冯翔）

本章小结

有害元素污染食品的途径有：高本底含量，通过环境污染而对食品的污染；食品加工、储存、运输和销售过程中工器具及添加剂中有害元素对食品的污染。

甲基汞的毒性大，易受汞污染的食品主要有海产品，主要损害神经系统；镉主要损害肾和骨骼；铅主要损害神经系统、造血系统和肾脏；三价砷的毒性较强，主要损害神经细胞、皮肤以及具有致癌作用。稀土元素可能对肝脏等器官有一定毒性。

思考题

1. 污染食品的有害元素主要有哪些？它们污染食品的途径是什么？
2. 汞、镉、铅、砷通过食品对人体健康的主要危害有哪些？
3. 我国食品中铝污染的主要来源是什么？铝对人体健康主要有什么危害？
4. 食品中铬污染的来源有哪些？它的毒性作用是如何发挥的？

参考文献

[1] 张东杰. 重金属危害与食品安全[M]. 北京：人民卫生出版社，2011.
[2] 杨大进，李宁. 2014 年国家食品污染和有害因素风险监测工作手册[M]. 北京：中国标准出版社，2014.
[3] 岳振峰. 国外食品安全化学分析方法验证指南[M]. 北京：中国标准出版社，2015.
[4]（英）沃森（Watson，D. H.）编著. 吴永宁等译. 食品化学安全. 第 1 卷，污染物[M]. 北京：中国轻工业出版社，2010.
[5] 葛宇. 食品安全检测技术概论[M]. 北京：中国质检出版社，2015.
[6] 陈辉. 食品安全概论[M]. 北京：中国轻工业出版社，2011.
[7] 李生涛. 动物性食品汞污染及其毒理研究进展[J]. 畜牧兽医杂志，2015，34(03)：53-56，61.
[8] 宋雯，陈志军，朱智伟. 南方 6 省稻米总汞含量调查及其膳食暴露评估[J]. 农业环境科学学报，2011，30(05)：817-823.
[9] 刘慧，马文，戴九兰. 水稻汞污染研究进展[J]. 山东建筑大学学报，2015，30(02)：170-176.

[10] 吴福全,梁柱,王雅玲. 全球大气汞排放清单研究现状[J]. 环境监测管理与技术，2015，27(03)：18-21.

[11] 许秀艳,朱红霞,于建钊. 环境中汞化学形态分析研究进展[J].环境化学，2015,34(6)：1086-1094.

[12] 蔡睿,卜俊国,许嘉俊. 重金属暴露及其致癌分子机制的研究进展[J]. 医学综述，2014，20(10):1786-1789.

[13] 王雨昕,李筱薇,赖建强. 镉暴露对人体骨骼影响的研究进展[J]. 食品安全质量检测学报，2015,6(06)：2230-2234.

[14] 曾艳艺，赖子尼，许玉艳. JECFA 对食品中镉的风险评估研究进展[J]. 中国渔业质量与标准，2013,3(02)：11-17.

[15] 李云. 食品安全与毒理学基础[M]. 成都:四川大学出版社,2008.

[16] 陈炳卿,孙长颢. 食品污染与健康[M]. 北京:化学工业出版社,2002.

[17] 刘婷婷,蒲云霞,王文瑞,等. 2010—2011 年内蒙古地区食品中铅、镉、汞污染调查分析. 中国食品卫生杂志,2013,25(06):548-551.

[18] 杨珍.2011 年长沙市食品中汞污染监测及结果分析. 中国卫生检验杂志,2013,23 (4)：935-936.

[19] 罗赟,吴晓红,何玲玲,等. 职业与健康,2015,31(24):3417-3419.

[20] 杨菲,白卢皙,梁春穗,等. 2009 年广东省市售大米及其制品镉污染状况调查. 中国食品卫生杂志,2011,23(4):358-361.

[21] 欧阳燕玲,陈玲.大米中镉污染的现状分析及其危害.中国医药指南,2012,10(24)：367-368.

[22] 李筱薇,刘卿,刘丽萍,等. 应用中国总膳食研究评估中国人膳食铅暴露分布状况[J]. 卫生研究,2012,41(3):379-384.

[23] 叶海湄,封锦芳,尚晓红,等. 海口市鱼及加工产品中铅、镉的污染状况[J]. 现代预防医学，2012,39(3)：572-574.

[24] 郑晓南,李瑞,王志勇,等. 2011— 2012 年大连市市售食品中铅砷铝含量调查. 预防医学论坛,2015，21(4)：244-255.

[25] 楼蔓藤,秦俊法,李增禧,等. 中国铅污染的调查研究. 广东微量元素科学，2012,19(10)：15-34.

[26] 许玉艳,王群,付晓苹,等. 食品中砷的暴露评估研究进展. 中国农学通报，2014,30(34)：187-192.

[27] 王晓波,李建国,赵春香,等. 广州市售食品总铬和六价铬的含量分析. 食品研究与开发，2014,35 (22):86-89.

[28] 骆和东,王文伟,王婷婷,等. 福建省地产茶叶中稀土元素残留状况的研究. 中国食品卫生杂志，2014,26 (6):609-615.

[29] 李伟,李浩,田明胜,等. 上海市居民膳食中稀土元素暴露水平评估. 环境与职业医学，2013,30 (4)：255-262.

[30] 宋雁，刘兆平，贾旭东. 稀土元素的毒理学安全性研究进展. 卫生研究,2013,42 (5)：885-892.

第5章

有害有机物与食品安全

本章学习目的与要求

熟悉食品中五大类有害有机物（*N*-亚硝基化合物、多环芳烃、杂环胺、丙烯酰胺、氯丙醇）的来源；理解食品中五大类有害有机物对健康的危害；掌握五大类有害有机物污染食品的预防措施。

5.1 N-亚硝基化合物对食品安全的影响

N-亚硝基化合物(N-nitroso compounds)是对动物有较强致癌作用的一类化学物,它们的生产和应用并不多,但前体物亚硝酸和二级胺及酰胺广泛存在于环境中,可在生物体外或体内形成 N-亚硝基化合物。在城市大气、水体、土壤、鱼、肉、蔬菜、谷类中均发现存在多种 N-亚硝基化合物。尽管目前还不能完全证明 N-亚硝基化合物与人类的肿瘤有关,但很多研究表明 N-亚硝基化合物是引起人类胃、食道、肝和鼻咽癌的危险因素,在已经研究的 300 多种 N-亚硝基化合物中,大约 90%具有致癌性。

5.1.1 N-亚硝基化合物的分类

N-亚硝基化合物种类很多,基本结构为=N—N=O,根据分子结构的不同,N-亚硝基化合物可分为 N-亚硝胺和 N-亚硝酰胺两大类,如图 5-1 和图 5-2 所示。

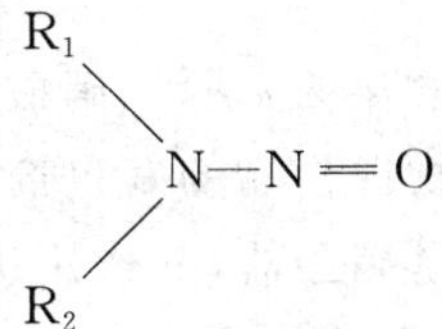

图 5-1　亚硝胺的结构式

图 5-1 中 R_1 和 R_2 为烷基或环烷基,也可以是芳基或杂环化合物。R_1 和 R_2 相同者称为对称的亚硝胺,如二甲基亚硝胺;R_1 和 R_2 不相同者称为不对称的亚硝胺,如甲基苯基亚硝胺。

亚硝胺性质稳定,不易水解,在中性和碱性环境中不易破坏,但在酸性溶液和紫外线作用下可缓慢分解。二甲基亚硝胺可溶于水及有机溶剂,而其他亚硝胺只能溶于有机溶剂。

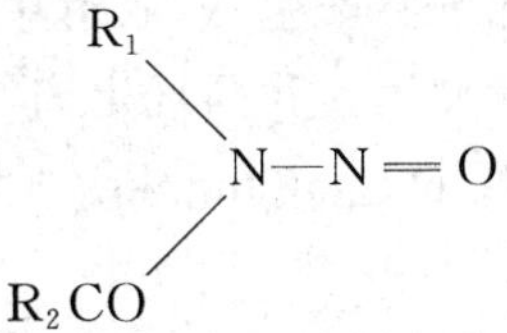

图 5-2　亚硝酰胺的结构式

图 5-2 中 R_1 和 R_2 可以是烷基或芳基,R_2 也可以是 NH_2、NHR、NRR′,称为 N-亚硝基脲或 RO 基团,即亚硝基氨基甲酸酯。

亚硝酰胺的化学性质活泼,在酸性和碱性条件中均不稳定。在酸性条件下,分解为相应的酰胺和亚硝酸,在弱酸条件下主要经重氮甲酸酯重排,放出 N_2 和羟酸酯;在碱性条件下亚硝酰胺可迅速分解为重氮烷。在紫外线作用下也可发生分解反应。

由于亚硝酰胺的化学性质极其活泼,因此在自然界中存在的 N-亚硝基化合物主要是亚硝胺类。

5.1.2 食品中 N-亚硝基化合物的来源

5.1.2.1 N-亚硝基化合物的前体物质

自然界存在的 N-亚硝基化合物不多,但它们可以由两类前体化合物即仲胺和酰胺(蛋白质的分解物)和硝酸盐(nitrate)和亚硝酸盐(nitrite),在人体内或体外适合的条件下化合而成。

(1)硝酸盐和亚硝酸盐的来源

①蔬菜等植物中的硝酸盐和亚硝酸盐的来源　硝酸盐和亚硝酸盐广泛存在于人类环境中,是自然界中最普遍的含氮化合物。土壤和肥料中的氮在土壤中硝酸盐生成菌的作用下,可转化为硝酸盐,蔬菜等植物在生长过程中可从土壤中吸收硝酸盐,在植物体内酶的作用下将其还原为氨,并进一步与光合作用合成的有机酸反应生成氨基酸、蛋白质、核酸等。如果光合作用不充分或施用的氮肥过多,植物体内可蓄积较多的硝酸盐。

一般蔬菜中的硝酸盐含量较高,而亚硝酸盐含量较低。不同种类的蔬菜中硝酸盐含量可相差数十倍,同种类的蔬菜中硝酸盐含量亦有一定差异。新鲜蔬菜中硝酸盐含量主要与作物种类、栽培条件(如土壤和肥料的种类)以及环境因素(如光照)等有关。蔬菜的保存和处理过程对其硝酸盐和亚硝酸盐含量有很大影响,例如,腌制不充分的蔬菜、不新鲜的蔬菜含有较多的亚硝酸盐。这是由于蔬菜腌渍时,因时间、盐分不够,腐败菌可以将硝酸盐还原为亚硝酸盐,导致腌菜中亚硝酸盐含量增高。

②动物性食品中的硝酸盐和亚硝酸盐的来源　硝酸盐和亚硝酸盐用于肉类保藏,已有几个世纪的历史,常用作腌制鱼、肉等动物性食品的发色剂和防腐剂,是许多国家和地区的古老方法。起初人们用作防腐的物质主要是硝酸盐,其作用机制是硝酸盐先在细菌的作用下还原为亚硝酸盐,亚硝酸盐与肌肉中的乳酸作用生成游离的亚硝酸,亚硝酸有抑制许多腐败菌生长的特性从而达到防腐的目的。后来在实践中发现,用少量的亚硝酸盐处理也能达到与较大量使用硝酸盐一样的效果,于是亚硝酸盐也被用于动物性食品的生产中。

亚硝酸盐同时还是一种发色剂。亚硝酸盐分解产生的NO可与肉类的肌红蛋白结合,形成亚硝基肌红蛋白,使鱼、肉等保持稳定的红色,从而改善此类食品的感官性状。此外,亚硝酸盐还能赋予香肠、火腿和其他肉制品一种诱人的腌肉风味。

虽然使用亚硝酸盐作为食品添加剂有产生*N*-亚硝基化合物的可能,但目前尚无更好的替代品,故仍允许硝酸盐、亚硝酸盐限量使用。我国规定肉制品中亚硝酸盐残留量(以亚硝酸钠计)不得超过30 mg/kg,肉罐头中不得超过50 mg/kg。(见二维码4-5“GB 2762—2012《食品中污染物限量》”)

(2)胺类物质的来源　含氮的有机胺类化合物是*N*-亚硝基化合物的另一类前体物,该类物质也广泛存在于环境和食物中。胺类化合物是蛋白质、氨基酸、磷脂等生物大分子合成的原料,因此也是各种天然动物性和植物性食品的成分。另外,胺类也是药物、化学农药和一些化工产品的原材料(如大量的二级胺用作药物和工业原料)。

硝酸盐、亚硝酸盐和*N*-亚硝基化合物的转化见图5-3。

5.1.2.2　食品中的*N*-亚硝基化合物

食品中天然存在的*N*-亚硝基化合物含量极微,一般在10 μg/kg以下。但由于其前体物质硝酸盐、亚硝酸盐和胺类物质广泛存在于自然界,食品中的硝酸盐在细菌产生的硝基还原酶的作用下,可形成亚硝酸盐,而仲胺和亚硝酸盐在一定条件下可在体内体外合成亚硝胺,因此各类食品中不同程度含有*N*-亚硝基化合物。

(1)鱼、肉制品中的*N*-亚硝基化合物　一般新鲜的鱼、肉类食品中仅含少量的胺类物质,但由于动物性食品富含蛋白质和脂肪,在腌制、烘烤等加工过程中,尤其是采用油煎、油炸等烹

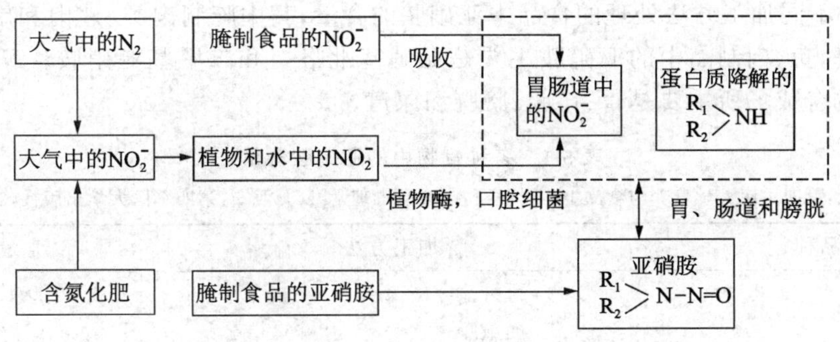

图 5-3　硝酸盐、亚硝酸盐和亚硝胺之间的转化

调方式时，可产生较多的胺类物质。当鱼、肉腐败变质时，这些含蛋白质丰富的食品也会分解产生较多的胺类物质。在使用硝酸盐或亚硝酸盐作发色剂时，上述胺类便会与亚硝酸盐反应生成亚硝胺。亚硝胺合成的反应机理如下：

$$NaNO_2 + HCl \rightarrow HNO_2 + NaCl$$

$$2HNO_2 \rightarrow N_2O_3 + H_2O$$

$$\begin{matrix} R_1 \\ \quad\diagdown \\ \quad NH + N_2O_3 \\ \quad\diagup \\ R_2 \end{matrix} \rightarrow \begin{matrix} R_1 \\ \quad\diagdown \\ \quad N-N=O + HNO_2 \\ \quad\diagup \\ R_2 \end{matrix}$$

影响亚硝胺化合物合成的因素主要有 pH、反应物浓度、温度、加工条件、组织成分等。

①pH 和亚硝酸盐浓度　胃液 pH 与 *N*-亚硝基化合物和 NO_2^- 的浓度呈正相关。正常人的胃液 pH 为 1～3，能抑制硝酸盐还原菌的生成，摄入的硝酸盐几乎不能转化为亚硝酸盐。当胃酸缺乏时，胃液 pH 升高，亚硝酸盐趋于稳定，硝酸盐还原菌数量增加、活性增强，将 NO_3^- 大量还原成 NO_2^-。故患有慢性萎缩性胃炎等低胃酸疾病的病人，存在较多的 NO_2^-，导致 *N*-亚硝基化合物的生成。如在哥伦比亚的胃癌高发区，pH＜5 的 26 人胃液中 NO_2^- 平均浓度为 0.000 7 mmol/L，而 pH＞5 的 28 人 NO_2^- 平均浓度高于前者近 90 倍，最高者达 3.57 mmol/L。

②胺类物质的浓度　食品中含有大量的潜在反应物，如肽、肌酐、精胺、精脒和磷脂等，其本身或代谢产物可亚硝化。胺在胃中亚硝化的重要条件之一是其碱性的强弱，碱性弱的胺，亚硝化反应快。

③促进剂和抑制剂　人体的胃液和唾液含有 SCN^-、Br^-、Cl^- 等离子，与亚硝酸作用生成活性的亚硝化剂，可以促进亚硝胺的生成，其活性顺序为 $SCN^- \gg Br^- > Cl^-$。

$$HNO_2 + H^+ + SCN^- \rightleftharpoons ON-NCS + H_2O$$

$$R_2NH + ON-NCS \rightarrow R_2N-NO + HSCN$$

亚硝胺化合物合成速率还与食品加工时的温度有关。例如，用亚硝酸盐处理冰冻鱼较鲜鱼产生较少的亚硝胺，但用亚硝酸盐处理过的食物进行加热或油煎时则可增加亚硝胺的形成量。这可能与加热过程中蛋白质分解产生的二级胺增加有关。如经亚硝酸盐处理的腌肉（咸肉）在油煎时，其亚硝基化合物可增加数十微克。腌制食品如果再用烟熏，则亚硝胺化合物的含量将会更高。

表 5-1 是不同加工方法处理的食品中亚硝胺的含量，其中腌制肉类、熏肉和咸鱼中亚硝胺含量相对较高，鱼、肉制品中的亚硝胺主要是亚硝基吡咯烷和二甲基亚硝胺。N-亚硝基化合物在人体内的合成场所主要是胃、口腔、膀胱和尿道。

表 5-1 各种食物中的亚硝胺含量

（引自：第四军医大学营养与食品卫生学教研室. 食品毒理学[M]. 西安：第四军医大学出版社，2003） μg/kg

食物品种	加工方法	含量
猪肉	新鲜	0.5
熏肉	烟熏	0.8～2.4
腌肉（火腿）	烟熏，亚硝酸盐处理	1.2～24
腌腊肉	烟熏，亚硝酸盐处理，放置	0.8～40
鲤鱼	新鲜	4
熏鱼	烟熏	4～9
咸鱼	亚硝酸盐处理	12～24
腊鱼	烟熏，亚硝酸盐处理	20～26
腊肠	亚硝酸盐处理	5.0
熏腊肠	烟熏，亚硝酸盐处理	11～84

（2）乳制品中的 N-亚硝基化合物　某些乳制品如奶酪、奶粉等存在微量的挥发性亚硝胺，含量一般在 0.5～5.0 μg/kg 范围内。

（3）发酵食品中的 N-亚硝基化合物　发酵食品中也含有亚硝胺，如啤酒中的亚硝胺与其加工工艺有关，传统的工艺中大麦芽在窑内加热干燥时，所含的大麦芽碱和仲胺能与空气中的氮氧化物（NO_x）发生反应，生成二甲基亚硝胺，其含量一般在 0.5～5.0 μg/kg 范围内。近年来由于改进生产工艺，多数大型企业生产的啤酒已很难检出亚硝胺类化合物。

（4）蔬菜、水果中的 N-亚硝基化合物　由于腌制或长期在室温下存放，蔬菜、水果中的硝酸盐在细菌或酶的作用下，可被还原为亚硝酸盐，然后与本身所含的胺类物质发生反应，生成微量的亚硝胺。蔬菜、水果中亚硝胺的含量范围一般在 0.01～6.0 μg/kg。

5.1.3 *N*-亚硝基化合物对健康的危害

5.1.3.1 急性毒性

大多数 N-亚硝基化合物的急性毒性较小。不同种类亚硝基化合物的 LD_{50} 见表 5-2。

表 5-2 N-亚硝基化合物的急性毒性

（引自：李勇. 营养与食品卫生学[M]. 北京：北京大学医学出版社，2005） mg/kg

N-亚硝基化合物	LD_{50}	N-亚硝基化合物	LD_{50}
甲基苄基亚硝胺	18	吡咯烷亚硝胺	900
二甲基亚硝胺	27～41	二丁基亚硝胺	1 200
二乙基亚硝胺	216	二戊基亚硝胺	1 750
二丙基亚硝胺	480	乙基二羟乙基亚硝胺	7 500

目前由 N-亚硝基化合物引起的急性中毒较少报道，但如果一次或多次摄入含大量 N-亚硝基化合物的食物，也可能引起急性中毒。主要症状是头晕、乏力、肝脏肿大、腹水、黄疸及肝实质病变，主要表现在肝脏损伤及血小板破坏两个方面，严重时可出现全身中毒症状。一般来讲，对称性烷基亚硝胺化合物，其碳链越长，急性毒性越低。

5.1.3.2　致癌性

大量研究证明，N-亚硝基化合物对动物有很强的致癌作用，在已研究的 300 多种 N-亚硝基化合物中，大约有 90%能诱发动物肿瘤。人类接触 N-亚硝基化合物及其前体物，可能与某些肿瘤的发生有一定的关系。

亚硝胺和亚硝酰胺虽然都具有致癌性，但在致癌途径方面两者表现却不一样。亚硝胺是较稳定的化合物，需要在体内经肝脏微粒体酶代谢活化后才具有致癌性，是非直接致癌物；而亚硝酰胺化学性质活泼，可直接作用于机体的暴露部位，水解生成具有高度致癌活性的烷基偶氮羟基化合物，直接引发癌变。N-亚硝基化合物的致癌特点如下：

(1)多途径诱发肿瘤　N-亚硝基化合物可通过呼吸道、消化道、肌内注射、静脉注射、皮肤接触等多种途径诱发动物肿瘤，甚至可经乳汁、胎盘引起子代动物肿瘤。研究发现，妊娠期的动物摄入一定量的 N-亚硝基化合物，能通过血胎屏障使子代动物致癌，甚至可影响到第三代和第四代动物肿瘤的发生率。研究还提示，动物在胚胎期对 N-亚硝基化合物致癌作用的敏感性高于出生后或成年期。

(2)诱发肿瘤剂量　一次冲击剂量或少量多次接触 N-亚硝基化合物均可诱发癌肿，且有明显的剂量-效应关系。

(3)能诱发多种实验动物肿瘤的发生　到目前为止，已研究过的动物有大鼠、小鼠、豚鼠、猪、狗、兔、鱼类、鸟类、蛙类等，还没有发现有一种动物对 N-亚硝基化合物的致癌作用具有抵抗力。

(4)能诱发不同组织器官的肿瘤　同种 N-亚硝基化合物对不同动物致癌的主要靶器官可能有所不同，但总体上 N-亚硝基化合物可诱发动物几乎所有组织、器官的肿瘤。常见的靶器官以肝脏、食管、胃为主。各种亚硝胺化合物对动物的致癌性见表 5-3。

表 5-3　各种亚硝胺对动物的致癌性

（引自：第四军医大学营养与食品卫生学教研室. 食品毒理学[M]. 西安：第四军医大学出版社，2003）

化合物	LD_{50}/(mg/kg)	肿瘤种类	致癌性
二甲基亚硝胺	27～41	肝癌、鼻窦癌	+++
二乙基亚硝胺	200	肝癌、鼻腔癌	+++
二正丙基亚硝胺	400	肝癌、膀胱癌	+++
乙基丁基亚硝胺	380	食管癌、膀胱癌	++
甲基苄基亚硝胺	200	食管癌、肾癌	++
甲基亚硝基脲	180	胃癌、脑癌、胸腺癌	+++
二甲基亚硝基脲	240	脑癌、神经癌、脊髓癌	+++
亚硝基吗啉	—	肝癌	+++
亚硝基吡咯烷	—	肝癌	+

注：LD_{50} 为大鼠经口；+++代表致癌性强，++代表致癌性中，+代表致癌性弱。

目前，尚缺少 *N*-亚硝基化合物对人类直接致癌的资料，但许多国家和地区的流行病学调查资料表明，人类的某些癌症可能与接触 *N*-亚硝基化合物有关。如日本人胃癌高发可能与其爱吃咸鱼和咸菜有关；智利胃癌高发可能与当地大量使用硝酸盐化肥有关；哥伦比亚胃癌高发地区，从饮水和蔬菜中摄入的亚硝酸盐含量比胃癌低发地区的高很多；我国河南省林县是食管癌高发地区，调查发现，该县食物中亚硝胺检出率为 23.3%，而低发区检出率仅 1.2%。

5.1.3.3 致突变作用

亚硝酰胺是一类直接致突变物，能引起细菌、真菌和多种哺乳类动物发生突变；而亚硝胺则要经过哺乳动物微粒体代谢活化后才有致突变性，如 *N*-3-甲基丁基-*N*-1-甲基丙酮基亚硝胺（MAMBNA）经代谢激活后，能诱发 V79 细胞突变，还具有对微生物和哺乳类动物细胞的致突变作用。

5.1.3.4 致畸作用

亚硝酰胺对动物具有致畸作用，可使仔鼠的某些器官及部位发生畸形，如眼、脑、肋骨、脊柱等畸形，并存在剂量-效应关系；而亚硝胺的致畸作用很弱。

5.1.4 预防 *N*-亚硝基化合物污染食品的措施

5.1.4.1 防止微生物污染及食物霉变

某些细菌可还原硝酸盐为亚硝酸盐，某些微生物又可分解蛋白质，产生胺类化合物，或有酶促亚硝基化的作用。为此，在食品加工时，应保证食品新鲜，防止微生物污染，做好食品保藏，防止蔬菜、鱼、肉腐败变质，产生亚硝酸盐及仲胺，从而有效地降低食物中亚硝基化合物含量。

5.1.4.2 控制食品加工中硝酸盐或亚硝酸盐用量

N-亚硝基化合物在体内生成的量与硝酸盐、亚硝酸盐的摄入量密切相关。在食品加工过程中，要控制硝酸盐和亚硝酸盐的使用量，以减少亚硝胺的前体物质。

5.1.4.3 阻断亚硝胺的合成

利用阻断剂阻止食品中胺类与亚硝酸盐反应，以减少亚硝胺的合成。

（1）维生素 C　具有较强的阻断 *N*-亚硝基化合物合成的作用，作用机理是抗坏血酸盐与亚硝酸盐一起能很快发生反应，抗坏血酸被氧化，生成脱氢抗坏血酸，亚硝酸盐则被还原生成 NO，使硝酸盐离子浓度降低，胺的亚硝化作用从而受到阻断。因此，常食用新鲜的蔬菜、水果通过抑制亚硝胺类物质的合成是预防肿瘤发生的重要措施。

（2）其他物质　大蒜和大蒜素可抑制胃内硝酸盐还原菌，使胃内亚硝酸盐含量明显降低，从而抑制亚硝胺的合成。

此外，维生素 E、维生素 A 抑制亚硝胺的致癌性，其作用机理可能是加强机体免疫能力，对微粒体混合功能氧化酶有抑制作用，从而阻断亚硝胺致癌活性的形成。因此，多吃富含维生素 A 的乳和乳制品、猪肝、蛋、鲫鱼、鱼肝油等，有利于预防肿瘤的发生。

亚硝胺在紫外线或阳光的直接照射下较易分解，这是因为 *N*-亚硝基化合物中的 $>$N—NO 键键能小，容易吸收光能发生分解，产生相应的胺和 NO。一般冬季阳光照射 3 h，夏季 2 h 即可消除食品中已形成的亚硝胺。因此，将食品在阳光下晾晒有助于其所含低浓度亚硝胺的分解。

5.1.4.4　*施用钼肥*

钼在植物中的作用主要是固氮和还原硝酸盐，如植物内缺钼，则硝酸盐含量增加。在土壤缺钼的地区施用适量的钼肥，不仅能提高农作物产量，还能减少硝酸盐在农作物中的富集。如大白菜和萝卜施用钼肥后，维生素C含量比对照组增高38.5%，亚硝酸盐平均下降26.5%。

5.1.4.5　*改进食品贮藏及加工方法*

肉类、鱼贝类含蛋白质丰富的易腐食品，以及含硝酸盐较多的蔬菜尽量低温贮存，以减少胺类及亚硝酸盐的形成；腌制蔬菜时，加入食盐量应≥4%，腌1个月后再食用；烘烤啤酒麦芽和干燥豆类食品尽量用间接加热方式，以减少亚硝胺的形成。

5.1.4.6　*加强卫生管理、监督与监测*

政府监管部门要加强对食品的卫生管理及产品监测；加强宣传教育，广泛宣传亚硝酸盐的毒性，教育消费者正确地选择、贮存和加工食物，注意饮食卫生。

5.2　多环芳烃化合物对食品安全的影响

多环芳烃(polycyclic aromatic hydrocarbons，PAHs)是指分子中含有两个或两个以上苯环的碳氢化合物，可分为芳香稠环型及芳香非稠环型两类。芳香稠环型是指分子中相邻的苯环至少有两个共用碳原子的碳氢化合物，如萘、蒽、菲、芘等；芳香非稠环型是指分子中相邻的苯环之间只有一个碳原子相连的碳氢化合物，如联苯、三联苯等。几种多环芳烃的结构见图5-4。

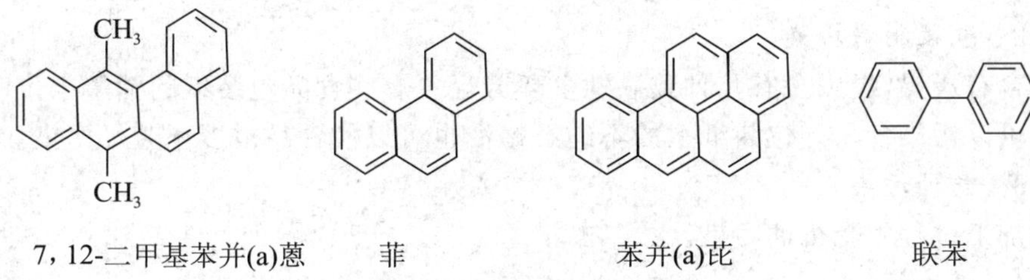

图5-4　多环芳烃的结构

多环芳烃类化合物是最早被发现和研究的致癌类化合物之一，目前已鉴定的致癌性PAHs及其衍生物达数百种。在众多的PAHs中，由于苯并(a)芘[benzo(a)pyrene，B(a)P]致癌性强、分布广、性质稳定，与其他PAHs又有一定的相关性，因此，常将苯并(a)芘作为PAHs类化合物的代表。

苯并(a)芘是一种由5个苯环构成的多环芳烃化合物，相对分子质量252，常温下为针状结晶，颜色浅黄，性质稳定，沸点310～312℃，熔点178℃，在水中溶解度为0.5～6 μg/L，稍溶于甲醇和乙醇，溶于苯、甲苯、二甲苯和环已烷等有机溶剂中。日光和荧光都可使苯并(a)芘发生光氧化作用，臭氧也可使之氧化。

5.2.1　食品中多环芳烃化合物的来源

PAHs主要是由煤、石油、木材及有机高分子化合物的不完全燃烧产生的，食品中多环芳烃化合物和B(a)P主要来源于以下几个方面：

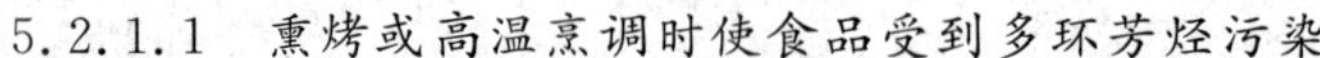

5.2.1.1 熏烤或高温烹调时使食品受到多环芳烃污染

一方面熏烤食品时所使用的熏烟中含有多环芳烃，也包括 B(a)P；另一方面，烤制时滴于火上的食物脂肪焦化产物发生热聚合反应，形成 B(a)P，附着于食物表面，这是烤制食物中 B(a)P 的主要来源。高温烹调时，脂肪因高温裂解，产生自由基，并相互结合（热聚合）生成 B(a)P。

肉类食品经过烘烤、烟熏等加工之后会生成 B(a)P。在露天的烤肉中，PAHs 总含量高达 164 μg/kg，B(a)P 的含量为 30 μg/kg。有人分析了烤肉用的铁夹上焦屑的 B(a)P 含量，结果高达 125 μg/kg。一项烟熏食品的检测分析中，熏肉的总 PAHs 浓度范围为 2.6～29.8 μg/kg。王绪卿评价了 14 种熏烤肉，其中 90%的样品 B(a)P 的含量为 0.34～27.56 μg/kg。根据有关资料，各种烧烤食品、烟熏食品中 B(a)P 的含量见表 5-4。

表 5-4 烧烤、烟熏食品中 B(a)P 的含量

（引自：聂静，钱岩，段小丽，等.食品中多环芳烃污染的健康危害及其防治措施[J].环境与可持续发展，2009，4：38-11）

μg/kg

食品	B(a)P 含量	食品	B(a)P 含量
熏鱼	1.7～7.5	烤禽鸟	26～99
香肠、腊肠	1.0～10.5	油煎肉饼	7.9
烤牛肉	3.3～11.1	直接在火上烤肉排	50.4
烤羊肉	1～20	烤焦的鱼皮	5.3～760

5.2.1.2 包装材料污染

油墨中含有炭黑，炭黑含有几种致癌性多环芳烃。有些食品包装纸的油墨未干时，炭黑里的多环芳烃可以污染食品。包装纸上的不纯石蜡油也可以使食品被多环芳烃污染。

5.2.1.3 意外污染

如食品加工过程中受机油污染。

5.2.1.4 环境污染

大气、水和土壤如果含有多环芳烃，则可污染植物。一些粮食作物、蔬菜和水果受污染较突出。

人类每日摄入蔬菜的量较大，如果蔬菜受到 PAHs 的污染，通过蔬菜摄入人体内 PAHs 在总摄入中所占的比例也相对较大。根据资料分析，靠近高速公路生长的莴苣可检出高浓度的 PAHs，其污染水平与靠近高速公路的距离成反比。大气污染的菠菜中 PAHs 的水平可高出 10 倍。德国调查显示，焦炭厂附近生长的胡萝卜和豆子，荧蒽检出范围为 116～117 μg/kg，芘的检出为 110～111 μg/kg，马铃薯的 B(a)P 水平为 0.2～400 μg/kg。

水体受到 B(a)P 的污染，然后间接污染鱼类、贝类和其他水生生物，并且具有蓄积放大作用。清洁的河水中 B(a)P 的含量一般不大于 0.01～0.1 μg/ L，但在污染的河水中其浓度可高达几 μg/L 至几百 μg/L。

油菜籽既可在干燥过程中由于燃料燃烧不完全或热解燃气直接接触而产生 PAHs，也可在机械收获、运输、加工等过程中因接触机油等污染物而受到 PAHs 污染。在椰子油中曾发现 PAHs 含量高达 2 000 μg/kg 以上，而其他植物油中一般很少超过 100 μg/kg 。各种植物原油中的 PAHs 含量见表 5-5。

表 5-5　植物原油中 PAHs 含量

（引自：聂静，钱岩，段小丽，等.食品中多环芳烃污染的健康危害及其防治措施[J].环境与可持续发展，2009，4：38-11）　μg/kg

油品	轻质 PAHs	重质 PAHs	总 PAHs
椰子油	992.0	47.0	1 039.0
菜籽油	30.1	3.9	34.0
葵花籽油	66.5	11.8	78.3
棕榈仁油	97.5	4.7	102.3
棕榈油	21.1	1.4	22.5
花生油	54.0	2.4	56.4
棉籽油	20.8	1.6	22.4
亚麻籽油	33.3	1.6	34.9
大豆油	18.1	1.9	20.0

乳制品 PAHs 浓度一般低于非乳制品。因此，植物奶油中 PAHs 含量高于黄油水平，植物油制造的奶油替代品中 PAHs 含量高于奶油水平。英国的调查分析显示，熏奶酪中检出 PAHs[荧蒽、苯并(a)芘、苯并(a)蒽等]，含量为 0.01～5.60 μg/kg，未熏奶酪中二苯并(a，h)蒽为 0.01 μg/kg。人奶样品中 PAHs 水平为 0.003～0.03 μg/kg。

酒类样品中也存在 B(a)P 污染，Moret 在所研究的白酒和啤酒中大多检出了 B(a)P，含量为 0～172 ng/L；在米面类食品中，爆米花 B(a)P 含量最高，为 0.56 μg/kg。

5.2.2　多环芳烃化合物对健康的危害

对普通消费者，B(a)P 主要是通过食物或水进入机体，在肠道被吸收入血后很快分布于全身，乳腺和脂肪组织可蓄积较大量的 B(a)P。B(a)P 主要经过肝脏代谢，由胆道从粪便排出体外。

5.2.2.1　致癌作用

B(a)P 不是直接致癌物，在体内必须经微粒体混合功能氧化酶活化才具有致癌性。进入机体的 B(a)P 经肝、肺细胞微粒体中混合功能氧化酶激活后转化为数十种代谢产物，其中转化为羟基化合物或醌类者是一种解毒反应；转化为环氧化物者，特别是 7,8-环氧化物是一种活化反应，7,8-环氧化物继续代谢产生的 7,8-二氢二羟基-9,10-环氧化物可能是最终致癌物。B(a)P 的代谢转化途径见图 5-5。

研究显示，B(a)P 对多种动物有致癌作用。用熏肉喂大鼠，可诱发恶性肿瘤。小鼠一次灌胃 0.2 mg/kg B(a)P，可诱发前胃肿瘤，并有剂量-效应关系。大鼠一次经口给予 100 mg/kg B(a)P，9 只动物中有 8 只出现乳腺瘤，每天经口给予 2.5 mg/kg B(a)P，可诱发食管及前胃乳头状瘤。此外，B(a)P 对兔、豚鼠、鸭、猴等多种动物诱发胃癌，并可经胎盘使子代发生肿瘤，造成胚胎死亡及仔鼠免疫功能下降。流行病学调查也表明，B(a)P 含量与癌症发病率有关。

5.2.2.2　致突变作用

B(a)P 是许多短期致突变试验的阳性物，在 Ames 试验及其他细菌突变、细菌 DNA 修

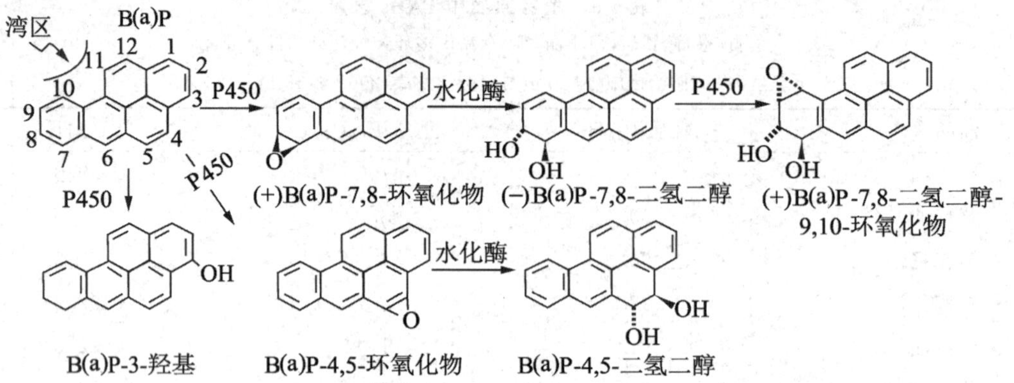

图 5-5 苯并(a)芘[B(a)P]的代谢转化

复、姐妹染色单体交换、染色体畸变、哺乳类细胞培养及哺乳类动物精子畸变等试验中均呈阳性反应。但它是间接致突变物,必须经过活化后才具有致突变作用。

5.2.2.3 光致毒效应

过去对多环芳烃的研究主要集中在生物体内的代谢产物对生物体的毒作用及致癌活性上。但是越来越多的研究表明,多环芳烃的真正危险在于它们暴露于太阳光中紫外光辐射时的光致毒效应。多环芳烃很容易吸收太阳光中可见光区(400～800 nm)和紫外光区(280～400 nm)的光,对紫外辐射引起的光化学反应尤为敏感。试验表明,同时暴露于多环芳烃和紫外照射下会加速具有损伤细胞组成能力的自由基形成,破坏细胞膜,损伤 DNA,从而引起人体细胞遗传信息发生突变。DNA 的损伤可以分为两种类型:一类是 PAHs 的中间活性代谢产物与 DNA 共价结合形成加合物,另一类是其在体内生物转化时形成大量活性氧,造成氧化性 DNA 损伤。在好氧条件下,PAHs 的光致毒作用将使 PAHs 光化学氧化形成内过氧化物,经过一系列反应后形成醌。Katz 等观察到,由 B(a)P 产生的 B(a)P 醌是一种直接致突变物,它将引起人体基因的突变,同时也会引起人类红细胞溶血及大肠杆菌的死亡。

5.2.3 预防多环芳烃化合物污染食品的措施

5.2.3.1 减少环境污染

食品中多环芳烃的污染主要来自于环境。控制环境中的污染源是解决食品中 B(a)P 等致癌性多环芳烃污染的根本途径。通过调整以煤为主的能源结构、减少煤的不完全燃烧、用燃油代替燃煤等途径减少多环芳烃对环境的污染。

5.2.3.2 改进食品加工方法

熏制和烘烤食品时,避免食品直接接触炭火,使用熏烟洗净器或冷熏液;防止润滑油对食品的污染。

5.2.3.3 去毒

对已经被多环芳烃污染的食品,可采取去毒措施:例如油脂可采用活性炭吸附去毒;蔬菜水果可用清洗剂洗涤去除部分 PAHs 的污染;阳光和紫外线照射可使食品中 PAHs 含量降低。

5.3　杂环胺类化合物对食品安全的影响

20 世纪 70 年代，日本学者 Sugimurra 首次从烤鱼和烤肉中分离出具有强致突变性和致癌性的杂环胺类（heterocyclic amines，HCAs）化合物。至今，已从烹调的食品中分离鉴定了近 20 种杂环胺类化合物。

食物中的杂环胺主要包括氨基咪唑氮杂芳烃（amino-imidazoazaaren，AIAs）和氨基咔啉类（amino-carboline）两大类。AIAs 包括喹啉类（IQ）、喹喔啉类（IQX）和吡啶类，最近几年又发现了苯并噻嗪类，陆续鉴定出的新化合物大多数为这类。AIAs 咪唑环的 α 氨基在体内可转化为 N-羟基化合物而具有致癌和致突变活性。AIAs 亦称为 IQ 型杂环胺，其胍基上的氨基不易被亚硝酸钠处理而脱去。氨基咔啉类包括 α-咔啉、γ-咔啉和 δ-咔啉，其吡啶环上的氨基易被亚硝酸钠脱去而失去活性。

二维码 5-1　杂环胺的结构式

二维码 5-2　常见杂环胺的化学名称与鉴定来源

5.3.1　食品中杂环胺类化合物的来源

食品中的杂环胺类化合物主要产生于高温烹调加工过程，尤其是蛋白质含量丰富的鱼、肉类食品在高温烹调过程中更易产生。

影响食品中杂环胺形成的因素主要是食物成分和烹调方式。

5.3.1.1　食物成分

在烹调温度、时间和水分相同的情况下，蛋白质含量较高的食物产生杂环胺较多。从蛋白质含量丰富的食物中提取的基本组分（包含 HCAs 的组分）的致突变水平比从碳水化合物含量丰富的食物中提取的要高。但对于同样富含蛋白质的不同种类的食物来说，产生的致突变性也有差别，如肉、鱼的汤汁和牛肉调味品中可检测到最强的致突变性，而在用蔬菜产品制成的粒状汤料和以水解植物蛋白质为主要成分的调味品中没有检测到 HCAs。

肌酸/肌酸酐、游离氨基酸和糖类是 AIAs 的主要前体物质。在肉和鱼中加入肌酸或肌酸酐可导致 IQ 类致突变物的增加；在肌酸含量极少或没有的食物中检测不到致突变物。肌酸或肌酸酐是杂环胺中 α-氨基-3-甲基咪唑部分的主要来源，故含有肌肉组织的食品可大量产生 AIAs 类（IQ 型）杂环胺。

脂肪对于杂环胺的生成可能起着很重要的作用，试验观察发现，高脂肪的肉类比低脂肪的肉类加热后产生的杂环胺要少，如汉堡包中的肉饼，含油脂 5%的肉煎后其杂环胺的含量，差不多是含油脂 15%的肉的 5 倍。

美拉德反应与杂环胺的产生有很大关系。该反应可产生的杂环物质多达 160 余种，其中一些可进一步反应生成杂环胺。由于不同的氨基酸在美拉德反应中生成杂环物的种类和数量不同，故最终生成的杂环胺也有较大差异。如加热肌酸酐、甘氨酸、苏氨酸和葡萄糖的混合物可分离出 MeIQx 和 DiMeIQx;肌酸酐、脯氨酸和果糖混合加热后可分离出 IQ;肌酸酐、苯丙氨酸和葡萄糖混合加热后可分离出 PhIP;食品中添加色氨酸和谷氨酸后加热,生成的 Trp-P-1 和 Trp-P-2、Glu-P-1 和 Glu-P-2 等急剧增加。

5.3.1.2 烹调方式

肌酸/肌酸酐、游离氨基酸和糖类是杂环胺的主要前体物质,它们是水溶性的,经过加热反应主要产生 AIAs 类杂环胺。

影响烹调中杂环胺生成的关键因素是烹调的温度和时间,随着反应温度和时间的增加,食品中杂环胺的含量将增加。

当烹饪温度大于 100℃时,杂环胺开始生成;当温度从 200℃升至 300℃时,杂环胺的生成量可增加 5 倍。一般来说,温度在 100℃左右的烹饪方式如煮、蒸等,生成的杂环胺较少。

在 200℃油炸时,杂环胺主要在前 5 min 生成,在 5~10 min 生成减慢,进一步延长烹调时间则杂环胺的生成量不再明显增加。

食品中的水分是杂环胺形成的抑制因素,故炖、焖、煨、煮及微波炉烹调等温度较低、水分较多的烹调方法产生杂环胺的量较低。

综上所述,加工过程中加热温度愈高、时间愈长、水分含量愈少,食品中产生的杂环胺愈多。

5.3.2 杂环胺类化合物对健康的危害

5.3.2.1 致突变性

杂环胺类化合物的主要危害之一是致突变,属于间接致突变物,在细胞色素 P450 作用下代谢活化才具有致突变性。杂环胺的活性代谢物是 *N*-羟基化合物,后经乙酰转移酶和硫转移酶作用,将 *N*-羟基代谢物转变成终致突变物。Ames 试验表明,杂环胺在 S9 代谢活化系统中有较强的致突变性,其中 TA98 比 TA100 更敏感。提示杂环胺是致移码突变物。除诱导细菌基因突变外,杂环胺类化合物还可经 S9 活化系统诱导哺乳动物细胞的 DNA 损害,包括基因突变、染色体畸变、姐妹染色单体交换、DNA 断裂、DNA 修复合成和癌基因活化。但杂环胺在哺乳动物细胞体系中的致突变性较细菌体系弱。

5.3.2.2 致癌性

杂环胺类化合物对啮齿动物均具不同程度的致癌性,主要靶器官为肝脏,其次是血管、肠道、前胃、乳腺、阴蒂腺、淋巴组织、皮肤和口腔等。最近发现 IQ 对灵长类动物也具有致癌性。

5.3.2.3 心肌毒性

一些杂环胺如 IQ 和 PhIP 在非致癌靶器官——心脏形成高水平的加合物。研究发现,8 只大鼠经口摄入 IQ 和 PhIP 2 周,其中有 7 只出现心肌组织镜下改变,包括灶性心肌细胞坏死伴慢性炎症、肌原纤维融化和排列不齐以及 T 小管扩张等。另一项研究报告,分别摄入 IQ 10 或 20 mg/kg 的 10 只猴,40~80 个月患有肝肿瘤,它们的心脏在外观上均无改变,但有 8 只猴的心脏在显微镜下呈局灶性损伤。心肌损伤的严重程度与 IQ 的累积剂量有关。

5.3.3 预防杂环胺污染食品的措施

5.3.3.1 改变不良烹调方式和饮食习惯

注意不要使烹调温度过高,不要烧焦食物,并应避免过多食用烧烤煎炸的食物。采用水浴、蒸汽及微波炉烹调等烹饪方式减少杂环胺生成。煎炸鱼外面挂上一层淀粉再炸也能预防杂环胺的形成。

5.3.3.2　增加蔬菜、水果的摄入量

膳食纤维有吸附杂环胺并降低其活性的作用，蔬菜、水果中的某些物质如酚类、黄酮类等活性成分可抑制杂环胺的致突变和致癌作用。因此，增加蔬菜、水果的摄入量对于防止杂环胺的危害有积极作用。

5.3.3.3　增加亚油酸摄入降低其诱变性

Johansson 等研究 6 种脂肪对牛肉汉堡在煎炸中杂环胺形成的影响，发现人造黄油和葵花籽油形成杂环胺较少，其原因与多不饱和脂肪酸和抗氧化能力有关。Kikugawa 等在化学体系中证实不饱和脂肪酸——亚油酸(LA)、二十碳五烯酸(EPA)、二十二碳六烯酸(DHA)可抑制美拉德致突物形成。

加强食物中杂环胺含量监测，进一步研究杂环胺的生成及其影响条件、体内代谢、毒性作用及其阈剂量等，尽快制定食品中杂环胺的允许限量标准。

5.4　丙烯酰胺对食品安全的影响

2002 年 4 月，瑞典国家食品管理局(NFA)和斯德哥尔摩大学的科研人员发现，许多经高温加工生产的食物中都有一种有毒的、具有潜在致癌性的化学物质——丙烯酰胺(acrylamide,AA)形成。随后，各国纷纷开始了对食品中丙烯酰胺形成机制及含量的研究。2005 年 2 月，联合国粮农组织(FAO)和世界卫生组织(WHO)食品添加剂联合专家委员会(JECFA)对食品中的丙烯酰胺进行系统的危险性评估，认为食物是人类丙烯酰胺的主要来源。

丙烯酰胺是一种白色晶体，相对分子质量为 70.08，易溶于水、甲醇、乙醇、丙醇、二甲醚、丙酮等溶剂，稍溶于乙酸乙酯、氯仿，微溶于苯，熔点 84～85℃，沸点 125℃，室温和稀酸性条件下稳定。当处于熔点以上温度、氧化条件及在紫外线的作用下，很容易发生聚合反应；遇碱水解成丙烯酸；当加热溶解时，可释放出强烈的腐蚀性气体和氮氧化物。丙烯酰胺的分子结构式见图 5-6。

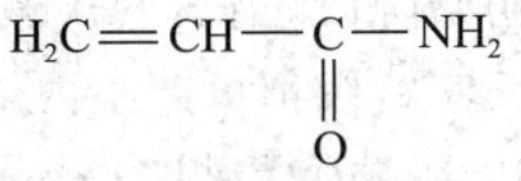

$$H_2C=CH-\underset{\underset{O}{\|}}{C}-NH_2$$

图 5-6　丙烯酰胺的结构式

丙烯酰胺是工业生产合成聚丙烯酰胺(PAM) 的主要原料，已被广泛用于石油开采、洗煤、造纸、纺织、冶金、建筑、制糖、污水净化等行业，在医学上则常用作高分子絮凝剂和软组织填充剂(整形外科)。

5.4.1　食品中丙烯酰胺的来源

一些富含淀粉的食物经油炸或高温烘烤时，丙烯酰胺就会形成。除了油炸土豆和其他大众食物中含有丙烯酰胺外，人们还在橄榄、梅汁等食品中发现了丙烯酰胺。

JECFA 从 24 个国家获得了 2002—2004 年间食品中丙烯酰胺的检测数据，检测的食品包含早餐谷物、土豆制品、咖啡及其类似制品、奶类、糖和蜂蜜制品、蔬菜和饮料等主要消费食品，其中丙烯酰胺含量较高的 3 类食品是:高温加工的土豆制品,包括薯片、薯条等,平均含量为 0.477 mg/kg,最高含量为 5.312 mg/kg;咖啡及其类似制品,平均含量为 0.509 mg/kg,最高含量为 7.3 mg/kg;早餐谷物类食品,平均含量为 0.313 mg/kg,最高含量为 7.834 mg/kg;其他种类食品的丙烯酰胺含量基本在 0.1 mg/kg 以下。我国疾病预防控制中心营养与食品安全所监测了 100 余份样品中的丙烯酰胺含量,结果见表 5-6。

二维码 5-3 不同食品中丙烯酰胺含量

表 5-6 中国不同食品中丙烯酰胺的含量

(引自:徐东路,宋贤良.食品中丙烯酰胺及生物解决方案[J].食品与发酵工业,2010,36(12):152-155)

μg/kg

样品名称	平均含量	最高含量
薯类油炸食品	780	3 210
谷物类油炸食品	150	660
谷物类烘烤食品	130	590
速溶咖啡	360	—
大麦茶	510	—
玉米茶	270	—

从这些测定结果来看,我国食品中的丙烯酰胺含量与其他国家的相近。

5.4.2 食品中丙烯酰胺的产生机理与影响因素

由于丙烯酰胺的毒性和其潜在的致癌性,对食品中丙烯酰胺形成机制的研究受到了特别关注。目前为止,由天冬酰胺和还原性糖在高温加热过程中通过美拉德反应(Maillard reaction)而生成丙烯酰胺得到了普遍认可。

5.4.2.1 食品中丙烯酰胺形成的机理

天冬酰胺参与的美拉德反应是食品中产生丙烯酰胺的重要途径之一。这一反应机制被称作天冬酰胺途径。在美拉德反应的初始阶段,当 Schiff 碱中间物(与 *N*-糖基氨基酸处于动态平衡之中)形成以后,有两条不同的反应路线都可产生丙烯酰胺:一条路线是继续美拉德反应,通过 Strecker 降解机制在脱羧脱氨后生成丙烯酰胺;另一条路线则是由 Schiff 碱经过分子内环化反应生成唑烷酮进而脱羧形成脱羧 Amadori 产物,这一产物进一步生成丙烯酰胺。反应过程见图 5-7 和图 5-8。在高温条件下,这两种途径都可能存在。

除上述途径外,食品中丙烯酰胺形成是否存在其他可能的途径尚需进一步研究。

5.4.2.2 影响食品中丙烯酰胺形成的因素

主要包括加工方式、加工温度和时间以及加工原料中水分、天冬酰胺和还原糖的含量。

(1)加工方式 食品经过煎、炸、焙、烤等高温处理后容易产生丙烯酰胺,而经蒸、煮等处理丙烯酰胺生成较少。

(2)加工温度和时间 加工温度越高,丙烯酰胺生成越多,而温度在 120℃以下,丙烯酰胺生成很少。丙烯酰胺生成量与高温处理持续的时间有关,随着时间的延长,丙烯酰胺的生成增加。

氨基酸　　还原糖(核糖)

Schiff 碱

图 5-7　Schiff 碱的形成

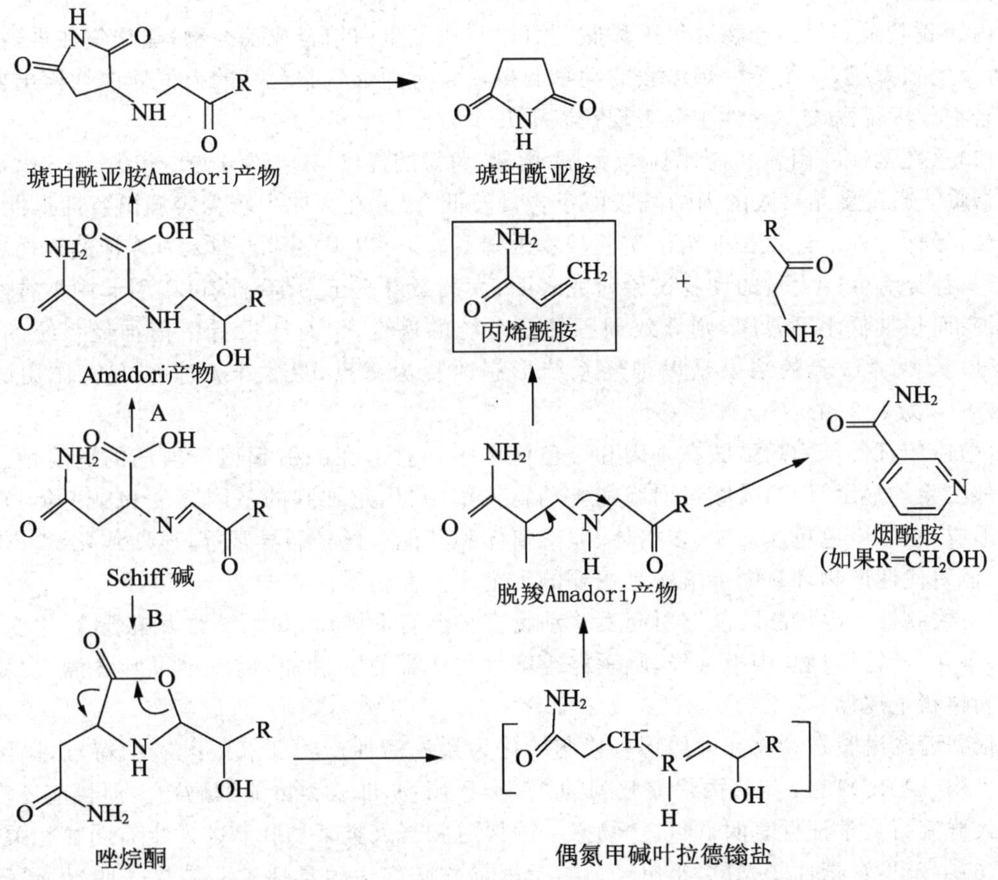

图 5-8　天冬酰胺 Amadori 产物脱羧形成丙烯酰胺

(3)水分含量　烘烤、油炸食品在烹调的最后阶段水分减少、表面温度升高后，其丙烯酰胺形成量更高；但咖啡除外，在焙烤后期丙烯酰胺的含量反而下降。

(4)加工原料中天冬酰胺和还原糖的含量　小麦粉是制作面包的主要原料，小麦粉中天冬酰胺浓度远低于还原糖。有实验证明，在小麦粉中增加天冬酰胺含量，制成的面包外壳中丙烯酰胺浓度大大提高；马铃薯中天冬酰胺浓度很高，有人利用天冬酰胺酶的酶解作用减少马铃薯中天冬酰胺含量，结果油炸后丙烯酰胺含量减少。

5.4.3 丙烯酰胺对健康的危害

食物是人体丙烯酰胺的主要来源。人体可通过消化道、呼吸道黏膜以及皮肤等多种途径吸收丙烯酰胺。丙烯酰胺进入体内，广泛分布于全身各组织，还可以通过胎盘和乳汁进入胎儿及婴儿体内。

进入人体内的丙烯酰胺约90%被代谢，仅少量以原形经尿液排出。丙烯酰胺进入体内后，在细胞色素P450的作用下，生成环氧丙酰胺(glycidamide)。环氧丙酰胺比丙烯酰胺更容易与DNA上的鸟嘌呤结合形成加合物，导致遗传物质损伤和基因突变。因此，环氧丙酰胺被认为是丙烯酰胺的主要致癌活性代谢产物。目前，尚未见人体丙烯酰胺暴露后形成DNA加合物的报道。

丙烯酰胺及其代谢产物环氧丙酰胺还可以与血红蛋白结合成加合物，能聚集在神经系统、肝、肾及生殖系统，在给予丙烯酰胺的动物和摄入含有丙烯酰胺食品的人群体内均检出血红蛋白加合物。丙烯酰胺的毒性主要表现在以下几个方面：

(1)急性毒性　丙烯酰胺对小鼠、大鼠、豚鼠、兔等的经口LD_{50}为100～150 mg/kg，属中等毒性物质。通过食品摄入的丙烯酰胺由于含量较低，因此在人体中较少表现出急性毒性。

(2)慢性毒性　经口长期给予实验动物丙烯酰胺，可以观察到腿脚无力等神经损伤表现。

(3)神经毒性　大量的动物试验研究表明，大剂量暴露于丙烯酰胺可以引起中枢神经系统的改变；而长期低水平暴露，则导致周围神经系统的病变，伴有或没有中枢神经系统的损害。大鼠90天喂养试验的结果是以神经系统形态改变为终点，最大未观察到有害作用的剂量(NOAEL)为0.2 mg/(kg体重·天)。

(4)遗传毒性　丙烯酰胺在基因和染色体水平均有潜在的引起遗传损伤的危险性。体内和体外实验均显示，丙烯酰胺可引起哺乳动物体细胞、生殖细胞的基因突变和染色体异常，如微核形成、姐妹染色单体交换、多倍体、非整倍体和其他有丝分裂异常等，显性致死试验也呈阳性，并证明代谢产物环氧丙烯酰胺是主要的致突变活性物质。

(5)致癌性　丙烯酰胺能够引起实验动物多种器官的肿瘤，如可导致大鼠乳腺、甲状腺、肾上腺、睾丸、子宫、口腔、中枢神经、脑垂体等多种组织器官的肿瘤，诱发小鼠肺腺瘤、皮肤乳头状瘤和鳞状上皮癌。

依据丙烯酰胺在动物和人体均可代谢转化为致癌活性产物环氧丙酰胺的特点，国际癌症研究机构(IARC)1994年将丙烯酰胺列为2A类致癌物，即人类可能致癌物。但目前还没有充足的人群流行病学证据表明，通过食物摄入丙烯酰胺与人类某种肿瘤的发生有明显相关性。

(6)生殖发育毒性　大鼠、小鼠经口给予丙烯酰胺的生殖毒性试验结果表明，丙烯酰胺对雄性实验动物的生殖能力有损伤，表现为附属生殖器官、生精管萎缩，精子数量减少，精子活动度降低和畸形率增加。大鼠生殖和发育毒性试验的NOAEL为2 mg/(kg体重·天)。

目前由于缺乏人群流行病学调查资料，丙烯酰胺低剂量长期暴露下的人群危险性并不确定。

5.4.4　预防丙烯酰胺污染食品的措施

5.4.4.1　改进食品的加工烹调方法

在煎、炸、烘、烤食品时，尽量避免温度过高或加热时间过长，提倡采用蒸、煮、煨等烹调方法。在加工过程中使用柠檬酸、富马酸、苹果酸、琥珀酸、山梨酸、已二酸、苯甲酸等有机酸以降低马铃薯的 pH，抑制丙烯酰胺的产生；加入含巯基的氨基酸或小肽如半胱氨酸、同型半胱氨酸、谷胱甘肽等促进丙烯酰胺的降解；采用真空油炸，降低油炸温度。

5.4.4.2　均衡饮食

均衡摄取食物，选择那些饱和脂肪含量较低以及纤维含量较高的谷物、水果和蔬菜等多样化食物。

5.4.4.3　加强监测与评估

建立食品中丙烯酰胺的限量标准，加强对人群暴露水平的评估。WHO 规定，成年人每天摄入的丙烯酰胺不应超过 1 μg。

5.5　氯丙醇对食品安全的影响

氯丙醇类化合物是食品在用盐酸水解过程中由于脂肪被分解成丙三醇和脂肪酸后，丙三醇上的羟基被氯取代后所形成的污染物。氯丙醇有多种同系物，包括单氯取代的 3-氯-1，2-丙二醇(3-MCPD)和 2-氯-1，3-丙二醇(2-MCPD)及双氯取代的 1，3-二氯-2-丙醇(1，3-DCP 或 DC2P)和 2，3-二氯-1-丙醇(2，3-DCP 或 DC1P)(图 5-9)，其中以 3-MCPD 在食品中污染量大，毒性强，因此常作为氯丙醇的代表和毒性参照物。3-MCPD 为无色透明的液体，可溶于水、乙醇、乙醚，密度 1.132 g/cm^3，沸点 160～162℃。

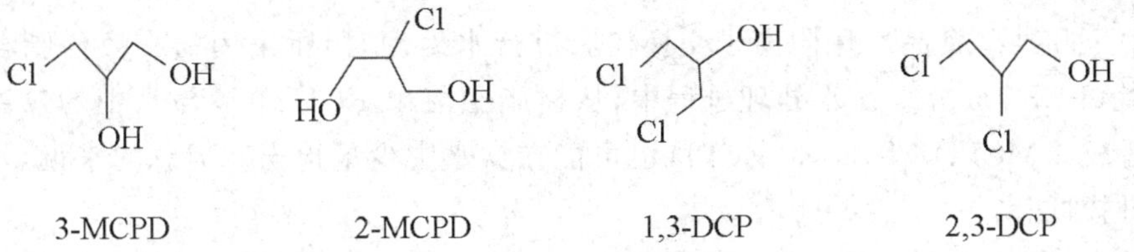

Cl OH OH 3-MCPD　　Cl HO OH 2-MCPD　　OH Cl Cl 1,3-DCP　　Cl OH Cl 2,3-DCP

图 5-9　氯丙醇的化学结构式

5.5.1　食品中氯丙醇的来源

我国曾经对华南地区八种品牌调味品(包括生抽、老抽、蚝油)进行检测，结果显示 3-MCPD 含量在 1.00 mg/kg 以上的占 14.13%，1，3-DCP 含量为 0.01～1.12 mg/kg，2，3-DCP 含量为 0.03～1.26 mg/kg，按照欧盟标准，总合格率只有 28.62%。

食品中的氯丙醇存在多种来源，如高温烘焙、熏制和油脂类食品的精炼等，但主要来源则是在食品加工中用盐酸水解工艺生产水解植物蛋白(HVP)而产生。

5.5.1.1　酸水解植物蛋白而产生

盐酸水解植物蛋白生产高游离氨基酸的植物蛋白水解液的工艺一般是将植物蛋白质用浓

盐酸在109℃回流酸解。原料(如豆粕、菜籽粕等)中留存的脂肪和油脂被水解生成丙三醇,并且与盐酸的氯离子发生亲核取代作用而生成一系列氯丙醇产物,如3-MCPD等。研究证明,豆粕、菜籽粕分别含粗蛋白质45%～51%和33%～37%,还分别含有粗脂肪0.5%～1.5%和1.0%～3.0%。因此,用酸水解法生产植物蛋白调味液时,将不可避免地产生系列氯丙醇产物。

水解植物蛋白由于具有鲜度高、使用成本低的特点,被许多食品企业用于膨化食品、方便面调料、酱菜、香肠和罐头等食品。调查发现,我国某些方便面调味料、牛肉膏、蚝油等产品以及部分酱油中3-MCPD水平在1.0 mg/kg以上,某些品牌酱油中3-MCPD的含量高达100 mg/kg;膨化虾条3-MCPD水平在0.02～0.32 mg/kg之间;1,3-DCP也达到0.14 mg/kg。这均超过了食品3-MCPD的正常水平,可能与添加HVP产品有关。

在酿造酱油生产过程中,由于不存在强酸、高温的生产条件,即使大豆的脂肪会被少量的微生物水解成甘油,也不可能形成氯丙醇。但是如果在酿造酱油中加入酸水解植物蛋白调味液、食品添加剂等再配制成酱油,氯丙醇就可以进入到酿造酱油中。这也是酿造酱油氯丙醇超标的一个原因。

5.5.1.2 焦糖色素的不合理生产和使用

焦糖色素俗称酱色,是目前食用色素中用量最大、使用范围最广的着色剂之一。酱油生产厂家为了满足消费者对深色酱油的需求,通过向其中添加1%～10%的焦糖色素来增加、改善酱油的色泽和体态。一般酱油中使用的焦糖色素是氨法焦糖,即用氢氧化铵作为催化剂,用结晶葡萄糖的母液、蔗糖糖蜜、碎米等作为生产原料,用开口式常压法或密闭式加压法生产的焦糖色素。部分焦糖色素生产厂家为了节约成本,分别采用氨水、碱和铵盐为催化剂,用红薯渣等淀粉原料,加压酸解得到焦糖色素。这样的生产工艺,与酸水解制植物蛋白水解液类似,盐酸与残余脂肪反应生成了氯丙醇,从而导致使用该类焦糖色素的酱油中3-MCPD超标。

5.5.1.3 自来水和食品生产用水被氯丙醇污染

自来水厂和某些食品厂用阴离子交换树脂进行水处理时,所采用的交换树脂含有1,2-环氧-3-氯丙烷(ECH)成分。在水处理过程中,从树脂中溶出ECH单体与水中的氯离子发生化学反应可形成3-MCPD。因此,3-MCPD也可能在饮水中少量检出。但总的来说,水中氯丙醇的含量相对较低。

5.5.1.4 食品包装材料中氯丙醇的迁移

某些采用ECH交换树脂进行强化的食品包装材料如茶袋、咖啡滤纸和纤维肠衣等也含有低水平的氯丙醇,在使用过程中也可能迁移到食品中,造成食品的污染。

5.5.1.5 其他来源

某些发酵香肠如腊肠中也发现含有3-MCPD,其来源目前认为可能是脂肪与食盐反应产生的或肠衣中使用的强化树脂中含有的ECH溶出而造成的污染。经过高温加工的谷物制品(如烤面包)以及麦芽提取物等也发现含有少量的3-MCPD(低于0.1 mg/kg),但目前不清楚其形成机理。

5.5.2 氯丙醇对健康的危害

氯丙醇类化合物对动物的肝脏、肾脏、生殖系统、神经系统等都皆有一定的毒性,其中

3-MCPD 和 1,3-DCP 具有致癌性。

5.5.2.1　一般毒性

3-MCPD 的大鼠经口 LD_{50} 为 150 mg/kg 。在大鼠和小鼠的亚急性毒性试验中发现，肾脏是 3-MCPD 的毒性作用靶器官，可使实验动物肾脏重量增加；其代谢产物草酸钙晶体沉积于肾小管内膜造成大鼠肾脏损伤，引起大鼠多尿和糖尿。慢性毒性试验发现，大鼠摄入 3-MCPD 后也可引起肾脏重量增加，肾小管增生。

1,3-DCP 的大鼠经口 LD_{50} 为 120～140 mg/kg 体重。研究报道，1,3-DCP 和 2,3-DCP 都引起小鼠的肝脏和肾脏损伤，2,3-DCP 引起的肾脏损伤要比 1,3-DCP 严重得多。亚急性试验发现，大鼠摄入 1,3-DCP 10 mg/(kg 体重·天)时即出现明显的肝毒性，表现在肝重增加、组织改变以及肝血清酶活性增加等，并可导致肾脏组织改变以及肾重量增加和尿参数改变等。

5.5.2.2　神经毒性

研究显示，3-MCPD 可能是通过选择性破坏体内的氧化还原反应平衡来引发毒性作用的。另有研究表明，小鼠和大鼠对 3-MCPD 的神经毒性作用的敏感性相同，尤其是对脑干的对称性损伤的敏感性相同。

5.5.2.3　遗传毒性

一系列细菌和哺乳动物体外系统试验均显示，1,3-DCP 具有明显的致突变作用和遗传毒性作用。

5.5.2.4　生殖毒性

3-MCPD 具有使大鼠精子数减少、精子活性降低并干扰体内性激素平衡而使雄性动物生殖能力减弱的作用。3-MCPD 对其他雄性哺乳动物生殖力的影响要比大鼠弱。雄性大鼠连续经口摄入 3-MCPD 1 mg/(kg 体重·天)以上剂量时，可以出现精子活动减弱和生殖力降低；当剂量大于或等于 10～20 mg/(kg 体重·天)，可见大鼠的精子有显著的形态学改变和附睾损伤。

另有研究表明，2,3-DCP 和 1,3-DCP 可使大鼠睾丸重量下降，精子数量减少；2,3-DCP 还可使附睾重量明显降低。这说明 2,3-DCP 和 1,3-DCP 对生殖系统有一定的潜在影响。

5.5.2.5　致癌性

有研究发现氯丙醇可引起动物肝、肾、甲状腺、睾丸、乳房等器官的癌变，并且有剂量-效应关系。但提交给 JECFA 的 4 项慢性毒性和致癌性试验中，3 项试验结果表明 3-MCPD 没有致癌性，在第 4 项慢性毒性试验中，只是发现 3-MCPD 与一些器官的良性肿瘤增加有关，而且发生这些肿瘤时的摄入剂量远远高于导致肾小管增生(作为最敏感的毒性作用终点)的剂量。

高剂量 [19 mg/(kg 体重·天)] 1,3-DCP 对大鼠呈现明显的致癌作用，肿瘤发生部位为肝、肾、口腔以及舌和甲状腺。

5.5.3　预防氯丙醇污染食品的措施

5.5.3.1　严格原料管理

研究表明，蛋白质原料在盐酸水解过程中，甘油三酸酯是形成氯丙醇的前体产物。因此，严格控制原料中甘油三酸酯的含量可以从源头上杜绝产生氯丙醇的条件，是生产优质酸水解植物蛋白的物质保障。

5.5.3.2 改进生产工艺

改良酸水解蛋白质的生产工艺，可以降低产品中的氯丙醇含量到安全可接受水平。

(1)采用酶解和酸解相结合的工艺方法　先采用中性蛋白酶水解蛋白，然后在温和的条件下即温度 40～45℃，pH 6.5～7.0 进行酸水解，这样制得的 HVP 产品检测不到氯丙醇。

(2)采用碱法工艺　试验显示，氯丙醇在 pH＜ 4.0 的范围内较稳定，随着溶液 pH 的升高，氯丙醇分子中的氯原子被置换出来，与 NaOH 形成 NaCl；pH 7.0，可将氯丙醇中的氯原子置换得较完全。所以，可以采用碱法清除酸水解蛋白液中的氯丙醇。还有用蒸汽蒸馏或在减压条件下水蒸气蒸馏去除氯丙醇。

5.5.3.3 加强对焦糖色素生产的监管

焦糖色素是引起酱油 3-MCPD 超标的一个新缘由。因此，有必要改进焦糖色素的生产工艺，规范焦糖色素的使用。

5.5.3.4 加强标准的制定与修订

目前国际食品法典委员会尚没有氯丙醇的国际标准，且不同国家对氯丙醇的最高允许限量不同，如加拿大规定调料中 3-MCPD 的允许限量为 1 mg/L；美国规定酸水解蛋白和酱油中 3-MCPD 的允许限量为 1 mg/L，1,3-DCP 为 50 μg/L；英国规定应该尽量达到技术上可以减低的程度(10 μg/L)；欧盟则规定酱油中 3-MCPD 的允许限量为 20 μg/L。

我国在 GB 2762—2012 中对调味品(仅限于添加酸水解植物蛋白的产品)中的 3-MCPD 进行了限量规定，其中，液态调味品为≤0.4 mg/kg，固态调味品≤1.0 mg/kg。

(柳春红)

本章小结

本章主要阐述了食品化学污染中常见的三种传统的致癌物 *N*-亚硝基化合物、多环芳烃、杂环胺的来源、危害及预防措施，并重点讨论了另外两种有害有机物丙烯酰胺、氯丙醇的来源、污染现状、毒性及预防措施。

思考题

1. 食品中 *N*-亚硝基化合物污染的来源主要有哪些？前体物有哪些？它们是如何进入食品的？*N*-亚硝基化合物对健康的主要危害是什么？有哪些致癌特点？哪些措施可以控制 *N*-亚硝基化合物对食品的污染？
2. 食品中多环芳烃化合物的来源主要有哪些？进入人体后主要有什么危害？预防多环芳烃化合物污染食品的措施主要有哪些？
3. 影响食品中杂环胺形成的因素有哪些？该类物质进入人体后对健康有什么危害？预防杂环胺污染食品的措施主要有哪些？
4. 丙烯酰胺是如何污染食品的？其产生机制及影响其形成的条件有哪些？进入人体后有什么危害？预防丙烯酰胺污染食品的措施有哪些？

5. 食品中氯丙醇的来源主要有哪些？进入人体后会产生怎样的危害？如何控制氯丙醇对食品的污染？

参考文献

[1] 史贤明. 食品安全与卫生学[M]. 北京：中国农业出版社，2002.

[2] 李勇. 营养与食品卫生学. 北京：北京大学医学出版社，2005.

[3] 钱建亚，熊强. 食品安全概论[M]. 南京：东南大学出版社，2006.

[4] 戴树桂. 环境化学[M]. 2版. 北京：高等教育出版社，2006.

[5] 曹梦思，王君，张立实. 食品中多环芳烃的研究现状[J]. 卫生研究，2015，44(1)：151-157.

[6] 刘彤，王德才，姜媛. 调味品中氯丙醇污染及研究[J]. 中国公共卫生管理，2006，22(4)：331-333.

[7] 洪燕婷，王盼，朱雨辰，等. 肉制品中杂环胺形成与控制的研究进展[J]. 中国食品学报，2014，14(11)：149-156.

[8] 李颜，齐智，肖颖. 食品中丙烯酰胺的含量及其形成机理[J]. 中国食物与营养，2006，3：15-16.

[9] 汤菊莉，李宁，严卫星. 食品中丙烯酰胺的毒理学研究现状[J]. 中国食品卫生杂志，2006，18(4)：350-353.

[10] 武致，杨芳，邓涛，等. 老抽酱油中氯丙醇的新来源分析[J]. 中国调味品，2008(2)：88-89.

[11] Kilic N, Sandal S, Colakoglu N, et al. Endocrine disruptive effects of polychlorinated biphenyls on the thyroid gland in female rats [J]. Tohoku J Exp Med, 2005, 206(4): 327-332.

[12] 阮亮，李迎春. 食品中丙烯酰胺对健康的影响[J]. 国外医学卫生学分册，2005，32(6)：321-324.

[13] 白永文，王明强. *N*-亚硝基化合物对食品安全的污染及其对策[J]. 中国调味品，2011，36(8)：9-11.

[14] 韩劲松，张艳萍. 佛山市市售食品3-氯丙醇污染状况调查[J]. 中国热带医学，2008，8(4)：654-656.

[15] 李向丽，杨公明，张延杰，等. 食品中丙烯酰胺含量及抑制技术的研究进展[J]. 安徽农业科学，2015，43(5)：252-255.

[16] 韩嘉媛，张淳文. 丙烯酰胺的毒性研究[J]. 卫生研究，2006，35(4)：513-515.

[17] 秦红梅，金一和，黄飚，等. 食品中3-氯丙醇的污染状况及其毒性研究进展[J]. 中国公共卫生，2002，18(12)：1519-1521.

[18] 黄家岭，杨国先，赵应梅，等. GC-MS测定富含油脂类食品中氯丙醇的方法研究[J]. 中国酿造，2015，34(8)：143-146.

[19] 黄剑锋，吴秀登，傅武胜. 氯丙醇的安全毒理学评价概况[J]. 实用预防医学，2002，9(4)：427-430.

[20] 葛泽河，虞洋. 食品中氯丙醇的危害及其消除方法研究进展[J]. 吉林医药学院学报，2014,35(4):305-308.

[21] Johansson M, Fredholm L, Bjerne I, et al. Influence of frying fat on the formation of heterocyclic amines in fried beef burgers and pan residues[J]. Food and Chemical Toxicology, 1995, 33(12): 993-1004.

[22] Kikugawa K, Hiramoto K, Kato T, et al. Effect of food reductones on the generation of the pyrazine cation radical and on the formation of the mutagens in the reaction of glucose, glycine and creatinine[J]. Mutation Research/Genetic Toxicology and Environmental Mutagenesis, 2000, 465(1): 183-190.

第 6 章

食品添加剂与食品安全

本章学习目的与要求

掌握食品添加剂的使用原则；了解常见的安全性较低食品添加剂以及禁用添加剂的毒性、易污染的食品。

6.1 食品添加剂概述

食品添加剂(food additive)是现代食品工业的重要组成部分,在改善食品的色、香、味、形等感官性状,原料以及成品的保质保鲜,调节食品的营养成分,新产品的开发,食品加工工艺改良等方面都起着重要的作用。在相关部门的监督管理下,按照规定合理使用食品添加剂,其安全性是有保障的。没有食品添加剂就没有现代化食品加工业,就没有丰富多样的食品。

但是,如果不科学、规范的使用食品添加剂也会对食品本身和消费者带来很大的负面影响,尤其是滥用食品添加剂或在食品中添加有毒有害物质,如苏丹红、孔雀石绿、甲醛等,将极大地影响食品的安全性。因此食品添加剂的安全问题成为人们关注的焦点。

6.1.1 食品添加剂的定义与分类

6.1.1.1 食品添加剂的定义

联合国粮农组织(FAO)和世界卫生组织(WHO)食品添加剂联合专家委员会(JECFA)对食品添加剂的定义是"食品添加剂是指本身不作为食品消费,也不是食品特有成分的任何物质,而不管其有无营养价值。它们在食品的生产、加工、调制、处理、充填、包装、运输、储存等过程中,由于技术(包括感官)的目的,有意加入食品中或者预期这些物质或其副产品会成为(直接或间接)食品的一部分,或者是改善食品的性质。它不包括污染物或者为保持、提高食品营养价值而加入食品中的物质"。联合国食品添加剂法典委员会(Codex Committee on Food Additives, CCFA)规定食品添加剂是"有意识地加入食品中,以改善食品的外观、风味、组织结构和储藏性能的非营养物质"。国际食品法典委员会(Codex Alimentarius Commission, CAC)定义的食品添加剂是:有意加入到食品中,在食品的生产、加工、制作、处理、包装、运输或保存过程中具有一定的功能作用,其本身或者其副产品成为食品的一部分或影响食品的特性,其本身不作为食品消费,也不作为传统的食品成分的物质,无论其是否具有营养价值。食品添加剂不包括污染物和为了保持或增加食品的营养价值而加入到食品中的物质。

在欧盟,食品添加剂是指在食品的生产、加工、制备、处理、包装、运输或存储过程中,出于技术性目的而人为添加到食品中的任何物质。而这些添加物质通常并不作为食品来消费,而且也不作为食品的特征成分来使用,无论其是否具有营养价值,这些添加物质本身或其副产物直接或间接地成为食品的组分。日本《食品卫生法》规定食品添加剂是指"在食品制造过程,即食品加工中为了保存目的加入食品,使之混合、浸润及其他目的所使用的物质"。美国规定食品添加剂是"由于生产、加工、储存或包装而存在于食品中的物质或者其他混合物,不是基本的食品成分"。

《中华人民共和国食品安全法》(2015 年 10 月 1 日起施行)第一百五十条将食品添加剂定义为为改善食品品质和色、香、味以及为防腐、保鲜和加工工艺的需要而加入食品中的人工合成或者天然物质,包括营养强化剂;GB 2760—2014《食品添加剂使用标准》的定义是为改善食品品质和色、香、味,以及为防腐、保鲜和加工工艺的需要而加入食品中的人工合成或者天然物质。营养强化剂、食品用香料、胶基糖果中基础剂物质、食品工业用加工助剂也包括在内。

各国和组织对食品添加剂的定义表述虽然不同,但都涵盖了食品添加剂的几个特征:①食品添加剂是在食品生产加工过程中有意添加的;②能够满足一定的工艺需求,如可以改善食品的色、香、味、形等感官特征，或者能够提高食品的质量和稳定性等；③其本质是化学合成或者天然存在的物质；④食品添加剂的定义和范畴是依据所在国或地区食品法律规范规定的。

二维码 6-1 GB 2760—2014《食品添加剂使用标准》

6.1.1.2 食品添加剂的分类

食品添加剂的分类主要有以下三种：

(1)按来源 将食品添加剂分为天然食品添加剂和化学合成食品添加剂两大类。

天然食品添加剂是利用动植物或微生物代谢产物为原料，经分离、提取、纯化而获得的天然物质，主要有天然色素、香料等。

化学合成食品添加剂是采用化学方法，通过氧化、还原、缩合、聚合等反应而得到的化学物质，它们是食品添加剂中种类最多的一大类。化学合成食品添加剂又可分为化学合成品和人工合成天然等同物两类。天然等同物即是用化学方法合成的、但其化学结构与自然界发现的天然物质完全相同的物质。

(2)按功能 由于各国对食品添加剂的定义不同，因而按功能分类亦有所不同。CAC将食品添加剂分为27类，欧盟分为24类，日本分为27类，美国分为32类。

我国在GB 2760—2014《食品添加剂使用标准》中将食品添加剂分为22类共2 000余种。

(3)按毒性 将食品添加剂分为A、B、C三类，每类再细分为①、②亚类。

A类：①毒理学资料清楚，已制定人体每日允许摄入量ADI(acceptable daily intake)或认为毒性有限，无须规定ADI者；②已经暂定ADI值，但毒理学资料还不够完善。

B类：①JECFA曾进行过安全评价，但未建立ADI值；②未进行过安全评价者。

C类：①JECFA根据毒理学资料，认为在食品中使用不安全者；②JECFA认为应该严格限定在某些食品中作特殊应用者。

6.1.2 食品添加剂的使用原则

使用食品添加剂必须严格执行GB 2760—2014《食品添加剂使用标准》和GB 14880—2012《食品营养强化剂使用标准》，严禁将非食用物质作为食品添加剂使用。

二维码 6-2 GB 14880—2012《食品营养强化剂使用标准》

二维码 6-3 《食品营养强化剂使用标准》增补公告

6.1.3 食品添加剂的安全性与管理

我国目前允许使用的食品添加剂都经过了食品安全风险评估。GB 2760—2014《食品添加剂使用标准》中对批准使用的食品添加剂的名称、分类、使用范围、用量等都做了明确规定，只要按照该标准的要求进行使用，其安全性是有保证的。但我国食品添加剂生产与应用领域仍存在着产品质量较差，滥用等问题，给食品安全带来了很大的隐患，也影响食品添加剂和食品加工产业的发展。

6.1.3.1 食品添加剂本身的安全性问题

有些食品添加剂本身有一定的危害性，由于还没有找到更好的替代品，仍然在使用。如发色剂硝酸盐、亚硝酸盐在一定的剂量时会对人体健康有害；色素柠檬黄等偶氮类染料，长期、高剂量使用可引起支气管哮喘、荨麻疹、血管性浮肿等症状；香料中很多物质可引起呼吸道发炎、咳嗽、喉头浮肿、皮肤瘙痒等。

在食品添加剂制造过程中，由于操作不规范、卫生不合格等因素的影响，可能造成产品的质量不合格，有些还含有少量的汞、铅、砷等有害物质。这些杂质将会影响食品安全，危害消费者健康。

如果食品储藏的时间过长，其中的食品添加剂可能发生转化而影响食品质量和消费者健康。例如赤藓红色素可以转化为荧光素，亚硝酸盐可能形成亚硝基化合物，偶氮类染料可能形成游离芳香族胺等。有些食品添加剂相互之间，或与食品成分，或与其他食品污染物之间存在相互作用，可能会带来意想不到的毒性问题。例如英国食品标准局(Food Standards Agency)在其官方网站公布消息称，如果汽水同时含有防腐剂苯甲酸钠与抗氧化剂维生素 C，它们可能发生相互作用而生成具有致癌性的苯。

6.1.3.2 食品添加剂使用中存在的问题

食品添加剂可能的毒性除与它本身的结构和理化性质有关外，还与其有效浓度、作用时间、接触途径和部位，物质的相互作用与机体的机能状态等有关。

(1)食品添加剂超范围使用　柠檬黄是一种允许在膨化食品、冰激凌、果汁饮料等食品中使用的食品添加剂，但不允许在面制品中使用。2011 年 4 月，上海多家超市发生了玉米面馒头是由白面经柠檬黄染色制成的事情。

(2)食品添加剂超限量使用　例如近年来酱腌菜的生产逐渐低盐化，作为常温保存的产品，盐分含量降低可使产品的保存周期缩短。为此，部分企业通过加大防腐剂用量来抑制产品中的微生物，造成产品中苯甲酸钠等防腐剂含量超标。

二维码 6-4　GB 7718—2011《预包装食品标签通则》

(3)产品标识不符合规定　《预包装食品标签通则》(GB 7718—2011)规定：甜味剂、防腐剂、着色剂应标示具体名称，使用其他食品添加剂的应在产品上按 GB 2760 的规定标示具体名称或种类名称。当一种食品添加了两种或两种以上着色剂时，可以标示类别名称(着色剂)，再在其后加括号，标示 GB/T 12493 规定的代码。但是，有些食品生产企业不如实标示添加的食品添加剂，特别是防腐剂、合成色素、甜味剂等，却宣传“不含任何食品添加剂”、“纯天然”等字样欺骗、误导消费者。有些食品生产企业在商品标示时语言模糊，例如在产品包装配料表中只是标注食品添加剂的类别，却不标明具体品种，有的在产品不明显的地方用很小的字体标示。这些行为等于剥夺了消费者的知情权和选择权，侵害了消费者的权益。

(4)违禁使用非法添加物　是指在食品中将化工原料或药物当成食品添加剂使用，如“三聚氰胺毒奶粉事件”，辣椒酱及其制品、肯德基、红心鸭蛋等的苏丹红；工业用火碱、过氧化氢和甲醛处理水发食品，工业用吊白块用于面粉漂白。

6.1.3.3　食品添加剂的安全性评价

为确保食品添加剂的安全性，必须对其进行安全性评价。

二维码 6-5　GB 15193.1—2014《食品安全性毒理学评价程序》

(1)食品添加剂的毒理学评价程序　食品添加剂的毒理学评价程序参见 GB 15193.1—2014《食品安全性毒理学评价程序》的相关内容。

(2)食品添加剂的使用限量与相关参数　JECFA 规定的用于评价食品添加剂毒性安全性的重要指标有：

①半数致死量 LD_{50}　LD_{50} 越大其毒性越小，在食品中使用时越安全(表 6-1)。

表 6-1　急性毒性(LD_{50})剂量分级表

[引自：GB 15193.3—2003《急性毒性试验》中附录 D 表 D.1 急性毒性(LD_{50})剂量分级表]

毒性级别	大鼠口服 LD_{50}/(mg/kg 体重)	相当于人的致死量	
		mg/kg	g/人
极毒	<1	稍尝	0.05
剧毒	1～50	500～4 000	0.5
中毒	51～500	4 000～30 000	5
低毒	501～5 000	30 000～250 000	50
实际无毒	5 001～15 000	250 000～500 000	500
无毒	> 15 000	>500 000	2 500

②每日允许摄入量 ADI　ADI 是评价食品添加剂最重要、也是最终的标准。ADI 值越大，说明这种添加剂的毒性越低。

③食品添加剂在食品中的最大使用量(单位：g/kg)　制定步骤如下：

第一步，将 ADI 值乘以平均体重求得每人每日允许摄入量；

第二步，根据人群的膳食调查，搞清膳食中含有该添加剂的各种食品的每日平均摄入量；

第三步，分别算出每种食品含有该添加剂的最高允许量；

第四步，根据该添加剂在食品中的最高允许量制定出该添加剂在每种食品中的最大使用量。为了充分保证人体安全，原则上总是希望食品添加剂在食品中的最大使用量标准低于最高允许量，具体要按照其毒性及使用等实际情况确定。也可以用 JECFA 推荐的“丹麦预算法”(DBM)来推算，这种方法目前已被世界各国公认和采用，即：食品添加剂的最大使用量＝40×ADI。

(3)我国对食品添加剂的安全性评价　根据《食品添加剂新品种管理办法》(卫生部令第 73 号，2010 年 3 月 15 日)的规定，未列入食品安全国家标准或卫生部公告允许使用的食品添加剂品种，以及扩大使用范围或使用量的食品添加剂品种，必须获得卫生部批准后方可生产、经营或使用。生产、经营、使用或者进口的单位或者个人应当提出食品添加剂新品种许可申请，并提交生产工艺、理化性质、质量标准、毒理试验结果、应用效果、应用范围、最大应用量等有关资料，卫生部应当在受理后 60 日内组织医学、农业、食品、营养、工艺等方面的专家对食品添加剂新品种技术上确有必要性和安全性评估资料进行技术审查，并作出技术评审结论。必要时，可以组织专家对食品添加剂新品种研制及生产现场进行核实、评价。安全性验证检验应当在取得资质认定的检验机构进行。对尚无食品安全国家检验方法标准的，应当首先对检验方法进行验证。根据技术评审结论，卫生部决定对在技术上确有必要性和符合食品安全要求的食品添加剂新品种准予许可并列入允许使用的食品添加剂名单予以公布。卫生部根据技术上的必要性和食品安全风险评估结果，将公告允许使用的食品添加剂的品种、使用范围、用量按照食品安全国家标准的程序，制定、公布为食品安全国家标准。

6.1.3.4 食品添加剂的安全性管理

各国都采取一定的法规对食品添加剂进行管理。我国于1981年制定了《食品添加剂使用卫生标准》(GB 2760—1981)，随着食品工业的发展和对食品安全的高度重视，GB 2760不断进行修订。修订后的标准充分借鉴和参照了国际食品添加剂法典标准的框架，无论是添加剂的使用原则、分类系统的设置，还是添加剂使用要求的表述，都尽可能与国际食品法典委员会(CAC)相一致。

6.2 安全性较低的食品添加剂与食品安全

6.2.1 护色剂对食品安全的影响

6.2.1.1 护色剂硝酸盐、亚硝酸盐作用概述

护色剂(colour fixatives)又称发色剂，我国批准使用的是硝酸钠(钾)和亚硝酸钠(钾)。它们能与肉及肉制品中呈色物质作用，使之在食品加工、保藏等过程中不致分解、破坏，呈现良好的色泽。

亚硝酸盐还具有良好的抑菌防腐作用，在pH 4.5～6.0的范围内对金黄色葡萄球菌、肉毒梭菌、蜡样芽孢杆菌等有抑制作用，但对沙门氏菌、乳酸菌无抗菌效果。其主要作用机理是亚硝酸盐在细菌及组织还原物质作用下，形成NO_2和NO，NO可与细菌的Fe-S蛋白反应生成一种复合物，从而阻止丙酮酸降解生成ATP，抑制细菌的生长繁殖。硝酸盐与亚硝酸盐在肉制品中形成HNO_2后，由于亚硝酸的性质不稳定，在常温下可分解产生亚硝基(NO—)和O_2，氧可抑制深层肉中厌氧的肉毒梭菌的繁殖，从而防止由肉毒梭菌产生肉毒毒素而引起的食物中毒，起到抑菌防腐作用。

腌肉中的亚硝酸盐与食盐作用，改变肌红细胞的渗透压，增加盐分的渗透作用，促进肉制品成熟风味的形成，从而使肉制品具有弹性，口感良好，并消除原料肉的腥味，提高产品品质。在肉制品腌制过程中，亚硝酸盐能与胶原蛋白作用，增加肉的黏度和弹性。亚硝酸盐还能提高肉品的稳定性，防止脂肪氧化。

6.2.1.2 硝酸盐、亚硝酸盐对人体健康的影响

(1)急性毒性 亚硝酸盐的小鼠经口LD_{50}为220 mg/kg体重，大鼠经口LD_{50}为85 mg/kg体重(雄性)，175 mg/kg体重(雌性)。过量的亚硝酸盐能使血液中正常携氧的二价铁血红蛋白氧化成高铁血红蛋白，失去携氧能力，引起组织缺氧、呼吸中枢麻痹、血管扩张、血压降低，严重时可引起内窒息至死亡。人体摄入0.3～0.5 g亚硝酸盐可引起中毒，摄入约3 g可致死。在肠道中硝酸盐可被还原成亚硝酸盐，也可能引起毒性作用。

(2)慢性毒性　亚硝酸盐在自然界和胃肠道的酸性环境中,可以与存在的仲胺、叔胺及氨基酸等形成具有强烈致癌作用的 *N*-亚硝基化合物。详细内容参见5.1“*N*-亚硝基化合物对食品安全的影响”。

亚硝基盐能够透过血胎屏障进入胎儿体内而使其致畸,尤其是6个月以内的胎儿最敏感,还可通过哺乳进入婴儿体内,造成婴儿机体组织缺氧,皮肤、黏膜出现青紫斑,有极大的危害。因此,控制食品中亚硝胺的前体化合物硝酸盐和亚硝酸盐成为世界各国普遍关注的问题。

6.2.1.3　硝酸盐、亚硝酸盐的安全使用

(1)严格控制硝酸盐和亚硝酸盐的使用量和残留量　各国都对食品中亚硝酸盐添加量进行严格规定,如日本规定肉制品中亚硝酸根不得超过70 mg/kg;我国要求肉制品加工中亚硝酸盐使用量不能超过0.15 g/kg,硝酸盐最大使用量不能超过0.5 g/kg,肉制品成品中的残留量(以亚硝酸钠计)除西式火腿(熏烤、烟熏、蒸煮火腿)$\leqslant$70 mg/kg,肉罐头类$\leqslant$50 mg/kg外,腌腊肉制品类、酱卤肉制品类、熏烧烤肉类、油炸烤肉类、油炸肉类、肉灌肠类、发酵肉制品类均为$\leqslant$30 mg/kg。

(2)降低肉制品中亚硝酸盐对人体的危害　世界各国都致力于研究减少肉制品中亚硝酸盐残留量以降低亚硝胺的生成,从而降低对人体健康的危害。其方法主要有:

①添加一些护色助剂,如抗坏血酸、异抗坏血酸、维生素E、烟酰胺等,可促进护色,抗坏血酸、α-生育酚与亚硝酸盐有高度亲和力,在体内能防止亚硝化作用,阻断亚硝胺的合成。

②添加一些天然物质以降低亚硝酸盐残留。大蒜含有大蒜素可以抑制胃中硝酸盐还原菌,降低胃内亚硝酸盐含量;姜汁提取液对亚硝酸盐有清除作用,对 *N*-二甲基亚硝胺(DNMA)的合成有一定的阻断作用;茶多酚(tea polyphenols,TP)含量高的茶叶如绿茶,阻断 *N*-亚硝基化合物合成效果较好;另外富含维生素C、维生素E、核黄素的食物,均可抑制胃中亚硝胺的形成。

③添加一些能起到类似亚硝酸盐发色作用的物质如天然红曲色素、氨基酸与肽,添加一些有防腐作用的物质,如山梨酸钾,以减少亚硝酸盐的用量。

④利用乳酸菌等能降解硝酸盐的微生物发酵动物性食品,降低亚硝酸盐残留量,减少亚硝胺的生成。

⑤减少亚硝酸盐含量较高食品的摄入量如咸鱼、咸菜、腊肉、腊肠、火腿、熏肉类等食物;因油煎后可产生亚硝基吡啶烷,致癌性剧增,因此应该避免油煎。

6.2.2　膨松剂对食品安全的影响

6.2.2.1　膨松剂的分类

膨松剂(leavening agents)是在食品加工过程中加入的、能使产品发起并形成致密多孔组织,从而使制品膨松、柔软或酥脆的物质,可分为生物膨松剂和化学膨松剂两大类。生物膨松剂主要是酵母;化学膨松剂又可分为单一膨松剂和复合膨松剂两类。常用的单一化学膨松剂是碳酸氢钠、碳酸氢铵等,受热后分解产生二氧化碳和氨气,使制品膨松。复合膨松剂俗称发酵粉,一般由碳酸盐类、酸类或酸性物质以及淀粉等填充物组成。

我国准许使用的膨松剂有碳酸氢钠(钾)、碳酸氢铵、碳酸氢钙、硫酸铝钾(钾明矾)、硫酸铝铵(铵明矾)、碳酸钾、轻质碳酸钙等。

6.2.2.2　化学膨松剂的安全问题

近年来,面制食品中铝含量严重超标现象不断出现,其原因主要是在食品加工过程中过量

使用含铝膨松剂泡打粉的缘故。泡打粉的主要成分是硫酸铝钾或硫酸铝铵。据报道，在面制食品中泡打粉的使用量一般在1%～3%，如用铝含量2%的泡打粉，按1%添加量使用，加工后的食品铝残留量至少在200 mg/kg，远远超过国家标准规定的铝残留量≤100 mg/kg的要求。目前市售复合膨松剂中铝含量一般都在3%以上，这就更容易造成面制食品中铝残留严重超标。食品铝超标会对人体造成多种危害，详细内容参见4.6“其他限量元素对食品安全的影响”中有关铝的内容。

膨松剂中常用的磷酸二氢钙、焦磷酸二氢二钠等磷酸盐的使用安全性也逐渐受到质疑。磷、钙、镁元素相互影响，如果人体内磷的含量增高，则钙、镁的含量就降低。如果摄入过多的磷，会造成钙质的流失，导致骨质疏松等症状。

6.2.2.3 膨松剂的安全使用

碱性膨松剂可应用于各类食品，按生产需要量添加；含铝的复合膨松剂应限量应用在油炸面制品、腌制水产品（仅限海蜇）、豆类制品、焙烤食品、面糊、裹粉、煎炸粉和虾味片中，其铝的残留量（干样品，以Al计）≤100 mg/kg。倡导使用天然的酵母生产发酵面制食品或用无铝或低铝复合膨松剂取代含铝复合膨松剂。

新型无铝复合膨松剂含有丰富的钙，适用于各种饼干、酥饼、蛋糕、油条以及其他烘烤食品的生产。无铝复合膨松剂一般仍由碳酸盐类、酸性盐类、淀粉和脂肪酸等组成，其中用碳酸氢钠、碳酸钙作为碳酸盐类，用柠檬酸、酒石酸、δ-葡萄糖酸内酯作为酸性物质，用单甘酯、大豆磷脂作为乳化剂，用L-抗坏血酸棕榈酸酯为抗氧化剂，用淀粉为助剂，从根本上解决了化学膨松剂含铝的问题。

6.3 禁用添加物对食品安全的影响

在我国，只有列入《食品添加剂使用标准》名单中的产品才可以被称为食品添加剂，除此之外均称为非法添加物。近年来曝光的重大食品安全事件，从“三聚氰胺奶粉”、“红心鸭蛋”，到“瘦肉精猪肉”事件，都属于添加非法添加物的行列。2011年年底前制定并公布《复配食品添加剂通用安全标准》和《食品添加剂标识标准通则》，并陆续公布了部分食品中可能违法添加的非食用物质和在食品加工过程中易滥用的食品添加剂品种名单。

二维码6-6 GB 26687—2011《复配食品添加剂通则》

二维码6-7 GB 29924—2013《食品添加剂标识通则》

二维码6-8 可能在食品中违法添加的物质

6.3.1 过氧化苯甲酰对食品安全的影响

6.3.1.1 概述

过氧化苯甲酰别名过氧化二苯（甲）酰，分子式为$C_{14}H_{10}O_4$，相对分子质量为242.23。结构式如图6-1所示。

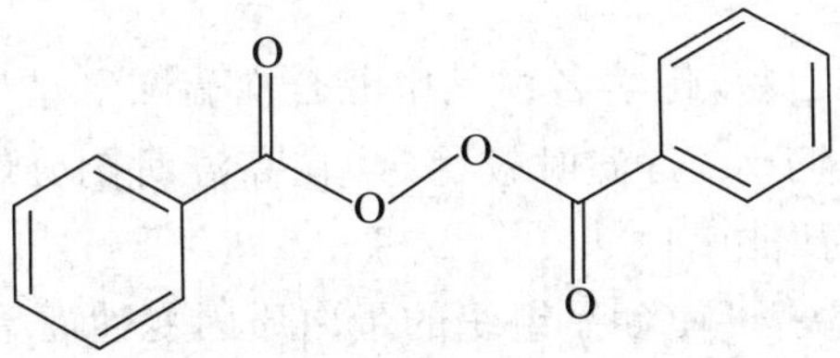

图 6-1　过氧化苯甲酰的结构式

过氧化苯甲酰为白色或淡黄色微有杏仁气味的粉末状固体，具有强氧化性，可被还原成苯甲酸，可因加热、撞击而发生爆炸。

过氧化苯甲酰在食品工业中曾经作为面粉增白剂使用。它在面粉中水分和酶的作用下，释放出活性氧，使面粉中色素的共轭双键结构被氧化破坏而褪色，使面粉变白。过氧化苯甲酰最快在 24 h 对面粉起到漂白作用，2 周达到漂白最高值，同时生成的苯甲酸对面粉有防霉等作用。过氧化苯甲酰的氧化作用可使面粉中蛋白质的—SH 基氧化成—S—S—基，有利于蛋白质网状结构的形成，从而改善新麦粉面制品口感，可明显改善小麦的后熟，使面粉熟化期从 2 个月缩短到 2～3 天。过氧化苯甲酰还可抑制小麦粉中蛋白质分解酶的作用，增强面团弹性、延伸性、持气性，改善面团质构，从而提高焙烤制品的质量；可以使小麦在加工同一等级的面粉时出粉率提高。研究结果表明，在面粉中按 0.06 g/kg 添加过氧化苯甲酰，一般可以使面粉的白度提高 3～4 U，提高出粉率 3%～5%。但过氧化苯甲酰同时可使维生素 A、维生素 E、维生素 B_1 受到破坏。

6.3.1.2　毒性

过氧化苯甲酰的小鼠经口 LD_{50} 为 3 590 mg/kg 体重，大鼠经口 LD_{50} 为 7 710 mg/kg 体重，ADI 为 0～40 mg/kg 体重。过氧化苯甲酰在面粉中水解生成的苯甲酸随食品进入人体后，90%可与甘氨酸结合成马尿酸随尿液排出；部分与葡萄糖醛酸结合成 1-苯甲酰葡萄糖醛酸而使毒性大大降低。由于过氧化苯甲酰进入人体后需要在肝脏内进行代谢，如果随面粉进入的量比较大，将会加重肝脏负担。无“三致”作用。

目前 FAO/WHO 联合国食品法规委员会允许在面粉中使用过氧化苯甲酰，美国、加拿大、澳大利亚、新西兰等国家也同样允许。我国自 2011 年 5 月 1 日起，禁止生产、在面粉中添加过氧化苯甲酰、过氧化钙。

6.3.2　甲醛与吊白块对食品安全的影响

6.3.2.1　甲醛

甲醛是一种无色、有强烈刺激性气味的化学物质，易溶于水，主要用于塑料工业、合成纤维、皮革工业、医药、染料等。甲醛易与体内蛋白质的—NH_2、—SH、—COOH、—OH 等结合，生成次甲基衍生物，破坏蛋白质的功能，从而杀灭各种微生物包括细菌繁殖体、芽孢、分支杆菌、真菌甚至病毒。浓度为 35%～40%的甲醛水溶液又称为福尔马林，具有杀菌和防腐功能。

不法商贩利用甲醛溶液浸泡过的食品体积大、色泽光亮、口感较好、不易腐败且重量增加的特性，在加工生产水发食品过程中违法使用。如虾仁不加添加物为无色透明，加入火碱和甲醛后，体积可膨胀至原来的 2～3 倍，重量也增加 2 倍多，颜色发红；经甲醛浸泡后的银鱼色泽异常洁白透亮，韧性大大增强。

6.3.2.2 吊白块

"吊白块"又名雕白块、雕白粉，化学名称是甲醛合次硫酸氢钠（$HCHO \cdot NaHSO_2 \cdot 2H_2O$），呈白色块状或结晶性粉状，溶于水，常温时较稳定，在高温时刻分解出亚硫酸，具有强还原性，因而具有漂白作用，是工业用增白剂。

有资料报道，由于"吊白块"可使食品组织的蛋白质因变性而呈均匀交错的"凝胶"结构，可以使腐竹等食品的外观和口感得到改善，可使 100 kg 大豆多产腐竹 10 kg；可使食品增白，增加韧性及防腐。使用适量浓度的"吊白块"处理的食品外观色泽亮丽、久煮不煳并可延长保存时间，因而不法商户在生产和销售面粉、腐竹、竹笋、米粉、豆制品、粉丝、银耳、白糖、单晶冰糖等食品时违法添加。

"吊白块"在食品加工过程中分解放出甲醛，因此其毒性主要来自甲醛。此外，"吊白块"还分解产生二氧化硫、硫化氢等。

6.3.3 染料对食品安全的影响

色、香、味、形是食品的重要性质。食品的颜色是食品给消费者视觉的第一感官印象。在食品加工中，由于加热、酸碱条件的变化，食品中天然色素可能变色或者褪色，为恢复或改善食品的色泽，需要使用着色剂。

化学合成色素是从煤焦油中提取或者以苯、甲苯、萘等物质为原料生产的一系列有机化合物，按照化学结构分为偶氮类和非偶氮类两大类。目前世界各国允许使用的合成色素几乎全是水溶性的色素和它们的色淀。油溶性的偶氮类色素毒性较大，在食品中禁止使用，如苏丹红、对位红等。

6.3.3.1 苏丹红

苏丹红共分为苏丹红Ⅰ、苏丹红Ⅱ、苏丹红Ⅲ、苏丹红Ⅳ四大类。

二维码 6-9 化学品数据库

苏丹红为亲脂性偶氮染料，主要用于油彩、机油、蜡和鞋油等产品的染色。由于用苏丹红染色后的食品非常鲜艳且不易褪色，能引起人们强烈的食欲，常见添加苏丹红的食品有辣椒粉、辣椒油、红豆腐、红心禽蛋等。

进入人体的苏丹红在胃肠道微生物还原酶的作用下，代谢成相应的胺类物质。苏丹红的致突变性和致癌性与代谢生成的胺类物质有关。国际癌症研究机构（IARC）将苏丹红Ⅰ归为三类致癌物，即动物致癌物。肝脏是苏丹红Ⅰ致癌的主要靶器官，此外还可以引起膀胱癌、脾脏癌等。苏丹红Ⅰ在 S9 活化酶系存在下，Ames 试验结果为阳性，表明苏丹红Ⅰ对细胞具有间接致突变作用；对小鼠淋巴瘤 L5178YTK+/－细胞具有致突变作用；大鼠骨髓微核试验呈阳性；彗星试验表明可以引起小鼠胃和结肠细胞的 DNA 断裂。这些结果表明苏丹红Ⅰ具有致突变作用。

IARC 将苏丹红Ⅱ及其代谢物 2,4-二甲基苯胺列为三类致癌物。动物试验结果显示，给雌性小鼠 2,4-二甲基苯胺 30 mg/kg，肺癌发生率较对照组显著升高。

IARC 将苏丹红Ⅲ列为三类致癌物，但将其代谢产物 4-氨基偶氮苯列为二类致癌物，即对人可能致癌物。动物试验显示，给大鼠 80～400 mg/kg 的 4-氨基偶氮苯 104 周，大鼠肝癌发生率明显升高。

IARC 将苏丹红Ⅳ列为三类致癌物，将其代谢产物邻甲苯胺和邻氨基偶氮甲苯均列为二类致癌物。动物试验显示，给予大鼠 150 mg/kg 体重的邻甲苯胺 100～104 周后，多器官肉瘤、纤维肉瘤、骨肉瘤等的发生率均增加，给予犬 5 mg/kg 体重的邻氨基偶氮甲苯 30 个月，可诱发膀胱癌。

苏丹红及其代谢产物都属于Ⅱ类或Ⅲ类致癌物。因为其脂溶性强，能在动物或者人体内积累，尤其脂肪组织中容易产生富集，因此如果长期低剂量摄入苏丹红，也可能给健康带来潜在危害。

苏丹红在世界各国都被禁止用于食品。

6.3.3.2　孔雀石绿

部分内容参见 3.3.4.4“孔雀石绿残留对食品安全的影响”。

孔雀石绿对小鼠的经口 LD_{50} 为 80 mg/kg，可影响大鼠和小鼠对食物的吸收、动物生长和繁殖能力，造成肝、脾、肾和心脏的病变，皮肤、眼睛、肺部和骨骼的损害。

研究发现浓度为 0.5 mg/L 的孔雀石绿可使鳙鱼和尼罗罗非鱼的红细胞微核率分别达到 0.133％和 0.071 7％，且微核率随着孔雀石绿浓度的升高而增加，表明孔雀石绿有致鱼体发生突变的作用。

孔雀石绿的化学官能团是三苯甲烷，具有诱发肿瘤的作用，表现为诱发甲状腺肿瘤、肝脏肿瘤、乳腺肿瘤、睾丸癌。

鉴于孔雀石绿对人体健康有潜在的危害，加拿大于 1992 年就禁止其作为渔场杀菌剂；欧盟于 2002 年 6 月禁止在渔场中使用孔雀石绿；英国规定任何鱼类都不允许含有此物质，并且这种化学物质不应该出现在任何食品中；日本也不允许在水产品中有孔雀石绿存在；我国于 2002 年 5 月禁止将孔雀石绿用于任何食品。

6.3.3.3　罗丹明 B

罗丹明 B(Rhodamine B)又名若丹明 B、四乙基罗丹明、玫瑰红 B、蕊香红 B、碱性玫瑰精 B、碱性桃红等，俗称花粉红，分子式为 $C_{28}H_{31}ClN_2O_3$，相对分子质量 479.0175，是一种具有鲜桃红色的碱性荧光染料，通常应用的是它的氯化物。罗丹明 B 结构式如图 6-2 所示。

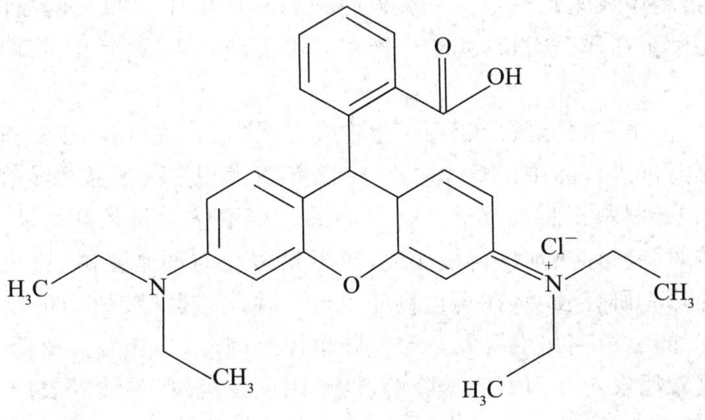

图 6-2　罗丹明 B 的结构式

罗丹明 B 易溶于水、乙醇，微溶于丙酮、氯仿、盐酸和氢氧化钠溶液，水溶液为蓝光红色，稀释后有强烈荧光，主要用于造纸工业、油漆工业等。罗丹明 B 具有脂溶性，被不法商贩用于调味品如辣椒油、辣椒粉、红油豆制品、红油鱼干等的染色。

罗丹明 B 的大鼠经口 LD_{50} 为 500 mg/kg，一般成年人食用含有大量罗丹明 B 的食物 30 min 就开始感觉头晕、心烦，小便呈现淡玫瑰红色，皮肤、黏膜也染成玫瑰红色，对健康构成威胁。

6.3.4 三聚氰胺对食品安全的影响

三聚氰胺分子式为 $C_3H_6N_6$，是一种三嗪类含氮杂环有机化合物，俗称密胺、蛋白精。三聚氰胺的结构式如图 6-3 所示。

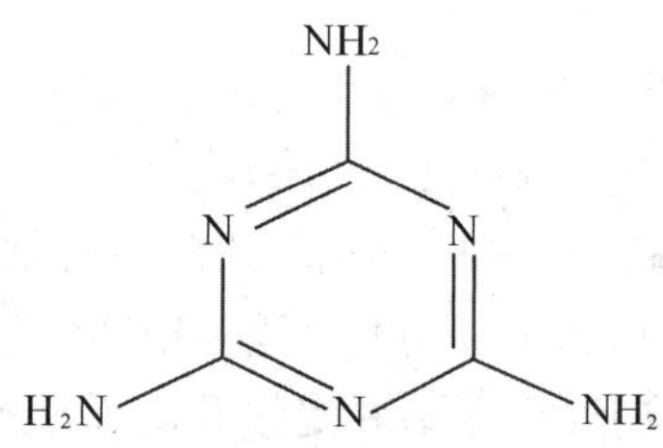

图 6-3 三聚氰胺的结构式

三聚氰胺是白色单斜晶体，几乎无味，常温下溶于水(3.1 g/L)，可溶于甲醇、甲醛、乙酸、热乙二醇、甘油、吡啶等，主要用于生产三聚氰胺甲醛树脂，还用于医药、阻燃剂、甲醛清洁剂、化肥等。

6.3.4.1 食品中三聚氰胺的来源

(1)人为添加 长期以来测定食品中蛋白质含量一直采用“凯氏定氮法”，即通过测定食品的氮含量乘以 6.25 来间接推算食品中蛋白质的含量。根据三聚氰胺分子式可以算出其含氮量为 66%左右，如果每 100 g 牛奶中添加 0.1 g 三聚氰胺，理论上就能将牛奶蛋白质含量提升 0.625%，因此被违法添加在牛奶等食品中提高所谓“蛋白质”的含量。三聚氰胺是白色的、无味的，掺入食品后不易被发现。

(2)奶粉生产过程中尿素加热形成三聚氰胺 原料奶中添加尿素的目的同添加三聚氰胺一样，只是人为提升“蛋白质”含量。奶粉生产需要高温脱水干燥，其中的尿素经过脱水缩聚可形成三聚氰胺。

(3)其他途径 由于三聚氰胺广泛用于生产食品容器、药物胶囊、杀虫剂、纸张、涂料等，微量的三聚氰胺很容易进入食品中。日本早在 1987 年就发现三聚氰胺可由容器迁移到食品中。据 WHO 估计，从包装材料迁移到婴幼儿食品中的三聚氰胺含量最高可达 0.5 mg/kg。仿瓷餐具是由三聚氰胺树脂粉加热加压铸模而成，应尽量避免与油脂接触、避免高温使用，最好不要放在微波炉中加热。研究表明，在温度高于 220℃时，三聚氰胺树脂可以发生降解，且随着温度升高降解速率加快，游离出甲醛及三聚氰胺单体。因此，仿瓷餐具要低于 200℃使用。

三聚氰胺还是常用农药环丙氨嗪的降解产物，因此在蔬菜、谷物等农产品中可能残留。

6.3.4.2 三聚氰胺的毒性

(1)急性毒性 三聚氰胺的大鼠经口 LD_{50} 为 3 100～3 300 mg/kg，小鼠经口 LD_{50} 为 4 550 mg/kg 体重，属于低毒化合物。对雄性动物的毒性大于雌性动物，长期高剂量摄入会引起膀胱结石、肥大和炎症。但根据 2007 年美国食品药品管理局(FDA)对美国的宠物猫、狗中毒死亡事件调查,发现这些宠物在摄入受三聚氰胺污染的宠物食品后发生急性肾衰竭,因此应该重新审查三聚氰胺的急性毒性。

(2)慢性毒性　FAO/WHO 认为,动物长期摄入三聚氰胺可能造成生殖能力损害、膀胱或肾结石、膀胱癌等。动物试验研究发现,用 4 500 mg/(kg 体重·天)或 263 mg/(kg 体重·天)的高剂量三聚氰胺持续 2 年喂饲雄鼠,会造成其膀胱结石并增加膀胱、尿道出现恶性肿瘤的风险。但雌性大鼠及雄性或雌性小鼠则患膀胱癌。高剂量三聚氰胺导致的肿瘤与膀胱结石高度相关。

(3)对人体健康的危害　长期摄入三聚氰胺可能造成人类生殖能力损害、膀胱或肾结石、膀胱癌等,对于饮水少且肾脏窄小的哺乳期婴幼儿,则较易形成结石,病情严重者甚至可致肾功能衰竭或死亡。尽管对于三聚氰胺形成肾结石的机理尚不完全清楚,但是现有病例调查表明,三聚氰胺剂量和临床病例之间存在明显的量-效关系。美国《生活科学》杂志报道认为纯的三聚氰胺毒性轻微,但在生产过程三聚氰胺常常混有三聚氰酸;或三聚氰胺进入人体后,在胃的强酸性环境中会有部分水解成为三聚氰酸。三聚氰胺和三聚氰酸可以形成大的网状结构(氢键结构),人体摄入后由于胃酸的作用,三聚氰胺和三聚氰酸分离,通过小肠吸收进入血液循环,并最终进入肾脏。在肾细胞中两者再次结合、沉淀形成结石,堵塞肾小管,最终导致肾衰竭。对于体型较大的成人,由于代谢能力强,经常喝水,结石不容易形成。但婴幼儿饮水较少、肾脏体积小,很容易受到结石伤害。

三聚氰胺对人体有害,严禁用于食品及动物饲料中。在食品加工、运输、储存和销售过程中,三聚氰胺可能由各环节污染食品。国家规定从包装材料进入食品的三聚氰胺不能超过 30 mg/kg。

国家卫生部等部门于 2008 年 10 月初联合公布了乳制品及含乳食品中三聚氰胺临时管理限量值:婴幼儿配方乳粉中三聚氰胺的限量值为 1 mg/kg,液态奶(包括原料奶)、奶粉、其他配方乳粉为 2.5 mg/kg。三聚氰胺的含量高于上述限量的产品一律不得销售。

2012 年 7 月 5 日,联合国国际食品法典委员会(CAC)为牛奶中三聚氰胺含量设定了新标准,三聚氰胺≤0.15 mg/kg(液态牛奶)。(联合国机构为牛奶三聚氰胺含量设新标准. 新浪财经[2012-07-05])

(陈晋明)

本章小结

本章重点介绍了食品添加剂的概念、分类、使用原则以及目前存在的问题、安全性评价等,并对安全性较低的食品添加剂和禁用添加物对食品安全的影响作了详细介绍。

思考题

1. 食品添加剂使用时应该符合哪些基本要求?
2. 安全性较低的食品添加剂主要有哪些?主要危害是什么?容易污染的食品有哪些?
3. 禁用添加物主要有哪些?主要危害是什么?容易污染的食品有哪些?

参考文献

[1] 汪建军. 食品添加剂应用技术[M]. 北京:科学出版社,2010.

[2] 汤高奇,曹斌. 食品添加剂[M]. 北京:中国农业大学出版社,2010.

[3] 郝丽萍. 食品添加剂[M]. 北京:中国农业大学出版社,2010.

[4] GB 2760—2014 食品安全国家标准 食品添加剂使用卫生标准.

[5] GB 14880—2012 食品安全国家标准 食品营养强化剂使用标准.

[6] GB/T 15193.1—2014 食品安全性毒理学评价程序.

[7] 中华人民共和国食品安全法.

[8] 巢国强. 食品添加剂安全性综述[J]. 上海计量测试,2008,203(1):2-7.

[9] 宋雪莲."敏感"的食品添加剂[J]. 中国经济周刊,2008,37/38:12-14.

[10] 梁寒,程小梅,等. 食品添加剂存在的问题及安全对策分析[J]. 监督与选择:2007(Z1):56-57.

[11] 杨艳,王淑琴,等. 降低肉制品中亚硝酸盐残留量的研究进展[J]. 食品科技,2007,6:260-264.

[12] 戴京晶,刘奋,等. 深圳市售食品膨松剂中铝含量监测结果分析[J]. 中国卫生检验杂志,2009,19(5):1095-1096.

[13] 宋雁,李宁. 食品中苏丹红的危险性评估[J]. 国外医学卫生学分册,2005,32(3):129-132.

[14] 花丽茹,李殿胜. 食品动物禁用兽药对人体的危害[J]. 黑龙江水产,2009,132(4):38-39.

[15] 李孝军,唐行忠,等. 水产品中孔雀石绿残留的风险评估[J]. 检验检疫学刊,2009,(3):62-65.

[16] 高晓萍,黄现青,等. 动物性食品中三聚氰胺的残留及危害[J]. 中国食品卫生杂志,2009,21(3):277-280.

[17] 卢士英,邹明强. 食品中常见的非食用色素的危害与检测[J]. 中国仪器仪表,2009,(8):45-50.

[18] 宋增娴. 国内外食品添加剂法规研究[J]. 轻工标准与质量,2013(5):32-34.

[19] 王静,孙宝国. 食品添加剂与食品安全[J]. 科学通报,2013,58(26):2619-2625.

[20] 赵晓燕,陈相艳,张文玲,等.食品添加剂中存在的安全问题研究[J]. 中国食物与营养,2014,20(5):5-7.

第7章

加工食品的安全性

本章学习目的与要求

掌握油脂和油炸食品、酒类存在的食品安全问题和防控措施；了解其他食品如肉、乳制品、水产品、辐照食品存在的食品安全问题和防控措施。

我国是世界上最大的农产品生产国和消费国。随着生产能力的不断提高，我国农产品的供求关系发生了根本性的变化，对农产品进行深加工、发展食品产业，不仅能够提高农产品的附加值，而且还能满足人们对食品营养、多样、便捷、安全的要求。而在加工过程中，高温、油炸、烟熏、烘烤等加工方式可能对食品的安全性造成影响。了解产生这些影响的机理，对于改善加工工艺、增强食品的安全性具有重要意义。

7.1 油脂与油炸食品的安全问题

根据来源，食用油脂可以分为植物性油脂和动物性油脂两大类。植物油来源于油料作物，不饱和脂肪酸含量较高，常温下一般呈液态，如菜籽油、花生油、豆油等；动物脂肪来源于动物的脂肪组织，饱和脂肪酸含量较高，常温下一般呈固态，如猪油、牛油、羊油等。如果食用或保存不当，油脂可能危害人体健康。

7.1.1 油脂酸败对健康的影响

当油脂含有杂质或在不适宜条件下贮藏，发生的一系列化学变化称为油脂酸败。油脂酸败的原因如下：一是油脂在阳光、空气、水分、金属离子等作用下，所含的不饱和脂肪酸的不饱和键与空气中的氧发生加成，生成过氧化物，过氧化物进一步氧化或分解，生成有臭味的低级醛、酮、羧酸；二是油脂在微生物或酶的作用下，油脂水解生成甘油和脂肪酸，脂肪酸发生 β-氧化，生成 β-酮酸，β-酮酸再脱羧或进一步氧化，生成低级的酮、羧酸。在油脂酸败过程中，化学性的氧化和生物性的酶解经常同时发生，但油脂的自动氧化占主导地位。而在高温加热时，油脂的氧化酸败速度更快。油脂酸败的产物有“哈喇味”、“回生味”。

油脂酸败后其感官性状发生改变，产生不愉快气味，如干酪中的油脂水解酸败产生肥皂样和刺鼻气味。这些改变将影响油脂的食用价值，而且对人体健康也有一定的影响。

油脂氧化的中间产物是过氧化物，它们在发生分解的同时也可能聚合生成有害的大分子二聚物、多聚物，被消化道吸收后，可以迁移至肝脏及其他器官而影响人体健康。据报道，深度氧化的油脂可分解出 100 多种挥发性物质。如果长期摄入酸败油脂，其中的过氧化脂类物质进入人体后，通过对人体组织细胞和酶的作用，可诱发肿瘤、动脉粥样硬化、细胞衰老等。动物试验证明，油脂酸败产生的过氧化物可以破坏机体的琥珀酸脱氢酶、细胞色素氧化酶的活性。油脂酸败可以导致机体缺乏必需脂肪酸而引起高血脂、糖尿病、动脉粥样硬化、癌症、早衰等现代病的发生率增加及脂溶性维生素缺乏症的发生。

油脂酸败还可破坏食品中的营养成分，如油脂中的过氧化物及其分解产物与食物中的蛋白质，蛋氨酸、赖氨酸、组氨酸、胱氨酸等氨基酸，抗坏血酸、维生素 A、维生素 D、维生素 E 等发生反应，可影响人体的消化功能和食物的可口性。

因此，应当采取适当的措施延缓油脂酸败的发生。首先，在油脂加工过程中应保证油脂的纯度，去除动植物残渣，避免微生物污染，并且抑制或破坏酶的活性；其次，由于水能促进微生物繁殖和酶的活动，因此油脂水分含量应控制在 0.2%以下；第三，高温会加速不饱和脂肪酸的自动氧化，而低温可抑制微生物的活动和酶活性，从

二维码 7-1 防止油脂酸败的措施

而降低油脂自动氧化，故油脂应在低温贮藏；第四，由于阳光、空气对油脂的酸败有重要影响，因此油脂若长期贮藏应采用密封、隔氧、避光的容器，同时应避免在加工和贮藏期间接触到金属离子。此外，应用抗氧化剂也可有效防止油脂酸败，延长贮藏期。

7.1.2　反式脂肪酸对健康的影响

油脂中含双键的不饱和脂肪酸，若双键上两个氢原子在碳链的同侧，则为顺式(*cis*)，空间构象呈弯曲状；而两个氢原子分别在双键的两侧，则为反式(*trans*)，其空间构象呈线性，与饱和脂肪酸相似(图 7-1)。

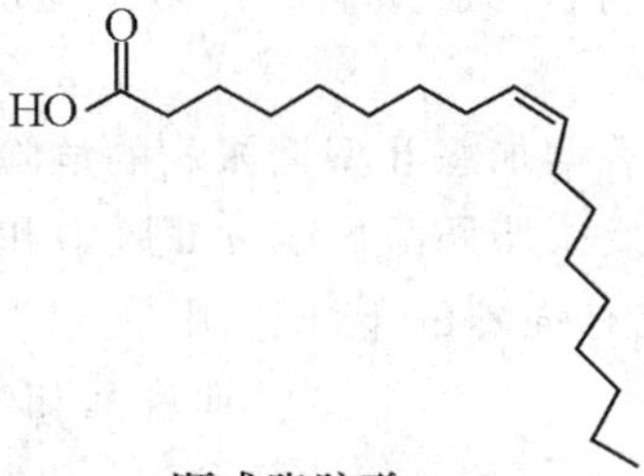

图 7-1　顺式与反式脂肪酸的结构

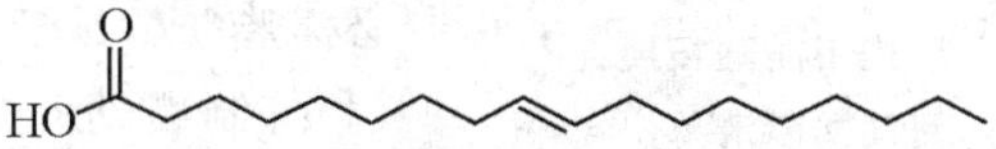

由于顺式与反式脂肪酸的立体结构不同，二者的物理性质也有所差异，例如顺式脂肪酸多为液态，熔点较低；而反式脂肪酸多为固态或半固态，熔点较高。

7.1.2.1　反式脂肪酸的来源

反刍动物如牛、羊的脂肪和乳与乳制品饲料中的不饱和脂肪酸经反刍动物肠腔中的丁酸弧菌属菌群的生物氢化作用，形成反式不饱和脂肪酸。这些脂肪酸能结合于机体组织或分泌入乳中。反刍动物体脂中反式脂肪酸的含量占总脂肪酸的 4％～11％，牛奶、羊奶中的含量占总脂肪酸的 3％～5％。

为了防止食品加工用油脂的酸败、延长油脂的保存期、减少油脂在加热过程中产生的不适气味及味道，常常将植物油脂或动物油脂予以部分氢化，即在油中加入氢气，使双键变为单键结构，该工艺亦称为硬化，同时会异构化产生反式不饱和脂肪酸，一般占油脂总量的 10％～12％。以反 C18:1 为主，其中又以反 C18:1Δ^{9}(反油酸)、反 C18:1Δ^{10} 和反 C18:1Δ^{11} 这 3 种形式为主。在人造奶油中反式脂肪酸含量为 7.1％～17.7％，最高可以达到 31.9％；起酥油中反式脂肪酸含量为 10.3％，最高含量可以达到 38.4％。

植物油在精炼脱臭工艺中，由于高温(一般可达 250℃以上)及长时间(2 h 左右)加热，也可能产生一定量的反式脂肪酸。

我国台湾地区对市场上快餐业所使用的 25 种烹饪油检验发现，在 19 个样品中反式脂肪酸含量约为 0.8％～33.9％，以人造奶油、起酥油所含的反式脂肪酸较多。这一调查结果与欧美等国家的调查数据(0.2％～60％)相比差距不大。

7.1.2.2 反式脂肪酸对健康的危害

反式脂肪酸进入人体后，在体内代谢、转化，可以干扰必需脂肪酸（EFA）和其他脂质的正常代谢，对人体健康产生不利影响。

（1）增加患心血管疾病的危险。研究发现，摄食含占能量 6% 的反式脂肪酸膳食的人群，全血凝集程度比摄食含占能量 2% 的反式脂肪酸膳食人群增加，表明膳食反式脂肪酸可能与机体血栓形成增加及相应的栓塞性心脑血管疾病的发生有关。反式脂肪酸降低高密度脂蛋白（HDL）-胆固醇的效果与饱和酸相同，同时还升高低密度脂蛋白（LDL）-胆固醇，引发动脉粥样硬化和冠心病的危险性也增大。国外对 700 位 64～84 岁的男性志愿者进行跟踪检查，发现随着反式脂肪酸消费量的减少，他们患心脏疾病的危险也相应下降；摄食反式脂肪酸增加 2%，患心脏疾病的危险增加 25%。

（2）摄入反式脂肪酸可以显著增加患Ⅱ型糖尿病的危险。

（3）导致必需脂肪酸缺乏。反式脂肪酸影响 n-6 脱饱和酶的功能，抑制亚油酸转变为花生四烯酸，甚至对类花生酸的生成有强烈的干涉作用；通过对脱氢酶的竞争性抑制能干扰顺式 γ-亚麻酸和 σ-亚麻酸在肝中的代谢，同时阻碍膳食中 n-3 脂肪酸向组织脂肪酸的转化，从而引起必需脂肪酸缺乏症。

二维码 7-2 反式脂肪酸拓展阅读文献清单

（4）抑制婴幼儿生长发育。反式脂肪酸能经过血胎屏障转运给胎儿，还可以通过乳汁进入婴幼儿体内，对其生长发育产生不利影响。

7.1.3 芥子苷和芥酸对健康的影响

7.1.3.1 芥子苷对健康的影响

芥菜、油菜、萝卜等十字花科蔬菜均含有芥子苷（硫代葡萄糖苷），结构式如图 7-2 所示。

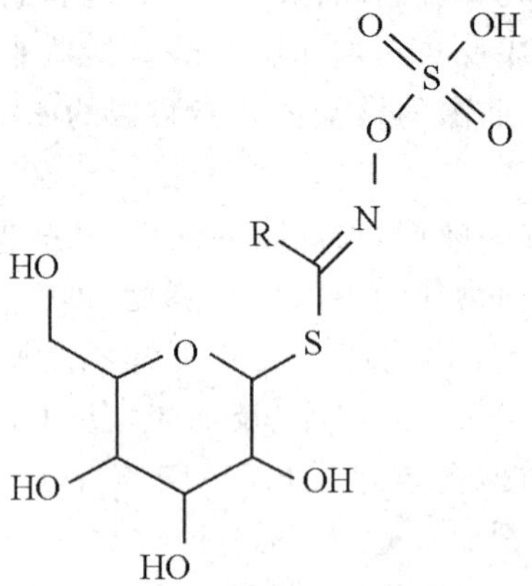

图 7-2 芥子苷的结构式

根据芥子苷中取代基团 R 的不同，可以将其分为脂肪族硫苷、芳香族硫苷和杂环芳香族硫苷。R 基可分为有羟基的和无羟基的，不带羟基的称为硫代葡萄糖苷或芥子苷，带有羟基的为甲状腺肿素源，但统称为芥子苷。它们主要以钾盐形式存在于油菜籽及其饼粕中。在甘蓝型菜籽中芥子苷含量为 5%～8%，预榨—浸出后饼粕中的芥子苷含量一般为 3%～8%。

菜籽皮壳中有芥子酶，在榨油时包裹着芥子酶的浓缩体破裂释放出芥子酶。在菜籽饼粕中、动物肠道中的细菌及外界微生物中均含有一定的水解酶，在芥子酶或水解酶的作用下，以及在酸、碱和高热蒸汽处理的条件下，芥子苷可发生水解反应，产生异硫氰酸酯(ITC)、噁唑烷硫酮(OZT)、硫氰酸酯和腈类。芥子苷本身无毒，但它在降解过程中产生的上述产物具有较强的毒性：

(1)噁唑烷硫酮　是重要的抗营养因子，可以通过抑制甲状腺过氧化酶的作用影响碘的有机化，阻碍三碘甲腺原氨酸(T_3)和四碘甲腺原氨酸(T_4)的合成，使实验动物发生甲状腺肿大和碘吸收率下降。一次口服 25 mg 的噁唑烷硫酮就可降低人体对碘的吸收，故将噁唑烷硫酮称为甲状腺肿素。

(2)异硫氰酸酯　具有辛辣气味，可以与机体内的氨基化合物形成硫脲类衍生物，具有导致甲状腺肿大的作用，其作用机理与噁唑烷硫酮相似。异硫氰酸酯在体内还可以转化为 SCN^-。

(3)SCN^-　甲状腺通过碘泵主动摄取血浆中的碘，而 SCN^- 可与 I^- 竞争碘泵而抑制甲状腺对碘的吸收和摄取游离碘。碘缺乏又会增强硫氰酸盐对甲状腺肿大的作用，从而造成甲状腺肿大。

(4)腈类(RCN)　腈类属于有机氰化物，在体内可以代谢为 CN^-，毒性约是噁唑烷硫酮的8倍。CN^- 在组织中的硫氰酸盐酶的作用下，转化为 SCN^- 而产生抗甲状腺的作用。人食用这类抑制甲状腺素合成的物质后，甲状腺素的分泌仍可继续进行。当组织中的碘源耗尽时，甲状腺素的分泌会因缺乏再合成物质而减慢，造成体内促甲状腺激素释放激素的分泌水平增高，刺激垂体合成和释放促甲状腺激素，导致甲状腺增生肿大。

7.1.3.2　芥酸对健康的影响

芥酸又名水芥油酸、芜酸、瓢儿菜酸、顺二十二碳-13-烯酸，纯品为无色针状结晶。芥酸存在于十字花科芸薹属植物白芥(*Brassica alba*)种子脂肪及菜籽油中。芥酸易溶于乙醚、乙醇和甲醇，不溶于水，相对密度 0.869，熔点 33.8℃，沸点 381.5℃(分解)。

以含菜籽油(芥酸 50%)5%的食物喂养幼鼠，发现其心肌被脂肪浸润，1 周后心脏脂肪含量为对照组的 3～4 倍，继续喂养则使脂肪沉积量减少；同时还发现心肌中形成纤维组织。喂养的动物(猪和鼠)的消化率降低了 80%，且动物生长发育和生殖功能等受到影响。中国等以菜籽油为主要食用油的国家，芥酸的摄入量远低于动物试验的剂量，未能证明芥酸对人类是否有类似的作用。

目前，低芥酸菜籽油中不仅芥酸含量低而且油酸含量平均可以达到 61%，仅次于橄榄油中油酸含量 75%的水平。加拿大、芬兰、瑞典、美国等国科学家近年的跟踪研究表明，食用低芥酸菜籽油的人胆固醇总量比常规饮食的人群低 15%～20%，其心血管病发生率也相应减少。

7.1.4　残留棉酚对健康的影响

棉酚是锦葵科棉属植物色素腺产生的黄色、多酚二萘衍生物，存在于其叶和种子中，有游离和结合两种状态，结构式如图 7-3 所示。

棉籽中含游离棉酚 0.15%～2.8%。生棉籽榨油时，棉酚大部分迁移到油中。棉酚在冷榨棉籽油、棉籽、棉籽饼中多呈游离状态，故称为游离棉酚。冷榨棉籽油中游离棉酚含量高达1%～1.3%。

图 7-3　棉酚的结构式

游离棉酚是一种具有血液毒和细胞原浆毒的物质，它的大鼠经口 LD_{50} 为 2 510 mg/kg，狗、豚鼠、兔、小鼠、大鼠、鸡对棉酚皆敏感。棉籽油中游离棉酚含量在 0.02%以下，对健康无影响；当游离棉酚达到 0.05%以上时，对动物有危害；高于 0.15%时可引起动物严重中毒。

游离棉酚吸收进入体内后随血液分布于全身各个脏器，当人食入含较高游离棉酚的棉籽油时，对肠胃道黏膜有明显的刺激作用，对心血管、肝、肾、神经等也有毒性，还可以影响性腺和生殖细胞。较高浓度的游离棉酚引起的急性中毒，潜伏期一般为 2～4 天，短者 1～4 天，长者 6～7 天，开始时表现为头晕、头痛、疲乏、恶心、呕吐，然后出现腹痛、腹泻或便秘、胃部烧灼感等症状，重者有便血、四肢发麻、行走困难、嗜睡、昏迷、抽搐等现象，个别出现肢体软瘫、低血钾等症状，甚至死亡。部分患者可出现心率加快、血压下降、心力衰竭、黄疸、肝肿大及肾功能异常等。此外，女性有月经不调或闭经，子宫萎缩；男性发生睾丸萎缩，精液中无精子或精子大量减少。所以游离棉酚亚慢性或慢性中毒的症状之一可表现为男性不育症，如雄大鼠摄入棉酚 15～40 mg/kg，2～4 周后失去生育能力；成年男性每天服 20 mg 游离棉酚，经 2 个月，精液中精子活力下降，畸形精子增多，随之精子数减少，直至完全无精子。动物及人体的精子受损在停止喂饲或摄入棉酚一段时间后可恢复正常。产棉区食用粗制棉籽油的人群可发生慢性中毒，主要表现为皮肤潮红、干燥，日光照射后更明显。女性和青壮年发病率高，低血钾型若治疗不及时可引起死亡。

游离棉酚可与许多功能蛋白质和一些酶结合，使它们失去活性，如棉酚与铁离子结合，可干扰血红蛋白的合成，引起缺铁性贫血；能够抑制或灭活组织中的多种酶。

除此之外，游离棉酚的活性醛基可与棉籽饼蛋白质中赖氨酸的 ε 氨基结合，发生美拉德反应，使赖氨酸失去效能，从而大大降低棉籽饼中赖氨酸的有效性，限制了棉籽饼在饲料中的应用。

棉酚致毒的作用机制：棉酚通过与基质膜及蛋白质分子结合，以及通过负离子自由基机制对膜相对结构的破坏和对电子传递体系的干扰，从多方面干扰细胞的代谢，尤其是与 Ca^{2+} 依赖性蛋白激酶有关的代谢。棉酚最主要的靶器官是线粒体，能够诱导线粒体中的 Ca^{2+} 释放，从而选择性地破坏生精细胞线粒体功能，中断精子发生、变态和成熟的过程。

二维码 7-3　棉酚拓展阅读文献清单

在产棉区要宣传棉籽粗制油和榨油后的棉籽饼粕的毒性，禁止食用冷榨棉籽油和毛棉籽油。要将棉籽粉碎、蒸炒后再榨油，因为湿热处理后，游离棉酚与棉籽蛋白生成结合棉酚，其毒性很小，也难溶于油脂；粗制油加碱精炼后才能食用。凡游离棉酚超过 0.02%的棉籽油不得出售。

7.1.5　"地沟油"的安全问题

"地沟油"，广义的概念包括煎炸老油、泔水油和阴沟油在内的一切废弃食用油脂；而狭义"地沟油"则仅仅指阴沟油。事实上，"地沟油"鉴别技术所指的"地沟油"是指一切可能回流餐桌的餐厨废弃食用油脂。

在"地沟油"中，真菌毒素、重金属、有机溶剂等被称作外源性污染物，其存在因污染途径和污染方式的不同而具有偶然性。"地沟油"中含有的重金属污染物，如铅(Pb)、砷(As)、汞(Hg)、镉(Cd)等，不能通过加热、烹炒等方法降低，长期摄入对健康将造成非常不利的影响。"地沟油"还含有因加热过程中脂肪燃烧不完全而产生的多环芳烃化合物，也对健康极为不利。

内源性污染物是指食用油脂自身固有的三酰甘油或油脂伴随物因氧化、水解等产生的氧化产物、水解产物等，因不受油脂种类与来源的影响，在"地沟油"中的存在具有必然性。"地沟油"的酸价和过氧化值一般都严重超标，在再使用如煎炸过程中，与空气充分接触，酸败加快，不仅生成大量的过氧化物，而且还能使低级羰基化合物产生聚合。在加热过程中，"地沟油"中的顺式不饱和脂肪酸被氢化，转变为反式脂肪酸，危害人体健康。

二维码 7-4　地沟油拓展阅读文献清单

7.1.6　油炸食品的安全问题

油炸用油，一般采用棕榈油或反式脂肪酸，存在的安全问题可以参考 7.1.2"反式脂肪酸对健康的影响"；为了使油炸食品更加蓬松酥脆，加入的明矾等膨化剂可能超标，其中的铝将影响人体健康，可参阅 6.2.2"膨松剂对食品安全的影响"；为了让油炸食品在感官上更好看，添加的色素和护色剂可能过量，这类添加剂对健康的影响可参阅第 6 章"食品添加剂与食品安全"的相关内容。

油炸加工过程中温度相对比较高，可使食品中的相关成分发生变化，产生如多环芳烃化合物、杂环胺类化合物、丙烯酰胺等有害物质，这些物质对健康的影响可以参阅第 5 章"有害有机物与食品安全"的相关内容。

7.2　烟熏、烘烤食品的安全问题

7.2.1　*N*-亚硝基化合物对食品的污染

见 5.1"*N*-亚硝基化合物对食品安全的影响"。

7.2.2　多环芳烃化合物对食品的污染

见 5.2"多环芳烃化合物对食品安全的影响"。

7.2.3　杂环胺类化合物对食品的污染

见 5.3"杂环胺类化合物对食品安全的影响"。

7.2.4 丙烯酰胺对食品的污染

见 5.4“丙烯酰胺对食品安全的影响”。

7.3 调味品的安全问题

7.3.1 酱油的安全问题

酱油是我国传统的调味品，一般是以大豆、小麦等为原料，经过浸泡、接种曲霉菌种发酵，再加入适量的食盐、色素、防腐剂等而成的产品。但近几年，在酱油中掺杂使假，以假充真，以非食品原料、发霉变质原料等加工酱油的违法行为屡禁不止。关于酱油样品含高水平的 3-氯-1,2-丙二醇(3-MCPD)的问题见 5.5“氯丙醇对食品安全的影响”。

7.3.2 食醋的安全问题

食醋是以粮食为原料，利用醋酸杆菌进行有氧发酵生成的含醋酸的液体，是我国传统的调味品之一。

耐酸微生物易在食醋中生长繁殖形成霉膜或出现醋虱、醋鳗和醋蝇，影响产品质量。为了抑制耐酸菌在食醋中生长，允许在食醋中添加一定量的防腐剂。如果在正发酵或已发酵的醋中发现醋鳗或醋虱，可将醋加热至 72℃并维持数分钟，然后过滤将它们除去。

为防止生产食醋的种曲霉变，应将其贮存于通风、干燥、低温、清洁的专用房间，对发酵菌种进行定期筛选、纯化及鉴定，防止它们在生产食醋的过程中产生黄曲霉毒素。

食醋具有一定的腐蚀性，故不应贮存于金属容器或其他不耐酸的容器中，以免将其中的铅、砷等有害元素溶入醋中，影响食品安全。

食醋生产的卫生及管理按《食醋厂卫生规范》(GB 8954—1988)执行，成品须符合 GB 18187 酿造食醋的要求。

7.3.3 其他调味品的安全问题

7.3.3.1 味精的安全问题

味精的主要成分是谷氨酸钠，也称为麸氨酸钠，被人体吸收后可形成蛋白质，还能与血氨结合形成对机体无害的谷氨酰胺，除去组织代谢过程中产生的氨的毒性，对人体健康有利。

味精是以粮食如玉米淀粉、大米、小麦淀粉、甘薯淀粉等为原料，通过微生物发酵、提取、精制而得。因此谷氨酸发酵过程中若遭受杂菌污染，轻者影响味精的产量或质量，重者可能导致倒罐，甚至停产。杂菌污染的主要原因如下：①若发酵前期染菌，可能是菌种带菌或发酵罐本身染菌所致。②若罐体或管件有极其微小的漏孔，易造成染菌。③罐或管路连接处的死角，在灭菌时其中的杂菌不易被杀死，易造成连续染菌，影响生产。④味精的发酵生产过程是好气性发酵，需连续不断地通入大量无菌空气，如果空气系统的设备内积液太多而带入空气中去，可能造成染菌。⑤环境卫生差，易引起染菌。为了保证产品的质量和人体健康，一定要注意防止杂菌污染。

7.3.3.2　酱的安全问题

酱按其原料分为黄豆酱、蚕豆酱、甜面酱和虾酱等。在酱及酱制品的生产过程中，存在一些不安全因素：

(1)如果原辅料存在大量的微生物可导致其霉烂变质，引起致病菌和霉菌毒素(如黄曲霉毒素)的污染。

(2)生产环境不好、生产人员不按规范操作、生产工艺不合理，都易造成微生物的大量繁殖。

(3)如果原料中的泥沙、石子等混入产品也将影响产品质量和消费者的食用安全。

(4)原料中的农药残留、有害元素污染、无菌包装袋的辐射残留及生产设备中清洗消毒剂残留等均会影响产品质量和消费者健康。

7.3.3.3　盐及代盐制品的安全问题

食盐的主要成分是氯化钠，按照来源不同分为海盐、湖盐、地下矿物盐，按生产工艺可分为精制盐、粉碎洗涤盐和日晒盐。食盐的安全问题主要是杂质的污染。

矿盐、井盐中硫酸钠含量通常较高，使盐有苦涩味并在肠道内影响食物的吸收，通常采用冷冻法或加热法除去硫酸钙和硫酸钠。此外，矿盐、井盐中还可能含有钡盐，长期少量食入可引起全身麻木刺痛、四肢乏力，严重时可出现弛缓性瘫痪。

目前，我国允许亚铁氰化钾、硅铝酸钠、磷酸三钙、二氧化硅、微晶纤维素 5 种物质作食盐抗结剂，以亚铁氰化钾效果最好。亚铁氰化钾的大鼠经口 LD_{50} 为 1 600～3 200 mg/kg，合理使用不会对人体健康造成危害。

7.3.3.4　食糖及蜂蜜的安全问题

(1)食糖　食糖的主要成分为蔗糖，是以甘蔗、甜菜为原料经压榨取汁制成。食糖的安全问题主要是 SO_2 残留。食糖生产过程中为了降低糖汁的色值和黏度，需用 SO_2 漂白。人体若摄入大量 SO_2 可出现头晕、呕吐、腹泻等症状，严重时会损伤肝、肾功能。

(2)蜂蜜　蜂蜜是蜜蜂从开花植物的花中采得的花蜜在蜂巢中酿制而成的，是糖的过饱和溶液，低温时会生成结晶葡萄糖，不产生结晶的部分主要是果糖。

一些蜂农常用抗生素防治蜜蜂疾病，因此，蜂蜜中可能残留抗生素。蜂蜜因含有机酸，若存放于金属容器中，可使部分金属溶出，不仅影响蜂蜜的口感，还可能影响食品安全。如果以毒花为蜜源，可引起食物中毒。

由于蜂蜜价高，个别商家向蜂蜜中掺入水、蔗糖、转化糖、饴糖、羧甲基纤维素钠、糊精或淀粉等物质制成掺假蜂蜜，不仅损害了消费者的利益，也扰乱了市场秩序。

(许文涛)

7.4　酒类的安全性

酒类在生产过程中从原料到加工各环节若达不到卫生要求，可能产生或混入多种有毒有害物质，对饮用者产生危害。

酒生产的基本原理是将原料中的糖类在酶的催化作用下分解为寡糖和单糖，再由乙醇发酵菌种转化为乙醇。酒类按其生产工艺一般分为蒸馏酒、发酵酒和配制酒三类。

7.4.1 酒类的安全问题

7.4.1.1 乙醇

乙醇是酒的重要成分，除供能外，无其他营养价值。血中乙醇含量一般在饮酒后1～1.5 h达到最高，但其在体内清除速度较缓慢，一次过量饮酒后24 h内能在血中检出。肝脏是乙醇代谢的主要器官，如果过量饮酒将使肝功能受到损伤。如一次大量摄入酒类，血中乙醇浓度为2.0～9.9 mg/L时，将造成急性酒精中毒，表现为肌肉运动不协调、感觉功能减弱以及情绪、行为改变等症状；当乙醇浓度达到40～70 mg/L时，可出现昏迷、呼吸衰竭甚至死亡。长期过量饮酒可导致酒精依赖症，使患高血压、脑卒中以及消化道癌症等疾病的风险增加。

7.4.1.2 甲醇

酒中的甲醇来源于酿酒原料中植物细胞壁和细胞间质的果胶，果胶中半乳糖醛酸甲酯分子中的甲氧基在原料蒸煮过程中可分解产生甲醇。此外，酒曲中的微生物也含有甲酯水解酶，能将半乳糖醛酸甲酯分解为甲醇。通常，糖化发酵温度过高、时间过长都会使甲醇含量增加。

甲醇具有神经毒性，主要侵害视神经，导致视网膜损伤、视力减退以及双目失明。甲醇经氧化后可产生甲醛和甲酸，其毒性远大于甲醇，并可使机体出现代谢性酸中毒。甲醇一次摄入4 g以上可引起急性中毒，临床症状表现为头痛、恶心、呕吐、视力模糊等，严重者可出现呼吸困难、昏迷甚至死亡。长期少量摄入可引起慢性中毒，也主要损伤视神经，导致不可逆的视力减退。

7.4.1.3 杂醇油

杂醇油是在酿酒过程中原料和酵母中的蛋白质、氨基酸以及糖类分解和代谢产生的含3个以上碳原子的高级醇类，包括丙醇、异丁醇、异戊醇等。

杂醇油中碳链越长毒性越大，尤其以异丁醇、异戊醇的毒性为主。杂醇油在体内氧化分解缓慢，可使中枢神经系统充血。因此饮用杂醇油含量较高的酒常造成饮用者头痛和醉酒。

7.4.1.4 醛类

醛类包括甲醛、乙醛、丁醛和糠醛等，主要是在发酵过程中产生的。醛类毒性比相应的醇类高，其中以甲醛的毒性较大，乙醛能引起脑细胞供氧不足而产生头痛。乙醛也被认为是使饮酒者产生酒瘾的重要原因之一。糠醛主要来自糠麸酿酒原料，其毒性仅次于甲醛。

7.4.1.5 氰化物

以木薯或果核为原料制酒时，原料中的氰苷经水解后可产生氰氢酸。由于氰氢酸相对分子质量低，又具有挥发性，因此能随水蒸气一起进入酒中。氰化物可以导致组织缺氧，使呼吸中枢及血管中枢麻痹而导致死亡。

7.4.1.6 锰

采用非粮食原料(薯干、薯渣、糖蜜等)酿酒时，会使酒产生不良气味，常使用高锰酸钾进行脱臭处理。若使用不当或不经过复蒸馏，可使酒中残留较高的锰。锰虽然是人体必需的微量元素之一，但长期过量摄入可引起慢性中毒。

7.4.1.7 其他

酒类也可能受到黄曲霉毒素、*N*-二甲基亚硝胺、展青霉素以及其他微生物毒素的污染。啤酒、果酒和黄酒是发酵后不经蒸馏的酒类，如果原料受到黄曲霉毒素和其他非挥发性有毒物质的污染，它们将全部保留在酒体中。*N*-二甲基亚硝胺是啤酒的主要安全问题之一。展青霉素主要来自水果原料受到扩展青霉、巨大曲霉等污染后产生的有毒代谢产物，是果酒的主要安全问题之一。发酵酒由于乙醇含量低，若在生产过程中管理不严，从原料到成品的各个环节都可能被微生物污染，不仅影响产品质量，也给消费者健康带来危害。葡萄酒和果酒生产过程中常加入二氧化硫以达到抑菌、澄清和护色等作用，但若用量过大或发酵时间过短，可产生二氧化硫残留，危害人体健康。

目前，白酒中塑化剂的问题引起了广泛关注。塑化剂又称为增塑剂，是添加到塑料聚合物中增加塑料可塑性的物质。可用作增塑剂的物质很多，如邻苯二甲酸酯类、脂肪酸酯类、聚酯、环氧酯等，以邻苯二甲酸酯类化合物常用，如邻苯二甲酸二(2-乙基己基)酯(DEHP)、邻苯二甲酸二丁酯(DBP)、邻苯二甲酸二异壬酯(DINP)等。白酒中的塑化剂既可来自环境污染，也可来自包装材料的迁移，特别是塑料管道、密封垫和容器中的 DEHP 和 DBP 容易迁移至酒中，是白酒中塑化剂的主要来源。DEHP 和 DBP 急性毒性较低。动物试验表明，DEHP 和 DBP 具有干扰内分泌的作用，啮齿类动物长期摄入该类物质可造成生殖和发育障碍，但目前尚缺乏它们对人体健康损害的直接证据。

7.4.2 酒类的安全管理

7.4.2.1 原辅料

酿酒原料包括粮食类、水果类、薯类以及其他代用原料等，所有原辅料均应具有正常的色泽和良好的感官性状，无霉变、无异味、无腐烂。原料在投产前必须经过检验、筛选和清蒸处理；发酵使用的纯菌种应防止退化、变异和污染。用于配制酒生产的酒精必须符合《食用酒精》的要求；生产用水必须符合《生活饮用水卫生标准》。

二维码 7-5 GB 10343—2008《食用酒精》

二维码 7-6 GB 5749—2006《生活饮用水卫生标准》

7.4.2.2 生产工艺

(1)蒸馏酒 要定期对菌种进行筛选、纯化，以防止菌种退化和变异。清蒸是降低酒中甲醇含量的重要工艺，在以木薯、果核为原料时，清蒸还能使氰苷类物质提前释放。白酒蒸馏过程中，酒尾中甲醇含量较高，而酒头中杂醇油含量高。因此，在蒸馏工艺中多采用“截头去尾”以选择所需要的中段酒，可以大量减少成品酒中甲醇和杂醇油含量。对使用高锰酸钾处理的白酒，需要经过复蒸后除去锰离子。发酵的设备、容器及管道还应经常清洗，保持卫生。

(2)发酵酒 啤酒的生产过程主要包括制备麦芽汁、前发酵、后发酵、过滤等工艺。原料经糊化和糖化后过滤制成麦芽汁，须添加啤酒花煮沸后再冷却至添加酵母的适宜温度(5～9℃)，这一过程易受到污染。因此，整个冷却过程中使用的各种容器、设备、管道等均应保持无菌状态。为防止发酵中杂菌污染，酵母培养室、发酵室及相关器械均需保持清洁并定期消毒。酿制成熟的啤酒在过滤处理时使用的滤材、滤器应彻底清洗消毒。在果酒生产中不能使用铁制容器或有异味的容器。水果类原料应防止挤压破碎后被杂菌污染。黄酒在糖化发酵中不得使用石灰中和以降低酸度。

(3)配制酒　以蒸馏酒或食用酒精为酒基,浸泡其他材料如药食两用食物等制成,不得滥用中药作为配制酒的生产原料。

成品酒的质量必须符合《浓香型白酒》(GB/T 10781.1—2006)、《清香型白酒》(GB/T 10781.2—2006)、《啤酒》(GB 4927—2008)、《葡萄酒》(GB 15037—2006)、《果酒、配制酒(露酒)》(CCGF 103.6—2010)等相关标准和规范。

7.4.2.3　包装、贮藏和运输

成品酒的包装必须符合《预包装食品标签通则》(GB 7718—2011)的规定,应存放在干燥、通风良好的地方,运输工具应清洁干燥,严禁与有毒、有腐蚀的物品混运和贮藏。改善生产工艺和减少塑料包装材料的使用能够降低白酒中塑化剂的污染。

7.5　辐照食品的安全性

7.5.1　辐照加工技术概述

食品辐照技术是 20 世纪发展起来的一种灭菌保鲜技术。它是利用^{60}Co、^{137}Cs 等放射源产生的 γ 射线,或加速器产生的 10 MeV 以下的高能电子束,对食品和农副产品进行加工处理。当 γ 射线与物质相互作用后,将其部分能量传递给物质的原子或分子,使其产生电离和激发,释放出轨道电子,形成自由基。通过控制辐射条件,使被辐照物质的物理性能和化学组成发生变化,或使生物体(微生物等)受到不可恢复的损伤和破坏,达到杀虫、杀菌、抑制发芽等目的。食品辐照技术能够灭活引起食品腐败和食源性疾病的大多数微生物,对保障食品安全具有重要意义。

食品在辐照过程中,通过辐射区域时所吸收的能量称为辐照剂量。食品若吸收能量过低,则达不到辐照加工的目的;若吸收能量太高,则对食品成分产生影响,降低营养价值。因此,控制辐照剂量也就控制了辐照效果。食品辐照剂量的单位用戈瑞(Gy)表示,1 Gy 等于 1 kg 受辐照物质吸收 1 J 的辐射能量。

辐照技术具有很多优点:①辐照可以人为控制不同剂量的射线进行杀菌、消毒,降低食品中病原体的污染。②辐照处理属于"冷加工",几乎不引起食品的温度升高,因而易于保持食品原有的感官品质。③辐照不会留下化学残留物,可以减少化学残留物的危害。④γ 射线穿透能力强,可杀灭已经包装的食品内的病菌和害虫。⑤辐照处理可以改善某些食品工艺和质量,如酒类经辐照可促进陈化,牛肉经辐照处理更加嫩滑等。⑥辐照技术与热处理、干燥和冷冻保藏相比,能耗降低几倍到十几倍。

1980 年 10 月,FAO/WHO/IAEA 宣布"任何辐照食品当其总体平均吸收剂量不超过 10 kGy 时没有毒理学危险,不再要求做毒理学试验,同时在营养学和微生物学上也是安全的"。目前全世界已有多个国家至少核准了一类或一种辐照食品,全球的食品辐照设施及辐照食品总量也在显著增长。

我国辐照技术处理食品的开发应用发展很快。目前,我国辐照食品的种类已达到七大类 56 种,主要有:①谷物、豆类及其制品辐照杀虫;②干果、果脯类辐照杀虫杀菌;③畜禽肉类熟食品辐照保鲜；④冷冻包装畜禽肉类辐照保鲜；⑤脱水蔬菜、调味品、香辛料类和茶的辐照杀菌；⑥水果、蔬菜类辐照保鲜；⑦鱼贝类水产品辐照杀菌等。

7.5.2　辐照食品的安全问题

7.5.2.1　辐照对食品营养成分的影响

(1)辐照对水分的影响　食品经过辐照处理后，水分易发生电离，生成过氧化氢、水合负离子、羟基自由基等产物。这些产物可以通过氧化、还原、加成、解离等多种机制，与食品中蛋白质、脂肪、糖类、维生素等发生反应，从而破坏这些营养物质的结构，降低其营养价值。特别是富含羧基、醛、酮、氨、硫、不饱和键等基团、元素或化学键，更易发生化学反应。因此，食品辐照后对营养物质的影响，很大程度上要归因于水被辐照后产生的离子和自由基。

(2)辐照对蛋白质的影响　辐照对蛋白质的影响主要通过射线的直接作用以及水产生的自由基的间接作用来体现。一方面，射线直接作用于蛋白质，使蛋白质的一级结构发生改变，导致蛋白质之间发生交联，使蛋白质失去生物学功能或功能性质发生改变等。另一方面，辐照过程中水易产生自由基和水合离子，使蛋白质的氢键和二硫键发生断裂，导致肽链断裂；同时进一步导致氨基酸的脱氨、脱羧、氧化巯基等反应，伴有挥发性物质如硫醇、硫烷的生成。这些间接作用使蛋白质分子的二级和三级结构受到破坏，导致蛋白质变性，从而降低食品的营养价值。但是大量试验表明：在商业允许剂量下辐照食品，其蛋白质、氨基酸含量无明显变化。

(3)辐照对碳水化合物的影响　食品中碳水化合物被辐照后，通过直接作用和间接作用，可以产生一定量的醛(如甲醛、丙醛)、酸和脱氧糖类。这些辐照产物有的对人体有潜在危害；同时随着这些产物的产生，食品的 pH 会发生一定改变。低聚糖和多糖被辐照后，可使糖苷键断裂，形成更小单位的糖类。但是大量试验表明：糖类对辐照表现较稳定，辐照对糖的消化率和营养价值几乎没有影响，使用 20～50 kGy 内的剂量不会使碳水化合物的质量发生变化。

(4)辐照对脂肪的影响　脂肪经辐照后易发生氧化反应，产生令人不愉快的异味。氧化程度取决于脂肪的类型、不饱和程度、辐照剂量、氧的存在与否等。研究表明，较大剂量(100 kGy 以上)辐照植物油和鱼油，其物理性质，如熔点、折射率、介电常数、黏度和密度等才发生显著变化。腊牛肉经过商业辐照剂量(≤7 kGy)处理，脂肪并未产生重大损失。

食品被辐照后，食品中的脂肪酸和酰基甘油会分解产生相同碳原子数的2-烷基环丁酮(2-ACBs)。2-烷基环丁酮的产生及其稳定性与辐照剂量、辐照温度与贮藏条件等密切相关。在大多数食品中，棕榈酸、硬脂酸、油酸、亚油酸是主要的脂肪酸，相应的2-烷基环丁酮产物分别为2-十二烷基环丁酮(2-DCB)、2-十四烷基环丁酮(2-TCB)、2-(5′-十四烯烃基)环丁酮(TECB)和2-(5′,8′-十四二烯烃基)环丁酮(5′,8′- CB)。目前，仅在辐照的含脂食品中发现2-烷基环丁酮，因此该物质是含脂辐照食品的特异性辐解产物，可作为含脂食品是否经过辐照的标志化合物，还可利用烷基环丁酮浓度-吸收剂量线性关系评估食品辐照剂量。2-烷基环丁酮的安全性一直是含脂辐照食品的研究热点，虽然它们在含脂辐照食品中的含量较低，但有研究表明，2-烷基环丁酮可能具有致癌性、基因毒性、细胞毒性和生殖毒性，但由于体内试验的缺乏，迄今为止，对于2-烷基环丁酮的毒性尚无定论。随着研究的深入以及人们对食品安全的重视，2-烷基环丁酮的含量将成为含脂辐照食品安全性的主要评估指标。

(5)辐照对维生素的影响　维生素分子对辐照较为敏感，其影响程度取决于辐照剂量、温度、氧和食物类型。辐照对水溶性维生素的破坏主要是由于射线作用于水溶液产生自由基的间接效应所引起。存在于食品中的维生素因与其他物质复合存在，对辐照的敏感性下降，但每种水溶性维生素在辐照后均有不同程度损失。脂溶性维生素受到辐照后也有不同程度损失，其中维生素 E 对辐照最敏感。

7.5.2.2 食品辐照对微生物的影响

辐照通过直接或间接作用引起生物体 DNA、RNA、蛋白质、脂类等分子中化学键的断裂，蛋白质与 DNA 分子交联，DNA 序列中碱基的改变，可以抑制或杀灭细菌、病毒、真菌、寄生虫，延长食品储藏期限。但是，微生物长期接受辐照处理的安全隐患主要是可能诱发微生物发生遗传变化，可能出现耐辐射性高的菌株，使辐照效果降低。此外，辐照也可能加速致病微生物的变异，使致病力增强或产生新毒素，从而威胁人类健康。目前，这些可能出现的生物学安全性问题虽然还没有得到证实，但应引起高度重视。

7.5.2.3 辐照食品的放射性问题

在食品辐照处理过程中，作为辐照源的放射性物质并不直接接触食品，食品接受的是射线的能量，因此食品不可能沾染放射性物质。物质在经过射线照射后，可能诱发放射性，称为感生放射性。射线必须达到一定的阈值才可能诱发感生放射性，而辐照食品常用的辐射源能量都在 10 MeV 以下，因此辐照食品不会诱发感生放射性或者诱发的感生放射性可以忽略不计。

7.5.3 辐照食品的安全管理

7.5.3.1 政府应加强对辐照食品的监管

CAC、欧盟等对食品辐照都有严格的批准条件和要求；欧盟、美国规定所有食品辐照必须在经过认证的辐照设施上进行，进口的辐照食品，其国家的辐照设施必须经过欧盟和美国认证。

我国政府监管部门应按照有关法规要求，加强对辐照食品加工企业、辐照工艺、辐照食品标签的管控，尤其对辐照食品加工企业进行资格审查与认证，把辐照食品的安全保证与质量控制落实在生产源头上。我国辐照装置的资格认证仍缺乏可依从的标准，需要尽快制定和完善。

7.5.3.2 要重视辐照食品的工艺研究与产品标注

不同的食品经过辐照要达到最佳的质量和较低的生产成本，必须选择最适的辐照剂量和生产工艺。因此，要重视食品辐照技术的研究。

1996 年我国卫生部发布的《辐照食品卫生管理办法》规定：辐照食品必须严格控制在国家允许的范围和限定的剂量标准内，如超出允许范围须事先提出申请，批准后方可进行生产；辐照食品在包装上必须贴有卫生部统一制定的辐照食品标识。我国《预包装食品标签通则》(GB 7718—2011)也明确规定：经电离辐射线或电离能量处理过的食品，应在食品名称附近标明“辐照食品”；经电离辐射线或电离能量处理过的任何配料，应在配料清单中标明。

7.5.3.3 加强食品辐照技术的科普宣传

辐照技术作为一种新的食品加工技术，受到怀疑和抵制是不可避免的，其主要障碍是缺乏对辐照技术的正确认识。因此，加强对辐照食品优越性、安全性的科普宣传对发展辐照食品具有重要意义。

7.5.3.4 加强食品辐照保藏技术的研究和完善相关的法规标准

辐照保藏技术的开发应用主要受到两方面的制约：一是适合不同产品的有效辐照工艺技术；二是降低辐照的成本。国家应该对此增加投入。要加速完善辐照食品安全标准和工艺规范，严格按照国际标准的要求和指导原则，进一步完善我国的辐照装置、辐照食品的法律和规范，促进我国食品辐照加工业的健康发展。

7.6 其他加工食品的安全性

7.6.1 肉制品的安全性

肉中含有人体所需的多种营养成分，食用价值高，但也易受到多种污染物的污染。肉制品中常出现的安全问题有亚硝酸盐含量、菌落总数、大肠菌群超标等。

7.6.1.1 原料肉的安全性问题

(1)肉的腐败变质　宰后的肉从新鲜到腐败变质要经过僵直、成熟、自溶和腐败四个变化。刚屠宰的肉呈中性或弱碱性(pH 7.0～7.4)，由于肉中糖原和含磷有机化合物在组织蛋白酶作用下分解为乳酸和游离磷酸，肉的 pH 下降(pH 5.4～6.7)，pH 在 5.4 时达到肌凝蛋白等电点，使肌凝蛋白发生凝固，导致肌纤维硬化出现僵直。此时的肉风味较差，不适宜用作加工原料。僵直后，肉中糖原继续分解为乳酸，使 pH 继续下降，组织蛋白酶将肌肉中的蛋白质分解为肽、氨基酸、次黄嘌呤核苷酸等，肌肉组织逐渐变软并具有一定弹性，肉的横切面有肉汁流出，具有芳香味，肉表面可形成干膜，此过程称为肉的成熟。肉的成熟过程可以改进其品质。

宰后的肉若在不合理条件下贮藏，如较高温度，可以使肉中组织蛋白酶活性增强，导致肉的蛋白质发生强烈分解，产生硫化氢、硫醇与血红蛋白或肌红蛋白中的铁结合，在肌肉表层和深层形成暗绿色的硫化血红蛋白，并伴有肌纤维松弛，此过程称为肉的自溶。肉发生自溶后为微生物入侵、繁殖创造了条件，微生物产生的酶使肌肉中的蛋白质进一步分解，生成胺、氨、硫化氢、吲哚、硫醇等具有强烈刺激性气味的物质；同时脂肪也发生酸败，导致肉的腐败变质。

(2)人畜共患传染病　人畜共患传染病是指在脊椎动物与人类之间自然传播感染的疫病。病原体包括细菌、病毒、真菌、原生动物和内外寄生虫等，可通过直接接触或以节肢动物、啮齿动物为媒介以及病原污染的空气、水等传播。目前，全世界已证实的人畜共患传染病有 200 多种，已在多个国家流行，我国常见的人畜共患传染病包括炭疽、结核病、布鲁氏菌病、狂犬病、口蹄疫以及旋毛虫病等。人若食用了患有人畜共患传染病的动物组织，可出现由这些病原体引起的传染病和寄生虫病。

(3)农药和兽药残留的污染　畜禽饲料残留的农药可通过食物链在畜禽的肉、内脏中残留；畜禽在养殖期间使用的药物也可能在畜禽的肌肉、内脏等组织中残留。若长期食用农、兽药残留超标的食品将对健康产生危害。

7.6.1.2 肉制品加工中的安全性问题

(1)原料肉的预处理　原料肉的预处理包括清洗、切分、斩拌、腌制等，在这些过程中可能引起产品质量问题的原因有：清洗不干净，留下污秽或病原物入侵；从屠宰分割后未得到即时冷却处理，微生物污染，导致肉的新鲜度降低；腌制时间过长，温度过高，引起肉品变质。

(2)辅料　肉制品生产的辅料包括各种调味料、香辛料和食品添加剂，对人体健康有一定不良影响的，如硝酸盐、亚硝酸盐、焦糖色素、姜黄色素等。再者就是辅料的变质或混入杂物，也可带来潜在的安全隐患。

(3)热处理　易引起产品质量问题的原因有：热处理的温度、时间、蒸汽压力不足而导致的加热不均、杀菌不彻底，容易在后期引起食品的腐败变质，缩短食品货架期；烟熏、烘烤时间过长,燃料燃烧不完全,或产品被烧焦或炭化,肉中可聚集大量的多环芳烃类、杂环胺类化合物,带来潜在的致癌风险。

(4)生产加工卫生　生产车间的环境不卫生及布局不合理会造成原料、产品的污染;加工人员自身有传染性疾病如甲肝、结核等,或不注意清洁操作、器械消毒等,会将自身或外界的病原物带入肉制品中,造成病原微生物大量繁殖,影响食品安全。

容器或包装材料中有害物质如陶瓷容器中含有的重金属、塑料包装中的残余单体如苯乙烯等,可通过与食品接触而迁移到食品中;包装后的密封性能不好以及在包装过程中由于不洁操作将引起二次污染。贮存的温度、湿度控制不好,易导致微生物在产品中大量繁殖,导致肉品的腐败变质;运输时包装破损将使产品受到污染。

7.6.1.3　肉制品的安全管理

(1)生产场所　根据我国《肉类加工厂卫生规范》的规定建立和管理。生产场所应建在地势较高,干燥,水源充足,交通方便,无有害气体、灰沙及其他污染源,便于排放污水的地区;不得建在居民稠密的地区。生产作业区应与生活区分开。运送活畜与成品出厂不得共用一个大门,厂内不得共用一个通道。为防止交叉污染,原料、辅料、生肉、熟肉和成品的存放场所(库)必须分开设置。各生产车间的位置设置以及工艺流程必须符合卫生要求。肉类联合加工厂的生产车间一般应按饲养、屠宰、分割、加工、冷藏的顺序合理设置。屠宰车间必须设有兽医卫生检验设施,包括同步检验、对号检验、旋毛虫检验、内脏检验、化验室等。

二维码 7-7　GB 12694—1990《肉类加工厂卫生规范》

(2)宰前检验和管理　待宰动物必须来自非疫区,健康良好,并有产地兽医卫生检验合格证书。动物到达屠宰场后,须经充分休息,在临宰前停食不停水静养 12～14 h,再用温水冲洗动物体表以除去污物,防止屠宰中污染肉品。宰前检验是指屠宰动物通过宰前临床检查,初步确定其健康状况,尤其是能够发现许多在宰后难以发现的人畜共患传染病,从而做到及早发现,及时处置,减少损失。通过宰前检验挑选出符合屠宰标准的动物,送进待宰圈等候宰杀。同时剔出有病的动物分开屠宰。

患有严重传染病或恶性传染病的动物禁止屠宰,采用不放血的方法捕杀后予以销毁。

(3)屠宰加工卫生　在屠宰过程中,可食用组织易被来自体表、呼吸道、鬃毛、消化道、加工用具、烫池水的微生物污染。因此,宰杀口要小,严禁在地面剥皮。尽量采用蒸汽烫毛。宰杀后尽早开膛,防止拉破肠管。屠宰加工后的肉必须经冲洗后修整干净,做到胴体和内脏无毛、无粪便污染物、无伤痕病变。必须去除甲状腺、肾上腺和病变淋巴结。肉尸与内脏统一编号,以便发现问题后及时查处。肉的剔骨和分割应在较低温度下进行,热分割车间的温度不得超过 20℃,冷分割车间的温度不得超过 15℃。经过检验合格、充分冷却后的肉才能出厂。

(4)宰后检验和处理　宰后检验是指对屠宰动物生命终止后的检验,是宰前检验的继续和补充。特别是对于那些病程还处于潜伏期,临床症状还不明显的屠畜尤为重要。要求同一屠畜的胴体和内脏统一编号,进行同步检验,防止漏检或误判。宰后检验常采用视检、嗅检、触检和剖检的方法,对每头动物的胴体、内脏及其副产品进行头部检验、皮肤检验、胴体检验、内脏检验、寄生虫检验和复检,检查受检组织器官有无病变或其他异常现象。在动物屠宰过程中,必须加强传染病的检验,防止疫病传播,经检验不合格的动物产品应按照《病害动物和病害动物产品生物安全处理规程》规定进行处理。

(5)农药和兽药残留及其处理　按照农业部颁布的 235 号公告《动物性食品中兽药最高残留限量》和国务院颁布的《饲料和饲料添加剂管理条例》执行。

二维码 7-8　GB 16548—2006《病害动物和病害动物产品生物安全处理规程》

二维码 7-9　《饲料和饲料添加剂管理条例》

(6)加强对“注水肉”的监管　2008 年实行的《生猪屠宰管理条例》中明确规定，对生猪、生猪产品注水或者注入其他物质的，由商务主管部门没收注水或者注入其他物质的生猪、生猪产品、注水工具和设备以及违法所得，并处罚款；构成犯罪的，依法追究刑事责任。

对肉与肉制品要严格执行相关的标准，如《鲜(冻)畜肉卫生标准》(GB 2707)、《熟肉制品卫生标准》(GB 2726)、《腌腊肉制品卫生标准》等。

7.6.2　乳制品的安全性

乳及乳制品营养丰富，易受到微生物的污染，降低其食用价值和安全性。

7.6.2.1　原料乳的安全性问题

若奶牛患有乳房炎、结核等疾病，所产乳不得食用；挤奶操作不规范，对挤奶、贮奶、运奶设备的冲洗不彻底及冷藏设施落后等造成原料乳质量的下降。乳的变质过程常始于乳糖被分解、产酸、产气，形成乳凝块，随后蛋白质被分解，凝固的乳发生溶解，最后蛋白质和脂肪被分解后产生硫化氢、吲哚等物质，可使乳具有臭味，不仅影响乳的感官性状，而且失去食用价值。若乳牛(羊)的饲料中有农药残留及其他有害物质，可成为影响乳品安全的重要隐患。

7.6.2.2　乳制品加工中的安全性问题

乳品在加工过程中，如果不注意管道、加工器具、容器设备的清洗、消毒，很容易影响产品质量。同时生产设备和工艺水平是否先进、新产品配方设计是否符合国家相关标准，包装材料是否合格也将影响产品的质量。由于乳品的易腐性和不耐储藏性，其在贮藏、运输、销售过程中可能发生变化。此外，掺杂使假等是影响乳品质量的重要因素，如“三聚氰胺事件”、“阜阳奶粉事件”等。

7.6.2.3　乳制品的安全卫生管理

(1)原料乳的安全管理　个体饲养乳牛必须经过检疫，领取有效证件。乳牛应定期预防接种并检疫，如发现病牛应及时隔离饲养观察。对各种病畜乳必须经过卫生处理。挤乳操作要规范。挤乳前 1 h 停喂干料并消毒清洗乳房，防止微生物污染。挤乳人员、容器、用具应严格执行卫生要求。开始挤出的一、二把乳汁、产犊前 15 天的胎乳、产犊后 7 天的初乳、兽药使用期间和停药 5 天内的乳汁、乳房炎乳及变质乳等应废弃。挤出的乳立即进行净化处理，除去乳中的草屑、牛毛、乳块等杂质，净化后的乳应及时冷却。乳品加工过程中各生产工序必须连续生产，防止原料和半成品积压变质。要逐步取消手工挤乳。加强对生鲜乳收购环节的控制，避免掺杂作假的发生。

(2)乳品加工环节的安全控制　乳品加工企业应遵守良好操作规范,在符合 QS 质量要求前提下,重点抓好 HACCP 和 GAP(良好农业操作规范)的认证。在原料采购、加工、包装及贮运等过程中,人员、建筑、设施、设备的设置以及卫生、生产及品质等管理必须达到《乳制品良好生产规范》(GB 12693—2010)的条件和要求,全程实施 HACCP 和 GMP。鲜乳的生产、加工、贮存、运输和检验方法必须符合《生乳》(GB 19301—2010)的要求。乳制品要严格执行相关的卫生标准。酸乳生产的菌种应纯正,无害。

(3)乳品流通环节的安全控制　乳品的流通环节要有健全的冷链系统,销售环节需控温冷藏。在贮存过程中应加强库房管理,根据产品的贮存条件贮存产品。贮乳设备要有良好的隔热保温设施,最好采用不锈钢材质,以利于清洗和消毒并防止乳变色、变味。运送乳要有专用的冷藏车辆且保持清洁干净。市售点应有低温贮藏设施。每批消毒乳应在消毒 36 h 内售完,不允许重新消毒再销售。

7.6.3 水产品的安全性

水产品包括海水、淡水产品及其相应的加工品。鲜活水产品主要分为鱼、虾、蟹、贝四大类。根据加工工艺,可分为水产冷冻、盐腌、干制、烟熏、罐头等几类制品。

7.6.3.1 微生物的污染

由于生活、工业污水以及养殖废弃物的排放,使养殖环境中的微生物大量繁殖。微生物污染主要包括如下 3 类。

(1)细菌　海水鱼类机体上常见并可引起其腐败变质的细菌主要有假单胞菌属、无色杆菌属、黄杆菌属和摩氏杆菌属的细菌;而淡水鱼类机体上除上述细菌外,还存在产碱杆菌属和短杆菌属等属的细菌。这些微生物绝大多数在常温下生长、发育很快,能引起鱼类的腐败变质。甲壳类、贝壳类水产品多数生活在近海或淡水中,其表面或体内易携带多种致病菌;淡、海水中的水产品均有感染沙门氏菌、霍乱弧菌、副溶血性弧菌等的可能。从速冻鱿鱼、冻海螺肉中分离出了副溶血性弧菌、沙门氏菌;从冻海鱼中检出溶藻性弧菌、变形杆菌、星状诺卡氏菌等。尤其以即食生鲜水产品被致病菌污染的风险较大。

(2)病毒　容易污染水产品的病毒有甲肝病毒、诺瓦克病毒、星状病毒等。这些病毒主要来自病人、病畜或带毒者的肠道,污染水体或与手接触后污染水产品。目前已报道的与水产品有关的病毒感染事件中,绝大多数是由于食用了生的或加热不彻底的贝类所引起。最典型的是 20 世纪 80 年代后期发生在上海的食用毛蚶引起的甲肝大流行,患病总人数逾 30 万。

(3)寄生虫　鱼类、贝类水产品是多种寄生虫的中间宿主,常见的有华支睾吸虫、异形吸虫等。这些寄生虫被摄入后易引起人畜共患寄生虫病。2006 年北京发生了因食用未煮熟的福寿螺肉导致 100 多人患广州管圆线虫病。

7.6.3.2 天然毒素和过敏原

许多水产品中都含有天然毒素,被人误食后可能引起食物中毒。如河豚鱼含有河豚毒素,鲨鱼、旗鱼、鳕鱼等的肝脏含有毒素。

水产品中主要有鱼类及其制品、甲壳类及其制品以及软体动物及其制品引起食物过敏。过敏原比较复杂,主要存在于鱼肉中,鱼皮和骨头制成的鱼胶制品也可能含一定的过敏原。

7.6.3.3 水环境污染

水环境受到污染不仅直接危害水生生物的生长繁殖,而且污染物通过生物富集与食物链传递可危害人体健康，曾发生过的“水俣病”、“痛痛病”就是水环境受到汞、镉的污染而引起的。

7.6.3.4　鱼药残留

在鱼病防治过程中滥用药物，如盲目使用抗菌药物、促生长剂以及不遵守休药期等都是导致鱼药在水产品中残留的主要原因。近年调查数据显示，虽然水产品中药物残留超标率有所下降，但土霉素等残留量超标以及孔雀石绿等违禁药物屡禁不止的现象依然存在。

7.6.3.5　水产加工中掺杂使假

部分水产品生产、销售人员在水产品中非法添加违禁物以牟取暴利，如贝类、虾制品滥用添加剂、掺水增重；水发、冰鲜水产品使用甲醛等也被报道。

7.6.3.6　水产品的安全管理

(1)养殖环境的卫生要求　加强水域环境的管理，控制工业废水、生活污水的污染，控制施药防治水产养殖动物病害，保持合理的养殖密度，开展综合防治，健康养殖。

(2)保鲜措施　水生动物死亡后，受各种因素影响发生与畜肉相似的变化，包括僵直、自溶和腐败。鱼的保鲜就是要抑制鱼体组织酶的活力、防止微生物污染并抑制其繁殖，延缓自溶和腐败的发生。低温、盐腌是有效的保鲜措施。

(3)运输销售过程的卫生要求　生产运输渔船(车)应经常冲洗，保持清洁卫生；外运供销的鱼类及水产品应达到规定鲜度，尽量冷冻运输。鱼类在运输销售时应避免污水和化学毒物的污染，提倡用桶或箱装运，尽量减少鱼体损伤，不得出售和加工已死亡的黄鳝、甲鱼、乌龟、河蟹以及各种贝类；含有天然毒素的鱼类，不得流入市场。有生食鱼类习惯的地区应限制食用品种。

水产品的生产要严格执行相关的卫生标准，如《鲜、冻动物性水产品卫生标准》(GB 2733—2005)。

(胡滨)

本章小结

本章主要介绍了肉及肉制品、乳及乳制品、水产品、辐照食品、油脂及油炸食品、酒类、调味品等食品在生产过程中可能产生的有害成分、它们的毒性和防控措施等内容。

思考题

1. 简述酒类的成分与安全性问题。
2. 简述辐照食品的安全性问题。
3. 简述原料肉的安全性问题。
4. 简述乳制品的安全卫生问题及预防措施。
5. 简述水产品的安全卫生问题及预防措施。

参考文献

[1] 吴永宁. 现代食品安全科学[M]. 北京：化学工业出版社，2006.

[2] 孙长颢. 营养与食品卫生学[M]. 7 版. 北京：人民卫生出版社，2012.

[3] 曲径. 食品安全控制学[M]. 北京:化学工业出版社, 2011.
[4] 纵伟.食品卫生学[M]. 北京:中国轻工业出版社,2014.
[5] 冯翠萍.食品卫生学[M]. 北京:中国轻工业出版社,2014.
[6] 尤玉如.食品卫生学[M]. 北京:中国轻工业出版社,2015.
[7] 戴树桂. 环境化学[M]. 2 版. 北京:高等教育出版社, 2006.
[8] 王利兵. 食品安全化学[M]. 北京:科学出版社,2012.
[9] 罗贵伦. 氯丙醇产生的原因及清除办法[J]. 食品科学, 2002, 23(5):142-145.
[10] 李润国, 宁莉. 公共营养师理论分册[M]. 北京: 化学工业出版社,2009.
[11] 鲁煊. *N*-亚硝基化合物对人体的危害及防治措施研究[J]. 食品研究与开发, 2014, 35(2): 128-130.
[12] 程盼盼, 王炳玲, 崔瑛, 等. 多环芳烃暴露对免疫和神经发育影响[J]. 中国公共卫生, 2014, 10: 042.
[13] 洪燕婷, 王盼, 朱雨辰, 等. 肉制品中杂环胺形成与控制的研究进展[J]. 中国食品学报, 2014 (11): 149-156.
[14] 鲁静, 周催, 孙娜, 等. 丙烯酰胺生殖和发育毒性及其生物标志物的研究进展[J]. 食品安全质量检测学报, 2014 (2):457-462.
[15] Morris J G. How safe is our food? [J]. Emerging Infectious Diseases,2011,17(1):126-128.
[16] Gonzalez-Rodriguez R M,Rial-Otero R,Cancho-grande B,et al. A review on the fate of pesticides during the processes within the food-production chain[J]. Critical Reviews in Food Science and Nutrition,2011,51(2):99-114.
[17] Unnevehr L. Food safety in developing countries: Moving beyond exports[J]. Global Food Security,2015,4(3):24-29.
[18] LeBlanc D I,Villeneuve S,Beni L H,et al. A national produce supply chain database for food safety risk analysis[J]. Journal of Food Engineering,2015,147:24-38.

第8章

转基因食品的安全性

本章学习目的与要求

了解转基因技术的基本概念、主要内容、步骤和转基因食品的概况；掌握转基因食品安全性评价的基本原则，了解转基因食品安全性评价方法和评价内容。

8.1 转基因食品概述

随着生物技术的不断发展，转基因作物给人类带来了巨大的社会效益和经济效益。然而转基因技术与任何一项新技术一样，在实际应用中有利有弊，特别是由于目前的科学水平还难以准确预测该技术所造成的生物变化对人体健康和环境的影响，尤其是长期效应。因此，转基因食品的安全问题已越来越受到各国政府、消费者、国际组织的关注。

8.1.1 转基因食品基础知识

8.1.1.1 转基因食品的定义

基因工程是指利用DNA体外重组或PCR(聚合酶链式反应)扩增技术，从某种生物基因组中分离出感兴趣的基因，或是用人工合成的方法获取基因，然后经过一系列切割、加工修饰、连接反应形成重组DNA分子，再将其转入适当的受体细胞，以期获得基因表达的过程。这种工程所使用的分子生物技术通常称为转基因技术。

转基因食品就是指利用转基因技术，将某些生物的基因转移到其他物种中去，改造它们的遗传物质，使其在性状、营养品质、消费品质等方面向人们所需要的目标转变。这种以转基因生物为直接食品或为原料加工生产的食品就是转基因食品(genetically modified food，GMF)，又称基因工程食品或基因修饰食品(简称GM食品)。

转基因生物包括转基因植物、转基因动物和转基因微生物，由此而来的转基因食品也相应地分为转基因微生物源食品、转基因植物源食品、转基因动物源食品。

8.1.1.2 转基因技术的基本步骤与方法

(1)从复杂的生物有机体基因组中分离出带有目的基因的DNA片段。通常把要转化到载体内的非自身的DNA片段称为“外源基因”(foreign gene)，又称目的基因(object gene)或靶基因(target gene)，它含有一种或几种遗传信息的全套密码(code)。目前常用的分离、合成目的基因的方法有鸟枪法、酶促逆转录合成法(cDNA法)、化学合成法、PCR扩增法等几种。

(2)在体外，将带有目的基因的外源DNA片段连接到能够自我复制并具有选择记号的载体分子上，形成重组DNA分子。

载体(vector)是由在细胞中能够自主复制的DNA分子构成的一种遗传成分，通过实验手段可使其他的DNA片段连接在它的上面而进行复制。作为基因工程的载体，必须具备以下几个性能：①分子较小，可携带比较大的DNA片段；②能独立于染色体进行自主复制并且是高效的复制；③要有尽可能多种限制酶的切割位点，但每一种限制酶又要最少的切割位点(多克隆位点 multiple cloning sites，MCS)；④有适合的标记，易于选择；⑤有时还要求载体能启动外源基因进行转录及表达，并且尽可能是高效的表达；⑥从安全角度考虑，要求载体不能随便转移，仅限于在某些实验室内特殊菌种内才可复制等。目前常用的基因克隆载体有质粒载体、噬菌体(常用的如λ噬菌体、M13噬菌体)载体、科斯质粒载体、真核细胞克隆载体。

二维码 8-1 载体的种类和特征

将目的基因与载体重组的方法目前有如下几种：

一是根据外源DNA片段末端的性质同载体

上适当的酶切位点相连实现基因的体外重组。外源 DNA 片段通过限制性内切酶酶解后其所带的末端有 3 种可能:第一种可能是产生带有非互补突出端的片段,第二种可能是产生带有相同突出端的片段,第三种可能是产生带有平端的片段。

二是同聚物加尾法。可以利用末端转移酶分别在载体酶切位点处和外源 DNA 片段的 3′端加上相互补的同聚尾,这就是所谓的同聚物加尾法。此法常用于双链 cDNA 的分子克隆。

三是 PCR 法。在进行 PCR 时,可根据载体上的克隆位点设计 PCR 引物,使引物上带有与载体克隆位点相匹配的限制性内切酶识别序列。通过 PCR 或 RT-PCR 直接产生可用于重组的外源基因片段。

(3)将重组 DNA 分子转移到适当的受体细胞(寄主细胞),并与之一起增殖。受体细胞也称宿主细胞,是指能摄入外源 DNA(基因)并使其稳定维持和表达的细胞,可分为原核受体细胞(最主要的是大肠杆菌)、真核受体细胞(最主要的是酵母菌)、植物细胞、动物细胞和昆虫细胞(其实也是真核受体细胞)。由于外源基因与载体构成的重组 DNA 分子性质不同,宿主细胞不同,将重组 DNA 导入宿主细胞的具体方法也不同。将重组 DNA 分子送入到受体细胞的方法主要有以下几种:

①$CaCl_2$ 处理后的细菌转化或转染。

②高压电穿孔法。通过调节外加电场的强度、电脉冲的长度和用于转化的 DNA 浓度可将外源 DNA 导入细菌或真核细胞。用电穿孔法实现基因导入比 $CaCl_2$ 法方便。

③聚乙二醇介导的原生质体转化法。常用于转化酵母细胞以及其他真菌细胞。

④磷酸钙或 DEAE-葡聚糖介导的转染。这是将外源基因导入哺乳类细胞中进行瞬时表达的常规方法。

⑤基因枪介导转化法。利用火药爆炸或高压气体加速,将包裹了带目的基因的 DNA 溶液的高速微弹直接送入完整的植物组织和细胞中。该方法的一个主要优点是不受受体植物范围的限制,而且其载体质粒的构建也相对简单,因此也是目前转基因研究中应用较为广泛的一种方法。

⑥原生质体融合。通过带有多拷贝重组质粒的细菌原生质体同培养的哺乳细胞直接融合。经过细胞膜融合,细菌内容物转入动物细胞质中,质粒 DNA 被转移到细胞核中。

⑦脂质体法。将 DNA 或 RNA 包裹于脂质体内,然后进行脂质体与细胞膜融合将基因导入。

⑧细胞核的显微注射法。将目的基因重组体通过显微注射装置直接注入细胞核中。

(4)从大量的细胞繁殖群体中筛选出获得了细胞重组 DNA 分子的受体细胞克隆。目前比较常用的筛选方法有以下几种:

①重组质粒的快速鉴定。根据有外源基因插入的重组质粒同载体 DNA 之间大小的差异来鉴定重组体。这种方法对于用双酶酶解后定向插到载体中的重组体尤其方便。

②通过 α 互补使菌落产生的颜色反应来筛选重组体。常用的是蓝白斑试验(IPTG-Xgal 试验)。

③重组质粒的限制酶酶解分析。当载体和外源 DNA 片段连接后产生的转化菌落比任何一组对照连接反应(如只有载体或外源 DNA 片段)都明显得多时,从转化菌中随机挑选出少数菌落后通过快速提取质粒 DNA,然后用限制酶酶解,凝胶电泳分析来确定是否有外源基因插入。

④外源 DNA 片段插入失活。如果载体带有两个或多个抗生素抗性基因并在其上分布适宜的可供外源 DNA 插入的限制性内切酶位点时，当外源 DNA 片段插入到一个抗性基因中去时可导致此抗性基因失活。这样可通过含不同抗生素的平板对重组体进行筛选。如 pBR322 质粒上有两个抗生素抗性基因（Amp^r 和 Tet^r）。

⑤分子杂交筛选法。利用碱基配对的原理进行分子杂交是核酸分析的重要手段，也是鉴定基因重组体最通用的方法。其分析方法有：原位杂交、点杂交及 Southern 杂交等（可参考萨姆布鲁克《分子克隆实验指南》）。

⑥利用 PCR 方法来确定基因重组体。

(5)将目的基因克隆到表达载体上，导入寄主细胞，使之在新的遗传背景下实现功能表达，对表达产物进行鉴定，从而获得人类所需要的物质。表达产物一般可以通过直接测定其活性功能来鉴定，将其与目的产物进行电泳图比较，最精确的鉴定方法是进行蛋白质的氨基酸序列测定。

8.1.1.3 转基因食品的种类

(1)植物源性转基因农产品

①转基因抗病虫害植物　大多数转基因作物的目的在于通过导入抗病毒、抗真菌性或抗细菌性疾病的基因、抗害虫基因，以提高作物产量或使作物便于管理。目前主要应用于棉花、玉米、大豆、番茄等植物，我国已经将抗黄瓜花叶病毒的基因导入青椒和番茄中，并获得良好抗病效果。

②转基因耐受除草剂植物　如将耐除草剂基因导入植物内，使植物耐受除草剂，方便植物生产管理。

③转基因改善食物成分植物　转入作物中所缺乏营养素的产生基因而生产高营养价值的作物，以避免营养素缺乏症，如黄金米、不同脂肪酸组成的油料作物、多蛋白的粮食作物等，主要品种有小麦、玉米、大豆、蔬菜、水稻、马铃薯、番茄等。

④转基因改善农业品质植物　如转入与产量相关的基因或抗逆境基因（耐热或耐寒和抗旱以及耐盐碱等的基因），使植物能更好地适应环境。许多科学家认为，转基因技术可以把发展中国家的农业生产率提高 25%，能在一定程度上解决人类粮食问题。

⑤转基因延长食品货架期植物　如利用基因工程技术抑制成熟基因，从而达到推迟果蔬成熟衰老、保鲜的目的。目前，国内外都已有商品化的转基因耐贮番茄生产，其相关研究也已扩大到草莓、香蕉、芒果、桃、西瓜等。

(2)微生物源性转基因食品　用转基因技术改造微生物菌种，以生产食用酶及其生物制剂，提高酶的产量和活力，产品主要有转基因酵母、食品发酵用酶等。其中最成功的是用于改造酿酒酵母（*Saccharomyces cerevisiae*）菌株。

(3)动物源性转基因食品　转基因动物性食品主要以提高动物的生长速度、瘦肉率、饲料转化率，增加动物的产奶量和改善奶的组成成分为主要目标，主要应用于鱼类、猪、牛等。此外，转基因技术也可将人类所需的各种生长因子的基因导入动物体内，使转基因动物能够分泌出人类所需的各种生长因子。如 1997 年英格兰罗斯林（Roslin）研究所克隆的携带有人凝血因子Ⅸ基因的绵羊；1999 年上海医学遗传研究所培育的中国第一头转基因牛携带有人体清蛋白；2002 年中国科学院水生生物研究所首次亮相的带有草鱼生长激素基因的“转基因黄河鲤鱼”等。

8.1.2　转基因技术在食品工业中的应用

目前转基因技术在食品工业中主要应用于以下几个方面。

8.1.2.1　酶制剂的生产

酶的传统来源是动物脏器和植物种子，随着发酵工程的发展，逐渐出现了以微生物为主要酶源的格局。近年来，由于基因工程技术的发展，更使我们可以按照需要来定向改造酶，甚至创造出自然界从未发现的新酶种。蛋白酶、淀粉酶、脂肪酶、糖化酶和植物酶等均可利用基因工程技术进行生产。

利用基因工程技术改善酶制剂的生产菌株、酶制剂的质量和品质，在酶制剂工业上得到广泛应用。如利用基因工程菌生产凝乳酶，实现高效表达，表达率可达 1 mg/g 湿菌体，解决了凝乳酶供不应求的状况。1990 年美国食品药品管理局(FDA)已批准使用在干酪生产中。采用基因工程生产 α-淀粉酶的产量提高了 7～10 倍。目前利用基因工程菌发酵生产的酶制剂已有几十种。

8.1.2.2　改良微生物菌种性能

最早采用基因工程改造的微生物是面包酵母菌。人们把具有优良特性的酶基因转移至该菌中，使经基因工程改良的面包酵母含有的麦芽糖透性酶(maltose permease)及麦芽糖酶(maltase)含量大大提高，在面包加工中产生 CO_2 气体的量高，从而使得面包膨发性能好、松软可口。1990 年，英国已经允许使用这种酵母。此外，采用基因工程技术，将大麦中的 α-淀粉酶基因转入啤酒酵母中并高效表达，这种酵母可以直接利用淀粉进行发酵，既节省了原材料，又缩短了生产流程、简化了工序，推进了啤酒技术的革新。

8.1.2.3　改善食品原料的品质

利用基因工程技术对动植物品种进行改良可获得高品质的食品加工原料。

(1)改良动物食品性状　基因工程动物生长激素对加速动物生长、改善饲养动物的效率及改变畜产品及鱼类的营养品质等方面具有广阔的应用前景。将基因工程生产的牛生长激素(BST)注射到母牛上，能提高其产奶量；而基因工程猪生长激素(porcine somatotropin，PST)注射到猪上，可使猪瘦肉型化，改善肉食品质。

(2)改造植物性食品原料　主要是通过提高植物性食品氨基酸含量、增加食品甜味(环化糊精)、改造油料作物、改良植物性食品蛋白质品质、改良园艺产品的采后品质等来改善植物性食品原料品质。

①蛋白质的改良　植物蛋白由于含量不高或氨基酸的比例不恰当或优质蛋白缺乏，可能导致食用者蛋白营养不良。采用转基因的方法，改善植物性食品中蛋白质的质量。例如，将谷类植物基因导入豆类植物，获得蛋氨酸含量高的转基因大豆；我国学者把玉米种子中克隆得到的富含必需氨基酸的玉米醇溶蛋白基因导入马铃薯中，使转基因马铃薯块茎中的必需氨基酸提高了 10% 以上。

②油脂的改良　对油脂品质的改善主要集中在两个方面，即控制脂肪酸的链长和饱和度。油脂的酸败是导致油脂品质下降的主要原因，目前已知豆类中的脂氧合酶在酸败过程中扮演重要角色。美国 DuPont(杜邦)公司通过反义抑制和共同抑制油酸酯脱氢酶，成功开发了高油酸含量的大豆油。这种新型油具有良好的氧化稳定性，很适合用作煎炸油和烹调油。导入硬脂酸-ACP(acyl carrier protein，酰基载体蛋白)脱氢酶的反义基因油菜种子中，硬脂酸的含量

从 2%增加到 40%，硬脂酰-CoA 可使转基因作物中的饱和脂肪酸（软脂酸、硬脂酸）的含量下降，不饱和脂肪酸（油酸、亚油酸）的含量增加，其中油酸的含量可增加 7 倍。

③碳水化合物的改良　高等植物体中淀粉合成的酶类主要有腺苷二磷酸葡萄糖焦磷酸化酶（ADP-GPP）、淀粉合成酶（SS）和分支酶（BE）。通过反义基因抑制淀粉分支酶可获得只含直链淀粉的转基因马铃薯。Monsanto（孟山都）公司开发了淀粉含量平均提高 20%～30%的转基因马铃薯，油炸后的产品更具马铃薯风味且吸油量较低。

④改良园艺产品的采后品质　果实的成熟是一个复杂的发育过程，是由一系列基因相继活化而控制的，且乙烯是果实成熟过程中调节基因表达的最重要、最直接的指标。目前，日本学者已找到产生乙烯的基因，通过控制基因的表达，可以减慢乙烯的合成速度，从而减缓果蔬的衰老，起到保鲜效果。此外，国外研究发现，番茄后熟过程中细胞成分变化受基因控制，番茄"不熟种"缺少衰老基因，后熟慢。因此，可以利用基因工程技术从内部控制果蔬后熟，或修饰遗传信息，或抑制成熟基因，从而推迟果蔬成熟衰老，达到果蔬保鲜的目的。基因工程方法在延缓果蔬成熟、控制果实软化、提高抗病抗冻能力、延长保藏期方面均得到广泛应用。

8.1.2.4　改进食品生产工艺

(1)改进果糖和乙醇的生产方法　以谷物为原料生产果糖和乙醇时，要使用淀粉酶分解原料中的糖类物质。这些酶造价高，而且只能使用一次。利用基因工程技术改变这些酶的编码基因，可大大降低果糖和乙醇的生产成本。

(2)改良啤酒大麦的加工工艺　采用基因工程技术，降低大麦中醇溶蛋白的含量，解决了啤酒生产过程中易产生浑浊、过滤困难的难题。利用基因工程技术将霉菌的淀粉酶基因转入大肠埃希氏菌（*E. coli*），并将此基因进一步转入酵母单细胞中，使之直接利用淀粉产生酒精，不需要高压蒸煮工序，可节约 60%的能源，缩短了生产周期，降低了成本。

8.1.2.5　生产食品添加剂及功能性食品

食品添加剂如氨基酸、维生素、增稠剂、有机酸、乳化剂、表面活性剂、食用色素、食用香料及调味料等都可以利用基因工程菌发酵生产，同时还可以利用基因工程技术开发得到新的优良的食品添加剂。

采用转基因技术，在动、植物或细胞中得到基因表达而制造出有益于人类健康的保健成分或有效因子，改变传统的保健食品有效成分主要来源于动、植物的状况，如人的血红素基因，具有实际应用价值。

8.1.3　转基因食品的发展现状与发展趋势

20 世纪 80 年代，转基因技术逐渐渗入到农业、医药等领域，并先后取得重大突破。其中利用转基因技术，转入由植物、动物或微生物细胞中提出的基因而制成的转基因食品意义最为重大。

1983 年第一例转基因作物烟草问世；1986 年首批转基因作物获准田间试验；1989 年，美国政府批准在奶牛中使用重组牛生长激素（rBST），以增加奶牛的产奶量；1992 年中国成为第一个商品化种植转基因作物烟草的国家；1994 年美国在世界上第一个批准的商业化转基因食品（延熟保鲜转基因番茄）问世。随后又产生转基因大豆、玉米、大米、马铃薯、棉花、油菜等。目前已有上百种转基因植物问世，其中有以抗真菌、抗病毒、抗虫害、抗逆、抗除草剂为目的的转基因植物；有以增加果实颗粒营养成分或生产药用成分为目的的转基因植物，如"金稻米"中

的 β-胡萝卜素含量较高。

生物技术作物不仅帮助增加粮食产量，在环境友好型土地开发方面也起到很大的作用，如节约耕地、减缓环境影响等。2014 年是转基因作物成功商业化的第 19 年，数据表明从 1996—2013 年增加的粮食产量价值高达 1 330 亿美元，节约了 1.32 亿 hm^2 土地；1996—2012 年节约了约 5 亿 kg 农业杀虫剂；2014 年，全球共有 1 650 万名处于资源匮乏地区的农民受益于种植生物技术作物。对于发展中国家和处于经济转型期的国家而言，农业占国民生产总值(GDP)的比重很大，生物技术作物能够明显提高农业生产率，将更有助于消除贫困。

近几年，转基因作物及其由这些作物加工而成的食品以难以想象的速度迅猛发展。截至 2014 年，全球有 28 个国家(包括 20 个发展中国家和 8 个发达国家)批准种植转基因作物，相比 1996 年的 6 个国家数量翻两番。1996—2014 年间，全球转基因作物的种植面积扩大了 100 倍，累计约为 18 150 万 hm^2，约 1 800 万农户种植转基因作物，其中 85%来自中国、印度、菲律宾。

二维码 8-2　2014 年全球转基因作物种植情况

转基因作物的五大种植国：美国 7 310 万 hm^2，巴西 4 220 万 hm^2，阿根廷 2 430 万 hm^2，印度、加拿大同为 1 160 万 hm^2。2014 年，美国批准种植作为世界第四主粮的马铃薯，计划 2015 年开始商业化。2013 年 10 月 30 日，孟加拉国首次批准种植 Bt(苏云金芽孢杆菌)茄子并在不到百天之内(2014 年 1 月 22 日)开始种植，为贫困弱小国的转基因作物种植树立典范。目前，已商品化大面积种植的全球四大转基因作物为大豆、玉米、油菜以及棉花。小面积种植的有番茄、马铃薯、甜椒、西葫芦、木瓜等。全球种植转基因作物的面积以每年 10%的增长率持续增长。转基因大豆更是持续成为 2013 年主要的转基因作物，种植面积达 8 453 万 hm^2(占全球转基因作物种植面积的 79%)，其次是玉米、棉花，以及油菜。

美国是生产转基因作物最多的国家。自美国批准转基因作物商业化生产以来，越来越多的转基因作物被批准在不同国家和地区商业化种植。

中国已颁发 22 种国外转基因作物进口许可证，分别是转基因大豆 GTS-40-3-2，转基因玉米(10 种)，转基因油菜(7 种)和转基因棉花(4 种)。中国进口大豆占全球出口总量的 65%，其中 90%为转基因大豆。2013 年，中国进口转基因大豆 6 300 万 t，转基因玉米 330 万 t。在中国市场上 70%的大豆制品中含有转基因成分，转基因大豆主要用作加工原料生产食用油和豆制品。在市场上还发现了转基因米粉、饼干、咖啡等。到 2008 年年底，中国已批准棉花、番茄、烟草和牵牛花 4 种转基因作物进行商业化生产，国产的转基因产品最主要的是棉花。

随着主要转基因作物种植国家、种植面积的增长，转基因作物的未来令人鼓舞。至 2050 年全球人口将达 90 亿，而转基因作物对可持续发展将做出巨大贡献。

二维码 8-3　转基因作物种植面积的增长

8.2　转基因食品潜在的安全问题

以重组 DNA 技术为代表的转基因技术为农业生产、人类生活和社会进步带来巨大的利益。虽然目前转基因技术可以准确地将 DNA 分子切断和拼接，进行基因重组，但是异源

DNA 片段被导入一个生物体后，对受体基因的影响程度不能事先完全地、精确地预测到，受体基因的突变过程及对人类的危害同样是无法预料的。

20 世纪 80 年代后期，随着第一例基因重组转基因食品牛乳凝乳酶的商业化生产，转基因食品的安全受到了越来越广泛的关注。1990 年召开的第一届联合国粮农组织/世界卫生组织(FAO/WHO)专家咨询会议，在对转基因食品安全性评价方面迈出了第一步。之后，国际上相关组织先后开展了各项会议讨论转基因食品的安全性评价问题，其中包括"实质等同性原则"的提出和认可。至 20 世纪 90 年代中期，一些研究结果对转基因食品的安全性提出了严峻的考验，更是增加了各国对转基因食品安全性的关注，转基因食品安全性的相关研究工作也理性化地展开。

事实上，由于转基因技术用来改造食品的基因通常来源于亲缘关系较远的物种，有些是人类极少食用的物种，因此，相对于传统的自然食品而言，存在着不确定的因素和未知的长期效应，其安全性尚有待于进一步的检验。

目前，转基因食品的安全性问题主要有两方面：一方面是转基因植物的环境安全性；另一方面是转基因食品的食用安全性。

转基因植物的环境安全问题：①破坏生态系统中的生物种群；②转基因生物对非目标生物的影响；③影响生物多样性；④基因漂移产生不良后果；⑤对天敌产生的影响。

转基因食品的食用安全性：①营养品质和代谢改变；②抗生素抗性；③潜在毒性；④潜在的过敏原。

8.2.1 营养品质和代谢改变

第一代转基因食品主要在抗虫害和抗杂草方面提高农业性能，第二代转基因食品则为了使食品更具有营养价值或改变其营养特性。然而，营养成分评价是转基因作物安全性评价的关键，也是开展试验的基础。

转基因食品中导入的外源基因可能以难以预料的方式改变食品的营养价值和不同营养素的含量，甚至可能引起抗营养因子的改变。例如，美国生产的一种耐除草剂的转基因大豆中的异黄酮就比一般大豆低 12%～14%。另外，由于转基因引起的基因结构的变化，基因产物的变化，基因在功能上的变化，还有基因沉默等基因层次的改变，最后都会部分地影响到代谢水平的改变，从而体现在营养因子和表型上的变化。

8.2.2 抗生素抗性

抗生素抗性标志基因(antibiotic resistance marker genes)在转基因技术中有重要意义，主要应用于对已转入外源基因生物体的筛选，即转基因植物基因组在插入外源基因时通常连接了标志基因用于帮助转化子的选择。人类食用了带有抗生素抗性标志基因的转基因食品后，在体内可将抗生素抗性标志基因插入肠道微生物中，并在其中表达，使这些微生物转变为抗药菌株，可能影响口服抗生素的药效，对健康造成危害。如氨基丁卡霉素是国际医药界储备的应急"救危"药物。目前有些转基因植物的抗生素标记基因是卡那霉素抗性基因，一旦在环境中释放，该基因就有可能产生突变，出现氨基丁卡霉素抗性基因。一旦体内的细菌获得了氨基丁卡霉素抗性，这种应急"救危"药物还没被启用就已经失效，这对人类将是一个毁灭性的打击。转基因食品中的抗生素抗性标记基因可能引发人类的医疗风险，是人体健康的潜在威胁。

2002 年英国进行了转基因食品 DNA 的人体残留试验，7 名做过切除大肠组织手术的志愿者，食用过用转基因大豆做成的汉堡包之后，在其小肠的细菌中检测到了转基因 DNA 的残留物。

8.2.3　潜在毒性

转基因食品可能产生毒性主要有以下两个原因：

(1)提供基因的生物很可能是不能作为食物的有毒生物，且基因的产物为有毒物质，其基因转入作为食品原料的生物后，产生有毒物质。自然界中任何生物的存在与繁衍都不是以作为人类食物为目的的，而是根据其自身生存的需要和规律生长及代谢。现在已知的植物毒素约 1 000 种，绝大部分是植物次生代谢产物，其中，最重要的是生物碱和萜类。如千里光碱等双稠吡咯烷、金雀儿碱等双稠哌啶烷类生物碱具有强烈的肝脏毒性，并有致癌、致畸作用。

(2)新基因的转入打破了原来生物基因的“管理体制”，理论上可使一些产生毒素的沉默基因启动表达，进而产生有毒物质，但目前尚未有实验结果可证明。

8.2.4　潜在的过敏原

研究表明，少数食品及食品产品是发生大多数食品过敏的主要原因。全世界约有 2%的人群对某些食物成分过敏，转基因食品引起食物过敏的可能性是人们关注的焦点之一。转基因食品产生过敏的原因可能是转基因操作可能将供体过敏原的特性转移到受体动植物体内；许多转基因植物以微生物为基因供体，这些供体是否具有过敏性尚不清楚；一些非食物源的基因或新的基因组合可能产生过敏原；转基因食品本身含有的一些过敏原如花生、小麦、鸡蛋、牛奶、坚果、豆类、鱼等所含有的蛋白质。上述因素均会激发一些易感消费者出现过敏反应。

在下列情况下转基因食品可能产生过敏性：①已知所转外源基因能编码过敏蛋白。②外源基因转入后能产生过敏蛋白。例如，1996 年美国先锋种子公司在对大豆作品质改良时发现，巴西坚果中有一种蛋白质富含甲硫氨酸和半胱氨酸，并将这一基因转到大豆中。但他们发现一些人对巴西坚果有过敏反应，而且引起过敏反应的正是这一蛋白。他们随即对带巴西坚果蛋白的转基因大豆也进行检验，发现对巴西坚果过敏的人对这种转基因大豆也过敏。③转基因食品产生的蛋白与过敏蛋白的氨基酸序列有明显的同源性。④转基因表达蛋白为过敏蛋白的家族成员。

国际上对转基因食品的安全性问题尚无统一的看法。关于转基因食品对人类健康是否有不良影响，转基因技术对环境、物种的进化是否有影响等一直争论不休。

转基因食品的支持派认为，迄今为止并未发现转基因食品危害人体健康的确切证据，有关于此的长远影响还只能做推论。转基因食品的反对者则认为其具极大的潜在危险：可能损害人类的免疫系统；可能产生过敏综合征；可能对人类有毒性；对环境生态系统有害，对人类和人体存在未知的危害等。在转基因食品最发达的美国，曾有些大食品公司也因其产品被检出含有转基因食品配料(转基因大豆和转基因玉米)而遇到麻烦。

从目前来看，转基因技术的所谓不良影响主要限于理论和可能性，而它的诸多好处已经展示在人们面前。对转基因食品安全性的争论，从表面上看是科学家对转基因作物安全性的认识不同，实际上争论包含着深层次的原因，归根结底是经济利益的冲突。具体来说就是国家之间、经济组织之间、商家之间的经济利益冲突。

8.3 转基因食品安全性评价

虽然转基因食品安全性问题是人们最关心、最重要的问题，但其结果又是不很确定的。目前还没有足够的证据表明转基因食品对人类健康无害或有害。

随着转基因作物在全球的种植面积不断扩大，转基因食品的种类和数量急剧增加，世界各国已普遍关注转基因食品的安全性。对转基因食品进行安全性的分析并做出正确评价是非常迫切的。

转基因食品的安全性评价的目的是从技术上分析该产品的潜在危险，以期在保障人类健康和生态环境安全的同时，也有助于促进生物技术的健康、有序和可持续发展。因此，对转基因食品安全性评价的意义可以归结为：①提供科学决策的依据；②保障人类健康和环境安全；③回答公众疑问；④促进国际贸易；⑤促进生物技术的可持续发展。

8.3.1 转基因食品安全性评价的基本原则

转基因食品的安全性评价原则主要包括：实质等同性原则、预先防范的原则、个案评估的原则、逐步评估的原则、风险效益平衡的原则以及熟悉性原则。其中，实质等同性原则应用最为广泛。

8.3.1.1 实质等同性原则

1993 年经济合作与发展组织（OECD）提出对现代生物技术食品采用实质等同性的评价原则。目前，国际上普遍采用的是以实质等同性原则为依据的安全性评价方法。

实质等同性原则的含义是“在评价生物技术产生的新食品和食品成分的安全性时，现有的食品或食品来源生物可以作为比较的基础”。该原则认为，如果导入基因后产生的蛋白质经确认是安全的，或者是转基因作物在主要营养成分（脂肪、蛋白质、碳水化合物等）、形态和是否产生抗营养因子、毒性物质、过敏性蛋白等方面没有发生特殊的变化，则可以认为转基因作物在安全性上和原作物是等同的。实质等同性可以证明转基因产品并不比传统产品不安全，但并不能证明它是绝对安全的。另外，食品成分的改变并非是决定食品是否安全的唯一因素。只有对这种差异的各方面进行综合评价，才能确定食品是否安全。因此，实质等同性原则是一个指导原则，并不能代替安全性评价。

1996 年，FAO/WHO 召开的第二次生物技术安全性评价专家咨询会议将转基因食品的实质等同分为 3 类：第一类，转基因食品和传统食品具有实质等同性；第二类，转基因食品与传统食品除引入的新性状外具有实质等同性；第三类，转基因食品与传统食品不具有实质等同性。

8.3.1.2 预先防范的原则

在对转基因食品评价时，第一个要考虑的问题是对遗传工程体的特性进行分析，即安全性分析。这样有助于判断某种新食品与现有食品是否有显著差异。分析的主要内容有：

（1）供体来源、分类、学名，与其他物种的关系；作为食品食用的历史，有无有毒史、过敏性、传染性、抗营养因子、生理活性物质；该供体的关键营养成分等。

（2）被修饰基因及插入的外源 DNA 介导物的名称、来源、特性和安全性。基因构成与外源 DNA 的描述，包括来源、结构、功能、用途、转移方法、助催化剂的活性等。

(3)受体与供体相比的表型特性和稳定性，外源基因的拷贝量，引入基因移动的可能性，引入基因的功能与特性。

基于转基因食品技术的特殊性，必须对转基因食品采取预先防范作为风险性评估的原则。例如，20世纪60年代末，斯坦福大学教授P. Berg用来自细菌的一段DNA与猴病毒SV40的DNA连接起来，获得了世界第一例重组DNA。但这项研究受到了其他科学家的怀疑，因为SV40病毒是一种小型的动物肿瘤病毒，可以将人的细胞培养转化为类肿瘤细胞。如果研究中的相关材料扩散开来，对人类造成的灾难将无法想象。因此，必须结合其他评价原则，对转基因食品进行评估，防患于未然。

8.3.1.3　个案评估的原则

目前已有300多个基因被克隆，用于转基因生物的研究。这些基因来源和功能各不相同，受体生物和基因操作也不同，因此，必须采取的评价方式是针对不同转基因食品逐个地进行评估。该原则也是世界许多国家采取的方式。

8.3.1.4　逐步评估的原则

转基因生物及其产品的研发经过了实验室研究、中间试验、环境释放、生产性试验和商业化生产等几个环节。每个环节对人类健康和环境所造成的风险是不同的。逐步评估的原则就是要求在每个环节上对转基因生物及其产品进行风险评估，并且以前一步的试验结果作为依据来判定是否进行下一阶段的开发研究。例如，上文所提及的转入巴西坚果2S清蛋白的转基因大豆，1998年在对其进行评价时，发现这种可以增加大豆甲硫氨酸含量的转基因大豆对某些人群是过敏原，因此终止了进一步的开发研究。

8.3.1.5　风险效益平衡的原则

转基因技术作为一项新技术，它的发展可以带来巨大的经济和社会效益。但该技术可能带来的风险也是不容忽视的。因此，在对转基因食品进行评估时，应该采用风险和效益平衡的原则，综合进行评估，以获得最大利益的同时，将风险降到最低。

8.3.1.6　熟悉性原则

转基因食品的评估是在短期内完成或者需要长期的监控，取决于人们对转基因食品背景的了解和熟悉程度。在风险评估时，应该掌握这样的概念：熟悉并不意味着转基因食品安全，而仅仅意味着可以采用已知的管理程序；不熟悉也并不能表示所评估的转基因食品不安全，也仅仅意味着对此转基因食品熟悉之前，需要逐步地对可能存在的潜在风险进行评估。

8.3.2　转基因食品安全性评价的内容

安全性评价主要包括环境安全性评价和食品安全性评价两方面。食品安全性评价主要包括转基因食品外源基因表达产物的营养学评价；毒理学评价，如免疫毒性、神经毒性、致癌性、生殖毒性以及是否有过敏原等；外源基因水平转移而引发的不良后果，如标记基因转移引起的胃肠道有害微生物对药物的抗性等；未预料的基因多效性所引发的不良后果，如外源基因插入位点及插入基因产物引发的下游转录效应而导致的食品新成分的出现，或已有成分含量减少乃至消失等。通过安全性评价，可以为转基因生物的研究、试验、生产、加工、经营、进出口提供依据。

8.3.2.1　营养学评价

营养学评价包括营养成分的评价、抗营养因子的安全性评价。

对转基因食品的营养成分的评价必须遵循“实质等同性原则”，还应充分考虑与历史上或现在世界各国栽培品种的近似营养成分的比较。即如果转基因作物预期对应的非转基因亲本作物在近似营养成分上出现显著差异时，并不能认为转基因作物加工的食品在营养方面会对人类的营养健康产生不利影响，而需要与文献报道的或历史上已有的同种类型的食品进行比较，分析转基因食品中的主要营养成分是否在这些已知近似营养成分的范围内。如果在这些数值范围内，就可以认为转基因食品的主要营养成分具有与传统食品等效的营养价值。例如，某转基因玉米的主要营养成分与其对应的非转基因玉米亲本进行比较发现，转基因玉米的蛋白质含量为 7%，与非转基因亲本玉米的蛋白质含量 5.6%存在显著差异，但历史已有数据的玉米蛋白质含量为 4.5%～8.9%，即转基因玉米的蛋白质含量在历史已有数据的范围内，说明该转基因玉米的蛋白质含量与传统玉米一样。

当转基因食品中抗营养因子超过一定量时则是有害的。因此，对抗营养因子进行安全性评价是有必要的。目前，已知的抗营养因子主要有蛋白酶抑制剂、植酸、凝集素、单宁等。对抗营养因子的评价与营养成分的评价一致，既要遵循“实质等同性原则”，也要与历史数据进行比较，还要根据不同食品的具体情况来决定，即符合“个案评估”的原则。

8.3.2.2 过敏性评价

转基因食品的过敏性是人们关注的焦点之一。当食品中含有插入基因所产生的蛋白质时，对过敏反应的安全性评价首先应当了解被评价食品的遗传学背景与基因改造方法。如果这样的评价程序不能提供潜在的过敏性证据，则要进一步对食品中可能存在的毒素进行检测。若仍得不到满意的结果，可采用毒理学试验对其进行评价，评价其在所有情况下潜在的致敏性。转入过敏原基因的植物不能批准商品化。

二维码 8-4 转基因食品致敏性评价流程图

对转基因食品的过敏性评价，目前主要遵循国际食品生物技术委员会与国际生命科学研究院和免疫研究所一起制定的一套分析遗传改良食品过敏性的树状分析法。

8.3.2.3 毒性评价

对于转基因食品要判断其与现有食品是否为实质等同，对于关键营养素、毒素及其他主要成分应进行重点比较。若受体生物具有潜在毒性，还应检测其毒素成分有无变化，插入基因是否导致毒素含量的增加或产生了新的毒素。

首先应分析比较转基因食品及产品与现有食品的化学组分，进一步使用的检测方法包括 mRNA(信使 RNA)分析、基因毒性和细胞毒素分析。如转基因 Bt 玉米即在玉米中插入产生苏云金芽孢杆菌(Bt)杀虫毒素蛋白的 *Bt* 基因，该杀虫基因玉米除含有 Bt 杀虫蛋白外，与传统玉米在营养物质含量等方面具有实质等同性。目前已有大量的试验数据证明，Bt 蛋白质对少数目标昆虫有毒，对人畜绝对安全。

考虑到暴露水平等原因，当一种物质或一种密切相关的物质作为食品可安全食用时，则不需要考虑传统的毒理学试验。在其他情况下，对引入的新物质有必要进行传统的毒理学试验。在这种情况下，该物质必须在结构、功能和生理活性等方面与 DNA 生物所产生的物质具有实质等同性。引入物质的安全性评价应该确定此物质在重组 DNA 可食用部分的含量，包括其变异范围和均值。也应考虑到其在不同人群当前膳食中的暴露和可能产生的效应。以蛋白质为例，对其潜在毒性的评价应集中于待测蛋白与已知蛋白毒素和抗营养因子的氨基酸序列相似性，其对热加工的稳定性以及对适宜、典型的胃肠模型降解的稳定性。

8.3.2.4 抗生素标记基因的安全分析

在评价含有抗生素抗性标记基因的转基因食品的安全性时，应考虑到以下因素：①抗生素在临床和兽医上使用的重要性，不应使用对这类抗生素有抗性的标记基因；②食品中被抗生素抗性标记基因标记的酶或蛋白质是否会降低口服抗生素的治疗效果；③基因产品的安全应作为其他基因产品的实例。如果评价数据和信息表明抗生素抗性基因或基因产品对人类安全存在危险，那么食品中不能出现这类标记基因或基因产品。

目前被认为可安全使用的标记基因是抗生素抗性基因及抗除草剂基因。美国食品药品管理局(FDA)食品顾问委员会(1994)的结论是，番茄中的卡那霉素抗性基因极不可能在消化道中转移到微生物，不会引起安全性问题。欧盟委员会的食品科学委员会(SCF)和动物科学委员会(SCAN)也认为使用氨苄青霉素抗性基因不会引起安全性问题。目前提高转基因植物中选择标记基因安全性的策略主要有：①利用无争议的生物安全标记基因；②在转化时使用标记基因，但获得转基因植株后将其剔除；③利用无选择标记基因的转化系统。

二维码 8-5 提高转基因植物中选择标记基因安全性的策略

当前，培育无抗性标记基因的转基因植物已成为基因工程育种的重要目标。致病性强的农杆菌(*A. tumefaciens*)AGLO 菌株由于包含来源于超强毒株 *A. tumefaciens* A281 的质粒 pTiBo542 的 Ti 区的 DNA 片段，因此具有较高转化效率。de Vetten 等利用致病性强的 *A. tumefaciens* AGL0 菌株侵染马铃薯外植体，每个外植体可以产生 1～2 个再生芽。再生芽培养成小植株后进行 PCR 检测，从转化植株中筛选得到阳性植株，转化效率达到 1%～5%。PCR 检测为阳性的转化植株，其中 45%在表型上表现出目的基因的性状。Ahmad 等应用此无选择标记基因的转化系统，在氧化胁迫诱导启动子 SWAP2 驱动下，将超氧化物歧化酶(SOD)基因和抗坏血酸过氧化物酶(APX)基因导入马铃薯叶绿体中，得到无选择标记基因的抗氧化胁迫的转基因植株。

8.3.3 转基因食品安全性评价的方法

由于有些转基因食品作物与亲本作物化学组成不完全相同，现行的食品毒理学性评价标准和方法并不完全适用于转基因食品。因此寻找适合转基因食品安全性评价的方法就显得十分重要。

现今转基因食品的安全性评价方法的理论依据主要是“相互比较”和“等同性”两个概念。“相互比较法”是把转基因食品作物与相应的亲本作物比较，评价转基因食品的相对安全性。该评价方法包括安全性和营养价值两方面。“实质等同性”是为了确定转基因食品与相应的传统食品的相对安全性。所谓的实质等同性是指对单一的，生化上明确的食品或原料，它的生化属性在相似的传统食品的自然变动范围之内；对复合的食品或原料，成分、营养价值、代谢、用途以及不良物质含量都在相似的传统食品或原料的已知和可检测的自然变动范围内。确定转基因生物的实质等同性时必须考虑它的分子特征、表型特征、主要营养素和天然毒素(FAO/WHO,1996)。“相互比较法”和“实质等同性”(substantial equivalence)两个新概念是评价转基因食品安全性的核心，是与现有的食品安全性评价的不同之处。

等同性与实质等同性有一定区别。等同性是指转基因食品或原料固有的分析特征，实质等同性用来评定转基因食品的安全性和营养价值与它的相似传统食品的相似程度。如果某一转基因食品(除 DNA 改变外)与它的相应传统食品完全一致，那么两者就是实际等同。等同性在欧盟法规中是一法律用词，它涉及是否需要贴上转基因食品标识和说明它的来源与组成。

由于转基因食品安全性的评价指标还不统一，检测方法有待规范，FAO/WHO 建议采用综合的、分步骤的以及个案评审方式。目前实行的具体评价方法有以下几种。

8.3.3.1　实质等同性比较法

实质等同性比较法是遵循"实质等同性原则"，将转基因生物与对应的传统生物的生态学(形态、性状、生长发育、产量、抗逆性、适应性和其他常测指标等)和生理学(脂肪、蛋白质、碳水化合物、维生素、毒素和过敏原等)进行比较。具体分析哪些项目、指标取决于标志基因的特性、食品作物的种类、在膳食中的作用等。例如，油菜籽要分析脂肪酸、芥酸、硫葡萄糖苷；含蛋白质的要分析各种氨基酸组成；番茄要分析番茄红素和龙葵素含量等。根据遗传背景熟知度，可以进行风险评价和管理。如有可能产生意外效果，则需要检测更多的项目。

美国 FDA 采用两步法评价转基因生物的安全性：第一步是对目的基因及相应产物做出评价，所测数据及评价结果只反映外源基因及其产物本身的安全性；第二步是对寄主生物接受外源基因后出现的意外性状进行评价，其结果只代表寄主植物的属性。

从前述内容可见，要划分转基因食品的等同性类别和评价它的安全性与营养价值，首先要对转基因食品与它的相似食品(analogous food product)同步进行一系列相同项目的化学分析，然后将两者的结果比较。实质等同性比较的内容主要有：

(1)营养素、抗营养因子、毒素、过敏原等成分的比较　主要营养因子包括脂肪、蛋白质、碳水化合物、矿物质、维生素等；抗营养因子如豆科作物中的一些蛋白酶抑制剂、脂肪氧化酶以及植酸等；毒素如马铃薯的茄碱、番茄中的番茄碱等；过敏原如巴西坚果中的 2S 清蛋白等。

(2)生物学特性的比较　对转基因植物比较其形态、产量、抗病性等有关农艺性状；对转基因微生物比较其分类学特征、定殖能力、抗生素抗性和毒素等；对转基因动物比较其形态、生长生理特征、繁殖、健康特征和产量。

一般情况下，对食品的所有成分进行分析是没有必要的。但是，如果其他特性表明由于外源基因的插入产生了不良影响，那么就应该考虑对光谱成分予以分析。同时，在应用实质等同性原则评价转基因食品时，应该根据不同的国家、文化背景和宗教等的差异进行评价。在进行评价时应该根据转基因食品的分类分别对待：

1 类转基因食品是与对照传统食品或原料实质等同的转基因食品或原料。这类转基因食品生物的每个代谢物必须是清楚的；人摄食量与相似传统食品相差不大；全部 DNA 来自亲本生物，基因产物水平与亲本相同。1 类新食品不需更深入的资料即可做出安全性评价。例如 Zeneca 公司转基因番茄制成的番茄酱，与对照番茄酱 36 个化学指标分析结果比较，其相关水平高达 98.9%，而且不含基因产物，故可评为与传统番茄酱实质等同，属 1 类转基因食品。

2 类转基因食品是与对照传统食品或原料十分相似的转基因食品或原料。它们与相似传统食品实质等同，但某些可识别性质有差别。它具有或没有某种新的成分或性质(如微生物的致病性)。这些不同的性质是使用分析手段或实验方法等进一步研究的焦点。对新食品中的新成分需要重点进行安全性评价，查阅文献以及做毒理学试验。例如，由转基因番茄制成的番茄酱，如含有新基因产物，评为与传统番茄酱十分相似，属 2 类转基因食品。

3 类转基因食品是与相似传统食品既不等同也不类似。这类转基因食品和转基因食品原料需作较深入的安全性评价。

此外，当转基因食品不能证明与对应的参照食品实质等同时，要做进一步的毒理学试验，试验主要包括：①毒物动力学试验，了解它的吸收、分布、代谢及排泄等情况。②遗传毒性试验，包括体外试验和体内致突变试验。③潜在致敏性试验。④基因传递与稳定性试验。检查导入的基因是否向人、畜胃肠道中存在的微生物转移和表达。⑤微生物定殖和微生物致病性试验。对本身是活菌或含有活菌的新型食品要评价这两项指标。⑥啮齿类动物 90 天喂养试验，注意遗传毒性、神经毒性、免疫毒性及生殖毒性。⑦验证对人类的安全性，包括耐受量、肠道群菌谱及数量等。

8.3.3.2　等同性与相似性比较法

等同性与相似性比较法也可称为“等同性与相似性定标法”(safety assessment of food by equivalence and similarity targeting, SAFEST)。此法是欧洲国际生命科学研究所(ILSI)于 1996 年提出的，其基本原则是“等同性”与“相似性”联合使用。依据此法将转基因食品或原料分为 3 个安全等级：Ⅰ级，与传统食品实质等同或极为相似的转基因食品；Ⅱ级，与传统食品特别等同或非常相似的转基因食品；Ⅲ级，与传统食品既不等同也不相似的转基因食品。对于Ⅲ级转基因食品需要进一步评价，但并不等于不安全。对新食品归类时，首先要恰当地选择用来比较的传统食品，要能反映出它的化学组成、它的每日摄食量(EDI)、在膳食中的作用以及加工对它的影响。转基因生物要与它的亲本生物比较，找出其差别、表型(外表、生物学特性)水平和成分(包括主要成分、营养素和毒素等)水平。

8.3.3.3　Fagan 改良法

此法由 J. B. Fagan 博士于 1996 年提出，主要包括两个方面的内容：第一，通过对已知毒素、过敏原和营养成分的检测，查明寄主植物中原有毒素、过敏原是否发生变化；第二，对未知毒素和过敏原的鉴定，通过动物试验和人体试验，明确是否有不良反应。此外，还要进行市场信息反馈和社会调查，印证其安全性。此法较为科学严谨，但如此多的检测内容和如此长的研究周期，特别是人体试验，不仅增加了操作难度，而且可能影响到人体安全。

8.3.3.4　树状决策法

此法是国际生物技术委员会和国际生命科学研究院 1998 年提出来的，通常用于转基因食品潜在过敏性评价。

如果转基因食品含有已知过敏原，就应该假定新生基因产物也是过敏原，可采用“树状决策法”决策程序。目前认为，仅靠“树状决策法”还远远不够，还需要补充下述两项检测：①对新生蛋白质表达水平高和存在部位在可食部者应重点关注；②对新生蛋白质功能不清楚者，如高含量蛋白氨基酸是否构成过敏原需要进一步研究认定。

最近引入的“随机监控跟踪”可以监视转基因食品的中长期影响；“解剖技术”可以在不同层面使用，如基因研究、蛋白质研究和代谢研究等，用于监控意外效果，被认为是有效的替代方法，进一步完善了安全性评价的方法。

8.4　转基因食品的安全管理

世界各国对基因工程工作及其产品的安全性采取十分谨慎的态度。主要原因是：基因改性产品的安全性具有相对的不确定性而涉及人体健康、环境保护、伦理、宗教等；生物技术产品跨越政治界限的生态影响和地理范围；在一国或地区表现安全的基因产品在另一地区是否安全，既不能一概肯定，也不能一概否定，需要经过评价，实施规范管理。

8.4.1 国际上转基因食品的安全管理

8.4.1.1 国际组织对转基因食品的安全管理

为了解决转基因食品引发的国际贸易争端，国际组织先后召开了一系列会议对转基因食品的安全问题及其相关评价进行了讨论，并制定了一系列管理制度。

1990 年 FAO 和 WHO 首先研究建立了有关生物技术食物安全评估程序。1992 年联合国召开环境与发展大会，促进了国际上对生物安全立法工作的重视。经济合作与发展组织(OECD)在 1993 年提出了评价转基因食品安全性的实质等同性原则，1995 年世界卫生组织将该原则正式应用于食品安全性评价。1996 年，FAO/WHO 提出生物技术食物安全性问题国际统一的具体操作规程，由国际生物技术研究所等机构发展了一种评估转基因食物过敏性的“树状分析法”。1997 年，FAO/WHO 召开的第 25 届食品标签法典委员会会议中，提出了《关于采用生物技术制备食品的标签的推荐意见》的提案，要求对转基因食品施加 GMO 标签。

WTO 多次强调，联合国食品法典委员会(CAC)有关转基因食品的各项标准及其规定是转基因食品的国际准则。由于成员国对转基因食品安全性日益关注，CAC 在转基因食品特别工作组工作的基础上，先后召开了一系列关于转基因食品安全的专家咨询会议，特别是联合国于 2000 年 3 月 14 日起在日本举行的为期 4 天的会议，旨在 2003 年前制定出关于转基因食品的国际安全标准。此次会议有 36 个国家、8 个国际机构和 16 个非政府组织的代表参加。

2000 年，FAO/WHO 在瑞士日内瓦召开了转基因事务联合专家顾问委员会会议，并于会后发布了《关于转基因植物食物的健康安全问题》，对“实质等同性”概念的评价、转基因事物安全性评估的基本原则和内容、非预期效应、营养学问题、转基因植物的基因转移、转基因食品的过敏性问题等得出了讨论结果，该结果对各国进行的转基因食物的安全性评价工作具有指导意义。联合国 2000 年制定的转基因产品贸易协定已由 62 个国家签署通过。《(生物多样性公约)卡塔赫纳生物安全议定书》规定：任何含有基因改造生物(GMO)的产品都必须粘贴“可能含有 GMO”的标签，并且出口商必须事先告知进口商，他们的产品是否含有 GMO。2001 年 1 月，出席“蒙特利尔生物安全国际会议”的 130 多个国家通过了《生物安全议定书》。该议定书规定基因改良产品必须在产品标签上加标注“可能含有基因改良成分”字样；同时各国有权禁止他们认为可能对人类及环境构成威胁的基因改良食物进口。该议定书具有与 WTO 相当的法定效力，但不能凌驾于 WTO 和其他国家贸易协议之上。WHO 和 FAO 于 2001 年联合宣布：联合国食品法典委员会(CAC)已制定了世界首批评价转基因食物是否符合健康标准的原则，即转基因食物在推向市场前，其卫生标准必须经过政府的检验与批准，特别需要检验的是其“引起过敏反应的能力”。

2004 年 6 月 1 日，FAO 公布了由 FAO 国际植物保护协议管理委员会制定的新的《植物生物风险防范纲要》，该纲要将主要用于判断活体转基因生物(LMO)是否含有对植物有害的物质。《植物生物风险防范纲要》可以用于确定哪些转基因物质有可能对植物健康构成危害，从而决定是否应禁止其出口，甚至禁止其在本国使用。目前，约 130 个国家已经采纳了这个转基因生物风险评估标准。

8.4.1.2　转基因食品安全的管理模式

转基因食品的安全性存在着针锋相对的观点导致了世界各国政府对转基因食品采取了截然不同的做法和态度。归纳起来，世界上对转基因技术的安全管理主要有三大模式：

(1)以美国为代表的，以产品为基础的生物安全管理模式　这种管理模式也称为宽松管理模式。这种模式认为，转基因生物和非转基因生物没有本质区别，监控管理的对象应该是生物技术产品，而不是生物技术本身。

美国是转基因技术的发祥地，是转基因技术最为先进、应用最广泛的国家，也是世界最主要的农产品输出国。因此，对转基因食品及其国际贸易采取积极推进的政策。它提出对转基因食品的法律管制必须建立在"可靠科学原则"的基础上。也就是说，必须有可靠的科学证据证明风险确实存在并可能导致损害时，政府才能采取管制措施。美国认为转基因技术和转基因食品同传统的杂交技术和育种技术没有根本差别，它们是传统技术和食品的延伸，转基因食品和传统食品一样安全。可靠科学原则成为美国在国内对转基因食品奉行自律管制、在国际上推行转基因产品自由贸易的理论基础。

(2)以欧盟为代表的，以技术为基础的生物安全管理模式　这种管理模式也称为严谨管理模式。这种模式认为，重组 DNA 技术有潜在风险，无论是何种基因和生物，只要通过重组 DNA 技术获得的转基因生物均需要接受严格的安全性评价和监控。

欧盟对转基因食品一直持谨慎和怀疑态度。尽管欧盟自己组织的科学调查都发现目前上市的所有转基因食品都是安全的，但欧盟仍然坚持认为科学存在局限，对科学评估转基因食品所需的完整数据要等到许多年后才能获得。为此，欧盟采用"预防原则"作为管制转基因食品的理论基础，这意味着管制并不是建立在转基因食品已有风险的科学证据基础上，而是根据"可能" 产生的风险以及"其他合理因素"采取预防措施。欧盟的转基因管理目标是对与转基因食品和饲料有关的人类生命和健康、动物健康和福利、环境保护以及消费者利益提供高水平的保护。

(3)中间模式　这种模式介于美国和欧盟之间，也称为灵活模式。中国、阿根廷、巴西、泰国、马来西亚、菲律宾、南非等大多数发展中国家实行的是这种模式。这些国家的农业转基因技术发展相对落后，安全性评价研究和管理起步晚。

8.4.2　我国对转基因食品的管理

我国对转基因技术的官方意见是鼓励相关的研究开发，对转基因食品是否会对人体产生影响进行科学的探讨。由于国内研究起步比较晚，在有关转基因食品安全性评价和管理上也起步较晚。但由于受到有关部门的高度重视，从 20 世纪 90 年代初，伴随着基因工程技术研究的进展，开始了对基因工程技术的管理。1993 年科学技术委员会发布了《基因工程管理办法》，随后 1996 年农业部颁布了《农业生物基因工程安全管理实施办法》。2001 年国务院颁布实施《农业转基因生物安全管理条例》。2002 年，农业部发布施行《农业转基因生物安全评价管理办法》、《农业转基因生物进口安全管理办法》和《农业转基因生物标识管理办法》3 个配套管理规章，并设立了农业转基因生物安全管理办公室。2004 年，国家质检总局发布了《进出境基因产品检验检疫管理办法》，通过这些管理措施来加强转基因产品的监管和审批工作。2006 年农业部发布《农业转基因生物加工审批办法》，以加强农业转基因生物加工审批管理。2011 年起施行《转基因棉花种子生产经营许可规定》，以加强转基因棉花种子生产、经营许可管理。

但至今我国仍没有建立起转基因食品监管的有效体制，对转基因食品的安全性问题没有制定专门的法律规范，且其管理上还存在许多有待解决的问题。

目前，农业部成立了转基因生物安全管理办公室，负责全国农业转基因生物安全监管工作，包括农业转基因生物安全评价管理工作、受理转基因生物安全性评审。以个案为准则，产品经审定、登记或评价，确定安全等级，实行分级分阶段管理，确保经过安全评价和检测的转基因产品是安全的。

8.4.2.1 管理范围

从管理范围上看，农业转基因生物的安全管理包括从实验研究到市场销售全过程的每一个环节。即在试验研究、试验、生产、加工、经营和进出口活动的每一个环节，都必须根据条例及其配套管理办法的规定对农业转基因生物实施安全管理。

8.4.2.2 管理内容

我国对于转基因生物有严格要求，对转基因食品已初步建立了安全评价、生产许可、加工许可、经营许可、产品标识、进口安全审批制度。在我国的《农业转基因生物安全管理条例》中，规定了研究、试验要取得安全证书；生产、加工，要取得生产许可证；经营要取得经营许可证；要求在中国境内销售列入目录的农业转基因生物要有明显的标志和标识；对进口与出口也有规定，所有出口到中国来的转基因的生物以及加工的原料，都需要中国颁发的转基因生物安全证书，如果不符合要求，要退货或者作销毁处理。主要管理内容如下：

二维码 8-6 《农业转基因生物安全管理条例》

(1)安全评价的管理　凡在中国境内从事农业转基因生物的研究、试验、生产和进出口活动，都必须进行安全性评价。安全评价按照动物、植物和微生物 3 个类别，根据安全等级的不同以及试验研究、中间试验、环境释放、生产性试验和申请安全证书 5 个不同的阶段进行报告和审批。该制度适用于所有农业转基因生物的安全性评价，只有经过批准后才能开展相应的工作。

(2)生产许可证的管理　所有研发单位在开展转基因植物种子、种畜禽、水产苗种的生产应用时，只有在安全评价的基础上，获得了相应转基因生物的生物安全证书，并申请取得农业部颁发的种子、种畜禽、水产苗种生产许可证，才能开展相应的生产活动。

(3)经营许可证的管理　转基因植物种子、种畜禽、水产苗种经过安全性评价获得了相应的生物安全证书后，所有从事这类转基因生物经营的单位和个人，必须申请并取得农业部颁发的种子、种畜禽、水产苗种经营许可证，才能从事相应的转基因生物经营活动。

(4)标识制度管理　凡在中国境内销售列入农业转基因生物标识目录的农业转基因生物，必须实行标识；未标识和不按规定标识的，不得进口或销售。标识目录由农业部会同国务院有关部门制定、调整并公布。

根据规定，转基因生物标识的标注方法有 3 种：

①转基因动植物(含种子、种畜禽、水产苗种)和微生物，转基因动植物、微生物产品，含有转基因动植物、微生物或者其产品成分的种子、种畜禽、水产苗种、农药、兽药、肥料和添加剂等产品，直接标注“转基因××”。

②转基因农产品的直接加工品，标注为“转基因××加工品(制成品)”或者“加工原料为转

基因××”。

③用农业转基因生物或用含有农业转基因生物成分的产品加工制成的产品，但最终销售产品中已不再含有或检测不出转基因成分的产品，标注为“本产品为转基因××加工制成，但本产品中已不再含有转基因成分”，或者标注“本产品加工原料中有转基因××，但本产品中已不再含有转基因成分”。

(5)进出口管理　从境外引进农业转基因生物或向我国出口转基因生物，应由引进单位或境外公司向农业部提出申请。境外公司若向我国出口农业转基因生物，首先由境外研究开发商提出申请，经农业部委托的技术检测机构进行环境安全和食用安全检测，经国家农业转基因生物安全委员会安全评价合格后，由农业部颁发农业转基因生物安全证书。进口商凭研究开发商的安全证书复印件，办理进口安全证书和标识审查认可批准文件，凭农业部的批件向口岸出入境检验检疫机构报检，经检验检疫合格后，向海关申请办理有关手续。对进口农业转基因生物的安全评价申请，农业部和国家质检总局自收到申请人申请之日起 270 日内做出批准或不批准的决定，并通知申请人。

（曾绍校）

本章小结

通过本章学习，读者可较全面地了解转基因技术的基本概念、基本技术及其在食品领域中的应用，了解转基因食品的概念，认识到转基因食品可能存在的安全问题，同时也可了解转基因食品安全性评价和管理的相关知识。

思考题

1. 什么是转基因技术？它的基本内容和主要技术有哪些？
2. 转基因技术在食品加工中有哪些应用？
3. 怎样看待基因工程技术对食品安全的影响？
4. 转基因食品可能存在哪些安全性问题？
5. 为什么要对转基因食品进行安全性评价？
6. 转基因食品的安全性评价原则是什么？
7. 谈谈你对转基因食品安全性的看法。

参考文献

[1] 谢明勇，陈绍军. 食品安全导论[M]. 北京：中国农业大学出版社，2009.
[2] [英] 布朗. 基因克隆和 DNA 分析[M]. 5 版. 魏群，等，译. 北京：高等教育出版社，2007.
[3] [美] J D Watson，等. 基因的分子生物学[M]. 杨焕明，等，译. 北京：科学出版社，2009.
[4] 魏益民. 食品安全学导论[M]. 北京：科学出版社，2009.
[5] 赵兴绪. 转基因食品生物技术及其安全评估[M]. 北京：中国轻工业出版社，2009.
[6] 黄昆仑，许文涛. 转基因食品安全评价与检测技术[M]. 北京：科学出版社，2009.
[7] 邵学良，刘志伟. 基因工程在食品工业中的应用[J]. 生物技术通报，2009(7)：1-4.

[8] 黄昆仑,许文涛,贺晓云,等. 潜力巨大的食品生物技术:转基因食品发展状况与效益[J]. 生物产业技术,2009(6):28-33.

[9] 钱敏,白卫东. 转基因食品及其安全性问题探讨[J]. 食品与发酵工业,2008, 34 (12): 130-134.

[10] James C. 2014 年全球生物技术/转基因作物商业化发展态势[J]. 中国生物工程杂志, 2015(01):1-14.

[11] 李文凤,季静,王罡,等. 提高转基因植物标记基因安全性策略的研究进展[J]. 中国农业科学,2010(09):1761-1770.

[12] 宋欢,王坤立,许文涛,等. 转基因食品安全性评价研究进展[J]. 食品科学,2014, 15: 295-303.

[13] de Vetten N, Wolters A M, Raemakers K, et al. A transformation method for obtaining marker-free plants of a cross-pollinating and vegetatively propagated crop[J]. Nature Biotechnology, 2003, 21(4): 439-442.

[14] Ahmad R, Kim Y H, Kim M D, et al. Development of selection marker-free transgenic potato plants with enhanced tolerance to oxidative stress[J]. Journal of Plant Biology, 2008, 51(6): 401-407.

[15] 萨姆布鲁克. 分子克隆实验指南[M]. 北京:科学出版社, 1992.

第9章

食物中毒及其预防

本章学习目的与要求

掌握食源性疾病与食物中毒的概念，它们之间的联系和区别；掌握食物中毒的分类，细菌性食物中毒中沙门氏菌、金黄色葡萄球菌、副溶血性弧菌、单增李斯特菌食物中毒的病因和防控措施；掌握有毒动植物食物中毒中河豚毒素、豆类毒素、生物碱糖苷、生氰糖苷食物中毒的病因和防控措施；了解各类食物中毒的流行病学特点、危害、预防和控制措施。

二维码 9-1 2014 年全国食物中毒情况通报

食物中毒是世界范围内的重大公共卫生问题，是目前导致全球人类发病和死亡的重要原因之一。2014 年我国共收到 26 个省（自治区、直辖市）的食物中毒类突发事件报告 160 起，中毒 5 657 人，死亡 110 人。

9.1 食源性疾病与食物中毒

食源性疾病与食物中毒是两个关系紧密的概念。与食物中毒相比，食源性疾病所涵盖的范畴更广泛。随着时间的推移，食源性疾病有取代食物中毒这一概念的趋势。

9.1.1 食源性疾病概述

9.1.1.1 食源性疾病的定义

食源性疾病是由存在于自然界中可引起感染或中毒的因子（包括病毒、寄生虫、细菌和农业、环境、危险化学品以及生物毒素），通过进食而进入身体引起的疾病。食源性疾病是发达国家和发展中国家广泛存在并日益严重的公共卫生问题。

1984 年，WHO 对食源性疾病给出如下定义："食源性疾病是指通过摄食进入人体内的各种致病因子引起的、通常具有感染性质或中毒性质的一类疾病。"我国《食品安全法》第九十九条对"食源性疾病"的定义为"食源性疾病指食品中致病因素进入人体引起的感染性、中毒性等疾病"。因此，除了食物中毒外，食源性疾病还包括食源性的肠道传染病、食源性寄生虫病以及由食物中有毒有害污染物所引起的中毒性疾病。随着人们对食源性疾病认识的逐渐加深，其范畴在不断地扩大，如由于食物营养不平衡所造成的某些慢性退行性疾病（心血管疾病、肿瘤、糖尿病等）、食源性变态反应性疾病、食物中某些污染物引起的慢性中毒性疾病等，均属于食源性疾病的范畴。根据 WHO 的定义，食源性疾病应具有三个基本特征：①在食源性疾病暴发或传播流行过程中食物起了传播病原物质的媒介作用；②引起食源性疾病的病原物质是食物中所含有的各种致病因子；③摄入食物中所含有的致病因子可引起以急性病理过程为主要临床特征的中毒性或感染性两类临床综合征。

9.1.1.2 食源性疾病的流行病学特点

掌握食源性疾病的时间、空间和人群分布特征，以及对于揭示食源性疾病的发病原因，提出和采取有效的预防控制措施具有重要的意义。

（1）时间分布　大部分经由食物传播的感染性疾病和某些非感染性疾病都具有一定季节性变化的特点。细菌性食物中毒一年四季均可发生，但每年的 5—10 月为发病的高峰期。这是由于气温升高有利于某些病原微生物的生长繁殖，同时人体胃肠道的抵抗能力又较差。毒蘑菇、鲜黄花菜中毒易发生在春夏生长季节，霉变甘蔗中毒则主要发生在 2—5 月。

（2）空间（地区）分布　食源性疾病可能局限在某个特定的场所，如家庭、学校、机关、工厂等，也可能波及到村庄、街道，规模大的可波及多个县市甚至影响一个或多个国家。食源性疾病的发生情况和主要类型在不同国家和地区会有所不同，如副溶血性弧菌食物中毒多发生在我国的东南沿海省份，肉毒中毒主要发生在新疆等地区，霉变甘蔗中毒多见于北方地区，牛带绦虫病则主要发生在有生食或半生食牛肉习俗的地区。

(3)人群分布　从食源性疾病的人群分布特征可以推测和确定高危人群和暴露因素,从中毒食品的来源、人群的饮食习惯等,可推测和确定可能的致病因素。例如,1958 年新疆察布查尔县发生的“察布查尔病”就是通过分析比较当地锡伯族与其他民族不同的饮食习惯,经调查确定是由于食用一种叫“米送乎乎”的食品引起的肉毒中毒。

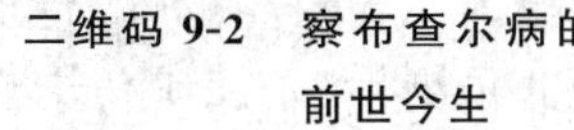
二维码 9-2　察布查尔病的前世今生

微生物性食物中毒多为集体暴发,非微生物性的可为散发或暴发,如化学性食物中毒和某些有毒动植物食物中毒多以散发病例出现,各病例间在发病时间和地点上无明显联系,如毒蕈中毒、河豚鱼中毒、有机磷中毒等。

9.1.1.3　食源性疾病的防控

(1)建立和完善食源性疾病监测检验体系　2010 年我国第一次在全国范围内开展多部门、全过程、经科学设计的食品安全风险监测工作。截至 2014 年底,全国共设置监测点 2 489 个,食源性疾病哨点医院 1 956 家,实现了监测点覆盖 80%县级区域的年度目标。全国共监测样品 29.2 万件,共接到食源性疾病暴发事件 1 480 起,监测食源性疾病 16 万人次。

(2)完善食品安全法律法规体系,依法监督管理　在明确各部门监督管理职责的前提下,必须加速健全和完善食品安全法律法规体系,尤其是食品安全标准体系的建设,为食品安全的综合监督管理、确保食品安全和预防食源性疾病提供法律依据,真正做到有法可依。2013 年,卫生计生委全面清理现行近 5 000 项食品标准。2014 年在标准清理结果基础上,全面启动食品安全国家标准整合工作,重点解决我国食用农产品质量安全标准、食品卫生标准、食品质量标准中强制执行内容存在交叉、重复、矛盾的问题。要进一步完善监督管理体系,建立责任追究制度、食品市场准入制度、食品安全监测和监督抽检制度、食品安全评价体系、食品安全预警和应急体系,为食品安全监管提供保障。

(3)加强良好生产规范(GMP)和危害分析与关键控制点(HACCP)的推广应用　食品生产企业应执行 GMP,建立和实施 HACCP 管理体系,对食品生产、加工、制作、储存、运输、销售等过程中可能出现的危害环节进行分析,确定关键控制点及其控制方法,从而保证工业化食品的生产安全。

(4)普及法制教育和食品卫生知识　对食品从业人员和消费者进行食品安全培训教育是保障食品安全和预防食源性疾病的关键措施之一。通过培训,提高生产、经营者的管理水平和责任意识,自觉遵纪守法,为食品安全生产和销售提供保障。同时,很多食源性疾病的发生是以家庭为单位散发的,如 2014 年发生在家庭的食物中毒事件报告起数和死亡人数分别占食物中毒事件总报告起数和死亡总人数的 50.6%和 85.5%。这与个人食品安全知识匮乏、不良饮食卫生习惯有关。因此,深入开展面向全社会的食品安全宣传教育尤为重要。2011 年国务院食品安全委员会办公室印发了《食品安全宣传教育工作纲要(2011—2015 年)》要求各有关方面通过广泛普及食品安全法律法规和科学知识,进一步强化食品生产经营者的诚信守法经营意识和质量安全管理水平,提高社会公众的食品安全意识和预防应对风险的能力,增强食品安全监管人员的责任意识和执法能力,营造人人关心、人人维护食品安全的良好氛围。

9.1.2 食物中毒概述

9.1.2.1 食物中毒的定义

食物中毒是指摄入了含有生物性、化学性有毒有害物质的食品或把有毒有害物质当作食品摄入后所出现的非传染性(不属于传染病)的急性、亚急性疾病。以下几种情况不属于食物中毒:①暴饮暴食引起的急性胃肠炎;②食源性肠道传染病(如伤寒、霍乱);③人体寄生虫病(如旋毛虫病、囊虫病);④食物过敏;⑤因一次大量或长期少量多次摄入某些有毒有害物质而引起的慢性毒害(如致癌、致畸、致突变)为主要特征的疾病。

9.1.2.2 食物中毒的分类

按导致食物中毒的病原物质,将其分为以下四类。

(1)细菌性食物中毒 因摄入大量被致病活菌和(或)其有毒代谢产物污染的食品而引起的以急性胃肠炎和相应中毒表现为主要症状的疾病。我国导致细菌性食物中毒的微生物以沙门菌、变形杆菌和金黄色葡萄球菌较为常见,其次为副溶血性弧菌、蜡样芽孢杆菌等。

(2)真菌性食物中毒 因食用了被真菌及其毒素污染的食物而引起的中毒。已发现的真菌毒素多达300余种,与食品关系密切的、比较重要的有黄曲霉毒素、单端孢霉烯族化合物、玉米赤霉烯酮、伏马菌素、3-硝基丙酸和展青霉素等。

(3)有毒动植物食物中毒 因食入了天然含有有毒成分的动物性或植物性食品而引起的中毒。这类中毒多发生于一家一户或一个人、几个人中,集体食堂、饭店也有发生。2014年有毒动植物及毒蘑菇引起的中毒事件报告起数和死亡人数最多,病死率高达9.9%,是食物中毒事件主要的死亡原因。主要中毒因素为毒蘑菇、未煮熟四季豆和豆浆、油桐果、蓖麻子、河豚鱼、野生蜂蜜和织纹螺。

(4)化学性食物中毒 因食入了被有毒有害化学物污染的食品、被误认为是食品及食品添加剂或营养强化剂的有毒有害化学物质、添加了非食品级的或伪造的或禁止使用的化学物质的食品、违规使用了食品添加剂的食品或营养素发生了化学变化(如油脂酸败)的食品等所引起的食物中毒。2014年我国化学性食物中毒事件主要的中毒因素为亚硝酸盐、毒鼠强、氟乙酰胺及甲醇等。

9.1.2.3 食物中毒的发病特点

食物中毒发生的原因虽然各不相同,但其发病具有一些共同的特点,掌握这些特点对食物中毒的判断具有重要意义。

(1)发病与特定的食物有关。患者在相近的时间内都食用过同样的食品,未食用者不发病,停止食用该食物后发病很快停止。

(2)潜伏期短,来势急剧,呈暴发性。短时间内可能有较多人发病,发病曲线呈突然上升又突然下降的趋势。

(3)临床表现基本相似。最常见的临床表现是恶心、呕吐、腹痛、腹泻等消化道症状,且病程较短。

(4)一般人与人之间无直接传染性。

9.1.2.4 食物中毒的流行病学特点

(1)季节性 食物中毒发生的季节与食物中毒的种类有关。2004—2013年,我国不同季度食物中毒人数和中毒死亡人数均为第三季度>第二季度>第四季度>第一季度。出现这样的季节性分布的主要原因是，第三季度气温高，气候比较潮湿，适宜微生物的生长繁殖而导致食品腐败变质，加之有些致病菌如沙门菌、金黄色葡萄球菌、副溶血性弧菌等污染食品后并无明显的感官性状变化，如果食用了这些被污染的食品极易导致食物中毒。同时，第三季度还是各种有毒动植物如高组胺鱼类、毒蘑菇、四季豆、扁豆、大豆、木薯及黄花菜等的收获期，如烹调、加工方法不当或被缺乏辨别能力的采食者食用也很容易中毒。

(2)地区性　绝大多数食物中毒的发生有明显的地区性。地区性主要与致病因素分布的区域、地理环境及特点有关。如副溶血性弧菌主要存在于近岸海水及底泥中，所以我国沿海地区副溶血性弧菌食物中毒较为常见。

(3)就餐场所　2004—2013 年全国不同就餐场所食物中毒以集体食堂最多，其次是家庭，再次是餐饮服务单位，最后是其他场所。家庭食物中毒的人数尽管少于集体食堂，但死亡人数最多，占死亡总人数的比例维持在 72%～87% 之间，原因可能是家庭食物中毒主要发生在农村地区，广大群众缺少食品安全相关知识，同时家庭自行采食某些有毒动植物及毒蘑菇时，缺乏相应的鉴别能力，而一旦发生食物中毒事件后也往往没能引起足够重视而延误救治时间，加之农村地区医疗条件有限，致使家庭成为食物中毒死亡的主要场所。

(4)食物中毒原因　2004—2013 年，微生物性食物中毒人数一直是最多的，占历年总中毒人数的 58%～72%，其次是有毒动植物及毒蘑菇中毒，再次是不明原因食物中毒。微生物性食物中毒人数高的原因主要是微生物广泛存在于大自然中，食品储存的条件不当、食品加工人员及食品用工器具与食品交叉污染、生熟食品交叉污染、食品加工的温度不够而未能杀灭有害病原微生物等，都有可能导致微生物性食物中毒。食物中毒死亡人数整体呈下降趋势，2004—2005 年化学性食物中毒的死亡人数最多，其次是有毒动植物及毒蘑菇中毒，微生物性和不明原因食物中毒死亡人数相对较少；2006—2013 年，有毒动植物及毒蘑菇跃居为导致食物中毒死亡的第一大原因，其次是化学性食物中毒，微生物性和不明原因食物中毒死亡人数较少且相差不大。

针对上述食物中毒发生的特点，制订有针对性的预防措施，对控制食物中毒有重要意义。

9.2　细菌性食物中毒及其预防

细菌性食物中毒是最常见的一类食物中毒。2014 年微生物性食物中毒事件的中毒人数最多，由沙门氏菌、副溶血性弧菌、金黄色葡萄球菌及其肠毒素、蜡样芽孢杆菌等引起。细菌性食物中毒的流行病学特点是发病率高、病死率低(李斯特菌、小肠结肠炎耶尔森菌、肉毒梭菌、椰毒假单胞菌除外)；时间上以 5—10 月高发，尤其是 7—9 月；主要引起中毒的食品是动物性食品。细菌性食物中毒的发生主要由 3 个条件作用引起：食物被细菌污染，食品水分含量高且贮存方式不当，食品在食用前未彻底加热。

9.2.1　金黄色葡萄球菌食物中毒与预防

9.2.1.1　病原

金黄色葡萄球菌是重要的致病菌，为球形，显微镜下排列成葡萄串状，为兼性厌氧菌，在 20% CO_2 环境中利于肠毒素的产生。最适生长

二维码 9-3　金黄色葡萄球菌引起的食物中毒事件

温度37℃,最适生长pH 7.4。金黄色葡萄球菌有高度耐盐性,可在10%~15% NaCl肉汤中生长。于血液琼脂平板上培养,菌落周围可形成完全透明溶血环(β溶血),在液体培养基中呈混浊生长。该菌可分解葡萄糖、麦芽糖、乳糖、蔗糖,产酸不产气,甲基红反应阳性,乙酰甲醇试验(VP)反应弱阳性。许多菌株可分解精氨酸,水解尿素,还原硝酸盐,液化明胶。金黄色葡萄球菌对外界因素的抵抗力强于其他无芽孢菌,60℃ 1 h或80℃ 30 min才被杀死,煮沸可使其迅速死亡。该菌对磺胺类药物敏感性低,但对青霉素、红霉素等高度敏感。

金黄色葡萄球菌肠毒素由单个无分支的多肽链组成,为可溶性蛋白质,耐热,不受胰酶影响。B型肠毒素,在99℃条件下,经87 min才能被破坏。已被鉴定的金黄色葡萄球菌肠毒素有10种,其中以A型和D型引起的食物中毒最多。A型毒力最强,摄入1 μg即能引起中毒。

9.2.1.2 流行病学

(1)流行特征 金黄色葡萄球菌中毒全年均可发生,多见于春夏季节,此时气温较高利于细菌繁殖。在冬季,如被污染食品保存于温度较高的环境则可繁殖产生毒素。

(2)中毒食品种类 主要是营养丰富且含水分较多的食品,如乳类及乳制品、肉类及肉制品、剩饭等食品,偶见于鱼类及其制品、蛋制品等。近年来,由熟鸡鸭制品引起的食物中毒事件增多。

(3)食品中金黄色葡萄球菌的来源 金黄色葡萄球菌作为人和动物的常见病原菌,主要存在于人和动物的鼻腔、咽喉、头发上。研究测试表明,50%以上健康人的皮肤上有金黄色葡萄球菌存在。因而,食品受其污染的机会很多。有调查显示,速冻食品的金黄色葡萄球菌污染率为21.47%,其中速冻饺子达42.5%,冻肉达30%。奶牛患化脓性乳腺炎时,乳汁中可能带有金黄色葡萄球菌。带菌的从业人员可对各种食物造成污染。

(4)肠毒素易形成的条件

①存放温度 在37℃内,温度越高,产毒时间越短。资料显示,薯类和谷类食品被金黄色葡萄球菌污染后,在20~37℃下4~8 h即可产生毒素,而在5~6℃则需要18天。

②存放地点 通风不良、氧分压低易形成肠毒素。

③食物种类和特征 含蛋白质丰富、水分多、同时含一定量淀粉的食物,如奶油糕点、冰激凌、剩饭等,或含油脂较多的食物,如油煎荷包蛋等,受污染后易产生毒素。研究发现,淀粉可促进肠毒素的形成,加入淀粉后的被金黄色葡萄球菌污染的肉馅,在37℃仅需8 h,即可产生毒素,而不加淀粉则需18~19 h。一般来说,盐分含量超过12%的咸肉、咸鱼和酱类制品不会引起金黄色葡萄球菌食物中毒。

9.2.1.3 中毒表现

金黄色葡萄球菌食物中毒潜伏期较短,一般2~4 h,最短1 h,最长6 h。主要症状为恶心,大量分泌唾液,剧烈而频繁地呕吐(特征性症状,一定发生),上腹部剧烈疼痛和腹泻,在呕吐物和粪便中常见有带血现象。儿童对肠毒素比成人敏感,故发病率高,病情较重;体质虚弱的老年人和慢性病患者病情相对较重。病程一般较短,1~2天内即可恢复,预后一般良好,死亡率一般为0,发病率约为30%。

9.2.1.4 控制措施

针对食品中金黄色葡萄球菌的来源,采取以下措施进行控制。

(1)养殖场、食品生产加工企业的控制

①防止带菌人群对各种食物的污染 定期对生产加工人员手部消毒,进行健康检查,患有

局部化脓性感染(如疥疮、手指化脓等)、上呼吸道感染(如鼻窦炎、化脓性肺炎、口腔疾病等)的人员要暂时停止其工作或调换岗位。

②防止金黄色葡萄球菌对生奶的污染　要定期检查奶牛的乳房,不能挤用患化脓性乳腺炎奶牛的牛奶;健康奶牛的奶挤出后,要迅速冷却至 10℃以下,抑制细菌繁殖和肠毒素产生。

③减少原料带来的污染　如乳制品生产企业要以消毒牛奶为原料,并注意低温保存。肉制品加工厂要将患局部化脓性感染的禽、畜尸体除去病变部位,经高温或其他适当方式处理后再进行加工生产。

④加强卫生管理,防止交叉污染　要科学设计工艺流程,防止在生产过程中生熟交叉污染;对食品车间、食品用具等经常消毒,防止在包装、运输和储存过程中被金黄色葡萄球菌污染。

⑤防止金黄色葡萄球菌肠毒素的生成　控制食品温度,应在低温和通风良好的条件下储存原料、半成品和成品。在气温高的春夏季,食物冷藏或置通风阴凉地方储存时也不可超过 6 h,并且在食用前进行加热处理。控制食品水分活度值,当 $A_w<0.83$ 时,葡萄球菌的生长繁殖受到抑制。可通过干燥、添加盐和糖等方法降低食品的水分活度。

(2)个人控制措施

①直接入口食品应现买现吃,可加热的食品应彻底加热,并注意生产日期及保质期。

②由于金黄色葡萄球菌肠毒素耐高温,一般加热无法破坏,因此食品应低温存放,并且放置时间不宜过长,以减少产生肠毒素的机会。

③有异味的食品应及时处理废弃。

9.2.2　沙门氏菌食物中毒与预防

二维码 9-4　沙门氏菌惹的祸

2014 年 5 月 18 日,福州市某教育培训中心仓山教学点有 7 名学生出现腹痛、腹泻和高烧(平均>39℃)等症状而就诊,之后陆续有 38 名不同校学生也出现类似症状而各自就诊。仓山区疾病控制中心通过调查及实验室检测,确定该事件是由食用了被沙门氏菌污染的面包而引起。

9.2.2.1　*病原*

沙门氏菌属是一大群寄生在人和动物肠道、具有相似抗原结构和生化反应的革兰阴性直杆菌,大小为(0.7～1.5) μm×(2.0～5.0) μm,菌落直径 2～4 mm,兼性厌氧,可还原硝酸盐,利用葡萄糖产气,能利用柠檬酸盐为唯一碳源,不发酵蔗糖、水杨苷、肌醇、苦杏仁苷;精氨酸、赖氨酸脱羧酶阳性;苯丙氨酸、色氨酸脱氨酶阴性;不产生尿素酶、脂酶和脱氧核糖核酸酶。

沙门氏菌属在普通培养基中易于生长繁殖,在中等温度、中性 pH、低盐和高水分活度条件下生长最佳。生长最低水分活度为 0.94。在水中可生存 2～3 周,粪便、冰水中生存 1～2 个月,在冰冻土壤可过冬,在含食盐 12%～19%的咸肉中可存活 75 天,在乳类及肉类食物中能生存数月。加热到 100℃立即死亡,70℃经 5 min、65℃经 15～20 min、60℃经 30 min 可被杀死;沙门氏菌对电离辐射相当敏感,5～7.5 kGy 剂量可将其有效杀死。沙门氏菌不分解蛋白质,污染食品后无感官性状的变化,所以易引起食物中毒。

沙门氏菌属无芽孢、无荚膜,除鸡白痢沙门氏菌、鸡伤寒沙门氏菌外,都具有周身鞭毛,能运动,对肠黏膜细胞有侵袭力,被人体内吞噬细胞吞噬并杀灭的沙门氏菌可释放内毒素。有些沙门氏菌还能产生肠毒素，如肠炎沙门氏菌在适合的条件下可在牛奶和肉类中产生达到危险水平的肠毒素。该毒素为蛋白质，在 50～70℃时可耐受 8 h，不被胰蛋白酶和其他水解酶破坏，并对酸、碱有抵抗力。

沙门氏菌属细菌有菌体抗原“O”和鞭毛抗原“H”，抗原结构相当复杂，菌型繁多。迄今世界已发现 67 种 O 抗原，用阿拉伯数字表示，根据结构的差异又分为 A、B、C_1、C_2、C_3、D、E_1、E_4、F 等组，再根据鞭毛抗原的不同鉴别组内的各菌种或血清型，目前世界上已发现 2 500 多个血清型。沙门氏菌既可感染动物也可感染人类，极易引起人类的食物中毒。致病性最强的是猪霍乱沙门氏菌，其次是鼠伤寒沙门氏菌和肠炎沙门氏菌。

9.2.2.2 流行病学

(1)流行特征　沙门氏菌病发病呈全球性分布，全年均可发病，但夏、秋季呈高峰，5—10 月发病起数和发病人数达全年发病总起数和总人数的 80%。由于缺乏有效的疫苗，人群免疫力低，且病后免疫力不强，可反复感染。本病有起病急、潜伏期短、集体发病等流行特征。本病的发病率较高，其高低受活菌数量、菌型、个体易感性等因素的影响。沙门氏菌的致病力强弱与其菌型有关。我国沙门氏菌感染的流行病学特点与其他发达国家相似，发病点多面广，暴发与散发并存，食源性和水源性暴发多见；青壮年多发，职业以农民、工人为主。

(2)中毒食品种类　沙门氏菌可以存在于许多类别的食品及其原料中，包括生的家畜肉、禽肉、鱼、虾、肉制品(如肉馅饼、香肠、火腿和腌肉、腊肉)、奶、蛋及其制品(如蛋糕粉、奶油夹心甜点、布丁)、田鸡腿、酱油和沙拉调料、花生露、橙汁、可可和巧克力、干明胶等。

(3)食品中沙门氏菌的来源　沙门氏菌属广泛分布于自然界，是古老、常见的肠道致病菌，也是重要的人兽共患病原菌。沙门菌常存在于动物中，如家畜中的猪、牛、羊、马，家禽中的鸡、鸭、鹅，还有犬、猫、鸟、鼠类等，特别是禽类和猪。

①家畜、家禽的生前感染和宰后污染　生前感染是指家畜、家禽在宰杀前已感染沙门菌，是肉类食品中沙门菌的主要来源。据国外资料报道，健康家畜、家禽的肠道沙门菌检出率为 2%～15%，猪肠道沙门菌的检出率达 70%。当家畜、家禽患病、饥饿、疲劳或其他原因导致抵抗力下降时，寄生在肠道内的沙门菌可经淋巴系统进入血流引起继发性沙门菌感染。感染动物的肉、血、内脏可含有大量沙门菌，人食用后发生食物中毒。宰后污染是指在屠宰过程中或屠宰后被带沙门菌的粪便、容器、污水等污染。我国学者对养殖场、屠宰加工厂进行检测，于饲料、剪肠后的鸡内脏及宰割用的容器中检出沙门菌，在猪的剥皮、切割等工序中对各部位的猪肉采样均发现沙门菌，这提示生产加工中存在交叉污染，而且涉及多个环节。

②蛋类沙门菌的来源　蛋类及其制品被沙门菌污染的机会较多，尤其是水禽及其蛋类，带菌率一般在 30%～40%之间。蛋类污染一种是卵巢内污染，即家禽卵巢内带沙门菌，在蛋壳未形成前已被污染；另一种是家禽泄殖腔带有沙门菌，产蛋过程中受到污染。一旦生食，或食用了未彻底煮熟的蛋类，极易发生食物中毒。

③乳中沙门菌的来源　患沙门菌病的奶牛其乳中可能带菌，即使是健康奶牛的乳在挤出后也容易受到该菌的污染，如果消毒不彻底，食后可引起食物中毒。

④熟肉制品中沙门菌的来源　烹调后的熟肉制品可再次受到带菌容器、烹调工具等污染或被从业人员中的带菌者污染。

9.2.2.3 中毒表现

潜伏期一般为 12～36 h，短者 6 h，长者 48～72 h，大多集中在 48 h 内，超过 72 h 者不多，潜伏期越短病情越重。中毒初期表现为头痛、恶心、食欲不振，以后出现呕吐、腹泻、腹痛。腹泻一日数次至十余次，或数十次不等，主要为水样便，少数带有黏液或血。体温升高，为38～40℃或更高，一般在发病2～4天体温下降。多数病人在2～3天后胃肠炎症状消失。沙门氏菌食物中毒有多种表现，一般分为五种类型：

(1)胃肠炎型　是最常见的临床类型，约占75%，突然发病，发烧，体温可达38～40℃或以上，伴有恶寒、恶心、呕吐、腹泻、腹痛。

(2)类伤寒型　潜伏期平均3～10天，病情缓和，体温可达39～41℃，头痛、全身无力、四肢痛、腓肠肌痛或痉挛、腰痛及神经系统功能紊乱。

(3)类霍乱型　呕吐和腹泻剧烈，呈严重失水现象，粪便呈米泔水样。体温在病初时升高，立即下降，脉弱而速，可出现电解质紊乱、肌肉痉挛、尿少或尿闭，如抢救不及时可于短期内因急性肾功能衰竭或周围循环衰竭而死亡。本型多见于婴幼儿、儿童及兼有慢性疾病的成人。

(4)类感冒型　胃肠道症状较轻，主要表现为畏寒、战栗，体温持续升高(39℃以上)，头晕、头痛、发热、全身酸痛、关节痛、眼结膜充血等全身症状较重，但鼻塞，口渴，鼻咽部干燥、发痒等症状不明显。

(5)败血症型　起病突然，有高烧、恶寒、出冷汗和轻重不一的胃肠炎症状。有些病人还可出现脓肿、骨髓炎、肺炎、脑膜炎等并发症。本型较少见。

9.2.2.4　控制措施

(1)防止细菌污染　首先应加强对食品生产企业的卫生监督，特别是加强肉联厂宰前和宰后的卫生检验。认真执行GB/T 17236—2008《生猪屠宰操作规程》、GB/T 17237—2008《畜类屠宰加工通用技术条件》、GB/T 19479—2004《生猪屠宰良好操作规范》和GB/T 17996—1999《生猪屠宰产品品质检验规程》等国家标准。

①防止动物生前感染　建立合理的饲养制度、提高饲料的卫生质量，严格执行兽医检疫规定。病、健畜禽要隔离分养，畜棚、禽舍和饲养场地要定期消毒，确实搞好畜禽的饮水卫生及粪便处理，加强环境卫生的监督管理，做好牲畜的宰前检疫；病死、毒死和死因不明的畜禽一律禁止销售、食用。

②防止动物宰后污染　切实做好畜禽宰后的脱毛、解体、摘除内脏、洗涤、净化、肉尸检验、分类贮存、运输、加工、包装、销售以及烹调等各个环节的卫生监督管理工作。

③防止食品熟后重复污染　肉类食品煮熟以后进食以前生、熟食要分开放置以免交叉污染，用具和容器要分开使用。防止传染病人和带菌者携带的病原体对食品的污染。

(2)控制细菌繁殖　沙门菌最适生长温度为37℃，但在20℃左右就能大量繁殖，故应该低温保藏食品。此外，加工后的熟肉制品应尽快食用，保存时间应缩短在6 h以内。肉、鱼等可加8%～10%的食盐以控制沙门菌的繁殖。

(3)杀灭细菌　高热是灭菌的一种可靠方法。但灭菌的效果还取决于加热的方法、加热持续的时间和被加工食品的特征等各种因素。如当肉块切制过大或肠肚灌制过粗时，采取初期高温加热、继而微火维持高热、延长加热时间的方法才能达到彻底杀灭细菌的目的。一般供食用的肉类，重量应在1 kg以下，在敞开的锅中煮时，应自水沸起煮2.5～3 h，或肉块深部达80℃以上维持12 min以上，否则肉块中心可能残留活菌，在适宜条件下繁殖仍可致食物中毒。在食用禽蛋前应彻底煮沸8 min以上，才能达到杀死沙门菌的目的。

9.2.3 致病性大肠杆菌食物中毒与预防

二维码 9-5 大肠杆菌食物中毒事件

9.2.3.1 病原

大肠杆菌也称大肠埃希菌，是人和动物肠道正常菌群的主要成员，每克粪便中约含 10^9 个大肠杆菌。大肠杆菌为革兰阴性杆菌，大小为 (1.1～1.5) μm×(2.0～6.0) μm，多数菌株周身有鞭毛，能运动，周身还有菌毛，无芽孢，兼性厌氧，最适生长温度为 37℃。在血琼脂上，某些菌株可产生 β 溶血环。在肠道培养基上，因能发酵乳糖产酸，使指示剂变色形成有色菌落。大肠杆菌发酵葡萄糖、乳糖、麦芽糖、甘露醇等多种糖(醇)类产酸产气。抗原构造较复杂，主要有 O、H、K 三种，O 抗原为耐热多糖磷脂复合物，是血清型的基础；H 抗原为不耐热的蛋白质，K 抗原为微荚膜多糖抗原。大肠杆菌在自然界水中可存活数周至数月，在温度较低的粪便中存活更久。

致病性大肠杆菌是指能引起人和动物发生感染和中毒的一群大肠杆菌，根据其致病特点的分类方法尚不统一，一般分为六类：肠致病性大肠杆菌(EPEC)、肠产毒性大肠杆菌(ETEC)、肠侵袭性大肠杆菌(EIEC)、肠出血性大肠杆菌(EHEC)、肠黏附性大肠杆菌(EAEC)和弥散黏附性大肠杆菌(DAEC)。

9.2.3.2 流行病学

(1)流行特征 大肠杆菌食物中毒全年均可发病，多发生在 3—9 月。易患人群主要为婴幼儿、儿童、年老体弱者和旅游者，引起腹泻。1996 年 5—8 月，日本暴发迄今为止世界上最大规模 O157:H7 流行，9 000 多名儿童感染，11 名死亡。

(2)中毒食品种类 常见中毒食品有肉类、蛋及蛋制品、水产品、豆制品、蔬菜等，特别是熟肉类及凉拌菜。O157:H7 常见的中毒食品和饮品是各类熟肉制品、蛋及蛋制品、汉堡包、生牛乳、乳制品、蔬菜、水果、鲜榨果汁、饮水等。

(3)食品中大肠埃希菌的来源 健康人肠致病性大肠杆菌的带菌率为 2%～8%，高的达 44%；成人患肠炎、婴儿发生腹泻时，肠致病性大肠杆菌带菌率可达 29%～52%。大肠杆菌经常随粪便排出体外，污染周围环境、水源及食物。受污染的水源、土壤及带菌者接触食品和食品容器后即可使食品受到污染。加工卫生条件差、员工不注意个人卫生，食品更容易受到污染。

9.2.3.3 中毒表现

大肠杆菌食物中毒的症状可分为以下两个类型。

(1)毒素型中毒 肠产毒性大肠杆菌通过毒素引起急性胃肠炎的症状，潜伏期最短为 4 h，一般为 10～24 h，多见于婴幼儿和旅游者。主要症状为食欲缺乏、腹泻和呕吐，粪便呈水样，伴有黏液，但无脓血，体温 38～40℃，少数患者有腹绞痛，甚至很剧烈，也可呈严重的霍乱样症状。腹泻常为自限性，一般 2～3 天即愈。营养不良者可达数周，也可反复发作。小儿常出现抽搐、昏睡、脱水，甚至循环衰竭。

(2)感染型中毒 肠侵袭性大肠杆菌和肠致病性大肠杆菌不产生外毒素，通过侵袭、黏附等致病。肠侵袭性大肠杆菌死亡后产生内毒素，导致的症状与痢疾相似，主要表现为腹泻、里急后重、腹痛，发热(体温 38～40℃)，可持续 3～4 天，有些患者出现呕吐，大便为伴有黏液、脓血的黄色水样便。病程为 7～10 天，预后一般良好。肠侵袭性大肠杆菌主要引起水样腹泻和腹痛。

9.2.3.4　控制措施

控制大肠杆菌污染，关键是要做好粪便管理，防止粪便污染食品。

(1)管理传染源　通过自报、互报、门诊、巡诊等办法早发现腹泻病人。对出院患者要定期随访，了解大便情况，有无症状与体征，及时检出复发者及慢性病人。已有疫情发生的场所，对相关人员应特别加强医学观察，经常了解大便情况，必要时做粪便检查，做到及时发现病人和病原携带者。作为传染源的腹泻病人应立即送到医院实施隔离、治疗。治疗要及时、彻底，痊愈后方可出院。

(2)切断传播途径，搞好给水卫生　卫生部门要定期对水源水质和消毒效果进行检查。分散式给水要选好水源，饮用水必须消毒处理。

(3)加强生产经营管理　控制食品原料及食品的生产、加工和销售，从各个环节保证食品的安全。主要包括以下几个方面：

①避免肉和内脏被粪便、污水、容器污染。

②生熟原料和产品分开放置，防止交叉污染。

③从业人员持健康证上岗，一旦发病应及时调离岗位，彻底消毒环境。

④低温储存食品原料、半成品和成品。

⑤加强对产品的出厂检验，防止被污染的食品流入市场。

(4)个人控制措施　作为个人，要注意做到以下几点：

①肉类食品尽量低温保存，冰箱内生熟食品分开摆放，防止污染。

②肉类及其制品、禽蛋等要彻底煮熟后食用。

③剩菜食用前应充分加热。

④处理食物前要洗净双手，避免相互污染。

⑤提倡体育锻炼，提高身体素质，增强机体免疫力，以抵御细菌的侵袭。特别要注意保护年老体弱等免疫力低下的人群。

9.2.4　肉毒梭菌食物中毒与预防

9.2.4.1　病原

二维码 9-6　肉毒梭菌引起的食物中毒

肉毒梭菌为革兰阳性、厌氧的短粗杆菌，在 20～25℃可形成椭圆形芽孢。当 pH 低于 4.5 或大于 9.0 时，或当环境温度低于 15℃或高于 55℃时，不能繁殖，也不能产生毒素。该菌的芽孢抵抗力强，需经干热 180℃ 5～15 min 或高压蒸汽 121℃ 30 min 或湿热 100℃ 5 h 方可死亡。肉毒梭菌广泛分布于自然界，特别是土壤中。

肉毒毒素产生于胞质中，当细菌死亡后，肉毒毒素以神经毒素和非毒性成分结合的复合形式被释放出来。复合形式的肉毒毒素对热敏感，在 75～85℃加热 5～15 min 或 100℃加热 1 min 即被破坏。复合形式的肉毒毒素在小肠内被胰蛋白酶活化并释放出神经毒素，是目前已知的化学毒素和生物毒素中毒性最强的一种，对人的致死量为 10^{-9} mg/(kg 体重)，且对胃蛋白酶、胰蛋白酶、酸和低温稳定，毒素在正常胃液中 24 h 不被破坏，且可被胃肠道吸收。根据毒素血清反应的特异性，分为 A、B、C_{α}、C_{β}、D、E、F、G 共 8 型，其中 A、B、E、F 型可引起人类中毒,C 型能导致家禽、家畜和其他动物发病,而 D 型与食草动物的饲料有关。A 型毒素比 B 型、E 型毒素致死能力强。我国报道的肉毒梭菌食物中毒多为 A 型,B、E 型次之,F 型较为少见。

9.2.4.2 流行病学

(1)流行特征 肉毒梭菌食物中毒一年四季均可发生,主要发生在 4—5 月,1—2 月也有发生。肉毒梭菌广泛分布于土壤、江河湖海的淤泥、霉干草、尘埃和动物粪便中,且不同的菌型分布也有差异。A 型主要分布于山区和未开垦的荒地,如新疆察布查尔地区是我国肉毒梭菌中毒的多发地区。1958 年首次报道该地区因食用面酱半成品引起肉毒中毒后,相继报告该地区由其他谷类、豆类发酵食品等引起的肉毒中毒。新疆曾对北疆 26 个县市的土壤、人畜粪便、豆类、水及发酵豆制品 1 732 份样品进行了肉毒梭菌检测,平均检出率为 16.81%,土壤检出率为 22.31%,发酵豆制品检出率为 14.79%。B 型分布于草原区耕地;E 型多分布于土壤、湖海淤泥和鱼类肠道中,我国青海省发生的肉毒梭菌中毒主要为 E 型;F 型分布于欧、亚、美洲沿海及鱼体内。

(2)中毒食品种类 中毒食品的种类因地区和饮食习惯的不同而异。我国以家庭自制植物性发酵食品为多见,如臭豆腐、豆酱、面酱等,罐头瓶装食品、腊肉、酱菜和凉拌菜等引起中毒的也有报道。新疆察布查尔地区引起中毒的食品多为家庭自制谷类或豆类发酵食品,青海主要为越冬密封保存的肉制品。在国外,日本 90%以上是由家庭自制鱼类制品引起;欧洲各国多为火腿、腊肠及其他肉类制品引起;美国主要为家庭自制的蔬菜或水果罐头、水产品及肉、乳制品引起。

(3)食品中肉毒梭菌的来源 主要来源于带菌土壤、尘埃及粪便,尤其是带菌土壤,可污染各类食品原料,被污染的食品原料在家庭自制发酵和罐头食品过程中,加热的温度或压力不够杀死肉毒梭菌的芽孢,且为肉毒梭菌芽孢的萌发与产生毒素提供了条件,尤其是发酵食品、火腿肠,制成后又不经加热而食用,更容易引起中毒的发生。

9.2.4.3 中毒表现

肉毒中毒可分为肉毒食物中毒、婴儿肉毒中毒和伤口肉毒中毒三种形式。由于伤口肉毒中毒比较罕见,这里介绍肉毒食物中毒和婴儿肉毒中毒。

(1)肉毒食物中毒 临床表现与其他食物中毒不同,胃肠道症状很少见,体温正常,意识清楚,主要表现以运动神经麻痹的症状为主。潜伏期从 2 h 到 10 天,一般为 12～48 h,短者 6 h,长者 8～10 天,潜伏期越短,病死率越高。临床主要表现为肌肉麻痹和神经功能不全。早期症状表现为虚弱、头痛、头晕、乏力、走路不稳、食欲缺乏等非典型症状,然后逐渐出现视力模糊、复视、眼睑下垂、瞳孔散大等神经麻痹症状;重症患者则首先出现对光反射迟钝,逐渐发展为语言不清、咀嚼和吞咽困难、口喉干燥、张口、伸舌、声音嘶哑等肌肉麻痹症状,严重时出现膈肌麻痹、呼吸困难,最终因呼吸衰竭、心跳停止而导致死亡,病死率为 30%～70%,多发生在中毒后的 4～8 天。目前广泛采用多价抗肉毒毒素血清治疗,病死率已降至 10%以下。患者经治疗可于 4～10 天恢复,一般无后遗症。

(2)婴儿肉毒中毒 最早是 1976 年在美国加利福尼亚州被报道的,主要发生在 1～9 个月的婴儿,特别是 6 个月以内的婴儿,因其肠道的特殊环境及缺乏保护性菌群和抑制肉毒梭菌的胆酸等,食入肉毒梭菌芽孢或被芽孢污染的蜂蜜等食品后,芽孢在肠道内出芽、繁殖,产生的毒素被吸收而致病。1 岁以上的儿童肠道内已经建立起正常的肠道菌群,一般没有这种症状发生。婴儿肉毒中毒的主要表现为便秘、头颈肌肉软弱、吮吸无力、吞咽困难、眼睑下垂、全身肌张力减退，前后可持续 8 周以上。婴儿肉毒中毒大多数 1～3 个月自然康复，重症者可因呼吸麻痹而猝死。

9.2.4.4　控制措施

加强宣传和教育。改变肉类储藏方式或生吃牛肉的饮食习惯。家庭制作发酵食品时应对食品原料要除去泥土和粪便，并 100℃加热 10～20 min 以破坏各型肉毒梭菌毒素。家庭腌制或发酵的食物应低温保存，加工后的食品应迅速冷却并低温储存，避免再污染和在较高温度或缺氧条件下存放，以防止形成芽孢。食用前对可疑食物煮沸 6～10 min。在高海拔地区，越冬风干牛肉应 80℃水煮 30 min 后再食用。生产罐头食品的企业应严格执行罐头生产卫生规范，确保罐头食品彻底灭菌。

注意保持婴儿及其所用物品的清洁，12 个月以内的婴儿不要食用罐装蜂蜜食品。美国疾病预防控制中心对蜂蜜产品的调查结果显示，肉毒梭菌芽孢检出率为 25%，且 15% 的婴儿肉毒中毒是食用污染了芽孢的蜂蜜引起的。

9.2.5　志贺菌食物中毒与预防

9.2.5.1　病原

志贺氏菌是人类细菌性痢疾最常见的病原菌，俗称痢疾杆菌，是无芽孢、无鞭毛的短小杆菌。该菌属有 O 和 K 两种抗原，O 抗原是分类的依据。根据 O 抗原可分为 4 个血清组：A 群，即痢疾志贺菌；B 群，也称福氏志贺菌群；C 群，也称鲍氏志贺菌群；D 群，又称宋内志贺菌群。痢疾志贺菌是导致典型细菌性痢疾的病原菌。

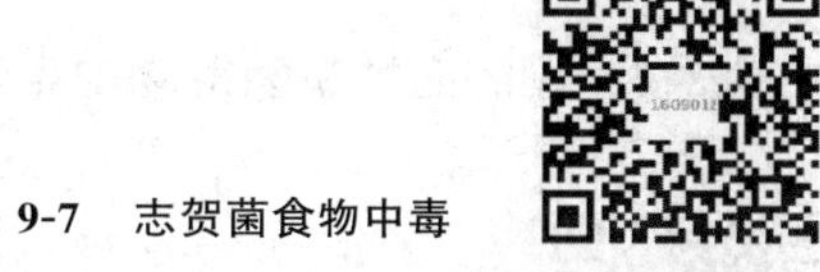

二维码 9-7　志贺菌食物中毒

志贺氏菌需氧或兼性厌氧，在人体外生活力弱，在 10～37℃的水中可生存 20 天，于牛乳、水果、蔬菜中可生存 1～2 周，在粪便中(15～25℃)可生存 10 天。在光照下 30 min 可被杀死，加热 58～60℃经 10～30 min 即死亡，但耐寒，在冰块中能生存 3 个月。宋内志贺菌和福氏志贺菌在体外的生存力相对较强，志贺氏菌食物中毒主要由这两群引起。

9.2.5.2　流行病学

(1)流行特征　志贺氏菌食物中毒全年均可发生，但多发生于 7—10 月，常通过食物暴发或经水传播。人群对志贺菌普遍易感，尤其是 2～4 岁的儿童，其次为中青年。

(2)中毒食品的种类　相关的食品包括色拉(马铃薯、金枪鱼、虾、通心粉、鸡)、生的蔬菜、乳和乳制品、禽类产品、水果、面包、汉堡包和有鳍鱼类等。

(3)食品中志贺菌的来源　志贺菌通过病人粪便排出，污染食品后使人感染。食品生产加工企业、集体食堂、饮食行业患有痢疾的从业人员或带菌者的手是污染食品的主要因素。熟食品被污染后，存放在较高的温度下，经过较长时间，志贺氏菌可大量繁殖，引起中毒。

9.2.5.3　中毒表现

(1)普通型痢疾　绝大多数痢疾属普通型。因为痢疾杆菌均可产生毒素，所以大部分病人有中毒症状：起病急、恶寒、发热，体温常在 39℃以上，头痛、乏力、呕吐、腹痛和里急后重。左下腹疼痛明显，患痢疾的孩子腹泻次数很多，大便每日数十次，甚至无法计数。绝大多数病人经过治疗，数日后即可缓解。

(2)中毒型菌痢　近年来中毒型菌痢有减少趋势。此型病人多是2～7岁的孩子，起病突然，高热不退，患儿萎靡不振、嗜睡、谵语、反复抽风，甚至昏迷。在痢疾高峰季节，孩子突然高热抽风，没精神，面色灰白，家长应立即将患儿送往医院检查和抢救。

(3)慢性细菌性菌痢　分为慢性迁延型、慢性隐伏型、急性发作型三型。慢性迁延型通常由急性菌痢诊断不及时、治疗不彻底引起，病程超过2个月，时愈时发。在有临床症状时为急性发作型，该型往往在半年内有急性菌痢病史。慢性隐伏型在1年内有过菌痢病史。

9.2.5.4　控制措施

志贺氏菌随粪便排出体外，通过食物、水和手经口传染给健康人。志贺氏菌痢疾预防的关键是切实地把好"病从口入"关，可从以下三个方面加以注意：

(1)加强饮水卫生。要保护水源不受粪便污染，要大力发展自来水，搞好饮水消毒，严格做到不喝生水。

(2)注意饮食和个人卫生，严格执行《食品安全法》的各项规定。生熟分开，严格消毒食具。要自觉做到四不吃，即不吃生冷蔬菜、不吃不洁瓜果、不吃腐败变质食物、不吃未经回锅煮透的剩菜剩饭。菌痢流行期间，不在病家或疫点内办酒席。食前、便后要洗手，勤剪指甲。

(3)使用痢疾口服菌苗。痢疾口服菌苗只对同型菌的再感染有保护力，故使用时应考虑到当地常见流行菌型。

9.2.6　副溶血性弧菌食物中毒与预防

二维码 9-8　副溶血性弧菌食物中毒

9.2.6.1　病原

副溶血性弧菌为革兰阴性，呈弧状、杆状或丝状等多种形态。在盐浓度不适宜的培养基中呈长杆状或球杆状等多形态。无芽孢，一端有单鞭毛，运动活泼，需氧或兼性厌氧。该菌为嗜盐菌，在无盐培养基上不能生长，在淡水中存活时间一般不超过2天。在含盐3.0%～3.5%、pH 7.4～8.2、30～37℃条件下生长最佳，在盐渍酱菜中可存活30天以上，在海水中可存活47天以上。对酸敏感，在食醋中5 min即死亡。不耐热，56℃ 5～10 min灭活，90℃ 1 min可死亡。在1%盐酸中5 min死亡。对低温抵抗力较弱，在0～2℃ 48 h可死亡。

副溶血性弧菌现有13个O抗原、67个K抗原。日本学者发现，副溶血性弧菌某些菌株在含高盐(7%)的人O型血或兔血以及*D*-甘露醇作为碳源的琼脂平板上可产生β溶血，此现象称为"神奈川现象"。结果从食物中毒来源的菌株95%是神奈川现象阳性株，而从海水和鱼、贝类分出的菌株95%为神奈川现象阴性株。但也发现有阴性菌株引起食物中毒。

9.2.6.2　流行病学

(1)流行特征　副溶血性弧菌食物中毒主要发生在夏秋季，尤其是7—9月。男女老幼均可患病，但以青壮年为多，病后免疫力不强，可重复感染。沿海地区是副溶血性弧菌食物中毒的高发地区。我国沿海水域、海产品中副溶血性弧菌检出率较高，尤其在气温较高的夏秋季节。但近年来随着海产食品流向内地，内地也有副溶血性弧菌食物中毒的散在发生。

(2)中毒食品种类　主要是海产食品，其中以墨鱼、带鱼、黄花鱼、虾、蟹、贝、海蜇最为多见。如墨鱼的带菌率高达93%，梭子蟹为79.8%，带鱼为41.2%，鱼虾的带菌率平均为42%～48%，夏季高达90%。腌制的鱼贝类带菌率也达42.4%，熟盐水虾带菌率可达35%。

其次为盐渍食品，如咸菜、腌制肉禽类食品等。咸菜的带菌率为15.8%。食品的带菌率在夏季可高达94.8%。

(3)食品中副溶血性弧菌的来源　一是海水及海底沉淀物中副溶血性弧菌极易污染海域附近塘、河、井水，致使海产品中副溶血性弧菌带菌率较高，该区域淡水鱼、虾、贝等也可受到污染。二是沿海地区的饮食从业人员、健康人群及渔民的副溶血性弧菌带菌率为11.7%左右，有肠道病史者带菌率可达31.6%～88.8%，带菌者对各种食品污染。三是生食物中的副溶血性弧菌通过工具污染食品或凉拌菜，造成交叉污染。沿海地区炊具的副溶血性弧菌带菌率可达61.9%。

9.2.6.3　中毒表现

副溶血性弧菌食物中毒的潜伏期为2～40 h，多为14～20 h。起病急，常由剧烈腹痛开始，伴有腹泻、呕吐、失水、畏寒及发热等。腹痛多呈阵发性绞痛，常位于上腹部、脐周或回盲部。腹泻较常见。

本病病程1～6天不等，可自限，预后一般良好，少数病人由于休克昏迷而死亡。近年来，国内报道的副溶血性弧菌食物中毒临床表现不一，除典型的外，还有胃肠炎型、菌痢型、中毒性休克型和少见的慢性肠炎型。

9.2.6.4　控制措施

预防副溶血性弧菌食物中毒的发生要注意以下几点：

(1)动物性食品应煮熟，不吃生的和未彻底煮熟的鱼、蟹、贝类等水产品。

(2)避免生熟食品操作时交叉感染，防止食品用具对食品的污染。

(3)生吃海蜇等凉拌菜时，必须充分洗净，应在切好后加入食醋浸泡10 min，或在100℃沸水中漂烫几分钟，先加醋拌浸，放置10～30 min后，再加其他调料拌食。

(4)梭子蟹、蟛蜞、海蜇等水产品宜用饱和盐水浸渍保藏，并可加醋调味杀菌，食用前用冷开水反复冲洗干净。

(5)储藏的各种食物食用前应充分加热。

9.2.7　空肠弯曲杆菌食物中毒与预防

9.2.7.1　病原

空肠弯曲菌属螺旋菌科，是弯曲菌属中对人类感染最为严重的致病菌。菌体形态细长，呈弧形、螺旋形或S形，革兰阴性，在菌体的一端或两端生有单极鞭毛，运动活泼，在暗视野镜下观察似飞蝇。空肠弯曲菌是微好氧菌，在含有2.5%～5%的O_2、10%的CO_2中生长最好。在正常大气或无氧环境中均不能生长。最适生长温度为37～42℃。空肠弯曲菌对外界环境的抵抗力不强，易被干燥、直射日光及弱的消毒剂所杀灭，56℃ 5 min可被杀死。空肠弯曲菌在水中可存活5周，在人或动物粪便中可存活4周。本菌产生的内毒素能侵袭小肠和大肠黏膜引起急性肠炎。空肠弯曲菌能产生细胞紧张性肠毒素、细胞毒素和细胞致死性膨胀毒素，这些毒素都可对细胞产生不同程度的损伤。

9.2.7.2　流行病学

(1)流行特征　空肠弯曲菌中毒多发生在5—10月，以夏季最多。人群普遍易感，婴幼儿和15～29岁年龄组发病率最高，发展中国家感染率以幼儿最高。

(2)中毒食品种类　主要有牛乳、畜禽肉、蛋类和凉拌菜等。水源传播也很重要，据报道，弯曲菌引起的腹泻患者有60%在发病前1周有喝生水史(对照组为25%)。

(3)食品中空肠弯曲菌的来源　空肠弯曲菌是多种动物的正常寄居菌，存在于生殖道或肠道的大量该菌可通过分娩或排泄物污染食物和饮水，是重要的传染源。国内研究表明，健康成人的带菌率为8.11%，不同职业的成人带菌率有显著差异，其中肉联厂工人为9.28%，家禽宰杀者更高，达15.38%。因此食品被健康带菌者污染也是重要原因。此外，被空肠弯曲菌污染的工具、容器等未经彻底洗刷消毒，也可交叉污染熟食品。

9.2.7.3　中毒表现

空肠弯曲菌引起的食物中毒潜伏期一般为3～5天，短者1天，长者10天。临床表现以胃肠道症状为主，初期有头痛、头晕、发热、肌肉酸痛等前驱症状，随后出现腹泻、恶心和呕吐。腹泻为本病的主要症状，一般持续2～4天，个别可迁延至3周。患者有发热(38～40℃)，特别是在菌血症时，重症者可导致死亡。孕妇感染本菌可导致流产、早产，而且可使新生儿感染。

9.2.7.4　控制措施

空肠弯曲菌病最重要的传染源是动物，因此防止动物排泄物污染水、食物至关重要。具体措施有：

(1)生产加工人员持健康证上岗，如患有肠道传染病，应立即调离岗位。

(2)处理食物前后和如厕后都要洗手，严格的可进行消毒。

(3)生产加工设备，如刀、砧板、碎肉机等必须保持清洁，使用后应彻底清洗和适当消毒。

(4)生产原料必须存放于适当的温度。

作为个人，要做到饭前便后洗手，隔夜的食物食用前彻底加热，生、熟食品分开存放，熟的食品要加以遮盖等。

9.2.8　单核细胞增生性李斯特菌食物中毒与预防

二维码 9-9　单增李斯特菌污染事件

9.2.8.1　病原

李斯特菌属是革兰阳性短杆菌，无芽孢，包括格氏李斯特菌、单核细胞增生李斯特菌等8种，其中只有单增李斯特菌与人类疾病有关。单增李斯特菌对外界的抵抗力较强，在土壤、牛奶、青贮饲料和人畜粪便中可存活数年；65℃ 30～40 min可被杀死，在－20℃可存活1年，在5～45℃的温度范围内均可生长；适宜的pH为6～8，耐碱不耐酸，在pH 9.6时仍可能生长，在酸性食物(如酸奶)中难以生存。对NaCl抵抗力强，在含16% NaCl培养基中可存活1年，普通腌制食品不影响其存活。对化学杀菌剂及紫外线照射均较敏感，75%乙醇5 min，2.5%氢氧化钠20 min，紫外线照射15 min，均可杀灭该菌。

9.2.8.2　流行病学

(1)流行特征　本菌所致中毒春季可发生，夏、秋季呈季节性增高。

(2)中毒食品种类　主要为乳及乳制品、肉类制品、水产品、蔬菜及水果，尤其在冰箱中保存时间过长的食品最为多见。

(3)食品中单增李斯特菌的来源　牛乳中的主要来自人和动物粪便的污染。人粪便的带菌率为0.6%～6%，我国的江苏和北京检测发现冰激凌中单增李斯特菌的污染率为2.2%～7.3%。畜类在屠宰的过程中易被污染，而在销售过程中，通过食品从业人员的手也可被污染，故生的和直接入口的肉制品该菌的污染率较高。我国江苏、湖北、河南等地对肉类的单增李斯特菌的调查显示，生肉制品的污染率为 4.1%～5.9%，熟肉制品的污染率为 2.3%～5.5%，崔京辉等对北京的 115 件生肉制品的检测结果显示其单增李斯特菌的污染率高达 19.1%，熟肉制品的污染率为 48%。

9.2.8.3　中毒表现

单增李斯特菌食物中毒可分为侵袭型和腹泻型两种类型。侵袭型的潜伏期为 2～6 周。患者开始常有胃肠炎症状，最明显的表现是败血症、脑膜炎、脑脊膜炎，病死率高达 20%～50%。可导致孕妇流产、死胎等，孕妇感染可累及胎儿及新生儿，引起婴儿及新生儿的化脓性脑膜炎，死亡率达 70%；子宫内感染可导致新生儿李斯特菌病、流产、死胎，幸存的婴儿则因患脑膜炎而导致智力缺陷。腹泻型患者的潜伏期一般为 8～24 h，主要症状为恶心、腹痛、腹泻、发热等。

9.2.8.4　控制措施

单核细胞增生性李斯特菌在一般热加工处理中能存活，食品灭菌的中心温度必须达到 70℃且持续 2 min 以上；由于本菌在自然界中广泛存在，蒸煮后防止二次污染极为重要。由于该菌在 4℃下仍能生长繁殖，因此，在生产过程、餐饮业及日常生活中应谨慎看待未加热的冰箱食品。

(1)食品企业控制措施　加强食品卫生工作，采取在产品配方中添加抑制单增李斯特菌生长的成分、建立消除该菌的后处理步骤、增加生产工序中该菌检测次数等，并把这些措施列入已成文的程序，如 HACCP 计划中，从而把单增李斯特菌的污染降到最低。

(2)个人控制措施

①避免饮用生牛奶或食用生牛奶制成的食品；

②孕妇和免疫力低下者应避免食用软奶酪；

③巴氏消毒奶应煮沸后再喝；

④不购买无卫生许可的熟食和冷饮等食品；

⑤彻底煮熟动物生肉，如牛肉、猪肉、家禽肉；

⑥生吃的蔬菜及水果要彻底清洗；

⑦冷藏的食物食用前应彻底加热；

⑧冰箱要经常清洁，避免在冰箱内长时间(不宜超过 1 周)存放食物；

⑨生、熟食品分开存放，熟的食品要加以遮盖；

⑩处理生熟食物的用具要分开，在处理完未煮熟食物后，要将手、刀和砧板洗净；

⑪不要触碰流产动物的尸体。

9.2.9　其他细菌性食物中毒及其预防

9.2.9.1　产气荚膜梭菌

2009 年 4 月 21 日，河南省安阳县疾病预防控制中心接到某镇医院报告，自上午 6 时起连续接诊了多名有腹痛、腹泻症状患者，所有患者均为某厂职工，有共同进餐史，临床特征类似，疑为食物中毒。结合流行病学调查和实验室诊断确定引起该起食物中毒的病原是产气荚膜梭菌。

(1)病原　产气荚膜梭菌为革兰阳性的粗大芽孢杆菌，无鞭毛，不运动，厌氧但不严格。在烹调的食品中很少产生芽孢，而在肠道中却容易形成芽孢。产气荚膜梭菌食物中毒为该菌产生的肠毒素所引起，该毒素抵抗力弱，加热至 60℃ 45 min 后丧失生物活性，而 100℃瞬时可破坏，但对胰蛋白酶和木瓜蛋白酶有抗性。该菌除了能够产生外毒素外，还产生多种侵袭酶，其荚膜也构成强大的侵袭力，是气性坏疽的主要病原菌。

(2)流行病学　产气荚膜梭菌在自然界分布较广，污水、垃圾、土壤、人和动物的粪便、昆虫以及食品中均可检出。产气荚膜梭菌食物中毒具有明显的季节性，以夏秋季节多见。经口食入污染食品是其主要的传染途径，也可由伤口感染致病。引起食物中毒的大多是畜禽肉类、鱼类和牛乳，原因是食品加热不彻底，使该菌的芽孢在食品中大量繁殖所致；熟食品由于加热不够或后污染而在缓慢的冷却过程中，该菌繁殖体大量繁殖并形成芽孢产生肠毒素，其食品不一定在色泽和滋味上发生明显变化，易因误食而发病。由于产气荚膜梭菌是正常肠道菌群的一部分，人体肠道对其无天然特异免疫力，所有人群均为易感者，以婴儿和年老体弱者病情更重。

(3)中毒表现　潜伏期多为 10～20 h，短者 3～5 h，长者达 24 h。发病较急，多呈急性胃肠炎症状。发病时下腹部剧烈疼痛、腹泻，每日数次至十余次，一般为稀便或水样便，粪便有腐臭气味，并有大量气体产生。较少有恶心、呕吐和头痛，体温不超过 38℃。A 型产气荚膜梭菌引起的食物中毒多为自限性感染，一般 1～2 天内可自愈，很少有死亡发生。由 C 型引起的本菌食物中毒症状较重，呈出血性坏死肠炎症状，粪便带血，可并发周围循环衰竭、肠梗阻、腹膜炎等，预后不良，病死率可高达 40%。

(4)控制措施

①加强对食品加工、餐饮行业的卫生监督管理，防止屠宰、加工、运输、贮藏过程中受该菌的污染。

②搞好烹调卫生。剩余食品食用前应再次加热，以破坏繁殖型产气荚膜梭菌。

③经加热处理的熟肉类应尽快降温，并应在低温下贮存，尽量缩短存放时间。防止生熟交叉污染。

9.2.9.2　蜡样芽孢杆菌

2011 年 6 月 28 日内蒙古赤峰市松山区某建筑工地早饭后不久，出现大批恶心、呕吐、头痛、头晕、腹痛、腹泻的病人。该工地早饭就餐人数 171 人，先后共 76 人发病。采集病人呕吐物、粪便、剩小米饭送检，经检验证实是一起由于食用被蜡样芽孢杆菌污染的剩小米饭而引起的食物中毒。

(1)病原　蜡样芽孢杆菌为革兰阳性芽孢杆菌，有鞭毛，无荚膜，需氧或兼性厌氧，生长 6 h 后即可形成芽孢。生长繁殖温度范围为 28～35℃，10℃以下不能繁殖。繁殖体不耐热，100℃经 20 min 可被杀死，pH 5 以下对该菌营养体的生长繁殖有明显的抑制作用。本菌可产生肠毒素，包括腹泻毒素和呕吐毒素。腹泻毒素是不耐热肠毒素，几乎所有的蜡样芽孢杆菌均可在多种食品中产生腹泻毒素，其毒性作用类似大肠埃希菌和霍乱弧菌产生的毒素。腹泻毒素对胰蛋白酶敏感，45℃加热 30 min 或 56℃加热 5 min 均可失去活性。呕吐毒素常在米饭类食品中形成，是低分子耐热肠毒素，对酸碱、胃蛋白酶、胰蛋白酶均不敏感，耐热，126℃加热 90 min 不失活。

(2)流行病学　蜡样芽孢杆菌广泛分布于土壤、灰尘、腐草、污水及空气中。蜡样芽孢杆菌食物中毒的季节性明显，以夏、秋季，尤其是 6—10 月多见。周帼萍等对 1986—2007 年中国 299 起蜡样芽孢杆菌食物中毒案例的分析发现，在引发呕吐型食物中毒的食品中，粮食加工品占非常大的比例，这些粮食加工品包括：米饭及其制品（米饭、炒饭、稀饭、米糕、米粉、米线等）81.1%，面制品(面条、凉面、热干面、汉堡包、面包等)10.1%,豆制品(豆浆、豆腐等)6.3%,其他 2.5%。而在腹泻型蜡样芽孢杆菌食物中毒中粮食加工品、肉制品和混合型各占约 30%的比例。

(3)中毒表现　因蜡样芽孢杆菌产生的毒素不同而分为呕吐型和腹泻型两种。

①呕吐型　潜伏期短者 0.5 h,长者 5 h,一般 1～3 h。主要表现为恶心、呕吐、腹痛,腹泻少见,体温正常。病程一般为 8～10 h。国内报道的蜡样芽孢杆菌食物中毒多为呕吐型。

②腹泻型　潜伏期比呕吐型长,短者 6 h,长者 16 h,一般 10～12 h。主要表现为腹痛、腹泻、水样便。一般无发热,可有轻度恶心,呕吐罕见。病程较长,一般为 16～36 h。

(4)控制措施　高温杀菌或适当的冷藏可以控制蜡样芽孢杆菌的增殖。肉类、乳类、剩饭等熟食品只能在低温(10℃以下)短时间存放,在食用前 100℃ 20 min 即可将蜡样芽孢杆菌的芽孢杀死。

9.2.9.3　小肠结肠炎耶尔森氏菌

1998 年 12 月 2 日中午,四川攀枝花某学校食堂供应午餐,进餐人数 79 人,餐后 25 人出现不同程度的腹痛、腹泻、发热等症。对食堂检查发现,冰箱内约有 25 kg 冻排骨发黄、发黑,白条猪肉新鲜程度不一。检验结果显示,此次中毒系食用被小肠结肠炎耶尔森菌污染的冻排骨引起的食物中毒。

(1)病原　小肠结肠炎耶尔森菌为革兰阴性小杆菌,生长的最适温度为 22～29℃;生长繁殖一代需要的时间较其他肠道菌长约 2 倍,在 4℃培养时需要 2 周。在 30℃以下培养可以形成鞭毛,温度较高时即丧失,因此表现为该菌在 30℃以下有动力,而 37℃以上则无动力。该菌耐低温,0～5℃也可生长繁殖,是一种独特的嗜冷病原菌。因此,食品在冷藏时很容易受到该菌的污染。

(2)流行病学　小肠结肠炎耶尔森菌广泛分布在陆地、湖水、井水和溪流水源中,这些环境也是温血动物体内该菌的来源。小肠结肠炎耶尔森菌具有侵袭性并能产生耐热肠毒素,引起的食物中毒发生多在秋冬、冬春季节。引起中毒的食物主要是动物性食品,如猪肉、牛肉、羊肉等,其次为生牛乳,尤其是 0～5℃低温运输或贮存的乳类或乳制品。

(3)中毒表现　潜伏期一般为 3～7 天,短者 1～3 天,长者可达 10 天。中毒表现以消化道症状为主,腹痛、腹泻,水样便为多见,少数患者为软便,伴有发热症状,体温 38～39.5℃,病程一般为 2～5 天,长者可达 2 周。15 岁以下儿童及幼儿发病率为 50%左右,高于成人发病率。如出现败血症则可导致死亡,病死率可高达 34%～50%。

(4)控制措施　关键是灭菌和防止二次污染。搞好食品加工场所的环境卫生,进行水处理,防蝇灭菌,防止交叉污染。动物性食品必须烧熟煮透,剩余食品待完全冷却后放入冰箱内冷藏;冷藏食品食用前必须彻底加热;不要食用生的或未煮熟的动物性食品和豆腐制品。

9.2.9.4　椰毒假单胞菌酵米面亚种

(1)病原　椰毒假单胞菌为革兰阴性短杆菌,两端钝圆,无芽孢,有鞭毛,在自然界分布广泛。椰毒假单胞菌兼性厌氧,但易在表面生长。最适生长温度为 37℃,最适产毒温度为 26℃,pH 5～7 范围内生长较好。椰毒假单胞菌酵米面亚种食物中毒为米酵菌酸和毒黄素所致。米酵菌酸是一种小分子脂肪酸,耐热性极强,在 100℃煮沸或用高压锅蒸煮也不能破坏其毒性,对人和动物有强烈的毒性作用,是引起食物中毒和致死的

二维码 9-10　椰毒假单胞菌酵米面亚种食物中毒

主要毒素；毒黄素是一种水溶性黄色毒素，耐热，不为一般烹调方法所破坏。

(2)流行病学　椰毒假单胞菌酵米面亚种食物中毒主要在我国的东北三省流行，以 7、8 两月中毒发生最多，中毒的食物主要是谷类发酵制品、发酵玉米面制品、变质银耳及其他变质淀粉类食品，如糯米面汤圆等。中毒多因天气潮湿、阴雨，食品储藏不当，致该菌在食物上大量生长繁殖产毒使食物变质。

(3)中毒表现　潜伏期一般为 2～12 h。一般发病症状最早出现胃部不适，恶心、呕吐，腹胀、腹痛等。呕吐时初为食物或黄绿色水样物，有的呈咖啡样物。继消化道症状后也可能出现肝肿大、肝功能异常等中毒性肝炎为主的临床表现，重症者出现肝昏迷，甚至死亡。对肾脏的损害一般出现较晚，严重时可因肾功能衰竭而死亡。病死率高达 30%～50%。

(4)控制措施　保证食品原料的卫生质量，严格控制适宜该菌生长、产毒的客观条件，检测食品中米酵菌酸的含量，是预防椰毒假单胞菌中毒的关键环节。家庭预防中毒：

①家庭制备发酵谷类制品一定要勤换水，保持卫生，保证食物无异味。

②不用霉变的玉米制作食品。

③不食用可疑食品。日晒两天后可去除银耳中米酵菌酸含量的 94%。

④正常干银耳经水泡发后，朵形完整，菌片呈白色或微黄，无异味；变质银耳不成形，发黏，无弹性，菌片呈深黄或黄褐色，有异臭味，不能食用。

9.2.9.5　变形杆菌

二维码 9-11　奇异变形杆菌食物中毒

(1)病原　变形杆菌属肠杆菌科，为革兰阴性杆菌。引起食物中毒的变形杆菌主要是普通变形杆菌、奇异变形杆菌，它们分别有 100 多个血清型。变形杆菌在自然界广泛分布于土壤、污水和垃圾中，也可寄生于人和动物的肠道，属腐败菌，一般不致病，需氧或兼性厌氧，生长繁殖对营养要求不高，在 4～7℃ 即可繁殖，属低温菌，可在低温储存的食品中繁殖。变形杆菌对热的抵抗力不强，加热 55℃ 持续 1 h 即可将其杀灭。

(2)流行病学　该菌所致的食物中毒全年均可发生，大多数发生在 5—10 月，以 7—9 月最多。主要的中毒食品是动物性食品，特别是熟肉以及内脏的熟制品。变形杆菌常与其他腐败菌共同污染生食品，使生食品发生感官上的改变，但熟制品被变形杆菌污染通常无感官性状的变化，极易被疏忽而引起中毒。生的肉类食品，尤其是动物内脏带菌率较高。受变形杆菌污染的食品在较高温度下存放较长的时间，食用前未加热或加热不彻底，食后即可引起食物中毒。

(3)中毒表现　变形杆菌引起的食物中毒主要是大量活菌侵入肠道引起的感染型食物中毒。潜伏期一般为 12～16 h。主要表现为恶心、呕吐、发冷、发热、头晕、头痛、乏力，脐周边阵发性剧烈绞痛。水样便，常伴有黏液、恶臭，一日数次。体温一般在 37.8～40℃，但多在 39℃ 以下。发病率较高，一般为 50%～80%。病程较短，为 1～3 天，多数在 24 h 内恢复，预后一般良好。

(4)控制措施　加强环境卫生和食品卫生管理；选购的食品要新鲜，烹调时烧熟煮透，剩余菜肴要烧过冷却后再放入冰箱，吃前务必回锅烧煮；餐具(刀、砧板)、食具、容器等要经常清洗、烫煮并生熟分开使用。饭前便后洗手；下厨操作前洗手。

(蒋东华)

9.3　有毒动植物食物中毒及其预防

近年来人们对化学物质对食品安全的影响有了一定的认识，总认为纯天然、不添加任何化学物质的食品就是安全的。但事实并非如此，部分食品原料包括植物、动物在长期的进化过程中，为了抵御天敌和不利的环境条件、有利于自身的生存，本身含有对它们自身无害但对其他生物有害的天然有毒有害物质。有毒动植物食物中毒就是食用了有毒的动植物或对动植物的加工处理方法不当而引起的食物中毒，包括河豚鱼、贝类、动物甲状腺及肝脏等有毒动物及组织造成的中毒；毒蕈、木薯、四季豆、发芽马铃薯及鲜黄花菜等有毒植物或对它们烹调不当造成的中毒。2004—2013 年全国共收到有毒动植物中毒事件报告 675 起，12 576 人中毒，253 人死亡；其中有毒植物中毒事件 597 起，导致有毒植物中毒的毒物前 3 位依次为四季豆(124 起，占 59.68%)、乌头(49 起，占 15.91%)、油桐(16 起，占 5.19%)；有毒动物中毒事件 78 起，65 人死亡，导致中毒事件的毒物主要是毒鱼类(37 起，占 59.68%)、毒蜂类(9 起，占 14.52%)、毒贝类(6 起，占 9.68%)，鱼类中毒以河豚鱼中毒为主，占 91.89%，中毒病死率占有毒动物中毒的 61.54%。因此，了解食品中天然有毒有害物质对预防食物中毒、保护消费者健康具有重要作用。

9.3.1　豆类毒素与食物中毒

9.3.1.1　豆类毒素的来源

有毒动植物食物中毒是食物中毒中发生率较高而且比较严重的类型，而豆类毒素食物中毒又是有毒动植物食物中毒中最主要的类型。豆类中主要存在的毒素有植物红细胞凝集素、胰蛋白酶抑制剂、皂素苷、肌醇六磷酸(植酸)、巢菜碱苷、甲状腺肿素等。不同豆类中毒素的种类和含量有较大差异，如大豆中主要含有胰蛋白酶抑制剂、植物红细胞凝集素、皂素苷；菜豆中主要含皂素苷、植物红细胞凝集素、胰蛋白酶抑制剂、亚硝酸盐等；蚕豆中则含有巢菜碱苷。

9.3.1.2　中毒原因与症状

(1)植物红细胞凝集素　大豆、豌豆、蚕豆、绿豆、菜豆、扁豆、刀豆等豆类中含有一种能使红细胞凝集的蛋白质，称为植物红细胞凝集素，简称凝集素或凝血素，以大豆和菜豆中该物质的含量最高。

植物红细胞凝集素一般较耐热，80℃数小时不失活，但 100℃ 1 h 可完全破坏其活性。动物试验的结果表明，大豆凝集素的毒性较强，其 LD_{50} 约为 50 mg/kg。以 1%的大豆凝集素喂饲小鼠也可引起其生长迟缓。如果食用未煮熟的豆类，红细胞凝集素进入消化道，可能刺激消化道黏膜，破坏消化道的细胞，引起胃肠道出血性炎症。同时当外源凝集素结合人肠道上皮细胞的碳水化合物时，可造成消化道对营养成分吸收能力的下降，从而造成营养素缺乏和生长迟缓。如果毒素进入血液中，与红细胞发生凝集作用，破坏红细胞输氧能力，可造成人体中毒。

植物红细胞凝集素引起的食物中毒潜伏期为几十分钟至几十小时，儿童对大豆红细胞凝集素比较敏感，中毒后可出现头痛、头晕、腹泻、腹痛、恶心、呕吐等症状，严重者甚至会引起死亡。

只要将要食用的豆类煮熟煮透就不会引起食用者中毒。

(2)胰蛋白酶抑制剂　胰蛋白酶抑制剂是蛋白质或蛋白质的结合体，主要存在于大豆、菜豆中。大豆胰蛋白酶抑制剂主要抑制胰蛋白酶、胰凝乳蛋白酶对蛋白质的分解作用，降低蛋白质的消化、吸收和利用，同时刺激胰腺过度分泌，造成胰腺分泌失调性肥大和增生，出现食物性消化吸收功能失调或紊乱，通常的表现是在食用没有完全煮熟的豆类后 5～60 min 内出现恶心、呕吐、腹痛，时间较长的可以出现腹泻等胃肠炎症状。

大豆胰蛋白酶抑制剂对热有一定的抵抗力。大豆在 100℃干热处理 24 h 大豆胰蛋白酶抑制剂仍有 70%左右的活性保持，150℃湿热处理仍有 7.6%的残留活性。因此加热虽然可以钝化大豆胰蛋白酶抑制剂的活性，但不能彻底钝化。要保证加热的温度和时间。预防胰蛋白酶抑制剂引起的食物中毒最有效的方法还是要将豆类煮熟煮透，如豆浆煮沸后还要再煮 5 min 以上才能保证食用者的安全。

(3)皂素苷　由于可以引起水溶液形成大量而持久的泡沫，酷似肥皂，故名皂素苷，又称皂苷。含有皂素苷的植物有豆科、五加科、蔷薇科、葫芦科和苋科；含皂素苷的动物有海星和海参。

在植物中，皂素苷主要存在于菜豆和大豆的豆荚中，对人体具有一定的有利作用。但如果皂素苷一次大量进入体内，可破坏红细胞而产生溶血作用。同时，皂苷的水解产物皂苷元可强烈刺激胃肠道黏膜，引起局部充血、肿胀、炎症，造成恶心、呕吐、腹泻等症状。如在未煮熟的菜豆、大豆及豆乳中皂素苷对消化道黏膜有强烈的刺激作用，可以产生一系列胃肠道刺激症状而引起食物中毒。出现中毒的潜伏期一般为 2～4 h，主要表现为胃肠炎症状，病程为数小时或一两天。如 2013 年 1 月深圳市一家公司有 63 名员工由于进食未加工熟透的东北油豆角而引起皂苷毒素中毒。

(4)植酸　植酸是由肌醇和 6 个磷酸根离子构成的化合物，主要存在于米、燕麦、玉米、小麦以及青豆等植物中。植酸有强酸性，易溶于水，有抗氧化的功能。

植酸本身毒性很低，小鼠经口 LD_{50} 为 4 192 mg/kg 体重，属于低毒的化学物质，对小鼠骨髓嗜多染细胞微核试验无致突变作用。但是植酸对绝大多数金属离子有极强的络合能力，络合力与乙二胺四乙酸(EDTA)相似，且与二价以上金属盐均可形成沉淀。因此，植酸具有一定的抗营养作用。植酸能与 Ca^{2+}、Mg^{2+}、Zn^{2+}、Fe^{2+} 等形成不溶性复合物，从而大大降低上述金属离子在体内的消化吸收和利用。植酸还可以与蛋白质发生反应，生成植酸-蛋白质二元复合物，或以金属阳离子为桥生成植酸-金属阳离子-蛋白质三元复合物，降低蛋白质的利用率。体外试验证明，植酸与蛋白质能否络合而沉淀，主要取决于 pH，当 pH 为 3 时，添加植酸降低了蛋白质的可溶性，但在 pH 4～10 时，添加植酸对蛋白质的溶解性几乎没有影响。由于人胃内的 pH 一般为 2～3，所以，植酸与蛋白质在人体胃内络合是完全有可能的。另外，植酸还对胃肠道分泌的消化酶如蛋白质水解酶、淀粉水解酶、脂酶的活性有抑制作用。在菜豆中毒反应中植酸的作用主要是促进中毒的发生或加重中毒症状。因此在正常情况下，要控制植酸的摄入量。

噁唑烷硫酮，其前体物质是硫代葡萄糖苷。据报道，用不加热的大豆饲喂大鼠和小鸡可导致明显的甲状腺肿大。致甲状腺肿素能优先与碘结合，从而夺去甲状腺所需要的碘。通过加热处理可以钝化硫代葡萄糖苷酶，使之不能酶解硫代葡萄糖苷，也就不产生致甲状腺肿素，从而不能导致甲状腺肿大。

9.3.1.3　预防措施

豆类毒素大多对热比较敏感，通过热处理可对上述毒素起到一定的破坏作用。

但是胰蛋白酶抑制剂对热的稳定性较高，100℃处理 20 min 或 121℃处理 3 min 才可使它失去 90%以上的活性。因此在家庭、餐饮业加工大豆、菜豆等豆类时，去除豆类毒素最有效的方法是将其充分加热煮熟后再食用。在制作豆乳时，要防止皂素苷引起的“假沸”现象，在沸腾后仍要继续加热 5 min 以上，以保证食品安全。

9.3.2　生物碱糖苷与食物中毒

9.3.2.1　生物碱糖苷的来源

生物碱糖苷通常指具有特殊甾体结构的一类生物碱，有时也被称为甾体糖苷生物碱或糖苷茄属生物碱，其结构式见图 9-1。

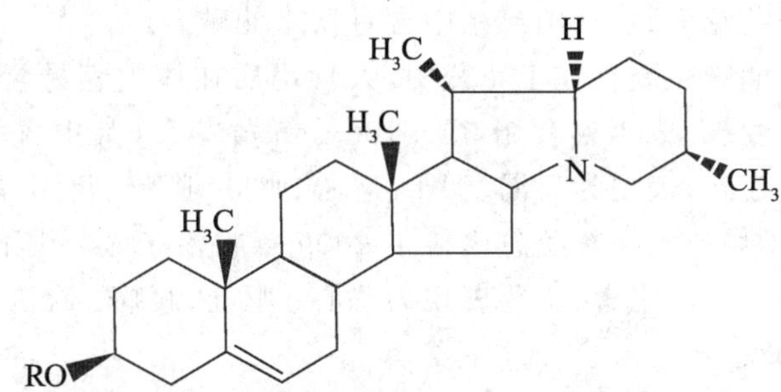

茄啶：R=H；龙葵碱：R=半乳糖-葡萄糖-鼠李糖苷

图 9-1　生物碱糖苷的结构式

植物中的生物碱糖苷是植物遗传进化而产生的，主要起防御微生物、昆虫等天敌侵犯的作用，是植物的天然防御物质。

生物碱糖苷主要分布于茄科和百合科植物中，如马铃薯、番茄、龙葵等植物中。能引起食物中毒的生物碱糖苷主要是茄碱(solanine)、番茄碱(tomatine)、卡茄碱(chaconine)等。在发芽或有黑绿斑的马铃薯中存在大量 α-查茄碱(α-chaconine)和 α-茄碱(α-solanine)；在番茄中主要存在 α-番茄碱(α-tomatine)。

9.3.2.2　中毒原因与症状

生物碱糖苷对哺乳动物和人毒性作用的机制主要有两个方面：

一是它们对生物膜的溶解和破坏作用。生物碱糖苷能与生物膜上的甾醇类成分连接形成复合物，最后形成凝聚物。这种凝聚作用导致在生物膜上形成膜孔，或者将甾醇从生物膜中拉出形成管状或球形的复合物，引起膜的破裂。

二是生物碱糖苷对胆碱酯酶的抑制作用。胆碱酯酶催化神经递质乙酰胆碱水解生成胆碱和乙酸盐。如果该酶被抑制失活，将造成乙酰胆碱的大量累积，致使神经兴奋增强，引起一系列中毒症状。α-查茄碱和 α-茄碱都具有抑制胆碱酯酶活性的作用。

马铃薯中的龙葵碱糖苷含量一般为 20～100 mg/kg。新鲜马铃薯组织中龙葵碱糖苷含量随品种和季节的不同而有所不同。马铃薯中的龙葵碱主要集中在芽眼、表皮和呈绿色的部分，其中芽眼部位的龙葵碱量约占生物碱糖苷总量的 40%。

龙葵碱不溶于水，对热稳定，遇醋酸极易分解。龙葵碱对不同种属动物的毒性表现出较大差别，小鼠和大鼠胃肠道不易吸收马铃薯龙葵碱，该物质进入大、小鼠体内后主要以原形从粪便中迅速排泄，小鼠口服龙葵碱的 $LD_{50} \geqslant 1\,000$ mg/kg，而人一般只要口服 200 mg 以上即可导致中毒。龙葵碱对动物发生毒作用的机理一般认为是抑制胆碱酯酶的活性而引起，高剂量的龙葵碱还有细胞溶血作用。

研究表明，人对龙葵碱的毒性更敏感。将受试者分为几组考察6个剂量的龙葵碱对人的毒性作用，结果发现α-茄碱及α-卡茄碱的半衰期分别为21 h和44 h，说明龙葵碱在体内清除需要的时间超过24 h，所以一天中多次食用含龙葵碱的马铃薯，其龙葵碱会在体内累积而可能达到产生毒作用的剂量。试验中仅有服用1.25 mg/kg高剂量的受试者才有毒性反应，在给药4 h后出现恶心、呕吐等症状。国内外均有大量关于误食发芽或薯皮变绿的马铃薯而引起中毒的报道。

秋水仙碱也称秋水仙素(colchicine)，是一种生物碱。因最初从百合科植物秋水仙球茎里中提取而得名。中国鲜黄花菜、丽江山慈姑中含有秋水仙碱。

新鲜黄花菜中秋水仙碱主要存在于花蕊中，人食用后在体内容易氧化产生有毒的二秋水仙碱而引起中毒。研究发现，成年人食用50～100 g鲜黄花菜(其中含0.1～0.2 mg秋水仙碱)后，会出现急性中毒症状，表现为口渴、咽干、恶心、呕吐、腹痛、腹泻等。中毒严重者会出现血便、血尿等。西安电子科技大学医院急诊科于2009年收治了36例因食用了直接油炒的鲜黄花菜而出现鲜黄花菜中毒的患者，主要表现为恶心、呕吐、腹痛、腹泻。

9.3.2.3 预防措施

生物碱糖苷在马铃薯块茎中作为一种正常的天然成分存在时含量很低，一般不影响食用安全。但如果贮藏过久或贮藏条件不适，马铃薯块茎发芽、薯皮见光变绿时，其中生物碱糖苷的含量将大大增加，严重影响其食用安全性。采用较低温避光贮藏是防止马铃薯块茎生物碱糖苷积累的有效方法。马铃薯加工时应去芽、削皮并用清水漂洗，使水溶性的生物碱糖苷被洗脱，部分非水溶性生物碱糖苷亦可从切面破碎细胞液中流失。生物碱糖苷具有弱碱性，在烹调马铃薯时加入适量的食醋使其分解，可以有效地避免中毒。

食用鲜黄花菜前一定要先去除花蕊。由于秋水仙碱具有较好的水溶性，也可以将鲜黄花菜在开水中烫漂，然后用清水充分浸泡、冲洗，使秋水仙碱最大限度地溶于水中，再进行烹调，以保证食用安全；秋水仙碱不耐热，大火煮10 min左右就能将其破坏。

9.3.3 生氰糖苷与食物中毒

9.3.3.1 生氰糖苷的来源

生氰糖苷亦称氰苷、氰醇苷，是由氰醇衍生物的羟基和*D*-葡萄糖缩合形成的糖苷，包括生氰单糖苷、生氰二糖苷、生氰三糖苷等，其基本结构见图9-2。

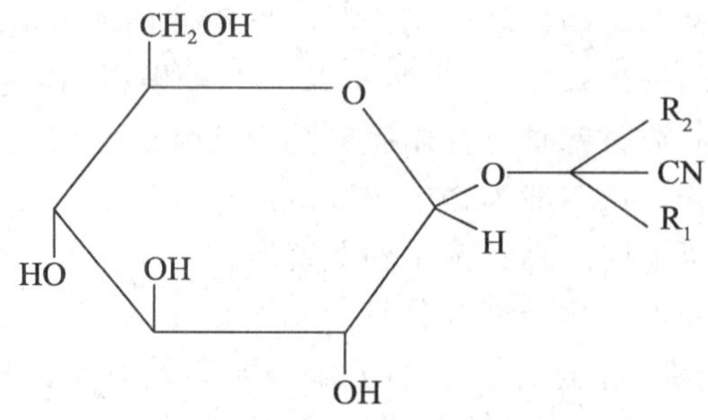

图9-2 生氰糖苷的基本结构

已在上千种高等植物中发现了生氰糖苷(表 9-1),在动物青鱼、草鱼、鲢鱼、鲤鱼和鳙鱼等淡水鱼的胆汁中也发现有生氰糖苷。含有生氰糖苷的食源性植物主要有木薯、杏仁、枇杷和豆类等,主要是苦杏仁苷和亚麻仁苷。

表 9-1　含有生氰糖苷的植物及其中 HCN 含量

(引自:严卫星,丁晓雯. 食品毒理学[M]. 北京:中国农业大学出版社,2009)

植物	每 100 g 干重 HCN 含量/ mg	糖苷种类
苦杏仁	250	苦杏仁苷
木薯块根	53	亚麻仁苷
高粱植株	253	牛角花苷
利马豆	10～312	亚麻苦苷

苦杏仁苷是常见的生氰三糖苷,主要存在于核果类植物如杏、桃、李、梅等的果仁中;亚麻苦苷主要存在于木薯、亚麻籽及其幼苗中;高粱苦苷是从高粱幼苗中分离到的一个生氰单糖苷,在还没有黄化的高粱幼苗中含量非常高,燕麦和玉米的幼苗中也含有这种生氰糖苷。

9.3.3.2　*中毒原因与症状*

生氰糖苷本身不呈现毒性。误食水果核仁或者食用了木薯、亚麻籽后,细胞组织受损,在果仁或木薯中的生氰糖苷与原本存在于植物细胞不同部位的 *β*-葡萄糖苷酶和 *α*-羟腈酶由于细胞结构被破坏而接触,在有水、pH 5 左右、温度 40～50℃的条件下发生作用而被降解生成氰醇和糖,氰醇很不稳定,自然分解为相应的酮、醛类化合物和氰氢酸。羟腈分解酶可加速这一降解反应。反应方程式如图 9-3 所示。

CH$_2$OH, O, HO, HO, OH, O, R$_1$, CN, R$_2$ —— +H$_2$O, *β*-糖苷酶 ——> CH$_2$OH, O, HO, HO, OH, OH + HO, R$_1$, CN, R$_2$

生氰糖苷　　*D*-葡萄糖　　*α*-氰醇

HO, R$_1$, CN, R$_2$ ⇌ HCN+ R$_1$, R$_2$, =O

α-氰醇　　醛或酮

图 9-3　生氰糖苷产生氰氢酸的过程

生氰糖苷的毒性主要由氰氢酸和醛类化合物引起。氰氢酸是一种高活性、毒性大、作用快的细胞原浆毒,它的主要毒性是被吸收后,随血液循环进入组织细胞,并透过细胞膜进入线粒体,氰离子(CN^-)能迅速抑制组织细胞内 42 种酶的活性,如细胞色素氧化酶、过氧化物酶、脱羧酶等,其中,细胞色素氧化酶对氰化物最为敏感。氰离子能迅速与氧化型细胞色素氧化酶的 Fe^{3+} 结合,生成非常稳定的高铁细胞色素氧化酶,使其不能转变为具有 Fe^{2+} 的还原型细胞色素氧化酶,致使细胞色素氧化酶失去传递电子、激活分子氧的功能,使组织细胞不能利用氧,形成“细胞内窒息”，导致细胞中毒性缺氧症。中枢神经系统对缺氧最敏感，故大脑首先受损，导致中枢性呼吸衰竭而死亡。吸入高浓度氰化氢或吞服大量氰化物者，可在 2～3 min 内呼吸停止，呈“电击样”死亡。

生氰糖苷的急性中毒症状包括心律失常、肌肉麻痹和呼吸窘迫。通常前期表现为口中苦涩、流涎、头疼、恶心、呕吐、心悸、脉频及四肢乏力等，重症者胸闷、呼吸困难，严重者意识不清、昏迷、四肢冰冷，最后因呼吸麻痹或心跳停止而死亡。HCN 的最小致死口服剂量为 0.5～3.5 mg/kg 体重。苦杏仁苷致死剂量约为 1 g，成人一次服用苦杏仁 40～60 粒、小儿 10～20 粒可发生中毒乃至死亡。未经处理的生木薯致死量为 150～300 g。

生氰糖苷引起的慢性氰化物中毒现象也比较常见。在一些以木薯为主食的非洲和南美地区，流行的热带神经性共济失调症（TAN）和热带性弱视两种疾病主要就是生氰糖苷引起的。热带神经性共济失调症主要表现为视力萎缩、共济失调、甲状腺肿大和思维紊乱。热带性弱视表现为视神经萎缩并导致失明。

9.3.3.3 预防措施

氰苷易溶于水、醇，且加热使酶失活也可阻碍生氰糖苷分解产生有毒的氰氢酸。常见的预防生氰糖苷中毒的措施主要是不要生食各种核果仁和木薯，食用前必须对其进行适当处理。由于生氰糖苷易溶于水、加热可使酶失活，可以采用水浸泡、充分加热，同时敞开锅盖使氰化物挥发等方式使这些植物在烹调或者加工过程中产生的氰氢酸溶解流失或挥发，达到去除毒素的效果。木薯含有的生氰糖苷主要是亚麻仁苦苷，主要存在于木薯皮中，因此食用木薯前还应当去皮；也不要食用可能溶解有氰化物的木薯汤。

9.3.4 蘑菇毒素与毒蕈中毒

9.3.4.1 蘑菇毒素的来源与种类

毒蘑菇又称毒蕈，是指大型真菌的子实体食用后对人或畜禽产生中毒反应的物种。我国毒蘑菇约有 100 种，引起人严重中毒的有 10 余种，分布广泛。我国每年都有毒蘑菇中毒事件发生，以春夏季最为多见，常致人死亡。2001 年 9 月 1 日江西永修县有 1 000 多人中毒，为新中国成立以来最大的毒蘑菇中毒事件；甘肃省疾控中心统计了该省 2004—2012 年毒蘑菇中毒事件发生情况，共计发生 8 起，35 人中毒，8 人死亡，原因是食用自采摘野生毒蘑菇引起。

多数毒蘑菇的毒性较低，中毒表现轻微，但有些蘑菇毒素的毒性极高，可迅速致人死亡。一种毒蕈可能含有多种毒素，一种毒素可存在于多种毒蕈中。目前确定毒性较强的蘑菇毒素主要有鹅膏肽类毒素、鹅膏毒蝇碱、光盖伞毒素、鹿花菌毒素、奥来毒素。

9.3.4.2 中毒原因与症状

（1）鹅膏肽类毒素　鹅膏肽类毒素存在于自然界的多种蘑菇中，属于环形多肽类毒素，根据氨基酸的组成和结构，分为鹅膏毒肽、鬼笔毒肽和毒伞素 3 类。鹅膏毒肽又称毒伞肽，是一类双环八肽（缩八氨酸），已分离纯化的天然鹅膏毒肽毒素有 9 种，α-鹅膏蕈碱（α-amanitin）是其中一种，基本结构如图 9-4 所示。

鹅膏毒肽的 LD_{50} 为 0.4～0.8 mg/kg，毒性非常强，以损害肝细胞为主。鹅膏毒肽属慢性毒素，食用后至少 15 h 后才出现中毒症状，其毒性比鬼笔毒肽强 20 倍。鹅膏毒肽由消化道吸收进入体内后，将导致肝、肾坏死，实验动物口服一定剂量的该物质 2～8 天后可能致死。它的毒作用机制是抑制细胞 mRNA 合成的关键酶——RNA 聚合酶的活性，终止核糖体和蛋白质的合成，从而导致严重的肝损伤。同时 α-鹅膏蕈碱也破坏肾小管，使肾不能有效地滤过血中的有毒物质。9～12 天内死亡，死亡率高达 90%。

鬼笔毒肽又称毒肽，基本结构为双环状七肽（缩七氨酸）碳架，LD_{50} 为 2～3 mg/kg，属速效毒素，静脉或腹腔注射实验动物一般 2～5 h 内就死亡。人食用含鬼笔毒肽的菌类后 6～24 h 出现症状，起病后 2～3 天内因肝脏受损引起的黄疸较常见，死亡率高达 50%，死亡多在起病后 5～8 天内发生。煮熟蕈类并不能破坏其中的毒素。

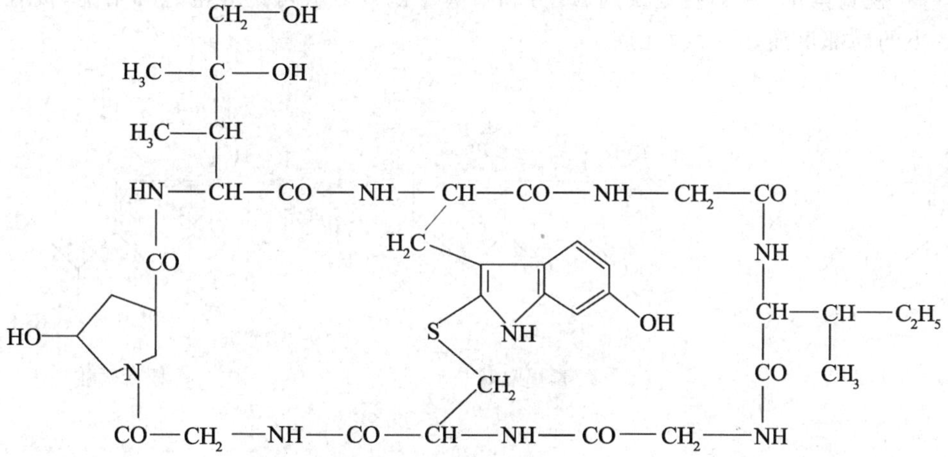

图 9-4　α-鹅膏蕈碱

毒伞素是一类单环七肽，LD_{50} 为 2.5 mg/kg。毒伞素导致毒作用的潜伏期约 30 min，有时更长，与酒同食最容易引起中毒。中毒的表现为心悸、心跳加快，精神不安，耳鸣，发冷及四肢麻木，脸色苍白等。致死的情况较少。一般 2～4 h 后可恢复正常。

上述 3 类蘑菇毒素易溶于水，化学性质均比较稳定，耐高温、耐干燥和耐酸碱，一般的烹调加工不能破坏其毒性。

在我国鹅膏属中毒占误食野生蕈菌致死数的 95%。

含有鹅膏肽类毒素的蘑菇引起的中毒症状一般表现出 4 个阶段：

①潜伏期(8～12 h)　误食鹅膏菌后一般发病较慢，有 6～12 h 的潜伏期，也有到 20 h 后才出现中毒症状的。

②胃肠炎期(8～48 h)　潜伏期过后出现恶心、呕吐、腹痛、“霍乱型”腹泻等肠胃症状。

③假愈期(48～72 h)　胃肠炎期过后，症状消失，近似康复，1～2 天内无明显易见症状。

④内脏损害期(72～96 h)　假愈期过后，患者重新出现腹痛、带血样腹泻等症状，病情迅速恶化，出现肝功能异常和黄疸，肝肿大，引起内出血，最后导致肝、肾、心、脑、肺等器官功能衰竭，5～8 天病人死亡。

(2)鹅膏毒蝇碱　也简称为毒蝇碱，是一类无色、无味的生物碱，学名氧代杂环季铵盐，其结构式见图 9-5。毒蝇蕈是毒蘑菇中的一类，几个世纪以来一直被用作麻醉药和致幻剂而不作为食物。人食用毒蝇蕈后能产生异常和长时间的欣快感，并产生视听的幻觉，这使之成为世界上许多原始部落备受推崇的宗教仪式用品。症状通常是在摄入毒蝇蕈后 1 h 左右，产生与酒醉相似的症状，出现意识模糊、狂言谵语、手舞足蹈、视物体色泽变异、幻觉屡现，并伴有恶心、呕吐。轻者数小时可恢复,重者可导致死亡。毒蝇蕈导致麻醉/致幻效果的主要成分羟色胺类化合物,如毒蝇蕈碱(muscarine)、毒蝇母(muscimol)和鹅膏氨酸(ibotenic acid)。

毒蝇蕈碱致麻痹的效果通常较低,其中毒症状在摄入 30 min 内出现,有多涎、流泪和多汗症状,紧接着呕吐和腹泻,脉搏数降低、不规律,哮喘,少见死亡。毒蝇蕈碱中毒的反应因为个体的敏感性而有所不同,环境和遗传因素也起一定作用。

鹅膏氨酸和毒蝇母的毒性与毒蝇蕈碱相似。据报道,人体摄入 15 mg 纯的毒蝇母,可引起意识模糊、视觉紊乱、色彩视觉疾病、疲劳和嗜睡。鹅膏氨酸可诱导倦怠和嗜睡,接着出现偏头疼和更小的局部疼痛,可持续几周。

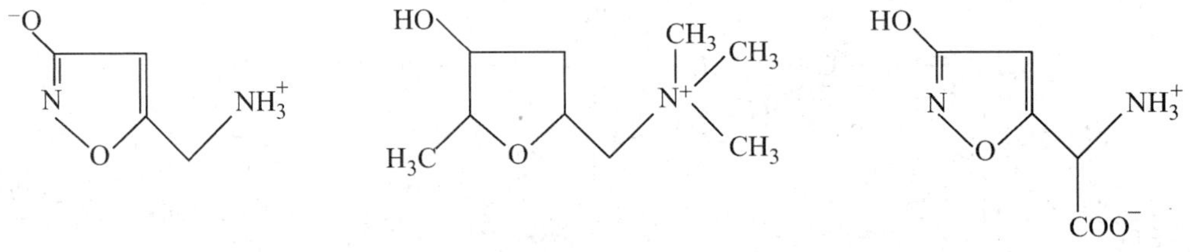

图 9-5 鹅膏毒蝇碱的结构式

(3)光盖伞毒素 光盖伞毒素是吲哚类似物、胺类物质。光盖伞素的学名为 4-磷酸-*N*,*N*-二甲基色胺,光盖伞辛的学名为 4-羟基-*N*-二甲基色胺。纯的光盖伞素、光盖伞辛均无色,呈晶体状,能溶解于甲醇、稀硫酸、碳酸氢钠,对温度敏感。

光盖伞毒素主要引起幻觉和精神症状,主要分布在裸盖伞属(*Psilocybe*)、斑褶伞属(*Panaeolus*)、锥盖伞属(*Conocybe*)和裸伞属(*Gymnopilus*)中。

(4)鹿花菌毒素 鹿花菌毒素的 LD_{50} 为 1.24 mg/kg,它在人体内会转化为甲基联氨,有极强的溶血作用,使红细胞大量破坏;对小鼠的肝、胃、肠、膀胱有损害作用。含有鹿花菌毒素的蕈菌种类主要有褐鹿花菌、赭鹿花菌、大鹿花菌等。食入含鹿花菌毒素的蕈菌后,潜伏期一般 6～12 h,发病后有恶心、呕吐、头痛、疲倦、痉挛等症状,在 1～2 天内很快出现溶血性中毒症状,引起贫血、黄疸、血红蛋白尿,肝、脾肿大,心、肾受累,重者死亡,死亡率一般为 2%～4%。

鹿花菌毒素为水溶性物质,在 60℃以上可以分解。因此食用前只要将菌体洗净,再煮食,毒素可以被破坏。如果烹调后弃去汤汁,更有利于去除大部分的毒素。

9.3.4.3 预防措施

毒蘑菇中毒后,病情发展快,病死率高。预防毒蘑菇中毒显得尤为重要。

(1)加强毒蘑菇识别知识的宣传,避免误食而引起中毒。

(2)慎重采食野生蘑菇,小孩和没有采集经验的人不要采食野生蘑菇;有采集经验的人对不认识的或没有吃过的野生蘑菇也不要采食;若要采食,必须送经专业技术人员准确鉴定后方可食用。

(3)误食毒蘑菇后,首先通过洗胃、催吐、导泻等方式排除毒物,然后立即送往附近医院进行救治。

9.3.5 河豚毒素与河豚鱼中毒

9.3.5.1 河豚毒素的来源

河豚毒素(tetrodotoxin,TTX)主要来源于河豚鱼、海洋翻车鱼、斑节虾虎鱼和豪猪鱼等多种豚科鱼类的卵巢、皮肤、肝脏,肌肉中含量相对较低。河豚毒素在河豚鱼中含量最高。河豚鱼主要在海水中生活,清明节前后逆游至入海口的河中产卵。河豚鱼味道极鲜美,在大多数沿海国家的沿海和大江河口均有分布,我国有 70 多种河豚鱼。在日本、中国等亚洲沿海一带国家有食用习惯。河豚毒素的结构式如图 9-6 所示。

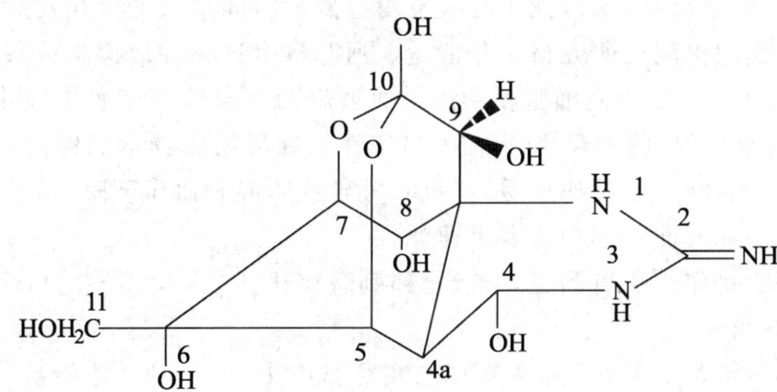

图 9-6　河豚毒素的结构式

河豚毒素不仅本身有较强的毒性,而且可以通过生物链富集等途径污染其他水产品。人工养殖的河豚鱼基本无毒,给无毒的河豚鱼饲喂含河豚毒素的饵料,其毒性增强。在海洋中除河豚鱼外,还有许多河豚鱼喜食的生物体内含有河豚毒素;而生存于淡水中未经降海洄游的河豚鱼体内检不出河豚毒素。上述研究结果说明,河豚鱼自身可能不产生河豚毒素,很有可能是通过食物链在河豚鱼体内聚集其他生物产生的河豚毒素,而且海洋中许多含河豚毒素的细菌黏附于河豚喜食的生物,进入河豚体内后就与其构成互利共生的关系。河豚鱼可通过皮肤释放河豚毒素,从而起到抵御天敌的作用。

在河豚毒素起源上研究最多的是东方豚,一般认为降海洄游的河豚鱼产生河豚毒素的可能性有:①东方豚下海后在海水环境中自身产生河豚毒素;②海水中某些生物含有河豚毒素,被河豚鱼吞食后吸收并储藏浓集于体内;③海洋中许多生物的代谢产物含河豚毒素。

河豚毒素及其衍生物河豚酸等在河豚鱼体中的含量因季节、鱼的性别、器官不同而有较大差异,它们在河豚鱼组织器官中分布的浓度由高到低依次为卵巢、鱼卵、肝脏、肾脏、眼睛和皮肤,肌肉和血液中含量较少。由于河豚鱼肌肉中河豚毒素含量很低,所以,河豚毒素中毒大多数是由于可食部受到卵巢或肝脏的污染,或是直接进食了这些内脏器官引起的。河豚毒素主要存在于雌性河豚鱼的卵巢中,肝脏次之。在产卵期的冬季(1—2 月),河豚鱼的卵巢和鱼卵中含毒素最多,但也是这时河豚鱼的风味最佳。夏秋季产卵后,卵巢退化,毒性减弱。

9.3.5.2 中毒原因与症状

我国早在 2 世纪就有关于河豚鱼中毒的记载。我国、东亚国家的部分居民,特别是日本人将河豚鱼看作美味。但由于处理不当食用而导致的河豚鱼中毒事件时有发生,如江苏省泰兴市中医院 1997 年 2 月至 2006 年 12 月共收治因进食或误食河豚鱼而导致河豚毒素中毒的患者 59 例，死亡 5 例。据统计，日本每年因食河豚鱼导致中毒的人数达 50 人。

河豚毒素通常以两性离子的形式存在，微溶于水、乙醇和浓酸，易溶于稀酸，但不溶于无水乙醇和有机溶剂，熔点为 220℃，继续加热则分解，因此一般烹调方法很难将其破坏。纯河豚毒素在常温下稳定，pH 3～6 的酸性环境中稳定，与酸作用可生成盐；易被碱还原，故在 pH＞7 的碱性环境中易被破坏。

河豚毒素的小鼠经口 LD_{50} 为 8.7 μg/kg 体重，其毒性比氰化钠强 1 000 倍，对人的经口最小致死量为 40 μg/kg 体重。中毒一般发生在进食后 30～60 min 内。河豚鱼中毒发病急而且反应剧烈，主要表现为初期有颜面潮红、头痛，继而出现剧烈恶心、呕吐、腹痛、腹泻等胃肠道症状，病情严重者出现呼吸麻痹，最后死于呼吸衰竭。致死时间最快的可在发病后 10 min 死亡。

对河豚毒素的作用机制已研究得十分清楚。河豚毒素选择性地抑制可兴奋细胞膜的电压依赖性 Na^+ 通道的开放。由于使细胞膜钠离子通道阻断而导致细胞膜去极化，从而特异性地干扰神经-肌肉的传导过程，使神经-肌肉丧失兴奋性。如果河豚毒素的作用剂量增大，将对迷走神经产生作用，影响呼吸，使脉搏迟缓；严重时可导致体温和血压下降，最后由于血管运动神经和呼吸神经中枢的麻痹而引起中毒者迅速死亡。

河豚毒素还可直接作用于胃肠道，引起局部刺激症状。

9.3.5.3 预防措施

河豚毒素对热稳定，如 100℃加热 7 h，200℃加热 10 min 以上才能被分解，在普通烹调中是很难去除的。因此预防河豚毒素中毒很重要。

(1)加强河豚鱼知识宣传，了解河豚鱼的形态特点及其毒性，避免误食或贪其美味但处理不当而中毒。

(2)河豚毒素性质较稳定，因此最有效的预防河豚鱼中毒的方法是将河豚鱼集中进行深埋或进行无害化处理，禁止出售。

(3)对某些毒性相对较小的河豚鱼品种，应在专门单位由有经验的人进行加工处理后制成罐头或盐干制品用于食用。河豚鱼死亡后，鱼体中的毒素会渗入到河豚鱼的肌肉中，因此禁止食用不新鲜的河豚鱼。

9.3.6 组胺与食物中毒

9.3.6.1 组胺的来源

组胺(histamine)的产生与鱼类的腐败变质密切相关，是由水产品中的游离组氨酸在组氨酸脱羧酶的作用下发生脱羧反应而形成(图 9-7)。

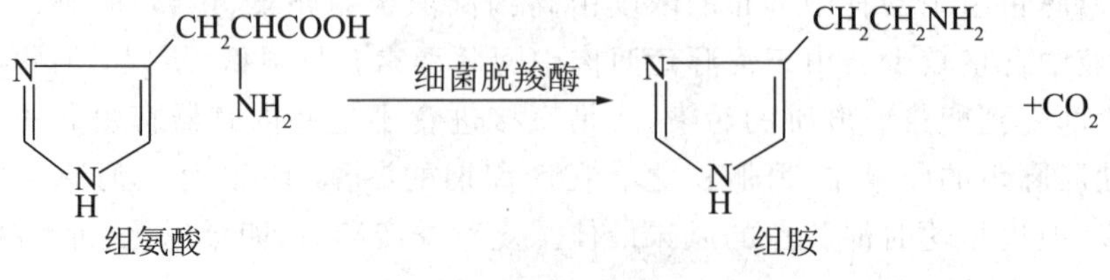

图 9-7 组胺的形成过程

组胺的产生需要满足有游离组氨酸存在、有组氨酸脱羧酶产生条件和适于微生物生长环境 3 个条件。与组胺产生相关的微生物普遍存在于盐水中，它们也在活的海鱼的鳃和内脏中存在，但不对鱼产生危害。当鱼死亡后，鱼的防御体系不再抑制微生物的生长，使产生组氨酸脱羧酶的细菌大量生长，使游离组氨酸含量较高的鱼类产生组胺。组胺含量较高的海产鱼一般有青皮红肉的特点，如鲐鱼、竹夹鱼、金枪鱼、鲔鱼、鲣鱼、沙丁鱼以及鳅刀鱼和朝鲜方鱼等，黄花鱼、带鱼和虾中也含有少量组胺。不新鲜或腐败的鱼类组胺含量为 1.6～3.2 mg/g 鱼肉。当每 100 g 鱼肉含组胺 200 mg 以上，人食用这种鱼类后就可以发生组胺食物中毒。

9.3.6.2　中毒原因与症状

少量的组胺对于维持人体正常的生理功能是必需的，但当人们摄食较多的组胺时，会产生组胺中毒。

组胺食物中毒属于过敏性食物中毒。中毒的机理是组胺引起人体毛细血管扩张和支气管收缩，同时强烈刺激胃酸分泌而导致一系列临床症状。当鱼肉中组胺含量达到 4 mg/g 或人体摄入的组胺达到 1.5 mg/kg 体重以上时，易发生组胺食物中毒。

组胺中毒的潜伏期较短，一般为 0.5～1 h，最短仅为 5 min，最长达 4 h。主要症状为脸红、头晕、头痛、心慌、脉速、胸闷和呼吸窘迫等。在我国发生的高组胺鱼类食物中毒报道中，以鲐鱼最多，沙丁鱼次之，还有食用其他鱼类引起组胺食物中毒的报道，如 2011 年 11 月 10 日，山东平度市一家企业有 87 名员工由于食用变质鲐鱼引起急性组胺中毒；2003 年 11 月 25 日，南京医科大学第一附属医院收治 28 名因食用马鲛鱼致急性组胺中毒的患者。

我国标准 GB 2733—2005《鲜、冻动物性水产品卫生标准》规定，鲐鱼组胺≤100 mg/100 g，其他鱼类组胺≤30 mg/100 g。

9.3.6.3　预防措施

(1)鱼肉应当低温贮藏或冻藏。在 5℃以下冷藏或者冷冻时，鱼体本身的酶类和鱼体上污染的具有组胺脱羧酶的微生物均可受到抑制，从而可防止组胺的大量生成，避免组胺中毒的发生。

(2)防止鱼类在装箱、运输、销售和加工各个环节被细菌污染，要特别注意鱼类在处理过程中的清洁卫生。

(3)用食盐腌制可以升高鲐鱼组织液的渗透压，避免摩尔根氏变形杆菌、组胺无色菌等微生物的污染，可基本阻止鲐鱼中组胺的生成。

9.3.7　贝类毒素与食物中毒

9.3.7.1　贝类毒素的来源

贝类是人类动物蛋白的来源之一，已知的大多数贝类均含有一定量的有毒物质。实际上，贝类自身并不产生毒物，贝类毒素的产生与“赤潮”有关，因此贝类毒素又称藻类毒素。赤潮是某些单细胞微藻类在海水中迅速繁殖，大量集结而成。贝类通过食物链摄食有毒的藻类或与藻类共生时，富积和蓄积藻类毒素而变得有毒，食用含毒素的贝类后可引起中毒。贝类含毒素的量随着毒藻的摄取量而增减，当有赤潮发生即毒藻大量繁殖时，贝类体内的毒素含量较多。直接累及贝类使其变得有毒的藻类包括原膝沟藻、涡鞭毛藻、裸甲藻及其他一些未知的海藻。这些海藻主要感染蚝、牡蛎、蛤、油蛤、扇贝、紫贻贝和海扇等贝类软体动物。

贝类毒素包括麻痹性贝类毒素(PSP)、腹泻性贝类毒素(DSP)、遗忘性贝类毒素(ASP，也称失忆性贝类毒素)、神经性贝类毒素(NSP)等，主要的贝类毒素是麻痹性贝类毒素(paralytic shellfish poison，PSP)和腹泻性贝类毒素(diarrhetic shellfish poison，DSP)两类。

(1)麻痹性贝类毒素(PSP) 几个世纪以前,人们就已经认识到"赤潮"与麻痹性贝类毒素中毒有关。北美洲西海岸的印第安人一旦发现海水变为红色,即相互警告不要再食用污染海域的鱼和贝类,并设立岗哨以注意海水颜色的变化直到颜色趋于正常。直到1937年才确定了海水变为红色与甲藻和原膝沟藻的关系。PSP主要由甲藻类中的部分藻类产生。这些藻类通常生活在热带和温带水域。在有利的气候和其他环境条件下,这些藻类会迅速繁殖并可能产生毒素,最终形成"有害藻华"。蚬、带子、扇贝及青口等贝类如果在有害藻华出现的水域觅食,则含有这种藻类毒素的机会较高。自1954年纯的岩蛤毒素(图9-8)从加利福尼亚蚝和阿拉斯加油蛤中分离得到后,已有7种有关的PSP从甲藻和软体动物中分离得到,主要是岩蛤毒素(saxitoxin,石房蛤毒素)、膝沟藻毒素(gonyautoxin)和新岩蛤毒素(neosaxitoxin)。这些毒素对贝类本身没有致病作用,大多数贝类在赤潮停止后3周内将毒素分解或排泄掉。

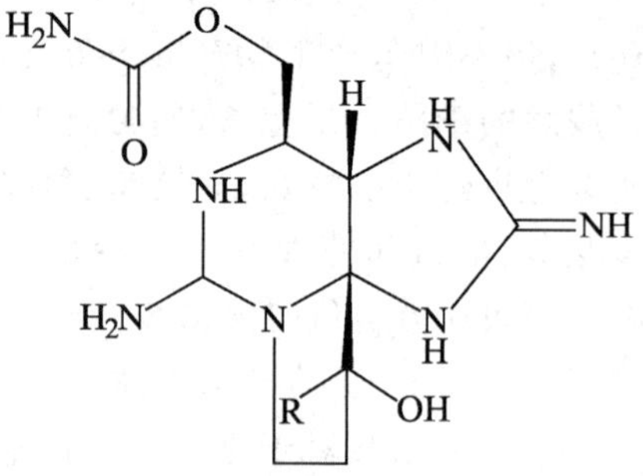

图 9-8 岩蛤毒素的结构式

2001—2002年广东的监测表明,广东各海湾的贝类中几乎均可检出PSP;2010年8月至2011年7月,中国水产科学研究院东海水产研究所在上海水产品批发市场采集了5种共288份贝类样品进行PSP的检测,结果在288份样品中,除扇贝柱(虾夷扇贝)全年均未检出外,其余样品都有PSP检出,仅是虾夷扇贝肠腺中PSP超标,超标率为98%。

受污染贝类不同组织积聚的PSP含量不同,研究发现,扇贝的消化腺所含的PSP较闭壳肌高约30倍,而生殖腺等其他部位所含的毒素亦高于闭壳肌。

PSP是目前已知的贝类毒素中分布最广、发生中毒事件次数最频繁,同时对人类健康威胁较大的一种贝类毒素。我国浙江、福建、广东等地曾多次发生贝类中毒,导致中毒的贝类有蚶子、花蛤、香螺、织纹螺等常食用的贝类。

由于毒化贝和非毒化贝在外观上无任何区别,因此,必须根据赤潮发生地域和时期的规律性对海产贝类作严格的监控。美国自1925年开始就试图防止麻痹性贝类毒素中毒事件的发生。1958年以来,FDA规定冰冻和罐装贝类PSP的含量小于80 μg/100 g。如果产地贝类可食部分的PSP含量超过这个值,则不允许进行商业性捕捞。在美国的加利福尼亚州,为了防止麻痹性贝类毒素中毒,有关当局设计了一整套的"贝类观察程序",其中包括观察是否有捕食贝类的动物死亡,是否有赤潮发生的迹象,以决定发出严禁捕捞和出售的命令。

(2)腹泻性贝类毒素(DSP) 该毒素是由海洋中藻类或微生物产生的一类脂溶性次生代谢产物,主要来自于鳍藻属(*Dinophysis*)、原甲藻属(*Prorocentrum*)等藻类,广泛分布于世界各地沿海,特别是日本、西欧和北欧等国家。暨南大学于2007年11月至2008年10月在深圳罗湖水产批发市场采集黄海海域产的市售贝类样品61份,检测其中DSP含量。结果显示,黄海海域贝类DSP检出率为44.26%,超标率为24.59%,其中虾夷扇贝DSP污染最严重。贝类样品DSP的阳性检出率和超标率随季节变化有一定差异,春季样品中DSP含量最高。收集东海和南海海域贝类样品共14种186份检测DSP含量。结果显示,东海和南海海域贝类DSP污染也较严重,其中广东沿海贝样检出率和超标率分别为52.54%和40.68%;以波纹巴非蛤受DSP污染最严重;春季和秋季样品中毒素含量较高。

DSP为不溶于水能溶于甲醇、乙醇、丙酮、氯仿等有机溶剂的脂溶性物质，热稳定性强，一般的烹调加热不能将其破坏。人类误食含这类毒素的贝类食品可能产生以腹泻为主要特征的中毒效应。

(3)遗忘性贝类毒素(ASP)　该毒素的化学成分是由大量海洋硅藻产生的软骨藻酸(domoic acid，DA)。

DA的纯品为无色晶体，对热稳定，易溶于水、稀酸和碱溶液中，不溶于石油醚和苯。紫外光谱最大吸收波长为242 nm。水中的贝类和鱼类对DA有较强的耐受力，它们可以富集藻类产生的DA。人类食用被DA污染的海产品后可引起中毒。1998年英国将其作为贝类食品的常规检测指标，其含量小于20 mg/kg的贝类才可以食用。

产生DA的某些硅藻主要生长在美国、加拿大、新西兰等海域，它们产DA的能力有地域的差异，如新西兰某地生长的尖刺拟菱形藻(*P. pungens*)能产生DA，而该藻在新西兰的其他地区却不能产生；原来被认为不产DA的成列拟菱形藻在欧洲海域却产DA。含ASP的贝类主要是贻贝等。

(4)神经性贝类毒素(NSP)　主要是由短裸甲藻(*Gymnodinium breve* Davis)、剧毒冈比甲藻(*Gambierdiscums toxincus*)等产生。

NSP是目前为止危害范围最小的一类贝类毒素，主要分布在美国墨西哥湾一带，近年来，在欧洲、新西兰也发现了产NSP的有毒藻类。

NSP主要污染贻贝，比其他双壳贝类(牡蛎、蛤、扇贝)具有中毒早、毒素吸收率高、毒素积累水平高且排毒快等特点。所吸附的NSP一般在肝脏中积累较多。扇贝也经常被NSP污染，主要集中在扇贝外套膜和消化腺中，而且这些组织一直保持较高的毒素水平。但扇贝的闭壳肌的NSP水平较低，甚至低于检测限。

9.3.7.2　中毒原因与症状

(1)麻痹性贝类毒素(PSP)　PSP纯品为白色，极易溶于水，部分溶于甲醇和乙醇，不溶于大多数非极性溶剂如乙醚、石油醚；对酸稳定，在碱性条件下易分解失活；对热也稳定，一般烹调加热不能使其毒性丧失。

PSP中的石房蛤毒素毒性较强，对人的最小经口致死剂量为1.4～4.0 mg/kg体重，对小鼠的经口LD_{50}为0.263 mg/kg体重。PSP的毒性、毒作用机制都与河豚毒素相似，主要通过对细胞钠离子通道的阻断，造成神经系统传输障碍而产生麻痹作用。

约有半数的PSP会在蒸煮过程中由扇贝的组织(内脏、鳃、套膜及闭壳肌)流到烹煮的汁液中，但生殖腺内的麻痹性贝类毒素没有明显流失。PSP中毒主要是因为进食带子或扇贝的内脏，其次是进食贝类的生殖腺及烹煮的汁液。PSP还可以通过口腔黏膜进入人体。中毒表现为摄入有毒贝类后15 min到2～3 h，出现唇、手、足和面部麻痹，接着出现行走困难、呕吐和昏迷，严重者身体瘫痪，常在2～12 h内因窒息而死亡。

麻痹性贝类毒素中毒者康复后无任何持续效应。

(2)腹泻性贝类毒素(DSP)　DSP的毒作用机制主要在于其活性成分大田软海绵酸(okadaic acid，OA)能够抑制细胞质中磷酸酶的活性，导致蛋白质过磷酸化，从而对生物的多种生理功能造成影响。DSP不仅能造成急性中毒，也能引起潜在的慢性中毒，并可诱发消化系统癌变，尽管其致癌机理目前还不十分清楚。

DSP为非致命毒素，一般在食用被DSP污染的贝类产品后几小时内出现反胃、腹痛、腹泻及腹部痉挛等类似急性肠胃炎的症状，严重者食用后 30 min 即出现上述症状，一般经 3～4 天可以康复，目前还没有 DSP 导致中毒者死亡的报道。

(3)遗忘性贝类毒素(ASP) 首次报道的遗忘性贝类毒素事件是 1987 年加拿大爱德华王子岛发生因食用养殖紫贻贝而引起的食物中毒。1996 年，墨西哥 Baja 地区成百上千只海鸟因食用体内富集高浓度软骨藻酸(DA)的螃蟹、凤尾鱼、沙丁鱼中毒死亡。1998 年美国加利福尼亚州中部沿海发生 400 多头海狮中毒死亡事件，从海狮的体液中检测出了高浓度的 DA。

DA 是一种非蛋白氨基酸，其结构与谷氨酸相似。DA 已被证明是一种具有强烈神经毒的物质。它与谷氨酸一样具有引起神经细胞兴奋的功能，但其强度比谷氨酸高 100 多倍。DA 通过血脑屏障进入大脑后对中枢神经系统造成严重的损伤，从而导致记忆力丧失。由于 DA 主要通过胃肠道黏膜吸收，还可以引起呕吐等胃肠道症状，而且其胃肠道症状是先于神经症状出现的。

由于 DA 的存在可能对中枢神经系统海马区和丘脑区造成损伤，从而导致记忆力丧失。由于 DA 主要通过胃肠道黏膜吸收，还可以产生呕吐等胃肠道症状，且其胃肠道症状先于神经症状出现。

ASP 中毒的潜伏期为 3～6 h，主要表现为腹痛、腹泻、呕吐、流涎，腹部痉挛，同时出现记忆丧失、意识障碍、平衡失调、不能辨认家人及亲友等现象，严重者有昏睡等类似神经性中毒症状。重症者多为老人，并伴有肾损害，可能死亡。部分病人中毒后记忆丧失可长达 1 年多，是此类中毒的典型特征。

ASP 在贝类体内不易积累，通常在 1 周左右就可以排除干净。人的肠胃黏膜对 DA 的吸收率也较低，因此，ASP 毒素在人体内的降解速度也较快。

(4)神经性贝类毒素(NSP) 该毒素的中毒机理与麻痹性毒素相似，作用于钠离子通道，但作用位点与石房蛤毒素不同，它主要引起钠通道维持开放状态，从而引起钠离子内流，造成神经细胞膜去极化。

引起人的中毒症状主要有恶心、呕吐、腹泻、盗汗、寒冷、血压过低、心律不齐、四肢与嘴唇有麻木感、支气管收缩、运动失常，严重者瘫痪，但未见死亡和慢性中毒症状的报道。

9.3.7.3 预防措施

贝类很容易被藻类毒素污染，而且不易排出体外。采用有效的去除方法对于保障消费者的安全是至关重要的。

(1)采用温度刺激、盐度胁迫、电击处理、降低 pH、氯化处理以及臭氧处理等物理、化学方法去除贝类毒素。

(2)对发生赤潮的海域，严格对贝类及其他海产品收获的监控和检查，杜绝有毒贝类及其他海产品流入市场。

9.3.8 鱼胆与食物中毒

鱼胆在民间常用来治病，但食用不当可以引起中毒。引起鱼胆中毒的鱼主要有青鱼、草鱼、鲤鱼、鲢鱼、鳙鱼等鲤鱼科鱼类，以青鱼、草鱼多见。

鱼胆毒素是含于鱼胆汁中的一种耐热、毒力较强的蛋白质分解产物，可引起胃肠道剧烈反应、肝肾损伤及神经系统异常。其毒作用机理认为是鱼胆中含胆汁毒素及氰化物，进入胃肠道经吸收后，首先到达肝脏对肝脏造成损伤，肾脏作为鱼胆的排泄途径，对肾脏也有损伤，还可导致脑细胞、心肌受损。

鱼胆毒素对热稳定，且不被乙醇破坏，所以鱼胆生服、熟服或泡酒服用均可引起中毒。广东省连州市人民医院自 2004 年 2 月至 2010 年 5 月共收治 58 例鱼胆中毒引发急性肾衰患者，其中 9 例死亡；浙江省金华市中心医院 1994 年 1 月至 2002 年 9 月共收治鱼胆中毒 56 例，虽然没有出现死亡，但重度中毒 45 例均并发急性肾功能衰竭，对健康造成了非常不利的影响。因此最好的预防措施就是不食用鱼胆。

9.4　化学性食物中毒及其预防

化学性食物中毒是指健康人经口摄入了正常数量、在感官无异常，但含有较大量化学性有害物的食物后，引起的身体出现急性中毒的现象。化学性有害物包括有毒金属、农药（如有机磷农药）以及一些其他化学物质（如亚硝酸盐、砷化物）等。化学性食物中毒有发病快、潜伏期短、病死率高的特点，近几年发病率呈下降趋势。

化学毒物的来源、毒性以及防控措施在前面章节已有介绍，本章不再重复。

9.5　真菌性食物中毒及其预防

真菌性食物中毒主要是谷物、油料等植物在生长、储存过程中，由于霉菌的生长繁殖，未经适当处理即食用，或在制作发酵食品时被有毒真菌污染或误用有毒真菌株发酵而导致的食用者中毒现象。常见引起真菌性食物中毒的食品主要是发霉的花生、玉米、大米、小麦、大豆、小米等，常见的真菌有：曲霉菌如黄曲霉菌、棒曲霉、米曲霉菌、赭曲霉菌；青霉菌如毒青霉菌、橘青霉、岛青霉菌、纯绿青霉菌；镰刀菌如半裸镰刀菌；黑斑病菌如黑色葡萄穗状霉菌等。由于大多数真菌毒素耐受高温，所以真菌污染的食品经高温蒸煮后食用仍可引起中毒。

常见真菌毒素的来源、毒性以及防控措施在前面章节已有介绍，本章不再重复，只简要介绍几种常见的真菌性食物中毒。

9.5.1　赤霉病麦中毒

赤霉病麦中毒是我国最重要的真菌性食物中毒之一，指食用了被镰刀菌侵染发生赤霉病的麦类引起的食物中毒。我国长江以南各省每隔 3～5 年就有一次较大的麦类赤霉病流行，乌苏里江地区发生的“昏迷麦”中毒，苏联、北欧发生的“醉谷病”等都属于赤霉病麦中毒。

9.5.1.1　致病因子

其致病因子主要是禾谷镰刀菌。此种真菌在有性阶段称为玉米赤霉菌，可产生单端孢霉烯族化合物类真菌毒素。目前已知引起赤霉病麦中毒的主要毒素是单端孢霉烯族化合物中的 DON（脱氧雪腐镰刀菌烯醇、呕吐毒素）、NIV（雪腐镰刀菌烯醇）、T-2 毒素等。

9.5.1.2　临床表现

人类赤霉病麦中毒的主要临床表现为消化系统和神经系统症状，一般在 30 min 至 1 h 出现恶心、呕吐、头晕、头痛、腹痛、腹泻、手足发麻、颜面潮红和醉酒样症状，持续 2 h 后逐渐恢复正常。症状特别严重者还有呼吸、脉搏、体温及血压等轻微波动，但未见死亡报道。

9.5.2 麦角中毒

9.5.2.1 致病因子

麦角是麦角属真菌侵入谷壳内形成的黑色和轻微弯曲的菌核。菌核是麦角菌的休眠体，其形成时多露于子房外，形状似动物的角，故称麦角。收获季节遇到到潮湿和温暖的天气，谷物很容易受到麦角菌的侵染。

麦角的有毒成分主要是一组具有药理学活性的生物碱，即麦角碱，可引起人畜中毒。麦角碱为白色结晶，具有碱的一切化学性质，对热不稳定，见光易分解。

9.5.2.2 中毒种类、机理及临床症状

麦角中毒可分为两类：

(1)坏疽型麦角中毒　其症状包括剧烈疼痛，肢端感染，肢体出现灼焦和发黑等坏疽症状，严重时可出现断肢。其作用机理为麦角毒素无须通过神经递质，直接作用于平滑肌而具有强烈收缩动脉血管的作用，导致肢体坏死。

(2)痉挛型麦角中毒　其症状是神经失调，出现麻木、失明、瘫痪和痉挛等症状。其毒作用机理主要是由于麦角对中枢神经系统的毒性作用，但需要更进一步的研究。

9.5.3 霉变甘蔗中毒

霉变甘蔗中毒仅在我国有报道，发病地区主要是我国北方。这些甘蔗都来自广东、广西、福建等省(自治区)，收割后运至北方，在仓库贮存过冬，到春季出售，由于贮存不当而发霉，食后发生中毒。一般发病季节在每年的2—3月。

9.5.3.1 中毒因素

正常甘蔗的食用部分为白色，如果发现发黄或者有异味就可能被霉菌感染。霉变甘蔗中毒的病原菌是节菱孢霉，其代谢产物3-硝基丙酸是致病毒素。该毒素为无色针状结晶，溶于水和有机溶剂。除了节菱孢霉能产生3-硝基丙酸外，还有部分曲霉和青霉也可产生。

9.5.3.2 临床表现

3-硝基丙酸具有神经毒性。霉变甘蔗中毒发病急，潜伏期一般15～30 min，最短10 min，最长48 h。最初为头晕、头痛、恶心、呕吐、腹痛、腹泻、视力障碍，进而出现阵发性抽搐、四肢强直等神经症状。最有特征性的症状是眼球向上凝视，最后昏迷、呼吸衰竭而死亡。

预防霉变甘蔗中毒的措施主要是加强贮存期间的管理，不要使甘蔗霉变，不出售发霉的甘蔗。在同一根甘蔗的不同部位可能有霉菌的污染并产生3-硝基丙酸，因此，消费者在购买时一定要精心挑选；在吃甘蔗时一定要仔细观察，如发现有霉变不能食用。

9.5.4 其他霉菌性食物中毒

9.5.4.1 臭米面中毒

“臭米面”是我国北方农村的传统食品，原料大多是玉米、高粱米、小米等，在夏秋季节，将这类原料放在水里浸泡10天到2个月，让其发酵，当闻到明显臭味时，即上磨磨成糊状，倒入布口袋内滤除水分，余下的湿粉团状物具有特殊的酸臭味——“臭米面”。臭米面可以如面粉那样做成面条、包子、饺子等食用。食用臭米面易发生中毒，原因多认为是其中的串珠镰刀菌或黄色杆菌产生的毒素引起的。该类毒素对热稳定，在100℃加热30 min仍能使动物致病。

臭米面中毒可在进食后 48 h 内发病，常见的症状有胃部不适、恶心、呕吐、腹泻、腹痛；肠部溃疡可发生大量出血。重症病人的死亡率很高。

最有效的预防措施就是不吃这类食品。

9.5.4.2　霉变甘薯中毒

甘薯在收获、运输和贮藏过程中，组织有伤的薯体易被霉菌污染，贮藏于温度和湿度较高的条件下，霉菌大量生长繁殖，甘薯块根病变部呈暗褐色或黑色硬斑，称为“甘薯黑斑病”，由甘薯长喙壳菌及茄病镰刀菌引起。在块根病变组织及其周围，这些菌类在生长繁殖的过程中产生一系列呋喃萜烯类代谢产物，味苦，其化学结构都有 1 个呋喃环，主要有甘薯宁、1-甘薯醇、4-甘薯醇。

二维码 9-12　甘薯黑斑病毒素的结构式

甘薯宁小鼠经口 LD_{50} 为 26 mg/kg 体重，1-甘薯醇为 79 mg/kg 体重，4-甘薯醇为 38 mg/kg 体重。甘薯黑斑霉毒素耐高温，一般的加热处理不能降低其毒性。

霉变甘薯中毒的潜伏期较长，一般在食后 24 h 发病。轻度中毒者有头痛、头晕、恶心、呕吐、腹泻等，严重中毒者恶心，多次呕吐、腹泻，并有发热、肌肉颤抖、心悸、呼吸困难、视物模糊、瞳孔扩大，甚至休克、昏迷、瘫痪乃至死亡。

预防霉变甘薯中毒的主要措施是防止甘薯被霉菌污染，在收获、运输和贮存过程中防止薯体受伤，在贮存过程中保持较低的温度和湿度。霉变甘薯不论生吃、熟食或做成薯干食用均可造成中毒。只有轻微霉变的甘薯可去掉霉变部分的薯皮薯肉，浸泡煮熟后少量食用。

（丁晓雯）

本章小结

食源性疾病是世界范围内的重要公共卫生问题，发病率为 5%～10%。本章系统地介绍了食源性疾病与食物中毒的基本概念、常见的细菌性食物中毒及其预防、有毒动植物食物中毒及其预防和化学性食物中毒及其预防。熟悉常见的食源性致病菌的病原学和流行病学特征，掌握其防控措施具有重要意义。

思考题

1. 简述食源性疾病与食物中毒的联系与区别。
2. 常见的食物中毒有哪些种类？各有什么特点？
3. 常见的细菌性食物中毒主要有哪些？原则性的防控措施有哪些？
4. 常见的有毒动植物食物中毒主要有哪些？针对性的防控措施有哪些？

参考文献

[1] 吴坤. 营养与食品卫生学. 北京：人民卫生出版社，2005.
[2] 姜培珍. 食源性疾病与健康. 北京：化学工业出版社，2006.
[3] 曲径. 食品卫生与安全控制学. 北京：化学工业出版社，2007.

[4] 柳增善.食品病原微生物学.北京:中国轻工业出版社,2007.
[5] 姚进喜,蓝弘,何健,等. 甘肃省 2004—2012 年毒蘑菇中毒事件分析. 中国食物与营养,2014,20(2):17-19.
[6] 崔竹梅,陈爱英,胡秋辉. 河豚毒素中毒机制和防治的研究进展. 食品科学,2003,24(8):179-182.
[7] 高永清,吴小南,蔡美琴.营养与食品卫生学.北京:科学出版社,2008.
[8] 姜信平.鲜黄花菜中毒 36 例急诊治疗体会.吉林医学,2010,31(24):4136-4137.
[9] 李蓉.食品安全学.北京:中国林业出版社,2009.
[10] 董晓茹,沈敏,刘伟.龙葵素中毒及检测的研究进展.中国司法鉴定,2013,(2):35-41.
[11] 毛雪丹,胡俊峰,刘秀梅.2003—2007 年中国 1 060 起细菌性食源性疾病流行病学特征分析.中国食品卫生杂志,2010,22(3):224-228.
[12] 周静,袁媛,孙承业,等.2004—2013 年全国有毒动植物中毒事件分析. 疾病监测, 2015,30(5):403-407.
[13] 王建华,张树方.动物中毒病及毒理学[M].台中:台湾中草药杂志社,2002.
[14] 周志峰,邓凯杰,王永刚,等. 一起东北油豆角引起的食物中毒事件的调查与处理[J]. 现代预防医学, 2014, 41(12):2160-2161.
[15] 李佳楠,杨薇,彭娜,等.菜豆毒性分析及毒性预测模型建立. 中国农业科学,2015,48(4):727-734.
[16] 冷科明,吴霓,杜克梅,等. 粤中海域麻痹性贝类毒素成分特征分析. 海洋环境科学,2014,33(5):666-671.
[17] 钱蓓蕾,徐捷,王媛,等. 上海市售贝类产品中麻痹性贝类毒素污染状况调查及其评价. 食品安全质量检测学报,2012(2):89-92.
[18] 张锐,兰文升,欧小蕾,等.腹泻性贝类毒素(DSP)的研究进展.中国环境科学学会 学术年会论文集(2013):6606-6614.
[19] 黄翔,江天久,吴霓. 黄海海域贝类腹泻性贝类毒素污染状况研究.海洋环境科学,2013,32(2):178-171.
[20] 黄翔,雷芳,江天久.我国东海和南海近岸海域腹泻性贝类毒素污染状况.暨南大学学报(自然科学版),2013,34(1):101-105.
[21] 熊学美. 浅谈鱼胆中毒的机理、临床表现及防治措施.求医问药,2012,10 (11):270-270.
[22] 丁建英,韩剑众. 食品中单增李斯特菌的存在现状及检测方法研究进展. 食品研究与开发,2008,29 (12):171-175.
[23] 崔京辉,李达,王永全,等. 2004—2005 年北京市食品中单核细胞增生性李斯特菌的污染状况调查[J]. 中国卫生检验杂志,2006,16 (12):1508-1509.

第 10 章

食品质量安全监管和保障体系

本章学习目的与要求

学习食品质量安全监管和保障体系的基本内容；了解国外食品法律法规和标准体系；了解我国食品法律法规和标准的特点、制定与监管；掌握 GMP、SSOP 和 HACCP 的主要内容与方法。

10.1 食品质量安全监管体系

根据 WHO 和 FAO 的定义，食品安全监管是指“由国家或地方政府机构实施的强制性管理活动，旨在为消费者提供保护，确保从生产、处理、储存、加工直到销售的过程中食品安全、完整并适于人类食用，同时按照法律规定诚实而准确地贴上标签”。按此定义，食品安全监管即指国家有关部门对食品是否安全进行的监督与管理，目的是使市场上的一切食品都处于安全状态。

10.1.1 食品法律法规体系

食品法律法规体系的建设是保证食品安全、提高人民生活质量和促进公共健康的需要，也是我国食品工业发展和参与国际食品贸易的需要。

10.1.1.1 国外食品法律法规体系简介

随着食品供给链越来越长、环节越来越多、范围越来越广，加大了食品风险的发生概率，各个国家都建立了涉及所有食品从生产到消费的食品安全法律体系，为有关食品安全方面的标准制定、产品的质量检测检验、质量认证、信息服务等工作提供了统一的法律规范。发达国家食品安全法律体系的立法特点是：

从农田到餐桌全程管理；以危险性分析为立法科学基础；预防为主的原则；强调食品安全责任；透明性；法则的制定、修改和执行应公开与透明，明确消费者的知情权；食品的可追溯性和食品召回。

(1)美国食品安全法律体系及特点　美国关于食品安全主要有 7 部法令，分别是《联邦食品、药品和化妆品法》(Federal Food, Drug and Cosmetic Act, FFDCA)、《联邦肉类检验法》(Federal Meat Inspection Act, FMIA)、《禽类产品检验法》(Poultry Products Inspection Act, PPIA)、《蛋类产品检验法》(Egg Products Inspection Act, EPIA)、《联邦杀虫剂、杀真菌剂和灭鼠剂法》(Federal Insecticide, Fungicide and Rodenticide Act, FIFRA)、《公共卫生服务法》(PHSA)、《食品质量保障法》(FQPA)。

美国的食品安全法规被公认是较完备的法规体系。美国有关食品安全法令以《联邦食品、药品和化妆品法》(FFDCA)为核心。按照此法律，食品工业的责任是生产安全、卫生的食品；政府通过市场监督而不是强制性的售前检验来管理食品行业，并赋予各个食品管理部门相应的管理权限。

美国 FDA 和 USDA(United States Department of Agriculture,美国农业部)依据有关法规，在科学性与实用性的基础上，负责制定《食品法典》(Codex Alimentarius Commission, CAC)，以指导食品管理机构监控食品服务机构的食品安全状况以及零售业(例如餐馆和百货商店)和疗养院等机构，预防食源性疾病。地方、州和联邦的食品法规以《食品法典》为基础，制定相关食品安全政策，以保持国家食品法规和政策的一致性。根据《联邦食品、药品和化妆品法》的规定，FDA 的管辖范围为除肉类、禽类和部分蛋类产品以外的国产和进口食品的生产、加工、包装、贮运和保存，此外还包括对新型动物药品、加药饲料和所有可能成为食品成分的食品添加剂(包括颜料、防腐剂、食品包装和消毒杀菌剂)的销售许可和监督。

《联邦肉类检验法》、《禽类产品检验法》和《蛋类产品检验法》要求并指导农业部下属的食品安全检验局(FSIS)实行肉类、禽类和蛋类产品的检查计划。根据这些法律,美国FSIS的职责主要是确保销售给消费者的肉类、禽类和蛋类产品是合乎卫生的、不掺杂使假的,并进行了正确的标记、标识和包装。肉类、禽类和蛋类产品只有在盖有美国农业部的检验合格标记后,才允许销售和运输。这3部法律还要求向美国出口肉类、禽类及蛋类产品的国家必须具有等同于美国检验项目的检验能力(项目)。这种等同性要求不仅仅针对检验体系,而且包括在该体系中生产的产品的等同性。

《联邦杀虫剂、杀真菌剂和灭鼠剂法》和《联邦食品、药品和化妆品法》联合赋予国家环境保护署对用于特定作物的杀虫剂的审批权,并要求其规定食品中最高残留限量(容许量)。

对于食品安全的责任问题,美国将其归入产品责任法的调整范围。食品和其他工业产品一律适用产品责任法的规定,而不另行制定农产品质量基本法。

(2) 欧盟食品安全法律体系及特点

①欧盟食品安全法律体系的现状与发展 欧盟现有关于农产品(食品)质量安全方面的法律有20多个,具体包括《通用食品法》、《食品卫生法》、《添加剂、调味、包装和放射性食物的法规》等。欧盟制定了一系列食品安全规范要求,并通常以指令或决议的形式发布。这些规范主要包括以下几类:一是关于动植物疾病控制的规定。欧盟规定各成员国与欲出口食品到欧盟的第三国必须按欧盟指令要求建立严格的动植物疫病监控体系。二是关于农药残留、兽药残留控制的规定。欧盟96/22/EEC、96/23/EEC指令规定,欧盟成员国及欲出口动物源食品到欧盟的第三国必须建立并实施有效的动物源食品残留物监控计划。三是关于食品生产、投放市场的卫生规定,如92/46/EEC指令——对原料奶、热处理奶和奶制品生产和上市的卫生规定。四是对检验实施控制的规定,如88/320/EEC决议——良好实验室规范(GLP)的检验和验证。五是对第三国食品准入的控制规定,如95/340/EEC决议——欧盟授权可进口奶与奶制品的第三国名单。六是出口国官方兽医证书的规定,如96/712/ EEC决议——从第三国进口新鲜禽肉公共卫生证书和卫生标准的要求。七是对食品的官方监控规定,如89/397/EEC指令——关于食品的官方监控。

欧盟对食品安全实行各成员国和欧盟两级监控制度。欧盟法律的执行机构是食品与兽医办公室(FVO),负责监督各成员国执行欧盟相关立法的情况及第三国出口到欧盟的食品的安全情况。2002年7月成立了食品安全局,该局是一个独立的科学性咨询机构,负责提供有关食品安全的科学性意见和工作指导。

欧盟委员会在2000年1月发表了食品安全白皮书。白皮书是欧盟和各成员国制定食品安全管理措施以及建立欧洲食品安全管理机构的核心指令,奠定了欧盟食品安全体系实现高度统一的基础。欧盟食品安全白皮书提出了完善欧盟"从农田到餐桌"一系列食品安全保障措施的改革计划,内容包括食品安全原则、食品安全政策体系、欧盟食品安全专项管理机构、食品法规框架、食品管理体制、食品安全的国际合作等,并从22个方面(包括首选措施、饲料、寄生虫病、动物健康、动物福利、疯牛病、卫生、残留物、食品添加剂和调味料、与食品有关的材料、新型食品、转基因食品、辐照食品、食疗食品、食品补充物、强化食品、食品标签、营养、种子、支持措施、第三方国家政策、国际关系)提出了84条保证食品安全的基础措施。

②欧盟食品安全控制系统框架 食品生产安全的责任是由经营者、政府和欧盟委员会共同分担的。经营者有责任遵守法律规定,同时积极采取措施使风险最小化。各成员国政府负责确保食品安全标准能被生产者遵循,他们需要建立控制体系来保证欧盟法规得到遵守,同

时，欧盟也需要建立这样一个监控系统，如此才能形成一个协调的执行体系。

为保证这一监控系统的有效性，欧盟委员会通过食品与兽医办公室正在实施一项审计和检查计划。这一计划主要是评估各成员国政府制定和运作控制体系的能力。

(3)日本食品安全法律体系及特点　日本是世界上食品安全管理体系最完善、监管措施最严厉的国家之一，尤其对进口农产品和食品的检验检疫不但严格而且手续烦琐。了解日本食品安全监管的法律法规和体制及其变化，有助于我国食品企业开拓日本市场，增加对日本的食品出口。

日本以《农林物质标准化及质量标识管理法》为基础，建立起了包括食品卫生、农产品质量(品质)、投入品(农药、兽药、饲料添加剂等)、动物防疫、植物保护等5个方面的较为完善的农产品质量法律法规体系。自1948年日本厚生劳动省颁布实施《食品卫生法》和农林水产省颁布实施《输出品取缔法》(即《出口农产品管理法》，1957年改为《出口检查法》，1997年废止)之后，农林水产省又相继出台了《农林产品品质规格和正确标识法》(JAS法，1970年颁布实施)、《植物防疫法》、《家畜传染病预防法》、《农药取缔法》、《农药管理法》等与农产品质量安全有关的法律法规。

日本农产品质量安全管理由农林水产省和厚生劳动省负责，直接面向农产品的生产者、加工者、销售者和消费者。分别根据《食品卫生法》、《农林物质标准化及质量标识管理法》开展工作。其中，农林水产省主要负责国内生鲜农产品生产环节的质量安全管理，农产品投入品(农药、化肥、饲料、兽药等)产、销、用的监督管理；进口动、植物农产品检疫；国产和进口粮食的安全性检查；国内农产品品质和标识认证以及认证产品的监督管理等。

日本在2002年对1948年制定的《食品卫生法》进行了修订。该法规定，市场上食品及调料的加工、制造、使用、储藏、搬运、陈列等环节都必须保证清洁卫生，禁止贩卖变质、含有害物质、被病原微生物污染或混入不卫生异物的食品，有疾病、可能因疾病死亡的畜禽的肉、骨、奶、内脏、血液等不准加工上市，食品的包装必须卫生，食品标签和食品一致，食品标签的说明中不得有虚假和夸大成分。食品上市要经过严格的检查，检查人员要经过专业训练并获得合格证书。食品制造企业要有食品卫生管理员，管理员必须有医学、兽医学、畜产学、农艺化学等专业知识。食品一旦发生问题，日本保健所将根据有关法令进行检查，无论哪一个环节违反规定，都要依法追究肇事者的刑事责任和处以罚款。

为了让消费者放心，日本对食品标签的要求更是细致入微。食品的生产日期、使用期、食品的各种成分都要详细标出。自日本发生疯牛病以来，酝酿一年多的食品身份证制度付诸实施，日本全国农协组织的所有农产品都要编上号码，销售时要标明产地、生产者、使用过的农药、浓度、使用次数、使用日期、收获上市日期等。这些数据和更为详细的情况还要通过因特网予以公布，消费者上网就可以详细了解农产品的生产和流通过程。

(4)澳大利亚新西兰食品安全法律体系及特点　澳大利亚由各州和直辖区政府负责执行食品法，这导致各个地区有不同的食品法和食品标准。这种状况不利于各州之间及澳大利亚与其他国家之间的食品贸易。为了协调各州的食品安全管理工作和统一全国的食品标准，成立了国家食品局(NFA)。20世纪70年代以来，澳大利亚各州政府与联邦政府共同努力，力图实现全国食品标准及法规的一致性。各州在《食品样本法》(1980)的基础上，制定了各自的食品/健康法案。各州法案分为两类，一类是食品标准法规(针对制成品)，另一类是食品卫生法规(针对食品加工)。通过州与联邦政府达成的协议，成立各州卫生部长组成的“部长理事会”，由该理事会协调食品标准法规的一致性。

在澳大利亚与新西兰政府的紧密联系与合作基础上，1995 年 12 月两国签署了食品标准条约，建立了联合发展食品标准的澳大利亚新西兰标准委员会，并将国家食品局在《澳大利亚新西兰食品局法》的基础上发展成为澳大利亚新西兰食品局（ANZFA），成为两国现有管理食品的唯一机构。各州对食品安全标准的规定在 1996 年被收入《澳大利亚新西兰食品标准规定》中，据此制定《澳大利亚新西兰食品标准法典》。该法典包括食品组成标准、污染物与微生物限制标准、标签标准等，是两国食品安全法律体系的主要支柱。

10.1.1.2　中国的食品法律法规体系

我国的食品安全法律制度和监管工作在不断完善，制定和实施食品安全法律法规是做好食品监管工作、实施依法监管、明确职责的重要前提，也是维护人民群众的生命健康，维护安全稳定的社会发展环境的必然要求。

（1）《中华人民共和国食品安全法》（见二维码 1-1）　2015 年 4 月 24 日，十二届全国人大常委会第十四次会议以 160 票赞成、1 票反对、3 票弃权，审议通过了新修订的食品安全法。与 2009 年的《食品安全法》相比，新修订的《食品安全法》的篇幅和内容有了大幅度的丰富和完善，引入了美国、日本、欧盟等国家和地区先进的立法和管理理念，针对我国食品安全的新问题、新走势及时进行了调整。

新修订《食品安全法》共 154 条，比原来增加 50 条，对原有 70％的条文进行了实质性修改。新食品安全法在国情的基础上深入调研论证，认真吸纳和反映人民群众的愿望和诉求，充分体现了党中央和国务院关于食品安全工作的一系列决策部署，尊重食品安全客观规律，总结国内经验，借鉴国际有益做法，得到社会的高度肯定。

二维码 10-1　新《食品安全法》十个方面的特色和亮点

（2）我国其他食品质量安全法规

①《食品生产许可管理办法》和《食品经营许可管理办法》　为规范食品生产经营许可活动，加强食品生产经营监督管理，保障公众食品安全，2015 年 8 月 26 日，国家食品药品监督管理总局局务会议审议通过《食品生产许可管理办法》和《食品经营许可管理办法》，于 2015 年 10 月 1 日起施行。主要内容包括：

“一、将食品流通许可与餐饮服务许可整合为‘食品经营许可’；将食品添加剂生产许可纳入《食品生产许可管理办法》，规定食品添加剂生产许可申请符合条件的，颁发食品生产许可证，并标注食品添加剂。

“二、明确许可原则。食品生产许可实行一企一证；食品经营许可实行一地一证原则。

“三、实施分类许可。食品生产分为粮食加工品，食用油、油脂及其制品，调味品等 31 个类别。食品经营主体业态分为食品销售经营者、餐饮服务经营者、单位食堂。食品经营项目分为预包装食品销售、散装食品销售、热食类食品制售、冷食类食品制售等 10 个类别。

“四、特殊食品生产从严许可。省级食品药品监督管理部门负责特殊食品的生产许可审查工作。特殊食品生产企业除需要具备普通食品的许可条件外，还应当提交与所生产食品相适应的生产质量管理体系文件以及产品注册和备案文件。

“五、明确许可证编号规则。一是食品生产许可证编号由 SC（‘生产’的汉语拼音字母缩写）和14位阿拉伯数字组成。数字从左至右依次为：3位食品类别编码、2位省（自治区、直辖市）代码、2位市（地）代码、2位县（区）代码、4位顺序码、1位校验码。二是食品经营许可证编号由JY（'经营'的汉语拼音字母缩写）和14位阿拉伯数字组成。数字从左至右依次为：1位主体业态代码、2位省（自治区、直辖市）代码、2位市（地）代码、2位县（区）代码、6位顺序码、1位校验码。

"六、明确许可证载明事项。为强化责任落实，一是食品生产许可证应当载明：生产者名称、社会信用代码、法定代表人、住所、生产地址、食品类别、许可证编号、有效期、日常监督管理机构、日常监督管理人员、投诉举报电话、发证机关、签发人、发证日期和二维码；二是食品经营许可证应当载明：经营者名称、社会信用代码、法定代表人、住所、经营场所、主体业态、经营项目、许可证编号、有效期、日常监督管理机构、日常监督管理人员、投诉举报电话、发证机关、签发人、发证日期和二维码。

"七、增强操作性。一是明确食品添加剂生产许可的管理原则、程序、监督检查和法律责任，适用有关食品生产许可的规定。二是生产同一食品类别内的事项、外设仓库地址等事项发生变化的，食品生产者不需要增加或者变更许可，只需要在变化后10个工作日内向原发证的食品药品监督管理部门报告即可。三是在变更或者延续食品生产经营许可申请中，申请人声明生产经营条件未发生变化的，食品药品监督管理部门可以不再进行现场核查。"

二维码 10-2 《食品召回管理办法》主要内容

②《食品召回管理办法》 2015年2月9日，国家食品药品监督管理总局局务会议审议通过《食品召回管理办法》，于2015年9月1日起施行。

(3)我国食品安全监督管理机构

①国家食品药品监督管理总局 国家食品药品监督管理总局对食品安全监督管理的主要职责有：

负责起草食品（含食品添加剂、保健食品，下同）安全的法律法规草案，拟订政策规划，制定部门规章，推动建立落实食品安全企业主体责任、地方人民政府负总责的机制，建立食品重大信息直报制度，并组织实施和监督检查，着力防范区域性、系统性食品安全风险。

负责制定食品行政许可的实施办法并监督实施。建立食品安全隐患排查治理机制，制定全国食品安全检查年度计划、重大整顿治理方案并组织落实。负责建立食品安全信息统一公布制度，公布重大食品安全信息。参与制定食品安全风险监测计划、食品安全标准，根据食品安全风险监测计划开展食品安全风险监测工作。

负责制定食品、监督管理的稽查制度并组织实施，组织查处重大违法行为。建立问题产品召回和处置制度并监督实施。

负责食品安全事故应急体系建设，组织和指导食品安全事故应急处置和调查处理工作，监督事故查处落实情况。

负责制定食品安全科技发展规划并组织实施，推动食品检验检测体系、电子监管追溯体系和信息化建设。

负责开展食品安全宣传、教育培训、国际交流与合作。推进诚信体系建设。

指导地方食品监督管理工作，规范行政执法行为，完善行政执法与刑事司法衔接机制。

承担国务院食品安全委员会日常工作。负责食品安全监督管理综合协调，推动健全协调联动机制。督促省级人民政府履行食品安全监督管理职责并负责考核评价。

承办国务院以及国务院食品安全委员会交办的其他事项。

②国家卫生和计划生育委员会　国家卫生和计划生育委员会的主要职责为组织开展食品安全风险监测、评估，依法制定并公布食品安全标准，负责食品、食品添加剂及相关产品新原料、新品种的安全性审查。

③国务院其他有关部门

农业部：对食品安全的监督管理主要有农产品质量安全监管局，其主要职责是：起草农产品质量安全监管方面的法律、法规、规章，提出相关政策建议；拟订农产品质量安全发展战略、规划和计划，并组织实施。组织开展农产品质量安全风险评估，提出技术性贸易措施建议；组织农产品质量安全技术研究推广、宣传培训。牵头农业标准化工作，组织制定农业标准化发展规划、计划，开展农业标准化绩效评价；组织制定或拟订农产品质量安全及相关农业生产资料国家标准并监督实施；组织制定和实施农业行业标准。组织农产品质量安全监测和监督抽查，组织对可能危及农产品质量安全的农业生产资料进行监督抽查；负责农产品质量安全状况预警分析和信息发布。指导农业检验检测体系建设和机构考核，负责农产品质量安全检验检测机构建设和管理，负责部级质检机构的审查认可和日常管理。指导农业质量体系认证管理；负责无公害农产品、绿色食品和有机农产品管理工作，实施认证和质量监督；负责农产品地理标志审批登记并监督管理。指导建立农产品质量安全追溯体系；指导实施农产品包装标识和市场准入管理。组织农产品质量安全执法；负责农产品质量安全突发事件应急处置；编制农产品质量安全领域基本建设规划，提出项目安排建议并组织实施。

国家质量监督检验检疫总局：对食品安全的监督管理主要有进出口食品安全局、产品质量监督司，主要职能为：拟订进出口食品安全、质量监督和检验检疫的工作制度；承担进出口食品的检验检疫、监督管理以及风险分析和紧急预防措施工作；按规定权限承担重大进出口食品质量安全事故查处工作。监督管理食品包装材料、容器、食品生产经营工具等食品相关产品生产加工活动。

10.1.2　食品安全标准体系

10.1.2.1　国际食品安全标准体系

目前国际食品标准分属两大系统：FAO/WHO 的食品法典委员会(CAC)标准和国际标准化组织(ISO)系统的食品标准。

(1)食品法典委员会　食品法典委员会(CAC)成立于 1963 年，隶属联合国粮农组织(FAO)和世界卫生组织(WHO)，是政府间有关食品管理法规、标准的协调机构，现有包括中国在内的 173 个成员，覆盖全球 98%的人口。

①国际食品法典委员会机构组成　目前，CAC 有 6 个地区性协调分法典委员会、9 个一般专题委员会、13 个商品委员会及 3 个政府间特别工作组。在各委员会之下又设专业分委员会，目前，CAC 共下设 21 个委员会。我国为国际食品添加剂法典委员会(Codex Committee on Food Additives, CCFA)和农药残留专业委员会(Codex Committee on Pesticide Residues, CCPR)的主持国。

②CAC 食品法典标准体系简介　《食品法典》(Codex Alimentarius)是 CAC 为解决国际食品贸易争端和保护消费者健康而制定的一套食品安全和质量的国际标准、食品加工规范和

准则。目前,CAC 已被世界贸易组织(WTO)确认为 3 个农产品及食品国际标准化机构之一,食品法典标准被认可为国际农产品及食品贸易仲裁的唯一依据,在裁决国际贸易争端中发挥着重要作用。

《食品法典》汇集了 CAC 已经批准的国际食品标准。标准分为通用标准和专用标准两大类。通用标准包括通用的技术标准、法规和良好规范等,由一般专题委员会负责制定;专用标准是针对某一特定或某一类别食品的标准,由各商品委员会负责制定。《食品法典》标准内容包括食品标签、食品添加剂、污染物、取样和分析、食品卫生、特殊饮食的食品营养、进出口食品检验和出证系统、食品中的兽药残留、食品中的农药残留等方面。

目前《食品法典》共有 237 个商品的食品标准、41 个卫生法规和技术规程、185 个农药评估标准、3 274 个农药残余限量标准、25 个污染物限量标准、1 005 个食品添加剂评估标准以及 54 个兽药评估标准。

(2)国际标准化组织　国际标准化组织(International Organization for Standardization, ISO),是一个全球性的非政府组织,是世界上最大的国际标准化专门机构。它的工作领域涉及除了电工、电子标准以外的所有学科,其活动主要是制定国际标准,直辖世界范围内的标准化工作,组织各成员国和各技术委员会进行情报交流,以及与其他国际组织合作,共同研究有关标准化问题。

ISO 系统的食品标准主要由国际标准化组织中农产品、食品技术委员会(TC34)及其下设的 14 个分技术委员会(SC)和 4 个相关的技术委员会(TC),及若干 ISO 指南组成的其他与食品实验室工作有关的标准分委员会组成。其中,与食品相关的绝大部分标准是由 ISO/TC34 制定的。

ISO 农产品、食品 TC34 标准是 TBT(Technical Barriers to Trade,贸易技术壁垒)协议所指定的国际标准,而且 ISO/TC34 的分技术委员会与食品法典委员会(CAC)分支机构在以下领域存在密切合作:分析方法和取样方法;果汁、加工水果和蔬菜;谷物、豆类;植物蛋白;乳和乳制品;肉和肉制品;食品卫生(特别是微生物学);动植物油脂等。

目前除上述两大国际食品标准系统外,一些国际组织、专业组织和跨国公司制定的标准在国际经济活动中客观上起着国际标准的作用,即"事实上的国际标准"。例如,美国提出的食品危害分析和关键控制点(HACCP)标准已经发展成为国际食品行业普遍采用的食品安全管理标准,作为食品企业质量安全体系认证的依据。

(3)国外食品安全标准体系的特点

①体系健全,法律作用强　目前国外对食品安全的控制已从单纯检验、把好最后一道关,发展到监控生产、加工、包装、贮运和销售(从农场到餐桌)的全过程,形成了完整的食品安全标准体系。此外,不同领域和部门之间都尽量使各自推行的标准不与其他领域和部门发生冲突。

对于食品安全标准的制定与实施一般都尽量赋予法律的内涵和给予法律的保证,使技术要求与法律权威结合起来。如美国的食品安全标准体系就是以联邦和州的法律为基础的。

②管理和运作规范　能够充分发挥标准化权威管理机构的职能,积极处理和协调不同的利益集团在标准制定、修订和实施过程中的冲突,并协调和沟通不同管理机构之间的矛盾。如欧盟在 2001 年通过立法,建立了独立的食品安全管理机构。

③标准的种类多,技术水平高　美国和欧盟各国由于经济和技术水平高,标准较严,指标也高,尤其是对食品的环境标准要求,更是让一般国家望尘莫及。如欧盟对肉制食品,不但要

检验农药残留量，还要检查出口国生产厂家的卫生条件，有的还对生产车间温度、肉制品配方、包装和容器等都做了严格规定。

④注重与国际标准接轨　美国和欧盟等在食品安全标准制定的开始就注重与国际标准和国外先进标准接轨，并以国际标准化组织(ISO)和食品法典委员会(CAC)的标准为主，从一开始就融入国际标准的行列和适应国际市场的要求。但同时他们又能结合本国和本地的具体情况加以细化，使之符合本国(本地)的实际情况，可操作性强。

10.1.2.2　中国食品安全标准体系

在纵向方面，我国标准分为国家标准、行业标准、地方标准。对需要在全国范围内统一技术要求的，由国务院标准化行政主管部门、卫生行政、农业行政等部门制定国家标准。对没有国家标准而又需要在全国某个行业范围内统一技术要求的，国务院有关行政主管部门可以制定行业标准，在公布国家标准之后，该项行业标准即行废止。我国共有行业标准代号 57 个，行业标准化管理部门或机构 45 个。对没有国家标准和行业标准而又需要在省(区、市)范围内统一工业产品的安全、卫生要求的，可以由省(区、市)标准化行政主管部门制定地方标准，在公布国家标准或者行业标准之后，该项地方标准即行废止。此外，还有企业标准，对于没有国家标准和行业标准的，企业应当制定企业标准，作为组织生产的依据；已有国家标准或者行业标准的，国家鼓励企业制定严于国家标准或者行业标准的企业标准，在企业内部适用。

在横向方面，形成了多部门牵头起草的食品标准体系。根据标准化法及其实施条例，工程建设、药品、食品卫生、兽药、环境保护的国家标准，分别由国务院工程建设主管部门、卫生主管部门、农业主管部门、环境保护主管部门组织草拟、审批；法律对国家标准的制定另有规定的，依照法律的规定执行。例如，根据原来的食品卫生法，食品、食品添加剂及食品相关产品中的污染物质、放射性物质容许量的国家卫生标准和检验规程，由国务院卫生行政部门制定或者批准颁发。再如，根据兽药管理条例，国家兽药典委员会拟定的、国务院兽医行政管理部门发布的《中华人民共和国兽药典》和国务院兽医行政管理部门发布的其他兽药质量标准为兽药国家标准。再根据质检总局颁布的行业标准管理办法，有关行政主管部门负责组织本部门、本行业制定行业标准，而且兽药、农药、食品卫生、工农业产品及产品生产贮运和使用中的安全卫生行业标准都是强制执行的标准。这就导致，农业、卫生、商业、工业和信息化部、发展和改革委、环境保护部门等都分别制定了与食品安全相关的强制性标准，这导致标准缺失、标准冲突、标准重复等问题比较突出，严重制约了食品安全工作的发展。

根据卫生部等八部门印发的《食品安全国家标准“十二五”规划》(卫监督发〔2012〕40 号)，要于 2013 年底基本完成对现行食品国家标准和食品行业标准中强制执行内容的清理，提出现行相关标准或技术指标继续有效、整合和废止的清理意见，并于 2015 年底前基本完成相关标准的整合和废止工作，具体体现在以下几个方面。

(1)全面清理整合现行食品标准。对现行食用农产品质量安全标准、食品卫生标准、食品质量标准以及行业标准中强制执行内容进行清理，解决标准间交叉、重复、矛盾等问题。

对涉及食品安全的指标和强制执行的质量指标进行比较分析，确定标准清理的原则和方法并开展清理工作。到 2013 年底，基本完成对现行 2 000 余项食品国家标准和 2 900 余项食品行业标准中强制执行内容的清理，提出现行相关标准或技术指标继续有效、整合和废止的清理意见。2015 年底前基本完成相关标准的整合和废止工作。

具体涉及：①现有标准清理。对现行近 5 000 项食用农产品质量安全标准、食品卫生标准、食品质量标准以及行业标准强制执行内容进行清理，于 2015 年底完成标准整合工作。分别对食品产品、理化检验方法、微生物检验方法、食品毒理学评价程序及方法、特殊膳食类食品、食品添加剂、食品相关产品、生产经营规范 8 个方面进行清理。②梳理标准存量。摸清现有食品标准底数，梳理出近 5 000 项现行食用农产品质量安全标准、食品卫生标准、食品质量标准以及行业标准；深入研究现行标准存在的问题，提出标准或指标废止、修订和继续有效的清理意见；拟定我国食品安全标准体系框架，提出包括约 1 000 项标准的各类食品安全国家标准目录；明确食品安全国家标准整合工作任务。在清理基础上，制定整合工作方案，部署 2014—2015 年食品标准整合工作，为构建我国食品安全国家标准体系奠定基础。

(2)加快制定、修订食品安全基础标准。按照“边清理、边完善”的工作原则，在对现行食品标准开展清理的同时，积极借鉴国际组织和国外食品安全标准，加快制定、修订食品安全国家标准，完善我国食品安全国家标准体系，解决食品安全重要标准不足和标准不配套等问题，提高标准的科学性。

重点做好食品中污染物、真菌毒素、致病性微生物等危害人体健康物质限量，农药和兽药残留限量，食品添加剂使用、食品营养强化剂使用，预包装食品标签和营养标签，食品包装材料及其添加剂等食品安全基础标准制定、修订工作。2015 年底前，修订食品污染物、真菌毒素、农药和兽药残留等限量标准和食品添加剂使用、食品营养强化剂使用标准，制定食品中致病性微生物限量标准、食品生产经营过程的指示性微生物控制要求、即食食品微生物控制指南，科学设置食品产品中的微生物指标、限量和控制要求，完善食品容器、包装、加工设备材料标准和食品容器、包装材料用添加剂使用等食品相关产品标准。

(3)完善食品生产经营过程的卫生要求标准。按照加强食品生产经营过程安全控制的要求，做好食品生产经营规范标准制定、修订工作，强化原料、生产过程、运输和贮存、卫生管理等要求，规范食品生产经营过程，预防和控制食品安全风险。

2015 年底前，制定公布食品、食品添加剂生产企业卫生规范、经营企业卫生规范、保健食品良好生产规范等 20 余项食品安全国家标准，基本形成食品生产经营全过程的食品安全控制标准体系。按照食品类别、生产经营方式等特点，进一步细化食品生产经营过程中控制食品污染的要求和规定。

(4)合理设置食品产品安全标准。根据食品不同特性和可能存在的风险因素，以风险评估为依据，将肉类、酒类、植物油、调味品、婴幼儿食品、乳品、保健食品等主要大类食品以及食品添加剂产品标准作为食品产品安全标准工作的优先领域，制定食品安全基础标准不能涵盖的危害因素限量要求和食品安全相关的强制性质量指标，标准制定中将侧重通用性和覆盖面，避免标准间的重复和交叉。

2015 年底前，制定、修订肉类、酒类、植物油、调味品、婴幼儿食品、乳品、食品添加剂、保健食品、水产品、粮食、豆类制品、饮料等主要大类食品产品安全标准，制定已有国际标准或已有进口贸易但我国尚缺失相关标准的食品产品安全标准。

(5)建立健全配套食品检验方法标准。以食品安全国家标准规定的限量指标配套检测方法为重点，建立完整配套的食品检验方法与规程标准体系。

2015 年底前，重点制定、修订食品中各类污染物、真菌毒素、致病性微生物、农药和兽药残留以及食品添加剂和食品相关产品等分析检测方法标准，进一步完善食品毒理学安全性评价程序和检验方法等标准。

(6)完善食品安全国家标准管理制度。按照食品安全国家标准要科学合理、安全可靠的要求,进一步完善食品安全国家标准管理制度和工作程序。健全食品安全国家标准广泛征求意见的机制,保障反馈意见渠道畅通。

2012年底前,公布食品安全国家标准跟踪、评价、规范等相关制度。2013年底前,完善食品安全国家标准立项、制定、修订、征求意见、标准审评、审评委员会委员管理、标准公布以及标准申报、咨询和解释等管理制度和工作程序,加强标准制定、修订过程中的风险沟通与交流,使标准制定、修订工作更加公开、透明。

(7)加强食品安全国家标准的宣传和贯彻实施。加大食品安全国家标准公布实施后的宣传、培训、咨询和跟踪评价等工作力度,促进食品安全国家标准的贯彻实施。重点做好食品安全国家标准宣传和标准相关科普知识的宣传,特别是技术性强、公众普遍关注标准的宣传和解读,及时解答各方关注的标准问题,督促行业、企业主动执行食品安全国家标准,监管部门依法、依标准做好食品安全监管,开展食品安全国家标准跟踪评价,掌握标准执行情况和存在的问题,适时修订完善食品安全国家标准。

(8)开展食品安全国家标准的相关研究。根据食品安全标准制定、修订工作需要,系统开展食品安全国家标准相关基础研究工作,增强食品安全国家标准的科学性和实用性。

2015年底前,基本完成食品安全风险评估原则在食品安全国家标准制定中的应用研究、国际食品安全标准追踪比较研究、食品中微生物指标体系设置研究、主要功能类别食品添加剂使用原则等基础研究,并在标准工作中积极转化和应用研究成果。

(9)提高参与国际食品法典事务的能力。根据食品安全国家标准体系建设需要,积极参与国际食品法典委员会工作,学习和借鉴国际食品标准管理经验,同时参与国际食品法典标准制定、修订工作,维护我国食品贸易利益。

到2015年,实现全面参与国际食品法典委员会各项活动,动态跟踪食品法典标准工作,全面了解世界贸易组织(WTO)主要贸易成员食品安全标准体系,跟踪其食品安全法规、标准工作进展,做好WTO/SPS通报及评议工作,参与或牵头与我国食品贸易利益密切相关的国际食品标准制定、修订和相关技术交流,不断完善国际食品添加剂法典委员会和农药残留法典委员会主持国、亚洲地区执行委员工作。

(李兴峰)

10.2　食品质量安全认证体系

10.2.1　良好生产规范(GMP)

10.2.1.1　概述

良好生产规范(good manufacture practice,GMP)是一种特别注重在生产过程中实施对产品质量与卫生安全的自主性管理制度,适用于制药、食品等行业的强制性标准,要求企业从原料、人员、设施设备、生产过程、包装运输、质量控制等方面按国家有关法规达到卫生质量要求,形成一套可操作的作业规范,帮助企业改善卫生环境,及时发现生产过程中存在的问题并加以改善。简要地说,GMP要求企业具备良好的生产设备、合理的生产过程、完善的质量管理和严格的检测系统,确保最终产品的质量(包括食品安全卫生)符合法规要求。

GMP通过选用符合规定要求的原料(materials),合乎标准的厂房设备(machines),由胜任的人员(man),按照既定的方法(methods),以此"4M"为管理要素来制造出品质既稳定而又安全卫生的产品。

(1)GMP在国外发展情况　1961年发生了一起源于欧洲进而波及世界28个国家的药物灾难。美国是少数几个幸免此次灾难的国家之一。1962年美国修订了《联邦食品、药品和化妆品法》,将全面质量管理和质量保证的概念变成法定要求。20世纪60年代中期,美国开始制定GMP法规的草案,并于1963年颁布世界上第一部药品GMP。GMP较多应用于制药工业,许多国家也将其用于食品工业,制定出相应的GMP法规。1969年美国FDA制定了《食品良好生产规范》,发布了食品制造、加工、包装和贮存的良好生产规范,并陆续发布各类食品的GMP。

(2)GMP在国内发展情况　1982年11月29日五届人大第25次会议通过《中华人民共和国食品卫生法》,到1998年我国制定出《膨化食品良好生产规范》(GB 17404—1998)和《保健食品良好生产规范》(GB 17405—1998)以及15个食品加工企业卫生规范。

10.2.1.2　GMP的分类

从GMP适用范围来看,现行的GMP可以分为以下几类:

(1)具有国际性质的GMP　如世界卫生组织(WHO)、欧洲共同体和东南亚国家联盟颁布的GMP。对于WHO的GMP认证,企业需要向WHO提出申请,按WHO的GMP要求进行认证。企业申请欧盟的GMP需要注意的是:首先,欧盟的GMP要求厂家参照其指导进行自身检查;其次,所有的质量管理文件、操作规范和各种生产管理表格、标牌、标签和生产记录都应具备中英文对照;另外,要对员工进行欧盟GMP的全员培训,了解并适应国外检查的特点。

(2)国家权力机构颁布的GMP　如我国卫生部颁布的食品生产企业良好操作规范、美国FDA颁布的CGMP(现行GMP)、英国卫生和社会保险部颁布的GMP、日本厚生省颁布的GMP等。

(3)工业组织制定的GMP　如美国制药工业联合会制定的标准不低于美国政府制定的GMP,中国医药工业公司制定的GMP实施指南等。

从GMP制度性质来看,可以分为两类:

(1)将GMP作为法典规定,如美国、日本和中国的GMP。

(2)将GMP作为建议性的规定,有些GMP起到对药品或食品生产和质量管理的指导作用,如联合国WHO制定的GMP。

10.2.1.3　GMP基本原则

(1)明确各岗位人员的工作职责以及对员工的要求。GMP要求每一岗位的人员都能胜任自己的工作。是否具备了所在岗位应具备的知识和技能,能否保证第一次就能把工作做好、每一次都能做好,应明确自己的工作职责,掌握在自己的岗位上"应知应会"的内容。

(2)在厂房、设施和设备的设计、建造过程中,充分考虑生产能力、产品质量和员工的身心健康。厂房、设施和设备设计、建造应满足的条件:生产能力、产品质量、员工安全和身心健康、厂房、设施和设备设计、建造应考虑的因素:提供充足的操作空间,建立合理的生产工艺流程,控制内部环境设备的设计和选型。

(3)对厂房、设施和设备进行适当的维护,以保证始终处于良好的状态。厂房、设施、设备维护保养不当的后果:引起产品返工,报废不能出厂,投诉,退货,收回,以及可能的法律纠纷对企业形象的影响等。建立厂房和设备的维护保养计划并认真实施是非常重要的,应制定书面规程,明确每一台设备的检查和维护保养项目、周期、部位、方法、标准等。

做好维护保养记录,包括:每台关键设备均应有使用记录、清洁记录、维护保养记录、润滑记录等。在出现可能影响产品质量的异常情况时,应在开始生产操作前采取应急处理措施。

(4)将清洁工作作为日常的习惯,防止产品污染。清洁是防止产品污染的有效措施。我们的目标是将清洁工作作为 GMP 的一部分,应建立清洁的标准和清洁的书面程序。

在日常操作中应注意:保持良好的个人卫生习惯,更衣、洗手、清洁消毒;严格遵守书面的清洁规程,及时准确地记录清洁工作;发现任何可能造成产品污染的情况要及时报告并采取必要的措施;防止鼠虫的进入;定期检查水处理系统和空气净化系统;对生产废弃物进行妥善处理;对生产设备进行彻底的清洁。

(5)开展验证工作,证明系统的有效性、正确性和可靠性。验证就是证明食品生产的过程、设备、物料、活动或系统确实能达到预期结果的有文件证明的一系列活动,是一种有组织的活动。

(6)起草详细的规程,为取得始终如一的结果提供准确的行为指导。GMP 的核心是为生产和质量管理的每一项操作或工作建立书面程序,书面程序是保证符合 GMP 的要求以及操作(或工作)过程可控的关键步骤,并可以控制产品的生产和质量管理过程,将污染、混淆和差错的可能降至最低。

书面程序具有六大功能:标准化——规范行为;操作指示——新工作的培训教材及操作指示;操作参考——查阅;控制——检查与评价;审核——历史审核;归档——证据,追溯。

(7)认真遵守批准的书面规程,防止污染、混淆和差错。

(8)对操作或工作及时、准确地记录归档,以保证可追溯性,符合 GMP 要求。记录是将已经发生的事件或已知事实文档化并妥善保存。

记录的范围:物料管理的记录,设备管理与操作记录,生产操作与管理记录,质量管理与检验、检查记录,销售记录,人员培训记录,健康检查记录。

(9)通过控制与产品有关的各个阶段,将质量建立在产品生产过程中。产品的缺陷通常是由污染、混淆和差错引起的,实施 GMP 的目的就是通过过程控制,防止污染、混淆和差错,保证产品质量。

(10)定期进行有计划的自检。建立自检的书面程序,规定自检的项目和标准,定期组织自检。自检完成后,做出自检报告,包括自检结果、评价结论、改进措施及建议。

10.2.1.4　实施 GMP 的意义

为食品生产提供一套必须遵循的组合标准;为卫生行政部门、食品卫生监督员提供监督检查的依据;为建立国际食品标准提供基础;便于食品的国际贸易;使食品生产经营人员认识食品生产的特殊性提供重要的教材,由此产生积极的工作态度,激发对食品质量高度负责的精神,消除生产上的不良习惯;使食品生产企业对原料、辅料、包装材料的要求更为严格;有助于食品生产企业采用新技术、新设备,从而保证食品质量。

10.2.2 危害分析与关键控制点(HACCP)

10.2.2.1 概述

(1)HACCP概念 HACCP是hazard analysis critical control point的首字母缩写,中文名称为"危害分析与关键控制点",它是一个为国际认可的、科学、高效、简便、合理而又专业性很强的食品安全管理体系。

HACCP是一种控制食品安全危害的预防性体系,但并非一个零风险系统,而是设法使食品安全危害的风险降到最低限度,是一个使食品供应链及生产过程免受生物、化学和物理性危害污染,使食品安全危害的风险降低到最小或可接受的水平的管理工具。

实施HACCP的目的是对食品生产、加工进行最佳管理,确保提供给消费者更加安全的食品,以保护公众健康。食品加工企业不但可以用它来确保加工出更加安全的食品,而且还可以用它来提高消费者对食品加工企业的信心。

(2)HACCP的产生与发展概况 HACCP发展大致分为两个阶段。

①创立阶段 HACCP系统是20世纪60年代由美国Pillsbury公司H. Bauman博士等与宇航局和美国陆军Natick研究所共同开发的,主要用于航天食品的生产。1971年在美国第一次国家食品保护会议上提出了HACCP原理,立即被FDA接受,并决定在低酸罐头食品中采用。1985年美国科学院(NAS)就食品法规中HACCP有效性发表了评价结果,随后由美国农业部食品安全检验署(FSIS)、美国陆军Natick研究所、FDA、美国海洋渔业局(NMFS)4家政府机关及大学和民间机构的专家组成的美国食品微生物学基准咨询委员会(NACMCF)于1992年采纳了食品生产的HACCP七原则。1993年FAO/WHO食品法典委员会批准了《HACCP体系应用准则》,1997年颁发了新版法典指南《HACCP体系及其应用准则》,该指南已被广泛地接受并得到了国际上普遍的采纳,HACCP概念已被认可为世界范围内生产安全食品准则。

②应用阶段 FAO和WHO在20世纪80年代后期就大力推荐HACCP,至今不懈。1993年6月食品法典委员会(FAO/WHO CAC)考虑修改《食品卫生的一般性原则》,把HACCP纳入该原则内。1994年北美和西南太平洋食品法典协调委员会强调了加快HACCP发展的必要性,将其作为食品法典在GATT/WTO SPS和TBT(贸易技术壁垒)应用协议框架下取得成功的关键。FAO/WHO CAC积极倡导各国食品工业界实施食品安全的HACCP体系。根据世界贸易组织(WTO)协议,FAO/WHO食品法典委员会制定的法典规范或准则被视为衡量各国食品是否符合卫生、安全要求的尺度。另外有关食品卫生的欧共体理事会指令93/43/EEC要求食品工厂建立HACCP体系以确保食品安全的要求。在美国,FDA在1995年12月颁布了强制性水产品HACCP法规,又宣布自1997年12月18日起所有对美国出口的水产品企业都必须建立HACCP体系,否则其产品不得进入美国市场。FDA鼓励并最终要求所有食品工厂都实行HACCP体系。另一方面,加拿大、澳大利亚、英国、日本等国也都在推广和采纳HACCP体系,并分别颁发了相应的法规,针对不同种类的食品分别提出了HACCP模式。

③我国HACCP应用发展情况 1991年农业部渔业局派遣专家参加了美国FDA、NOAA(National Oceanic and Atmospheric Administration,国家海洋气象局)、NFI(National Fisheries Institute,国家渔业研究所)组织的HACCP研讨会。1993年国家水产品质检中心在

国内成功举办了首次水产品 HACCP 培训班，介绍了 HACCP 原则、水产品质量保证技术、水产品危害及监控措施等。1996 年农业部结合水产品出口贸易形势颁布了冻虾等 5 项水产品行业标准，并进行了宣讲贯彻，开始了较大规模的 HACCP 培训活动。目前国内约有 500 多家水产品出口企业获得 HACCP 认证。2002 年 12 月中国认证机构国家认可委员会正式启动对 HACCP 体系认证机构的认可试点工作，开始受理 HACCP 认可试点申请。

(3)HACCP 控制体系的特点　HACCP 作为科学的预防性食品安全体系，具有以下特点：

①HACCP 是预防性的食品安全保证体系，但它不是一个孤立的体系，必须建筑在良好生产规范(GMP)和卫生标准操作程序(SSOP)的基础上。

②每个 HACCP 计划都反映了某种食品加工方法的专一特性，其重点在于预防，设计上防止危害进入食品。

③HACCP 不是零风险体系，但使食品生产最大限度趋近于“零缺陷”。可用于尽量减少食品安全危害的风险。

④恰如其分地将食品安全的责任首先归于食品生产商及食品销售商。

⑤HACCP 强调加工过程，需要工厂与政府的交流沟通。政府检验员通过确定危害是否正确地得到控制来验证工厂 HACCP 实施情况。

⑥克服传统食品安全控制方法(现场检查和成品测试)的缺陷，当政府将力量集中于 HACCP 计划制定和执行时，对食品安全的控制更加有效。

⑦HACCP 可使政府检验员将精力集中到食品生产加工过程中最易发生安全危害的环节上。

⑧HACCP 概念可推广延伸应用到食品质量的其他方面，控制各种食品缺陷。

⑨HACCP 有助于改善企业与政府、消费者的关系，树立食品安全的信心。

上述诸多特点之根本在于 HACCP 是使食品生产厂或供应商从以最终产品检验为主要基础的控制观念转变为建立从收获到消费，鉴别并控制潜在危害，保证食品安全的全面控制系统。

10.2.2.2　HACCP 体系的具体内容

HACCP 体系主要是通过科学和系统的方法，分析和查找食品生产过程的危害，确定具体的预防控制措施和关键控制点，并实施有效的监控，从而确保产品的安全卫生质量。

HACCP 遵循“PDCA”[是由 plan(计划)、do(执行)、check(检查)和 adjust(修正、校准)的首字母构成]质量环管理的管理原则，采用“过程”方法进行管理，提倡管理者的领导核心作用和全员参与，强调监视测量，并要求对质量记录、文件和数据进行控制管理等。

但是，HACCP 对食品企业的管理目标，特别是卫生安全目标的要求更明确，管理内容也更具体。它强调食品企业严格遵守食品和卫生法律法规，建立以 HACCP 计划、良好生产规范(GMP)和卫生标准操作程序(SSOP)为核心的 3 级食品安全管理体系。因此，HACCP 在对食品安全危害和质量的控制上更具体，在管理技术措施上更有针对性和有效性。

(1)HACCP 的七大原则

①危害分析(hazard analysis, HA)　首先要找出与品种有关和与加工过程有关的可能危及产品安全的潜在危害，然后确定这些潜在危害中可能发生的显著危害，并对每种显著危害制定预防措施。要从原料的生产、加工工艺步骤以及销售和消费的每个环节可能出现的多种危

害(包括物理、化学及微生物的危害)进行确定,并评价其相对的危害性,提出预防的措施。

②确定关键控制点(critical control point, CCP) 关键控制点是指那些若控制不力就会影响产品的质量,从而危害消费者身体健康的环节。对每个显著危害确定适当的关键控制点即决定加工中能去除此危害或是降低此危害发生率的一个点、操作或程序的步骤,此步骤可能是生产或是制造中的任何一个阶段,包括原料、配方及(或)生产、收获、运输、调配、加工和储存等。一般说来,关键控制点要少于 6 个。一旦被确定为关键控制点就要照例进行监测。所以,关键控制点的选择是 HACCP 系统的主要部分。

③确定关键限值 对确定的关键控制点的每一个预防措施确定出关键限值。对已经确定的每一个 CCP,都必须制订出相应的管制标准和适当的检测方法。经常管制的标准包括:时间、温度、水分活度、pH、可滴定酸盐的浓度、防腐剂含量、有机氯浓度等。

④建立 HACCP 监控程序(monitor) 建立包括监控什么、如何监控、监控频率和谁来监控等内容的程序,以确保关键限值得以完全符合。管制的标准设定后,每一个 CCP 都必须进行例行监测,以确保每一环节都维持在适当的管制状态下。每次 CCP 检测的结果都要进行认真记录、存档,便于今后对可能出现的事故进行分析鉴定。

⑤建立纠偏措施(corrective action, CA) 当监测系统显示 CCP 未能在控制之下时,需建立的矫正措施。当发现某一个 CCP 超出管制标准,应有临时性修正计划,该计划包括如何使 CCP 回复到再管制状态以及在 CCP 超出管制标准期间所生产的产品如何处理。

⑥建立有效的记录保持程序 建立所有程序的资料记录并保存文件,以利记录、追踪。需要保存的记录:a. HACCP 计划的目的和范围;b. 产品描述和识别;c. 加工流程图;d. 危害分析;e. HACCP 审核;f. 确定关键限值的依据;g. 对关键限值的验证;h. 监控记录;i. 纠偏记录;j. 验证活动的记录;k. 校验记录;l. 清洁记录;m. 产品的标识与可追溯性;n. 害虫控制;o. 培训记录;p. 对经认可的供应商的记录;q. 产品回收记录;r. 审核记录;s. 对 HACCP 体系的修改、复审材料和记录。

⑦建立验证程序 虽然经过了危害分析,实施了 CCP 的监控、纠偏措施并保持有效的记录,但是并不等于 HACCP 体系的建立或运行能确保食品的安全性,关键在于:a. 验证各个 CCP 是否按照 HACCP 计划严格执行;b. 确保整个 HACCP 计划的全面性和有效性;c. 验证 HACCP 体系是否处于正常、有效的运行状态。这 3 项内容构成了 HACCP 的验证程序。

在整个 HACCP 程序中,分析潜在危害、识别加工中的 CCP 和建立 CCP 关键限值,这 3 个步骤构成了食品危险性评价操作,它属于技术范围,由技术专家主持,而其他步骤则属于质量管理范畴。

(2)HACCP 的支持性程序 HACCP 不是一个独立的体系,而是一个更大的控制体系的一部分。一个有效运行的 HACCP 系统必须建立在现有的食品安全卫生程序,如良好生产规范(GMP)和卫生标准操作程序(SSOP)的基础之上。

HACCP 的支持性程序一般都要符合政府的卫生法规,各类行业的作业规范、GMP 或 SSOP 等。包括:

①清洁 清洁是食品生产过程中关系食品食用安全的一个关键方面。我们需要将不同生产区域的清洁频率、允许使用的化学药品、它们的稀释比例、使用方法、存放的方法等通过文件的形式确定下来。

②校准 通过这一程序确保所有影响产品品质和安全的检验、测试或测量器具得到维护,

定期的校准使其准确性达到一个必要的水平，并交代当发现这些器具例如 pH 计、天平、氧分析仪、温度计等失准的时候，如何处置相关产品。

③害虫的控制　完善的害虫控制程序对于安全/优质食品的生产来说非常重要，需要就以下方面建立相应的文件和记录：害虫状况的检查频率、用于预防害虫的方法、当遇到害虫问题时的应对方法、使用的化学药品等，杀虫剂应标识清楚，安全存放。

④培训　负责 HACCP 计划制订、验证和审核的人员须经过获得相应行业认可的培训，这一点是很重要的。如果在一个被危害分析确定为关键控制点的工序上进行的监测必须确保准确的话，那么在这个岗位上负责监控的人员必须经过良好的培训。在食品工业中有很多用于监测的方法，进行专门的培训很重要。要用文件将谁、经过了什么培训记录下来。

⑤产品的标识和可追溯性　产品的标识即对产品的识别。产品的标识内容至少应包括：产品描述、级别、规格、包装、最佳食用期或保质期、批号、生产商。产品必须有标识，这样消费者才能弄得清这产品是什么东西，而且错误或不正确发运和使用产品的可能性才会被减至最小。

可追溯性包括两个基本的要素：能够确定生产过程的输入（例如杀虫剂、除草剂、化肥、成分、包装、设备等）和这些输入的来源。能够确定成品已发往的位置。

标识与可追溯性对达到以下目的很重要：确定产生问题的根本原因，进而明确需采取的相应纠正措施，实现良好的批次管理，以及回收产品，至于要对生产过程的输入和成品发运追溯要达到什么程度则可以由各企业确定。很明显，在产品出现问题的时候，可追溯的程度越高，必须回收的产品就越少，涉及的客户就越少。

10.2.2.3　申请与认证

HACCP 是决定产品安全性的基础，食品生产者利用 HACCP 控制产品的安全性比利用传统的最终产品检验法要可靠，实施时也可作为谨慎防御的一部分。

审核可以是政府行为，即为食品企业注册而由官方机构进行审核；也可以是第三方认证机构为食品企业证实其实施 HACCP 体系有效性的认证审核。

第三方认证机构的 HACCP 体系认证审核，颁发认证证书，可作为企业向其客户及消费者证明其体系有效性的证据。认证机构的资格必须由授权的认可机构审查批准，其证书才具权威性而被客户认同。

2001 年，按照国务院的授权，认证认可管理职能交给国家认证认可监督管理委员会承担，HACCP 体系认证工作实行了依法管理。各地出入境检验检疫机构负责所辖区域内企业 HACCP 管理体系的验证工作，并根据国外食品卫生管理机构的要求，出具 HACCP 验证证书，国家认证认可监督管理委员会监督管理出入境检验检疫机构的验证工作。从事 HACCP 管理体系认证（以下简称 HACCP 认证）的机构，应当获得国家认监委的批准，并按有关规定取得国家认可机构的资格认可。HACCP 认证的依据是国家有关法律法规、国家标准或者行业标准和有关国际标准、准则或者规范等。

2002 年 5 月，我国强制性要求 6 类产品生产出口企业，即生产水产品、肉及肉制品、速冻蔬菜、果蔬汁、含肉及水产品的速冻食品、罐头产品的企业实施 HACCP 体系，这一要求标志着我国在食品企业应用 HACCP 体系进入了强制性实施阶段。

(1)推行 HACCP 对企业的基本要求　企业必须建立和实施卫生标准操作程序，达到以下卫生要求：

①接触食品(包括原料、半成品、成品)或与食品有接触的水和冰应当符合安全、卫生要求；

②接触食品的器具、手套和内外包装材料等必须清洁、卫生和安全；

③确保食品免受交叉污染；

④保证操作人员手的清洗消毒,保持洗手间设施的清洁；

⑤防止润滑剂、燃料、清洗消毒用品、冷凝水及其他化学、物理和生物等污染物对食品造成安全危害；

⑥正确标注、存放和使用各类有毒化学物质；

⑦保证与食品接触的员工的身体健康和卫生；

⑧清除和预防鼠害、虫害。

(2)企业推行 HACCP 的步骤与方法

①成立 HACCP 小组。HACCP 小组应由具有不同专业知识的人员组成,必须熟悉企业产品的实际情况,有对不安全因素及其危害分析的知识和能力,能够提出防止危害的方法技术,并采取可行的监控措施。

②描述产品。对产品及其特性、规格与安全性进行全面描述,内容应包括产品具体成分、物理或化学特性、包装、安全信息、加工方法、贮存方法和食用方法等。

③确定产品用途及消费对象,特别要关注特殊消费人群,如老人、儿童、妇女、体弱者或免疫系统有缺陷的人。

④编制工艺流程图。工艺流程图要包括从始至终整个 HACCP 计划的范围,应包括环节操作步骤,不可含糊不清,应有现场工作人员参加,为潜在污染的确定提出控制措施提供便利条件。

⑤现场验证工艺流程图。HACCP 小组成员在整个生产过程中以"边走边谈"的方式,对生产工艺流程图进行确认。如改变操作控制条件、调整配方、改进设备等,应对偏离的地方加以纠正,以确保流程图的准确性、适用性和完整性。

⑥危害分析及确定控制措施。危害分析是 HACCP 最重要的一环。按食品生产的流程图,HACCP 小组要列出各工艺步骤可能发生的所有危害及其控制措施。在危害中尤其是不能允许致病菌的存在与增殖及不可接受的毒素和化学物质的产生。

对食品生产过程中每一个危害都要有对应的、有效的预防措施,如对于微生物引起的危害,一般是采用原辅料、半成品的无害化生产,清洗、消毒、冷藏、快速干制、气调等;加工过程采用调整 pH,控制水分活度,添加抑菌剂、防腐剂、抗氧化剂等处理。

⑦确定关键控制点(CCP)。尽量减少危害是实施 HACCP 的最终目标。可用一个关键控制点去控制多个危害,同样,一种危害也可能需几个关键点去控制。决定关键点是否可以控制危害主要看能否防止、排除或减少危害到消费者接受的水平。

⑧确定关键控制限值。关键控制限值是一个区别能否接受的标准,即保证食品安全的允许限值。一般可参考有关法规、标准、文献、实验结果确定关键限值。在生产实践中,一般不用微生物指标作为关键限值,可考虑用温度、时间、流速、pH、水分含量、盐度、密度等参数。

⑨关键控制点的监控制度。监控可以是现场监控,也可以是非现场监控;可以是连续的,也可以是非连续的,即在线监控和离线监控。最佳的方法是连续的在线监控。

⑩建立纠偏措施。纠偏措施是针对关键控制点控制限值所出现的偏差而采取的行动。纠偏行动要解决两类问题,一类是制定使工艺重新处于控制之中的措施,另一类是拟定好 CCP

失控时期生产出的食品的处理办法。

⑪建立审核程序。通过审核了解所规定并实施的HACCP系统是否处于准确的工作状态中，能否做到确保食品安全。内容包括两个方面：验证所应用的HACCP操作程序，是否还适合产品，对工艺危害的控制是否正常、充分和有效；验证所拟定的监控措施和纠偏措施是否仍然适用。

⑫建立记录和文件管理系统。记录是采取措施的书面证据，没有记录等于什么都没有做。因此，认真、及时和精确的记录及资料保存是不可缺少的。

各项记录在归档前要经严格审核。所有记录内容要在规定的时间(一般在下、交班前)内及时由工厂管理代表审核，如通过审核，所有的HACCP记录归档后妥善保管。美国对海产品HACCP文件保存的规定是生产之日起至少保存1年，冷冻与耐保藏产品要保存2年。

(3)企业HACCP体系认证的主要程序　认证机构作为第三方认证的基本程序一般包括认证资料审核受理、现场审核、纠正措施及跟踪、认证审核报告、认证后的监督。

10.2.3 卫生标准操作程序(SSOP)

10.2.3.1 概述

卫生标准操作程序(sanitation standard operating procedure，SSOP)是食品企业在卫生环境和加工要求等方面所需实施的具体程序，是食品企业明确在食品生产中如何做到清洗、消毒、卫生保持的指导性文件。SSOP强调食品生产车间、环境、人员及与食品接触的器具、设备中可能存在的危害的预防以及清洗(洁)的措施。SSOP和GMP是进行HACCP认证的基础。

20世纪90年代，美国频繁暴发食源性疾病，造成每年700万人次感染和7 000人死亡。调查数据显示，其中有大半感染或死亡的原因与肉、禽产品有关。这一结果促使美国农业部(USDA)重视肉、禽产品的生产状况，并决心建立一套涵盖生产、加工、运输、销售所有环节在内的肉、禽产品生产安全措施，从而保障公众的健康。1995年2月颁布的《美国肉、禽产品HACCP法规》中第一次提出了要求建立一种书面的常规可行程序——卫生标准操作程序(SSOP)，确保生产出安全、无掺杂的食品。同年12月，美国FDA颁布的《美国水产品的HACCP法规》中进一步明确了SSOP必须包括的八个方面及验证等相关程序，从而建立了SSOP的完整体系。

从此，SSOP一直作为GMP和HACCP的基础程序加以实施，成为建立HACCP体系的重要前提条件。

10.2.3.2 SSOP的基本内容

食品生产企业应根据GMP的要求，结合本企业生产的特点，由HACCP小组编制出适合本企业的且形成文件的卫生标准操作程序即SSOP，SSOP应包括但不仅限于以下八个方面的卫生控制：

(1)水或冰的要求　对于任何食品的加工，首要的一点就是要保证水/冰的安全。生产用水/冰的卫生质量是影响食品卫生的关键因素。食品加工企业一个完整的SSOP计划，首先要考虑与食品接触或与食品接触物表面接触的水/冰的来源与处理应符合有关规定，并要考虑生产用水及污水的交叉污染问题，考虑范围和要求如下：

①食品加工组织必须提供在适宜的温度下足够的饮用水(符合国家饮用水标准)。对于自备水井，通常要认可水井周围环境、深度，井口必须斜离以促进排水，也可以采用密封以禁止污

水的侵入。对贮水设备(水塔、储水池、蓄水罐等)要定期进行清洗和消毒。无论是城市供水还是自备水源都必须有效地加以控制,有合格的证明后方可使用。

②对于公共供水系统必须提供供水网络图,并清楚标明出水口编号和管道区分标记。合理地设计供水、废水和污水管道,防止饮用水与污水的交叉污染及虹吸倒流造成的交叉污染。检查应追踪至水和下水道交叉污染区和管道死水区域。要定期对大肠菌群和其他影响水质的成分进行分析。企业至少每月 1 次进行微生物监测,每天对水的 pH 和余氯进行监测,一般当地主管部门对水的全项目的监测报告每年 2 次。对于废水排放,要求地面有一定坡度易于排水,加工用水、台案或清洗消毒池的水不能直接流到地面,地沟水流向要从清洁区到非清洁区,与外界接口要防异味、防蚊蝇。当冰与食品或食品表面相接触时,它必须以一种卫生的方式生产和储藏。由于这种原因,制冰用水必须符合饮用水标准,制冰设备卫生、无毒、不生锈,储存、运输和存放的容器卫生、无毒、不生锈。食品与不卫生的物品不能同存于冰中。冰必须防止由于人员在其上走动引起的污染,应检验制冰机内部以确保清洁并不存在交叉污染。若发现加工用水存在问题,应终止冰的使用,直到问题解决。水/冰监控、维护及其他问题处理都要记录保持。

(2)食品接触表面的卫生要求　食品接触表面的清洁是为了防止污染食品。与食品表面接触一般包括直接和间接接触两种。可通过以下措施进行控制:

①食品接触表面在加工前和加工后都应彻底清洁,并在必要时消毒。加工设备和器具的清洗消毒:首先必须进行彻底清洗,再进行冲洗,然后进行消毒(清除微生物生长的营养物质)。

②检验者需要判断是否达到了适度的清洁,为达到这一点,需要检查和监测难清洗的区域和产品残渣可能出现的地方,如加工台面下或相关设备表面的排水孔内等是否清洁。

③设备的设计和安装应充分考虑易于清洁。设计和安装应确保无粗糙焊缝、破裂和凹凸,在不同表面接触处应具有平滑的过渡。设备的制作必须用适于食品表面接触的材料,要耐腐蚀、光滑、易清洗。食品接触表面是食品可与之接触的任意表面。若食品与墙壁相接触,那么这堵墙是一个产品接触表面,需要一同设计、满足维护和清洁要求。

④手套和工作服也是食品接触表面,手套比手更容易清洗和消毒,如使用手套的话,每一个食品加工厂应提供适当的清洁和消毒的程序。不得使用线手套,且不易破损。工作服应集中清洗和消毒,应有专用的洗衣房,洗衣设备、能力要与实际相适应,不同区域的工作服要分开,并每天清洗消毒。不使用时它们必须贮藏于不被污染的地方。

⑤工器具清洗消毒应有固定的场所或区域;推荐使用热水进行清洗消毒,要注意蒸汽和冷凝水的排放;要用流动的水清洗消毒;注意排水问题;防止清洗剂、消毒剂的残留。在检查发现问题时应采取适当的方法及时纠正,如再清洁、消毒、检查消毒剂浓度、对员工进行培训等。记录包括检查食品接触表面状况;消毒剂浓度;表面微生物检验结果等。

(3)交叉污染的防止　交叉污染是通过生产的食品、食品加工组织或食品加工环境把生物或化学的污染物转移到食品的过程。此方面涉及预防污染的人员要求、原材料和熟食产品的隔离和工厂预防污染的要求。

①人员要求　对手进行适宜的清洗和消毒能防止污染。手清洗的目的是去除有机物质和暂存细菌,消毒能有效地减少和消除手上的细菌。但如果生产人员戴着珠宝或用化妆品涂抹手指或缠绷带,手的清洗和消毒将不可能有效。有机物藏于皮肤和珠宝或线带之间,是有利于微生物迅速生长的理想部位,当然也成为污染源。个人物品也能导致污染并需要远离生产区

存放。他们能从加工厂外引入污物和细菌，存放设施不必是精心制作的小室，它甚至可以是一些小柜子，只要远离生产区。在加工区内吃、喝或抽烟等行为不应发生，这是基本的食品卫生要求。在几乎所有情况下，手经常会靠近鼻子，约 50% 人的鼻孔内有金黄色葡萄球菌，未经消毒的肘、胳膊或其他裸露皮肤表面不应与食品或食品接触表面相接触。

②隔离　防止交叉污染的一种方式是工厂的合理选址和车间的合理设计布局。问题一般是在生产线增加和新设备安装时发生。食品原材料和成品必须在生产和储藏中分离以防止交叉污染。可能发生交叉污染的例子是生、熟品相接触，或用于储藏原料的冷库同样储存了即食食品。原料和成品必须分开，原料冷库和熟食品冷库分开是解决这种交叉污染的最好办法。产品贮存区域应每日检查。另外注意人流、物流、水流和气流的走向，要从高清洁区到低清洁区，要求人走门、物走传递口。

③人员操作　人员处理非食品的表面，然后又未清洗和消毒手就处理食品时易发生污染。食品加工的表面必须维持清洁和卫生。这包括保证食品接触表面不受一些行为的污染，如把接触过地面的货箱或原材料包装袋放置到干净的台面上，或因来自地面或其他加工区域的水、油溅到食品加工的表面而污染。若发交叉污染要及时采取措施防止再发生；必要时停产直到改进；如有必要，要评估产品的安全性。

(4)手的清洗、消毒和卫生间设施的要求

①手的清洗和消毒的目的是防止交叉污染。一般的清洗方法分 6 步：清水洗手，擦洗手皂液，用水冲净洗手液，将手浸入消毒液中进行消毒，用清水冲洗，干手。手的清洗和消毒台需设在方便之处，且有足够的数量，流动消毒车也是一种不错的清洁手的方式。但它们与产品不能离得太近，不应构成产品污染的风险。需要配备冷热混合水，皂液和干手器，或其他适宜的比如热空气干手设备等。手的清洗台的建造需要防止再污染，水龙头以膝动式、电力自动式或脚踏式较为理想。检查时应该包括测试一部分的手清洗台以确信它能良好工作。清洗和消毒频率一般为：每次进入车间时；当手接触了污染物、废弃物后等。一种普通的操作是在工作台上消毒液的作用，这是为了加工人员弄脏他们的手或设备时消毒，以保持微生物的最低数量。

②卫生间需要进入方便，卫生应维护好，卫生间的门应自动开闭，不能开向加工区。这关系到防止空中或飘浮的病原体和寄生虫进入。检查应包括每个工厂的每个厕所的冲洗。卫生间的设施要求：位置要与车间相连接，门不能直接朝向车间，通风良好，地面干燥，整体清洁；数量要与加工人员相适应；使用蹲坑厕所或不易被污染的坐便器；清洁的手纸和纸篓；应配置洗手及防蚊蝇设施；进入厕所前要脱下工作服和换鞋。

(5)防止外来污染物污染　食品加工企业经常要使用一些化学物质，如润滑剂、燃料、杀虫剂、清洁剂、消毒剂等，生产过程中还会产生一些污物和废弃物。下脚料在生产中要加以控制，防止污染食品及包装材料。关键是保证食品、食品包装材料和食品接触面不被生物的、化学的和物理的污染物污染。加工者需要了解可能导致食品被间接或不被预见的污染而导致食用不安全的所有途径，如被润滑剂、燃料、杀虫剂、冷凝物和有毒清洁剂中的残留物或烟雾剂污染。工厂的员工必须经过培训，达到防止和认清这些可能造成污染的间接途径。可能产生外部污染的原因如下：

①有毒化合物的污染　非食品级润滑油被认为是污染物，因为它们可能含有毒物质；燃料污染可能导致产品污染；只能用被允许的杀虫剂和灭鼠剂来控制工厂内害虫等，并应该按照标签说明使用；不恰当的使用化学品、清洗剂和消毒剂可能会导致食品外部污染，如直接的喷洒

或间接的烟雾作用。当食品、食品接触面、包装材料暴露于上述污染物时,应被移开、盖住或彻底的清洗;员工应该警惕来自非食品区域或邻近加工区域的有毒烟雾。

②因不卫生的冷凝物和死水产生的污染　被污染的水滴或冷凝物中可能含有致病菌、化学残留物和污物,导致产品被污染;缺少适当的通风会导致冷凝物或水滴滴落到产品、食品接触面和包装材料上;地面积水或池中的水可能溅到产品、产品接触面上,使得产品被污染。脚或交通工具通过积水时会产生喷溅。水滴和冷凝水较常见且难以控制。一般采取的控制措施有:顶棚呈圆弧形;良好通风;合理用水;及时清扫;控制车间温度稳定;提前降温;擦干等。

③包装材料的残留物的污染　内外包装材料在生产过程中可能残留少量的有害化学物而且在存放过程中由于霉菌、害虫、鼠类的侵染而威胁食品安全。控制方法常用的有:通风、干燥、防霉、防鼠;必要时进行消毒;内外包装分别存放,特别是内包装更要保持清洁卫生。化学品要妥善保管,不能与包装材料混放,更不能污染包装材料。

(6)有毒化合物的管理　食品加工特定需要的有毒物质,主要包括:洗涤剂、消毒剂(如次氯酸钠)、杀虫剂(如 1605)、润滑剂、实验室用药品(如氰化钾)、食品添加剂(如亚硝酸钠)等,使用时必须小心谨慎,按照产品说明书使用,做到正确标记、贮存安全,否则会导致企业加工的食品被污染的风险。所有这些物品需要适宜的标记并远离加工区域,应有主管部门批准生产、销售、使用的证明;主要成分、毒性、使用剂量和注意事项;带锁的柜子;要有清楚的标识、有效期;严格的使用登记记录;自己单独的贮藏区域,如果可能,清洗剂和其他毒素及腐蚀性成分应贮藏于密贮存区内;要有经过培训的人员进行管理。

(7)雇员的健康状况　食品加工生产者(包括检验人员)是直接接触食品的人,其身体健康及卫生状况直接影响食品卫生质量。管理好患病或有外伤或其他身体不适的员工是非常重要的,因为他们可能成为食品的微生物污染源。对员工的健康要求一般包括:不得患有碍食品卫生的传染病(如肝炎、结核等);不能有外伤、化妆、佩戴首饰和带入个人物品;必须穿戴工作服、帽、口罩、鞋等,并及时洗手消毒。应持有效的健康证,制订体检计划并设有体检档案,包括所有和加工有关的人员及管理人员,应具备良好的个人卫生习惯和卫生操作习惯。有疾病、伤口或其他可能成为污染源的人员要及时隔离。生产组织应有卫生培训计划,定期对加工人员进行培训。

(8)害虫的灭除　控制主要携带某种人类疾病病原菌的动物。通过害虫传播的食源性疾病的数量巨大,因此虫害的防治对食品加工厂是至关重要的。害虫的灭除和控制包括加工厂(主要是生产区)全范围,甚至包括加工厂周围,重点是厕所、生产区进出口、垃圾箱周围、食堂、贮藏室等。食品加工区域内保持卫生对控制害虫至关重要。去除任何产生昆虫、害虫的滋生地,如废物、垃圾堆积场地、不用的设备、产品废物和未除尽的植物等是减少害虫的有效方法。安全有效的害虫控制必须由厂外开始。厂房的窗、门和其他开口,如天窗、排污口和水泵管道周围的裂缝等能与加工设施区相通的区域应当严格控制。采取的主要措施包括:清除滋生地和安装预防害虫进入的风幕、纱窗、门帘,适宜的挡鼠板等,应用生产区用杀虫剂、车间入口用的灭蝇灯、捕鼠笼等,但不能用灭鼠药。家养的动物,如猫、狗或其他宠物不允许进入食品生产和贮存区。因为这些动物将引起的食品污染的风险与动物害虫引起的类似。

加工者根据这八个方面加以实施,以消除与卫生有关的危害。实施过程中还必须有检查、监控,如果实施不力不仅要进行纠正,而且要保持记录。这些卫生方面的措施适用于所有种类的食品零售商、批发商、仓库和生产操作。

10.2.3.3　SSOP的制定原则

企业在编写SSOP文件时，应遵循以下原则：

①描述在工厂中使用的卫生程序；

②提供制订这些卫生程序的时间计划；

③提供一个支持日常监测计划的基础；

④鼓励提前做好计划，以保证必要时采取纠正措施；

⑤辨别卫生事件发生趋势，防止同样问题再次发生；

⑥确保每个人，从管理层到生产工人都理解卫生概念；

⑦为从业者提供一种连续培训的工具；

⑧显示企业涉及卫生管理方面对外的承诺；

⑨引导厂内的卫生操作和卫生状况得以完善提高。

各个工厂的SSOP都是具体的。SSOP应描述工厂、食品卫生操作和环境清洁有关的程序和实施情况。SSOP的制定应易于使用和遵守，不能过于详细，也不能过松。过于详细的SSOP将达不到预期的目标，因为很难每次都严格执行程序，而且可能被非正式的修改。反之，不够详细的SSOP对企业也没有多大用处，因为员工可能不知道该怎样做才能完成任务。

在建立SSOP之后，企业还必须设定监控程序，实施检查、记录和纠正措施。企业要在设定监控程序时描述如何对SSOP的卫生操作实施监控。它们必须指定何人、何时及如何完成监控。对监控结果要检查，对检查结果不合格的还必须要采取措施加以纠正。遵守SSOP是必要的，SSOP能极大地提高HACCP计划的效力，也是实施ISO 22000食品安全管理体系的前提基础。

10.2.4　ISO 22000:2005《食品安全管理体系 食品链中各类组织的要求》

10.2.4.1　概述

(1)ISO 22000制定的背景　随着全球食品行业第三方认证制度的兴起，急需制定一项全球统一、整合现有的与食品安全相关的管理体系，既适用于食品链中的各类组织开展食品安全管理活动，又可用于审核与认证的食品安全管理体系的国际标准。基于上述迫切需要，ISO/TC34于2000年成立了第8工作组，开始制定ISO 22000食品安全管理体系系列标准。2005年9月1日正式发布了ISO 22000:2005《食品安全管理体系 食品链中各类组织的要求》。

(2)ISO 22000与HACCP体系的关系　ISO 22000是一个组织自愿遵循的管理要求，它为食品链中的任何企业提供一个连贯一致、综合完整和重点更加突出的食品安全管理体系。ISO 22000整合了HACCP的原理和国际食品法典委员会制定的实施步骤，是HACCP体系与前提方案等控制措施形成的有效组合。

ISO 22000和HACCP体系都是风险管理工具，能使实施者合理地识别将要发生的危害，并制订一套全面有效的计划，以防止和控制危害的发生。但HACCP是源于企业内部对某一产品安全性的控制体系，以生产全过程的监控为主，使用范围较窄；而ISO 22000是适用于整个食品链的食品安全管理体系，包含了HACCP体系的全部内容，并将其融入企业的整个管理活动中，逻辑性强，体系更为完善。

(3)ISO 22000:2005的结构与特点

①ISO 22000:2005的结构　从结构上而言，ISO 22000:2005包括引言、正文和附录3个

组成部分。

引言部分主要介绍了该标准的使用范围、参与方的责任和类型、体系的关键要素等十个方面的问题。

ISO 22000:2005 的正文共包括 8 章，分别是：范围；规范性引用文件；术语和定义；食品安全管理体系；管理职责；资源管理；安全产品的策划和实现；食品安全管理体系的确认、验证和改进。第 4～8 章构成了食品安全管理体系的完整要求，共包括 29 个二级条，可称为基本要素。

ISO 22000:2005 包括 3 个资料性附录，阐述了 ISO 22000:2005 与 ISO 19001:2000 和 HACCP 之间的对应关系，以及提供控制措施实例的法典参考文献。

②ISO 22000:2005 的特点　ISO 22000:2005 主要有 6 个特点，分别是通用性，协调性，相容性，非强制性，灵活性和独立性以及适用性。

10.2.4.2　ISO 22000:2005《食品安全管理体系　食品链中各类组织的要求》的主要内容

(1)食品安全管理体系

①总要求　组织应按本标准的要求建立有效的食品安全管理体系，并形成文件，加以实施和保持，必要时进行更新。

组织应确定食品安全管理体系的范围。该范围应规定食品安全管理体系中所涉及的产品或产品类别、过程和生产场地。

组织应确保在体系范围内合理预期发生的与产品相关的食品安全危害得到识别、评价和控制，以避免组织的产品直接或间接伤害消费者；在整个食品链内沟通与产品安全有关的适宜信息；在组织内就有关食品安全管理体系建立、实施和更新进行必要的信息沟通，以满足本标准的要求，确保食品安全；定期评价食品安全管理体系，必要时更新，以确保体系反映组织的活动并包含需控制的食品安全危害最新信息。组织应确保控制所选择的任何可能影响终产品符合性且源于外部的过程，并应在食品安全管理体系中加以识别，形成文件。

②文件要求　主要包括总则、文件控制、记录控制 3 部分。

(2)食品安全管理体系管理职责　最高管理者承诺建立、实施食品安全管理体系并持续改进其有效性。

最高管理者应制定食品安全方针，形成文件并对其进行沟通。

最高管理者要按食品安全管理体系进行策划，在对食品安全管理体系的变更进行策划和实施时，要保持体系的完整性。

最高管理者应确保规定各项职责和权限并在组织内进行沟通，以确保食品安全管理体系有效运行和保持。

最高管理者应任命食品安全管理小组组长来管理食品安全小组，并组织其工作。

组织应制定、实施和保持有效的措施进行内部和外部沟通，以确保在整个食品链中能够获得充分的食品安全方面的信息。

最高管理者应建立、实施并保持程序，以管理能影响食品安全的潜在紧急情况和事故，并应与组织在食品链中的作用相适宜。

最高管理者应按策划的时间间隔评审食品安全管理体系，以确保其持续的适应性、充分性和有效性。评审应包括评估食品安全管理体系改进的机会和变更的要求，包括食品安全方针。管理评审的记录应予以保持，提交给最高管理者的资料的形式，应能使其理解所含信息与已声明的食品安全管理体系目标之间的关系。

(3)食品安全管理体系资源管理　组织应提供充足资源，以建立、实施、保持和更新食品安全管理体系。

食品安全小组和其他从事影响食品安全活动的人员应是能够胜任的，并受到适当的教育和培训，具有适当的技能和经验。当需要外部专家帮助建立、实施、运行或评估食品安全管理体系时，应在签订的协议或合同中对这些专家的职责和权限予以规定。

组织应提供资源，以建立和保持实施本标准要求所需的基础设施。

组织应提供资源，以建立、管理和保持实施本标准要求所需的工作环境。

(4)安全产品的策划和实现　组织应策划和开发实现安全产品所需的过程，实施和运行所策划的活动及其变更并确保其有效，包括前提方案、操作性前提方案和(或)HACCP 计划。

组织应建立、实施和保持前提方案(PRPs)。当选择和(或)制订前提方案(PRPs)时，组织应考虑和利用适当信息(如法律法规要求，顾客要求，公认的指南，国际食品法典委员会的法典原则和操作规范，国家、国际或行业标准)。

组织应收集、保持和更新实施危害分析需要的所有相关信息，形成文件，并保持记录。组织任命的食品安全小组应具备多学科的知识和建立与实施食品安全管理体系的经验。这些知识和经验包括但不限于组织的食品安全管理体系范围内的产品、过程、设备和食品安全危害。

食品安全小组应实施危害分析，以确定需要控制的危害，确定为确保食品安全所要求的控制程度，并确定所要求的控制措施组合。确定危害识别和可接受水平时，应识别并记录与产品类别、过程类别和实际生产设施相关的所有合理预期发生的食品安全危害，对每种已识别的食品安全危害进行评估，以确定消除危害或将危害降至可接受水平是否为生产安全食品所必需；以及是否需要将危害控制到规定的可接受水平。基于危害评估，应选择适宜的控制措施组合，使食品安全危害得到预防、消除或降低至可接受水平。

组织应建立且实施可追溯性系统，以确保能够识别产品批次及其与原料批次、生产和交付记录的关系。可追溯性系统应能够识别直接供方的进料和终产品初次分销的途径。

当关键控制点的关键限值超出或操作性前提方案失控时，组织应确保根据产品的用途和放行要求，识别和控制受影响的产品。

10.2.4.3　食品安全管理体系的建立和认证

ISO 22000:2005《食品安全管理体系 食品链中各类组织的要求》为食品链中各类组织建立并实施食品安全管理提供了一个有效模式，能使组织依照其方针，对其生产活动进行管理，为消费者提供安全、合格的产品。组织要实施食品安全管理体系，首先要按照 ISO 22000 标准的要求，在组织确定的范围内建立有效的食品安全管理体系，并形成文件。

(1)建立食品安全管理体系的步骤

①体系建立的准备　为建立食品安全管理体系组建必要的机构，明确其职责；确定组织实施食品安全管理体系的范围；制订体系建立的工作计划，并准备必要的资源。

岗位职责的制定，应注意行政职责与其他工作职责的结合。实施食品安全管理体系的范围根据组织的工作计划和实际情况来确定，可能先选择部分产品，再分步骤逐步覆盖全组织所有下属生产单元；也可以一次覆盖全组织所有产品和生产单元。应制订相应的工作计划，确定体系建立的过程和时间，体系试运行的时间，内部审核和管理评审的时间，认证的时间等。安排相应的时间，配备相应的人员，准备相应的资金，任命食品安全小组组长，并成立食品安全小组。

②体系的策划　食品安全小组由不同的管理部分人员组成，他们具备各方面的专业能力，善于收集、分析相关食品安全危害各类信息，这是识别影响食品安全有关因素的重要前提。根据组织所在国家/地区、产品销售市场地对相应食品生产行业的规定，收集、评估相应的法律法规，确定其适用的法律法规，特别是技术性法规。对组织现有的管理制度进行调查和整理，对组织现有管理方式或管理体系进行评估，形成相应的评估报告，确定其是否直接融入或转换融入新建立的食品安全管理体系。

确定组织的食品安全方针和目标，食品安全方针、目标可与质量方针、质量目标整合，体现组织对食品安全管理的态度和宗旨，其产品应达到的安全质量目标及努力的目标，管理控制措施根据企业的规模、工艺复杂程度、设备自动化程度等确定。对体系运行的组织机构和职责进行确认，确定是否能满足建立并实施食品安全管理的需要。食品安全小组可根据其职责，策划体系的结构，并对生产经营过程的控制进行策划。

③前提方案的建立　前提方案是组织在实施食品安全管理中的一种控制措施，是指在整个食品链中为保持卫生环境所必需的基本条件和活动，以适应生产、处理和提高终产品安全和人类消费的安全食品。组织应根据其生产经营产品的特点，制订其适宜的前提方案。

④危害分析　危害分析是组织在建立食品安全管理体系、制定具体的控制措施组合过程中十分重要的基础性工作，由食品安全小组实施，实施的具体内容包括危害分析的预备步骤、危害识别和确定可接受水平、危害评价，根据其结果选择和评估控制措施。

⑤操作性前提方案和 HACCP 计划　根据危害分析的结果，选择操作性前提方案和 HACCP 计划的控制措施组合，拟订具体的操作性前提方案和 HACCP 计划，并进行评价和确认。

⑥食品安全管理体系文件的编制　编制食品安全管理体系运行所需的体系文件，主要工作内容有：编写食品安全管理手册；编制其他操作性程序文件；收集、整理或编制控制相关活动的运行文件或具体操作用的作业指导书；编绘相应的记录表格等。

(2)食品安全管理体系的确认　按照 ISO 22000 标准中给出的定义确认是指获取证据以证实由 HACCP 计划和操作性前提方案管理的控制措施有效。定义的核心是通过证据来证明控制措施本身的科学有效。因此，组织在进行对于控制措施的确认活动时，应重点关注确认活动的目的、时机和方法。

确认的目的：目的是组织在实施具体的控制措施之前，通过不同的确认方法，来判定控制措施本身是否能起到对于相应食品安全危害的控制作用，最终确定控制措施的科学性、合理性。

确认的时机：针对确认活动的目的，确认活动一般是在控制措施实施之前进行。如果出现其他的控制措施、新技术和设备，控制措施发生变更，产品（配方）发生变化，识别出了新的或正在显现的危害或者危害发生的频率变化了，或体系发生未知原因的失效等，体系也需要重新确认。

实施确认活动的方法：确认过程为控制措施组合实现满足可接受水平的产品提供保证，常见的确认方法通常包括以下几种：

①参考其他组织实施的确认、科学文献、经验知识（或历史经验）；

②实验室的试验模拟过程条件；

③在正常条件下收集的生物性、化学性和物理性危害数据；

④统计调查；

⑤数学模拟；

⑥采用权威机构提供的指导(指南)。

控制措施报告：组织在对控制措施的组合进行确认后，根据确认活动的复杂程度可形成相应的控制措施确认报告。

(3)食品安全管理体系的验证　组织建立的控制措施应按照策划的要求运行，运行的结果是否满足预期的要求要通过验证活动来证明。因此，食品安全管理体系验证是为了保证它同策划活动一样发挥作用，并按最新获得的信息及时更新。正常发挥作用的食品安全管理体系可以减少大量产品抽样和检验的需要。

组织实施的具体验证活动有以下步骤：

验证策划：在验证策划阶段，应明确验证活动的目的、方法、频次和职责。

验证实施：在验证实施阶段，应严格按照验证策划的要求实施验证活动。

验证记录：应能够全面反映验证方法、验证过程和验证结果。验证记录需有验证人员签字，并由主管人员审核。

验证结果的评价：在实施具体的验证活动之后，还应对每个验证活动的结果进行评价。

验证活动结果的分析：在实施单项验证活动的评价后，要对验证活动结果进行分析。分析的结果和由此产生的活动应予以记录，一般会形成组织的验证结果分析报告。该报告应向最高管理者提出，作为管理评审的输入，同时也应用作食品安全管理体系更新的输入。

10.2.5　无公害农产品、绿色食品、有机食品认证

10.2.5.1　无公害农产品、绿色食品、有机食品概述

(1)无公害农产品　是指产地环境、生产过程和产品质量均符合国家有关标准和规范的要求，经认证合格获得认证证书并允许使用无公害农产品标志(图 10-1)的未经加工或者初加工的农产品。无公害农产品生产过程中允许限量、限品种、限时间地使用人工合成的安全的化学农药、兽药、鱼药、肥料、饲料添加剂等。严格来讲，无公害农产品是普通农产品都应当达到的一种基本要求。

图 10-1　无公害农产品标志

无公害农产品标志是由农业部和国家认监委联合制定并发布，加施于获得全国统一无公害农产品认证的产品或产品包装上的证明性标识。因此，所有获证产品以“无公害农产品”称谓进入市场流通，均需在产品或产品包装上加贴标志。

(2)绿色食品　是指遵循可持续发展原则，按照特定生产方式生产，经专门机构认定，许可使用绿色食品标志(图 10-2)的，无污染的安全、优质、营养类食品。

绿色食品分 A 级和 AA 级。AA 级绿色食品要求在生产过程中不使用化肥、农药；A 级绿色食品可以限量、限品种、限时间使用部分化肥、农药。

绿色食品标志是中国绿色食品发展中心在国家工商行政管理局商标局注册的质量证明商

标，用以证明绿色食品无污染、安全、优质的品质特征。它包括绿色食品标志图形、中文“绿色食品”、英文“GreenFood”及中英文与图形组合共4种形式。

A级绿色食品标志

AA级绿色食品标志

图 10-2 绿色食品标志

(3)有机食品　是指根据有机农业原则和有机农产品生产方式及标准生产、加工出来的，并通过有机食品认证机构认证的农产品。

有机农业的原则是在农业能量的封闭循环状态下生产，全部过程都利用农业资源，而不是利用农业以外的能源(化肥、农药、生产调节剂和添加剂等)影响和改变农业的能量循环。有机农业生产方式是利用动物、植物、微生物和土壤4种生产因素的有效循环，不打破生物循环链的生产方式。所以有机食品要求生产环境无污染，在原料的生产和加工过程中不使用农药、化肥、生长激素和色素等化学合成物质，不采用基因工程技术，是应用天然物质和环境无害的方式生产、加工形成的环保型安全食品。

图 10-3 有机食品认证标志

我国有机食品认证标志是由农业部设计并注册使用的，该标志是加施于经农业部所属中绿华夏有机食品认证中心认证的产品及其包装上的证明性标识(图10-3)。

10.2.5.2 无公害农产品、绿色食品和有机食品标准的具体内容

(1)无公害农产品

①无公害农产品标准　主要包括无公害农产品行业标准和农产品安全质量国家标准，二者同时颁布。无公害农产品行业标准由农业部制定，是无公害农产品认证的主要依据；农产品安全质量国家标准由国家质量技术监督检验检疫总局制定。

无公害农产品标准以全程质量控制为核心，主要包括产地环境质量标准、生产技术标准和产品标准3个方面，无公害农产品标准主要参考绿色食品标准的框架制定。

②无公害农产品的具体要求　无公害农产品种植的基本原则是生产基地必须具备良好的生态环境，也就是要远离有“三废”污染的区域，空气质量良或优，土壤肥沃，疏松通气，即灌溉水、土壤、空气中有害物质的残留应符合国家规定的标准；农药、化肥、植物生长调节剂的使用，必须严格执行国家规定的安全使用标准；产品必须符合国家的食品质量和卫生标准，其生产、加工、包装、贮运、销售等各个环节，应符合《食品安全法》的要求。

(2)绿色食品

①绿色食品标准体系　是在绿色食品生产中必须遵守、绿色食品质量认证时必须依据的

技术性文件，以“从土地到餐桌”全程质量控制为核心，由绿色食品产地的环境标准，绿色食品生产技术标准，绿色食品产品标准，绿色食品包装标准，绿色食品贮藏、运输标准和其他相关标准6个部分构成。

②绿色食品的具体要求　绿色食品应具备以下4个条件：a.产品或产品原料产地必须符合绿色生态环境质量标准；b.农作物种植、畜禽饲料、水产养殖及食品加工必须符合绿色食品生产操作规程；c.产品必须符合绿色食品产品标准；d.产品的包装、贮运必须符合绿色食品包装贮运标准。

(3)有机食品　目前中国还没有有机食品国家标准，出口产品多采用进口标准，而国外不同的国家、不同的认证机构，其标准不尽相同。如2000年12月美国公布了有机食品全国统一的新标准，日本在2001年4月公布了有机食品法(即JAS法)，欧洲国家使用欧盟统一标准EEC NO2092/91及其修正案和1804/99有机农业条例。有机食品的具体要求如下：

生产基地在最近两年(一年生作物)或三年(多年生作物)内未使用过GB/T 19630—2005《有机产品》和《OFDC有机认证标准》中的禁用物质；

种子使用前没有经过任何禁用物质处理，禁止使用任何转基因的种子和种苗；

生产基地应建立长期的土壤培肥、植物保护、作物轮作和畜禽养殖计划；

生产基地无明显水土流失、风蚀及其他环境问题；

作物在收获、清洁、干燥、贮存和运输过程中必须避免污染；

从常规生产系统向有机生产转换通常需要两三年时间，新开荒地及撂荒多年的土地也需经至少12个月的转换期才可能获得有机认证；

在生产和流通过程中，必须有完善的质量控制和跟踪审查体系，并有完整的生产和销售记录。

10.2.5.3　申请与认证

认证机构：无公害农产品认证管理机关是农业部农产品质量安全中心；绿色食品认证的总机构在隶属于农业部的中国绿色食品发展中心；中国有机食品认证中心隶属农业部，受农业部委托，提供有机产品认证和培训服务，但没获得国际有机农业运动联合会认可。

认证程序：凡符合国家规定的无公害农产品、绿色食品和有机食品相关条件的食用农产品和食品，均可申请认证。

10.2.6　食品生产许可

10.2.6.1　食品生产许可的起源与现状

“QS”是我国食品生产许可最初的标志，“QS”原来由英文的“quality safety”的第一个字母组成，2010年4月22日修改为“企业食品生产许可”的拼音“Qiyeshipin Shengchanxuke”，2015年10月1日起正式启用新版《食品生产许可证》，这也标志着“QS”的提法将逐步消失。

我国的食品生产许可起源于食品质量安全市场准入制度。我国的食品质量安全市场准入制度实现了三步走的战略规划。

第一步，2001年9月至2002年7月，研究实施阶段。研究建立食品质量安全市场准入制度，同时，对全国米、面、油、酱油、醋等5类食品进行调研、检查，全面掌握这5类食品的质量和企业状况，为实施这项制度奠定了良好的基础。

第二步，2002年8月至2003年12月，推行实施阶段。进一步完善法规建设，在制定实施

《关于进一步加强食品质量安全监督管理工作的通知》、《加强食品质量安全监督管理工作实施意见》和《小麦粉等5类食品生产许可证实施细则》等一系列规范性文件的基础上，制定实施《食品生产加工企业质量安全监督管理办法》。全国用一年半的时间，对米、面、油、酱油、醋5类食品实施这项制度，完成这5类食品生产企业的审查发证工作。同时，对奶制品、饮料、肉制品、茶叶、调味品五大类食品进行基本条件的专项调查，全面启动对肉制品、乳制品、方便主食品、冷冻饮品、饼干、饮料、调味品、罐头、膨化食品、速冻食品等十大类食品实施这项制度。

第三步，2004年1月开始，进入全面实施阶段。米、面、油、酱油、醋第一批实施食品质量安全市场准入制度的5类食品进入无证查处阶段。2005年9月1日后，国家质检总局授权各省级技术监督部门对大米、小麦粉、食用植物油、糖果制品、茶叶、黄酒、酱腌菜、蜜饯、炒货食品、蛋制品、可可制品、焙炒咖啡、水产加工品、淀粉及淀粉制品14类食品发放食品生产许可证，而酱油、食醋、肉制品、乳制品、方便面、冷冻饮品、饮料、调味品（糖、味精）、罐头、饼干、膨化食品、速冻面米食品、葡萄酒及果酒、啤酒等14类仍由总局发证。从2006年5月开始，全国又开展了对32种食品的市场准入工作。截止到2007年底我国已对所有二十八大类食品实施了市场准入制度，完成了所有加工食品的全面覆盖。

2009年，我国《食品安全法》正式出台，按其规定“国家对食品生产经营实行许可制度。从事食品生产、食品流通、餐饮服务，应当依法取得食品生产许可、食品流通许可、餐饮服务许可”。企业未取得食品生产许可，不得从事食品生产活动。2010年，国家质检总局依据《食品安全法》，先后出台了《关于使用企业食品生产许可证标志有关事项的公告》、《食品生产许可管理办法》和《食品生产许可审查通则》（2010版）等，表明了我国食品生产开始从食品安全市场准入向食品生产许可进行过渡。

2014年4月24日，全国人民代表大会常务委员会第十四次会议通过了《食品安全法》的修订，2015年10月1日起实施。同时，国家食品药品监督管理总局实施了《食品生产许可管理办法》，申请食品生产许可的食品类别修改为三十一大类：粮食加工品，食用油、油脂及其制品，调味品，肉制品，乳制品，饮料，方便食品，饼干，罐头，冷冻饮品，速冻食品，薯类和膨化食品，糖果制品，茶叶及相关制品，酒类，蔬菜制品，水果制品，炒货食品及坚果制品，蛋制品，可可及焙烤咖啡产品，食糖，水产制品，淀粉及淀粉制品，糕点，豆制品，蜂产品，保健食品，特殊医学用途配方食品，婴幼儿配方食品，特殊膳食食品，其他食品等。生产许可证有效期也由原来的3年变更为5年。

10.2.6.2 食品生产许可证编号规则

食品生产许可证编号由SC（“生产”的汉语拼音字母缩写）和14位阿拉伯数字组成。数字从左至右依次为：3位食品类别编码（第1位数字：食品、食品添加剂生产许可识别码，其中“1”代表食品，“2”代表食品添加剂；第2、3位数字：食品、食品添加剂类别编码）、2位省（自治区、直辖市）代码、2位市（地）代码、2位县（区）代码、4位顺序码、1位校验码。

10.2.6.3 食品生产许可对食品生产企业的具体要求

申请食品生产许可，应当符合下列条件：

（1）具有与生产的食品品种、数量相适应的食品原料处理和食品加工、包装、贮存等场所，保持该场所环境整洁，并与有毒、有害场所以及其他污染源保持规定的距离。

（2）具有与生产的食品品种、数量相适应的生产设备或者设施，有相应的消毒、更衣、盥洗、采光、照明、通风、防腐、防尘、防蝇、防鼠、防虫、洗涤以及处理废水、存放垃圾和废弃物的设备或者设施；保健食品生产工艺有原料提取、纯化等前处理工序的，需要具备与生产的品种、数量相适应的原料前处理设备或者设施。

(3)有专职或者兼职的食品安全管理人员和保证食品安全的规章制度。

(4)具有合理的设备布局和工艺流程，防止待加工食品与直接入口食品、原料与成品交叉污染，避免食品接触有毒物、不洁物。

(5)法律、法规规定的其他条件。

10.2.6.4　申请生产许可需提交的材料

申请食品生产许可，应当向申请人所在地县级以上地方食品药品监督管理部门提交下列材料：

(1)食品生产许可申请书；

(2)营业执照复印件；

(3)食品生产加工场所及其周围环境平面图、各功能区间布局平面图、工艺设备布局图和食品生产工艺流程图；

(4)食品生产主要设备、设施清单；

(5)进货查验记录、生产过程控制、出厂检验记录、食品安全自查、从业人员健康管理、不安全食品召回、食品安全事故处置等保证食品安全的规章制度。

申请人委托他人办理食品生产许可申请的，代理人应当提交授权委托书以及代理人的身份证明文件。

10.2.6.5　审查工作程序

审查工作程序主要由以下几个部分构成：申请受理，组成审查组，制定审查计划，审核申请资料，实施现场核查，形成初步审查意见和判定结果，与申请人交流沟通，审查组填写审查记录表，判定原则及决定，形成审查结论，报告和通知，意见反馈。

（屠大伟）

本章小结

本章系统地介绍了发达国家食品安全法律法规的特点和主要内容，我国食品安全法律法规的特点和内容，对《中华人民共和国食品安全法》的主要内容进行了阐述；系统介绍了食品质量安全的认证体系。

思考题

1. 什么是食品安全监管？
2. 我国新修订的食品安全法的特点主要有哪些？
3. 无公害农产品、绿色食品、有机食品的特点是什么？
4. HACCP 的定义及其 7 项内容是什么？
5. GMP 的定义及其五大要素是什么？
6. 食品生产许可的定义和主要内容是什么？
7. ISO 22000:2005《食品安全管理体系 食品链中各类组织的要求》的主要内容是什么？

参考文献

[1] 任端平，郗文静，任波. 新食品安全法的十大亮点(一). 食品与发酵工业，2015，41(7)：1-6.

[2] 任端平，郗文静，任波. 新食品安全法的十大亮点(二). 食品与发酵工业，2015，41(8)：1-6.

[3] 陈佳维，李保忠. 中国食品安全标准体系的问题及对策. 食品科学，2014，35(9)：334-336.

[4] 何翔. 食品安全国家标准体系建设研究[D]. 长沙：中南大学，2013.

[5] 黄丹丹. 我国食品安全监管机构的问题与对策[J]. 法制与社会，2010 (1)：172-173.

[6] 赵平，吴彬. 美国食品安全监管体系解析[J]. 郑州航空工业管理学院学报，2009，27(5)：101-104.

[7] 周峰，徐翔. 欧盟食品安全可追溯制度对我国的启示[J]. 经济纵横，2007 (10)：71-73.

[8] 任智华. 日本食品安全监督管理体系现状分析[J]. 农业经济，2010 (6)：93-94.

[9] 张月义，韩之俊，季任天. 发达国家食品安全监管体系概述[J]. 安徽农业科学，2007，35(34)：11317-11320.

[10] 刘水林. 从个人权利到社会责任——对我国《食品安全法》的整体主义解释[J]. 现代法学，2010，32(3)：32-47.

[11] 王卫东，赵世琪. 从《食品安全法》看我国食品安全监管体制的完善[J]. 中国调味品，2010(6)：22-24.

[12] 祝彬.《食品安全法》中的惩罚性赔偿责任探析[J]. 医学与哲学(人文社会医学版)，2010(2)：55-57.

[13] 张建新，陈宗道. 食品标准与法规[M]. 北京：中国轻工业出版社，2006.

[14] 徐宗华，胡培雨. 质量技术监督法规简明教程[M]. 上海：同济大学出版社，2008.

[15] 樊永祥. 国际食品法典标准对建设我国食品安全标准体系的启示[J]. 中国食品卫生杂志，2010(2)：121-129.